U0157471

全国水利水电高职教研会规划教材
高等职业教育土建类"十三五"系列教材

给排水工程施工技术

主　编　刘俊红　翟国静　孙海梅
副主编　王丽娟　郭慧娟　伍敏莉
参　编　刘子巍　王经国　赵文豪　江　稣

中国水利水电出版社
www.waterpub.com.cn
·北京·

内 容 提 要

本教材主要包括施工前准备、土石方工程施工、基础工程施工、室外管道工程施工、室内管道工程施工、给水排水机械设备安装与制作、给水排水构筑物施工等内容。根据本课程对应的工作岗位，以职业能力培养为中心，以专业核心技术技能为主线，依据工作任务标准以及岗位能力要求，用行动导向教学方法组织教学，将原课程知识点解散并重构于7个大项目，将相关的知识技能转化为具体的训练内容。以项目载体、任务驱动为原则，选取、整合和细化教学内容，设计出以项目为驱动、以实际工作过程为主线的教学模式，确保教学内容与实际工作的一致性。

本教材适用于高职高专院校、成人高校及继续教育学院和民办高校水利类、环境类、土建类的给排水工程技术、建筑工程管理、环境工程技术、水利水电工程技术等专业使用，也可作为相关从业人员的培训教材。

图书在版编目（CIP）数据

给排水工程施工技术 / 刘俊红，翟国静，孙海梅主编. -- 北京 : 中国水利水电出版社，2020.1
全国水利水电高职教研会规划教材 高等职业教育土建类“十三五”系列教材
ISBN 978-7-5170-6070-3

Ⅰ. ①给… Ⅱ. ①刘… ②翟… ③孙… Ⅲ. ①给排水系统－工程施工－高等职业教育－教材 Ⅳ. ①TU991

中国版本图书馆CIP数据核字(2019)第295516号

书　　名	全国水利水电高职教研会规划教材 高等职业教育土建类“十三五”系列教材 **给排水工程施工技术** JIPAISHUI GONGCHENG SHIGONG JISHU
作　　者	主　编　刘俊红　翟国静　孙海梅 副主编　王丽娟　郭慧娟　伍敏莉 参　编　刘子巍　王经国　赵文豪　江　稣
出版发行	中国水利水电出版社 （北京市海淀区玉渊潭南路1号D座　100038） 网址：www.waterpub.com.cn E-mail：sales@waterpub.com.cn 电话：(010) 68367658（营销中心）
经　　售	北京科水图书销售中心（零售） 电话：(010) 88383994、63202643、68545874 全国各地新华书店和相关出版物销售网点
排　　版	中国水利水电出版社微机排版中心
印　　刷	清淞永业（天津）印刷有限公司
规　　格	184mm×260mm　16开本　21.75印张　529千字
版　　次	2020年1月第1版　2020年1月第1次印刷
印　　数	0001—3000册
定　　价	**59.00**元

前言

本教材主要根据新修订的《给水排水构筑物工程施工及验收规范》（GB 50141—2008）、《给水排水管道工程施工及验收规范》（GB 50268—2008）、《建筑给水排水及采暖工程施工质量验收规范》（GB 50242—2002）、《给水排水工程施工手册》（第二版）等国家现行技术标准和规范，以工程实例为项目导入，以加强实践性和实用性为目标，将给排水工程施工技术的基本知识、施工工艺和施工技术要求，结合近几年有关给排水工程施工的新方法、新技术、新材料、新设备作了阐述和介绍。

本教材主要包括施工前准备、土石方工程施工、基础工程施工、室外管道工程施工、室内管道工程施工、给水排水机械设备安装与制作、给水排水构筑物施工等内容。较传统教材增加了施工前准备模块，根据课程对应的工作岗位，以职业能力培养为中心，以专业核心技术技能为主线，依据工作任务标准以及岗位能力要求，用行动导向教学方法组织教学，将原课程知识点解散并重构于7个大项目，将相关的知识技能转化为具体的训练内容。并增列了引例及引例分析等实践性强的内容，力求体现高等职业教育的特点，从培养学生应用型人才出发，注重理论联系实际，注重培养学生独立思考分析问题、解决问题的能力。

本教材适用于高职高专院校、成人高校及继续教育学院和民办高校水利类、环境类、土建类的给排水工程技术、建筑工程管理、环境工程技术、水利水电工程技术等专业使用，也可作为相关从业人员的培训教材。

本教材由广西水利电力职业技术学院刘俊红任第一主编，负责审稿、统稿；河北水利电力学院翟国静任第二主编、山东水利职业学院孙海梅第三主编。安徽水利水电职业技术学院王丽娟、河北水利电力学院郭慧娟、广西水利电力职业技术学院伍敏莉为副主编。各章节编写分工如下：广西宁铁地产发展有限公司赵文豪（项目1），山西水利职业技术学院王经国（项目2任务2.1、任务2.2），辽宁水利职业学院刘子巍（项目2任务2.3、任务2.4），河北水利电力学院翟国静（项目3），河北水利电力学院郭慧娟（项目4任务4.1、任务4.2），山东水利职业学院孙海梅（项目4任务4.3、任务4.4），广西水利电力职业技术学院伍敏莉（项目5任务5.1），安徽水利水电职业技术学院王丽娟（项目5任务5.2），广西水利电力职业技术学院刘俊红（项目6），中国能源建设集团广西水电工程局建筑工程有限公司江稣（项目7任务7.1、任务7.2），广西宁铁地产发展有限公司赵文豪（项目7任务7.3、任务7.4）。

鉴于编者水平，书中难免存在错漏，敬请广大读者批评指正。

2019年10月

目录

项目1 施工前准备

项目概述 本项目结合给水排水工程的实际，对工程项目实施前所需要准备的工作内容进行介绍，重点以案例分析讲述了给水排水工程危大工程的专项施工方案。

知识目标 了解给排水工程中施工的一般流程及施工前应该准备的工作内容，熟悉安全专项施工方案的确定。

能力目标 能根据工程现场情况进行安全专项施工方案的编制。

学时建议 2～4学时。

任务1.1 施工流程的确定

了解施工流程，对工程拥有一定深度的总体认识，对项目具有较好的把握度，可以迅速进入工作岗位。

1.1.1 工程施工的一般流程

工程施工的一般流程如图1.1所示。

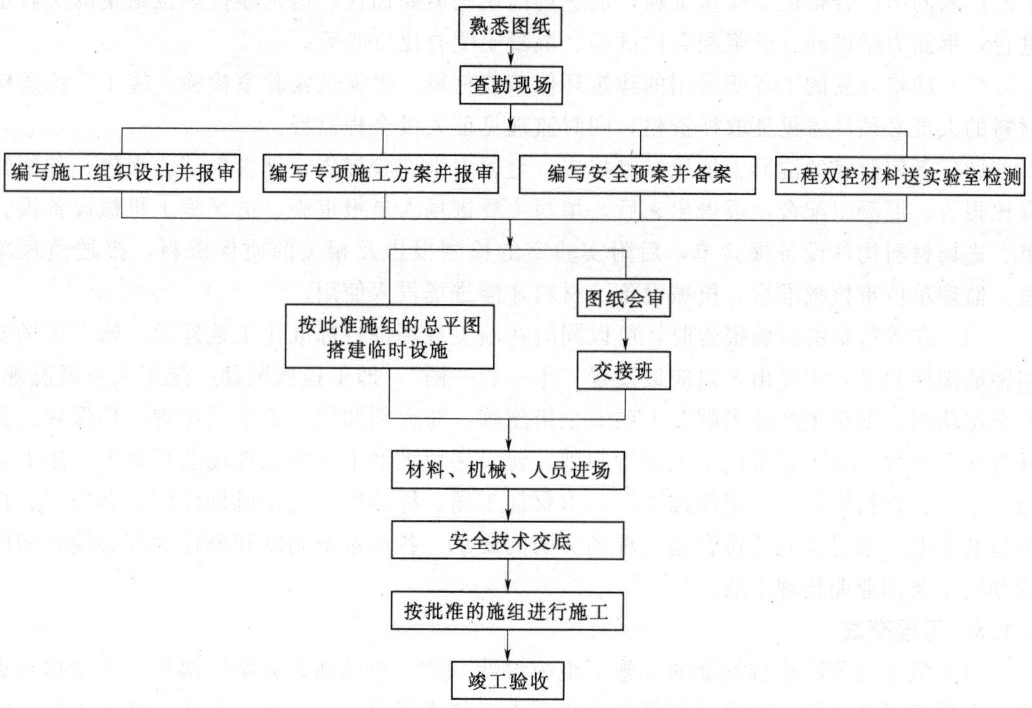

图1.1 工程施工的一般流程

1.1.2 施工前准备的内容

在施工流程图中，材料、机械、人员进场以前所有环节都属于施工前准备阶段。

工程开工前应熟悉设计图纸，查勘现场，编写施工组织设计并经施工承包单位技术负责人（总工程师）签署后送总监理工程师审核、签认以后报建设单位批准。

1.1.3 施工组织设计的主要内容

（1）包括编制依据、工程概况、施工部署、施工准备、施工现场布置、施工进度计划及工期保证措施、主要分部分项工程施工方案及措施、重点与特殊部位施工措施和方法、季节性施工措施、施工组织管理、质量保证措施、安全生产保证措施、文明施工及环境保护措施等方面。

（2）图纸会审，由建设单位组织，监理、设计、施工单位参加，对施工图核查，从施工的角度或今后运营单位使用的角度考虑，提出存在的问题，由设计释疑，如需变更或增加，由建设单位定板。会议结束，参会人员须在图纸会审表上签字。

（3）交接桩，由建设单位组织，监理、设计、施工单位参加，设计在现场直接向监理单位、施工单位进行交桩并提供基准点、导线点、水准点的成果资料，相互在交接单上签字办理交接手续。施工单位接桩后，还需要进行复测，复测过程监理进行监督，复测后资料成果报建设单位。

1.1.4 工程所需要的主要材料和机械设备

编写好施工组织设计之后，工程所需要的主要材料和机械设备都可以清楚地列出来。

（1）对于工程中需要双控的材料，比如钢筋、水泥、砖、砂石和防水材料等，虽然有生产厂家的出厂合格证等质保资料，但进场前还是需要抽检，送到建设单位指定的实验室进行，钢筋力学试验、砂浆配合比试验、混凝土配合比试验等。

（2）即将开展的工程所采用的建筑环保节能材料，也需送实验室检验。施工单位送检材料的人员必须具备见证取样资格，同时监理见证人员全程监督。

（3）等实验室的混凝土抗压试验报告、金属力学试验报告、细骨料试验报告、砂浆配合比报告、混凝土配合比报告出来后，填写主要进场人员报审表、进场施工机械设备报验单、进场材料构件设备报验单，后附实验室的检测报告及相关的质保资料，报送监理单位。监理单位审核批准后，机械设备、材料才能进场投入使用。

（4）在等待材料试验报告时，可以同时在施工现场进行标准化工地建设。施工现场要用围墙围挡起来，主要出入口应该设置“十一牌一图”，即工程概况牌、施工人员概况牌、安全纪律牌、安全生产技术牌、十项安全措施牌、防火须知牌、卫生须知牌、环保牌、公开告知事项牌、清欠建筑民工工资告知牌、建设用地批准书和施工现场总平面图。施工道路、仓库、材料堆放场、钢筋加工厂、木材加工场、搅拌场、卷扬机操作棚、办公室、宿舍以及水电等临时设施要符合施工现场文明的要求。各种规章制度和操作规程必须在相应的办公室及作业棚挂牌上墙。

1.1.5 工程交底

（1）施工必须严格按批准的《施工组织设计》及《专项施工方案》执行，严禁擅自更改。单位工程开工前，项目经理部技术负责人必须将工程概况、施工方法、施工工艺、施工程序和安全技术措施，向工长、班组长、作业人员进行详细交底（总交底），交底后双方签字确认存档。

(2) 在施工过程中，针对各个分部分项工程，技术要做技术安全交底。项目部执行逐级交底制度，层层落实。每次交底交代清楚后，双方在交底单上签字，这是很关键而且必需的。否则，万一施工中出现事故，追溯原因到这个环节，交底单没签字，交底人就得承担严重的后果。

(3) 如果有新材料、新工艺、新技术的话，还要编写作业指导书，并发放给作业班组。

1.1.6　进度计划编制

(1) 在编写施工组织设计时，已经包含有主要材料数量及供应计划，还有施工进度网络计划。开工前工程部技术人员应该细化工程材料项目及数量，编写材料分析，移交物资设备部，以便材料人员保证物资材料的及时供给。

(2) 施工进度计划，随着工程的实际进展，每个月需要及时调整，总原则就是以总工期来倒排剩余工程量工作进度，如果工期滞后比较多，还需要制定相应的赶工措施。

(3) 材料进场计划，主要是材料人员根据技术员的材料分析及施工进度计划来编制的。各项材料进场须填写材料进场验收记录，并保存好各种材料的质保资料。

1) 钢材进场验收记录包括日期、规格、数量、炉批号、生产日期、生产厂家、外观质量、验收人、备注。

2) 水泥进场验收记录包括日期、品种及标号、数量、出厂编号、生产日期、验收人、备注。

3) 砌体材料进场验收记录包括日期、材料名称、强度等级、数量、生产厂家、外观质量、验收人、备注。

1.1.7　定位放线

(1) 根据施工图及交桩资料，建筑物定位放线。在所有的工程施工测量，都必须要有两人进行测量放线，一人初步测量，另外一人进行复测，尽量减少误差，复测无误再定桩。测量及复测人员须在测量记录表签字。测量仪器在使用前应检查是否在校验有效期内，如有不符，需重新校验后才能使用。

(2) 定桩之后，填写施工放线报验单，向监理报验。监理工程师现场验收合格后，填写《单位工程定位记录表 A》及《施工单位定位测量记录表 B》，施工单位有关人员及监理在记录表上签字。

(3) 在施工中，全部都是这样的程序，每一道工序先由施工单位按设计图做好，然后提前 24 小时向监理申请报验（书面报告，也可以电话通知、过后补报验单），监理检查合格后才能进行下一道工序。

任务 1.2　危大工程的专项施工方案

除了施工组织设计，按照《建设工程安全生产管理条例》（国务院令第 393 号）及住房和城乡建设部令第 37 号《危险性较大的分部分项工程安全管理规定》（2018 年 3 月 8 日颁布，2018 年 6 月 1 日起实施）规定，施工单位应当在危险性较大的分部分项工程

（简称危大工程）施工前组织工程技术人员编制专项施工方案。对于超过一定规模的危大工程，施工单位应当组织召开专家论证会对专项施工方案进行论证。实行施工总承包的，由施工总承包单位组织召开专家论证会。专家论证前专项施工方案应当通过施工单位审核和总监理工程师审查。

危险性较大的分部分项工程，是指房屋建筑和市政基础设施工程在施工过程中，容易导致人员群死群伤或者造成重大经济损失的分部分项工程。

危大工程及超过一定规模的危大工程范围是由国务院住房城乡建设主管部门制定的。

省级住房城乡建设主管部门可以结合本地区实际情况，补充本地区危大工程范围。

如果准备施工的给排水工程符合危大工程的相关规定，施工单位应当在施工前组织工程技术人员编制专项施工方案。

1.2.1 编写依据

（1）施工设计图。

（2）国家有关工程施工规程、规范、技术标准及验收规范。

（3）国家有关建筑施工高空作业、建筑机械使用及施工现场临时用电安全技术规范。

（4）建设单位可能提供的施工条件和水、电供应情况。

（5）现场和周边的实际踏勘情况。

（6）现行国家施工、验收及质量评定的规范和规定目录包括但不限于表1.1。

表1.1 相关施工、验收及质量评定的规范和规定

类别	名称	编号或文号
国标	《建筑工程施工质量验收统一标准》	GB 50300—2013
国标	《建筑地基基础工程施工质量验收规范》	GB 50202—2002
国标	《混凝土结构工程施工规范》	GB 50666—2011
国标	《大体积混凝土施工规范》	GB 50496—2009
国标	《混凝土质量控制标准》	GB 50164—2011
国标	《混凝土结构工程施工质量验收规范》	GB 50204—2015
国标	《砌体工程施工质量验收规范》	GB 50203—2011
国标	《建筑地面工程施工质量验收规范》	GB 50209—2010
国标	《地下防水工程质量验收规范》	GB 50208—2011
国标	《屋面工程质量验收规范》	GB 50207—2012
国标	《钢结构工程施工规范》	GB 50755—2012
国标	《建筑给水排水及采暖工程施工质量验收规范》	GB 50242—2013
国标	《建设工程施工现场供用电安全规范》	GB 50194—2014
国标	《组合钢模板技术规范》	GB/T 50214—2013
国标	《给水排水构筑物工程施工及验收规范》	GB 50141—2008
国标	《给水排水管道工程施工及验收规范》	GB 50268—2008
国标	《安全防范工程技术标准》	GB 50348—2018

续表

类别	名　称	编号或文号
国标	《通风与空调工程施工质量验收规范》	GB 50243—2016
国标	《建筑给排水及采暖工程施工质量验收规范》	GB 50242—2002
国标	《自动喷水灭火系统施工及验收规范》	GB 50261—2017
国标	《气体灭火系统施工及验收规范》	GB 50263—2007
国标	《泡沫灭火系统施工及验收规范》	GB 50281—2006
国标	《消防给水及消火栓系统技术规范》	GB 50974—2014

（7）行业标准目录包括但不限于表 1.2。

（8）主要法规目录包括但不限于表 1.3。

表 1.2　　相关行业标准

类别	名　称	编号或文号
行标	《钢筋焊接及验收规程》	JGJ 18—2012
行标	《施工现场临时用电安全技术规范》	JGJ 46—2005
行标	《建筑基坑支护技术规程》	JGJ 120—2012
行标	《建筑施工扣件式钢管脚手架安全技术规范》	JGJ 130—2011
行标	《建筑机械使用安全技术规程》	JGJ/T 33—2012
行标	《供水水文地质钻探与管井施工操作规程》	CJJ/T 13—2013
行标	《建筑给水金属管道工程技术规程》	CJJ/T 154—2011
行标	《建筑排水金属管道工程技术规程》	CJJ 127—2009

表 1.3　　相关法规

类别	名　称	备　注
国家	《中华人民共和国建筑法》（2019 修订版）	根据 2019 年 4 月 23 日第十三届全国人民代表大会常务委员会第十次会议《关于修改〈中华人民共和国建筑法〉等八部法律的决定》修正
国家	《中华人民共和国环境保护法》（2014 修订版）	2014 年 4 月 24 日下午，十二届全国人大常委会第八次会议审议通过环保法修订案，实施时间为 2015 年 1 月 1 日
国家	《建设工程质量管理条例》（2019 版）	根据 2019 年 4 月 23 日国务院令第 714 号《国务院关于修改部分行政法规的决定》第二次修正
行业	《工程建设标准强制性条文》（2018 年版）	
行业	《建筑业 10 项新技术》（2017 版）	中华人民共和国住房和城乡建设部关于做好《建筑业 10 项新技术（2017 版）》推广应用的通知

1.2.2　危险性较大工程的确定

1.2.2.1　危险性较大的分部分项工程范围

1. 基坑工程

（1）开挖深度超过 3m（含 3m）的基坑（槽）的土方开挖、支护、降水工程。

（2）开挖深度虽未超过3m，但地质条件、周围环境和地下管线复杂，或影响毗邻建（构）筑物安全的基坑（槽）的土方开挖、支护、降水工程。

2. 模板工程及支撑体系

（1）各类工具式模板工程：包括滑模、爬模、飞模、隧道模等工程。

（2）混凝土模板支撑工程：搭设高度5m及以上，或搭设跨度10m及以上，或施工总荷载（荷载效应基本组合的设计值，以下简称设计值）$10kN/m^2$及以上，或集中线荷载（设计值）15kN/m及以上，或高度大于支撑水平投影宽度且相对独立无联系构件的混凝土模板支撑工程。

（3）承重支撑体系：用于钢结构安装等满堂支撑体系。

3. 起重吊装及起重机械安装拆卸工程

（1）采用非常规起重设备、方法，且单件起吊重量在10kN及以上的起重吊装工程。

（2）采用起重机械进行安装的工程。

（3）起重机械安装和拆卸工程。

4. 脚手架工程

（1）搭设高度24m及以上的落地式钢管脚手架工程（包括采光井、电梯井脚手架）。

（2）附着式升降脚手架工程。

（3）悬挑式脚手架工程。

（4）高处作业吊篮。

（5）卸料平台、操作平台工程。

（6）异型脚手架工程。

5. 拆除工程

可能影响行人、交通、电力设施、通信设施或其他建（构）筑物安全的拆除工程。

6. 暗挖工程

采用矿山法、盾构法、顶管法施工的隧道、洞室工程。

7. 其他

（1）建筑幕墙安装工程。

（2）钢结构、网架和索膜结构安装工程。

（3）人工挖孔桩工程。

（4）水下作业工程。

（5）装配式建筑混凝土预制构件安装工程。

（6）采用新技术、新工艺、新材料、新设备可能影响工程施工安全，尚无国家、行业及地方技术标准的分部分项工程。

1.2.2.2 超过一定规模的危险性较大的分部分项工程范围

1. 深基坑工程

开挖深度超过5m（含5m）的基坑（槽）的土方开挖、支护、降水工程。

2. 模板工程及支撑体系

（1）各类工具式模板工程：包括滑模、爬模、飞模、隧道模等工程。

（2）混凝土模板支撑工程：搭设高度8m及以上，或搭设跨度18m及以上，或施工总荷载（设计值）15kN/m^2及以上，或集中线荷载（设计值）20kN/m 及以上。

（3）承重支撑体系：用于钢结构安装等满堂支撑体系，承受单点集中荷载 7kN 及以上。

3. 起重吊装及起重机械安装拆卸工程

（1）采用非常规起重设备、方法，且单件起吊重量在 100kN 及以上的起重吊装工程。

（2）起重量 300kN 及以上，或搭设总高度 200m 及以上，或搭设基础标高在 200m 及以上的起重机械安装和拆卸工程。

4. 脚手架工程

（1）搭设高度 50m 及以上的落地式钢管脚手架工程。

（2）提升高度在 150m 及以上的附着式升降脚手架工程或附着式升降操作平台工程。

（3）分段架体搭设高度 20m 及以上的悬挑式脚手架工程。

5. 拆除工程

（1）码头、桥梁、高架、烟囱、水塔或拆除中容易引起有毒有害气（液）体或粉尘扩散、易燃易爆事故发生的特殊建（构）筑物的拆除工程。

（2）文物保护建筑、优秀历史建筑或历史文化风貌区影响范围内的拆除工程。

6. 暗挖工程

采用矿山法、盾构法、顶管法施工的隧道、洞室工程。

7. 其他

（1）施工高度 50m 及以上的建筑幕墙安装工程。

（2）跨度 36m 及以上的钢结构安装工程，或跨度 60m 及以上的网架和索膜结构安装工程。

（3）开挖深度 16m 及以上的人工挖孔桩工程。

（4）水下作业工程。

（5）重量 1000kN 及以上的大型结构整体顶升、平移、转体等施工工艺。

（6）采用新技术、新工艺、新材料、新设备可能影响工程施工安全，尚无国家、行业及地方技术标准的分部分项工程。

1.2.3 专项施工方案

1.2.3.1 专项方案编制、审核、审批

施工单位应当在危大工程施工前组织工程技术人员编制专项施工方案。实行施工总承包的，专项施工方案应当由施工总承包单位组织编制。危大工程实行分包的，专项施工方案可以由相关专业分包单位组织编制。

专项施工方案应当由施工单位技术负责人审核签字、加盖单位公章，并由总监理工程师审查签字、加盖执业印章后方可实施。

危大工程实行分包并由分包单位编制专项施工方案的，专项施工方案应当由总承包单位技术负责人及分包单位技术负责人共同审核签字并加盖单位公章。

1.2.3.2 专项方案主要内容

（1）工程概况：危大工程概况和特点、施工平面布置、施工要求和技术保证条件。

（2）编制依据：相关法律、法规、规范性文件、标准、规范及施工图设计文件、施工

组织设计等。

(3) 施工计划：包括施工进度计划、材料与设备计划。

(4) 施工工艺技术：技术参数、工艺流程、施工方法、操作要求、检查要求等。

(5) 施工安全保证措施：组织保障措施、技术措施、监测监控措施等。

(6) 施工管理及作业人员配备和分工：施工管理人员、专职安全生产管理人员、特种作业人员、其他作业人员等。

(7) 验收要求：验收标准、验收程序、验收内容、验收人员等。

(8) 应急处置措施。

(9) 计算书及相关施工图纸。

1.2.3.3 专家论证、方案评审

对于超过一定规模的危大工程，施工单位应当组织召开专家论证会对专项施工方案进行论证。实行施工总承包的，由施工总承包单位组织召开专家论证会。专家论证前，专项施工方案应当通过施工单位审核和总监理工程师审查。

专家论证会后，应当形成论证报告，对专项施工方案提出“通过”“修改后通过”或者“不通过”的一致意见。专家对论证报告负责并签字确认。

专项施工方案经专家论证后结论为“通过”的，施工单位可参考专家意见自行修改完善。

结论为“修改后通过”的，专家意见要明确具体修改内容，施工单位应当按照专家意见进行修改，并履行有关审核和审查手续，专项施工方案应当由施工单位技术负责人审核签字、加盖单位公章，并由总监理工程师审查签字、加盖执业印章后方可实施。修改情况应及时告知专家。

专项施工方案经论证不通过的，施工单位修改后应当按照《危险性较大的分部分项工程安全管理规定》的要求重新组织专家论证。

1.2.3.4 专家论证参会人员

超过一定规模的危大工程专项施工方案专家论证会的参会人员应当包括：

(1) 专家（专家应当从地方人民政府住房城乡建设主管部门建立的专家库中选取，符合专业要求且人数不得少于5名，与本工程有利害关系的人员不得以专家身份参加专家论证会）。

(2) 建设单位项目负责人。

(3) 有关勘察、设计单位项目技术负责人及相关人员。

(4) 总承包单位和分包单位技术负责人或授权委派的专业技术人员、项目负责人、项目技术负责人、专项施工方案编制人员、项目专职安全生产管理人员及相关人员。

(5) 监理单位项目总监理工程师及专业监理工程师。

1.2.3.5 专家论证内容

对于超过一定规模的危大工程专项施工方案，专家论证的主要内容应当包括：

(1) 专项施工方案内容是否完整、可行。

(2) 专项施工方案计算书和验算依据、施工图是否符合有关标准规范。

(3) 专项施工方案是否满足现场实际情况，并能够确保施工安全。

1.2.4　危大工程的现场安全管理

(1) 施工单位应当在施工现场显著位置公告危大工程名称、施工时间和具体责任人员，并在危险区域设置安全警示标志。

(2) 专项施工方案实施前，编制人员或者项目技术负责人应当向施工现场管理人员进行方案交底。

施工现场管理人员应当向作业人员进行安全技术交底，并由双方和项目专职安全生产管理人员共同签字确认。

(3) 施工单位应当严格按照专项施工方案组织施工，不得擅自修改专项施工方案。

因规划调整、设计变更等原因确需调整的，修改后的专项施工方案应当按照《危险性较大的分部分项工程安全管理规定》重新审核和论证。涉及资金或者工期调整的，建设单位应当按照约定予以调整。

(4) 施工单位应当对危大工程施工作业人员进行登记，项目负责人应当在施工现场履职。

项目专职安全生产管理人员应当对专项施工方案实施情况进行现场监督，对未按照专项施工方案施工的，应当要求立即整改，并及时报告项目负责人，项目负责人应当及时组织限期整改。

施工单位应当按照规定对危大工程进行施工监测和安全巡视，发现危及人身安全的紧急情况，应当立即组织作业人员撤离危险区域。

(5) 监理单位应当结合危大工程专项施工方案编制监理实施细则，并对危大工程施工实施专项巡视检查。

(6) 监理单位发现施工单位未按照专项施工方案施工的，应当要求其进行整改；情节严重的，应当要求其暂停施工，并及时报告建设单位。施工单位拒不整改或者不停止施工的，监理单位应当及时报告建设单位和工程所在地住房城乡建设主管部门。

(7) 对于按照规定需要进行第三方监测的危大工程，建设单位应当委托具有相应勘察资质的单位进行监测。

监测单位应当编制监测方案，监测方案由监测单位技术负责人审核签字并加盖单位公章，报送监理单位后方可实施。

监测单位应当按照监测方案开展监测，及时向建设单位报送监测成果，并对监测成果负责；发现异常时，及时向建设、设计、施工、监理单位报告，建设单位应当立即组织相关单位采取处置措施。

(8) 对于按照规定需要验收的危大工程，施工单位、监理单位应当组织相关人员进行验收。验收合格的，经施工单位项目技术负责人及总监理工程师签字确认后，方可进入下一道工序。

危大工程验收合格后，施工单位应当在施工现场明显位置设置验收标识牌，公示验收时间及责任人员。

(9) 危大工程发生险情或者事故时，施工单位应当立即采取应急处置措施，并报告工程所在地住房城乡建设主管部门。建设、勘察、设计、监理等单位应当配合施工单位开展应急抢险工作。

(10) 危大工程应急抢险结束后，建设单位应当组织勘察、设计、施工、监理等单位制定工程恢复方案，并对应急抢险工作进行后评估。

(11) 施工、监理单位应当建立危大工程安全管理档案。

施工单位应当将专项施工方案及审核、专家论证、交底、现场检查、验收及整改等相关资料纳入档案管理。

监理单位应当将监理实施细则、专项施工方案审查、专项巡视检查、验收及整改等相关资料纳入档案管理。

1.2.5 危大工程的法律责任

(1) 建设单位有下列行为之一的，责令限期改正，并处1万元以上3万元以下的罚款；对直接负责的主管人员和其他直接责任人员处1000元以上5000元以下的罚款：

1) 未按照《危险性较大的分部分项工程安全管理规定》提供工程周边环境等资料的。

2) 未按照《危险性较大的分部分项工程安全管理规定》在招标文件中列出危大工程清单的。

3) 未按照施工合同约定及时支付危大工程施工技术措施费或者相应的安全防护文明施工措施费的。

4) 未按照《危险性较大的分部分项工程安全管理规定》委托具有相应勘察资质的单位进行第三方监测的。

5) 未对第三方监测单位报告的异常情况组织采取处置措施的。

(2) 勘察单位未在勘察文件中说明地质条件可能造成的工程风险的，责令限期改正，依照《建设工程安全生产管理条例》对单位进行处罚；对直接负责的主管人员和其他直接责任人员处1000元以上5000元以下的罚款。

(3) 设计单位未在设计文件中注明涉及危大工程的重点部位和环节，未提出保障工程周边环境安全和工程施工安全意见的，责令限期改正，并处1万元以上3万元以下的罚款；对直接负责的主管人员和其他直接责任人员处1000元以上5000元以下的罚款。

(4) 施工单位未按照《危险性较大的分部分项工程安全管理规定》编制并审核危大工程专项施工方案的，依照《建设工程安全生产管理条例》对单位进行处罚，并暂扣安全生产许可证30日；对直接负责的主管人员和其他直接责任人员处1000元以上5000元以下的罚款。

(5) 施工单位有下列行为之一的，依照《中华人民共和国安全生产法》《建设工程安全生产管理条例》对单位和相关责任人员进行处罚：

1) 未向施工现场管理人员和作业人员进行方案交底和安全技术交底的。

2) 未在施工现场显著位置公告危大工程，并在危险区域设置安全警示标志的。

3) 项目专职安全生产管理人员未对专项施工方案实施情况进行现场监督的。

(6) 施工单位有下列行为之一的，责令限期改正，处1万元以上3万元以下的罚款，并暂扣安全生产许可证30日；对直接负责的主管人员和其他直接责任人员处1000元以上5000元以下的罚款：

1) 未对超过一定规模的危大工程专项施工方案进行专家论证的。

2) 未根据专家论证报告对超过一定规模的危大工程专项施工方案进行修改，或者未按照《危险性较大的分部分项工程安全管理规定》重新组织专家论证的。

3）未严格按照专项施工方案组织施工，或者擅自修改专项施工方案的。

（7）施工单位有下列行为之一的，责令限期改正，并处 1 万元以上 3 万元以下的罚款；对直接负责的主管人员和其他直接责任人员处 1000 元以上 5000 元以下的罚款：

1）项目负责人未按照《危险性较大的分部分项工程安全管理规定》现场履职或者组织限期整改的。

2）施工单位未按照《危险性较大的分部分项工程安全管理规定》进行施工监测和安全巡视的。

3）未按照《危险性较大的分部分项工程安全管理规定》组织危大工程验收的。

4）发生险情或者事故时，未采取应急处置措施的。

5）未按照《危险性较大的分部分项工程安全管理规定》建立危大工程安全管理档案的。

（8）监理单位有下列行为之一的，依照《中华人民共和国安全生产法》《建设工程安全生产管理条例》对单位进行处罚；对直接负责的主管人员和其他直接责任人员处 1000 元以上 5000 元以下的罚款：

1）总监理工程师未按照《危险性较大的分部分项工程安全管理规定》审查危大工程专项施工方案的。

2）发现施工单位未按照专项施工方案实施，未要求其整改或者停工的。

3）施工单位拒不整改或者不停止施工时，未向建设单位和工程所在地住房城乡建设主管部门报告的。

（9）监理单位有下列行为之一的，责令限期改正，并处 1 万元以上 3 万元以下的罚款；对直接负责的主管人员和其他直接责任人员处 1000 元以上 5000 元以下的罚款：

1）未按照《危险性较大的分部分项工程安全管理规定》编制监理实施细则的。

2）未对危大工程施工实施专项巡视检查的。

3）未按照《危险性较大的分部分项工程安全管理规定》参与组织危大工程验收的。

4）未按照《危险性较大的分部分项工程安全管理规定》建立危大工程安全管理档案的。

（10）监测单位有下列行为之一的，责令限期改正，并处 1 万元以上 3 万元以下的罚款；对直接负责的主管人员和其他直接责任人员处 1000 元以上 5000 元以下的罚款：

1）未取得相应勘察资质从事第三方监测的。

2）未按照《危险性较大的分部分项工程安全管理规定》编制监测方案的。

3）未按照监测方案开展监测的。

4）发现异常未及时报告的。

（11）县级以上地方人民政府住房城乡建设主管部门或者所属施工安全监督机构的工作人员，未依法履行危大工程安全监督管理职责的，依照有关规定给予处分。

1.2.6　普通给排水工程需要编写专项方案的分部分项工程

（1）一般情况下，普通的给排水工程，需要编写的专项方案有土方开挖施工方案、施工现场临时用电方案和应急预案。

(2) 施工临时用电方案，要有验收单，接地电阻测试记录，电工操作证（复印件加盖单位公章），电线、电缆、漏电保护器等产品合格证（原件）、厂家生产许可证（复印件加盖单位公章）。

(3) 专项施工方案里所说的验收单，是指公司一级的安质部、物设部联合委派的验收小组进行的验收记录，不是项目部自己的验收记录。

(4) 应急预案，按所属公司的相关规定编制，一般各个单位都编制有《安全质量及灾害事故应急预案》范本。编制预案，要对本工程有针对性、可行性，而且责任要落实到人。给排水建筑工程可能涉及但不限于：触电应急预案、基坑坍塌应急预案、火灾爆炸事故应急预案、食物中毒应急预案、高空坠落应急预案、瓦斯爆炸应急预案、爆破施工作业应急预案、特种设备（如锅炉等）应急预案。

项目2　土石方工程施工

项目概述　本项目从岩土的成因出发，研究岩土的物理、力学性质及其影响因素；并从岩土的主要工程特性的角度，来研究岩土在外荷载的作用下引起力学方面的变化规律，从而为进行土方施工提供直接的物理、力学指标；通过对土方量的计算和调配，可以进行土方施工作业，进而可以对沟槽、基坑的土方进行开挖及回填施工作业。因此，掌握岩土的物理、力学性质、土方量计算及调配，为更好地进行沟槽、基坑土方施工作业打好坚实基础。

知识目标　掌握土的工程性质及分类；场地的测量与土方量计算；场地平整土方量的调配；场地平整土方施工作业；沟槽、基坑土方开挖施工作业；沟槽、基坑土方回填施工作业；掌握沟槽、基坑的施工质量控制与检查。

能力目标　可以进行土的工程性质及分类；能够进行场地的测量与土方量计算；可以进行场地平整土方量的调配；能够进行场地平整土方施工作业；可以进行沟槽、基坑土方开挖施工作业；可以进行沟槽、基坑土方回填施工作业；可以进行沟槽、基坑的施工质量控制与检查。

学时建议　12学时。

任务2.1　水厂（站）场地的平整

【引例2.1】　某给水厂（站）场地，对其土粒进行颗分试验，有A、B、C三种土的颗粒级配曲线，从某土样的颗粒级配曲线上查得：大于0.075mm的颗粒含量为64%，大于0.25mm的颗粒含量为38.5%，大于2mm的颗粒含量为8.5%，并测得该土样细粒部分的液限 $\omega_L=38$，塑性指数 IP＝19。试分别按《土工试验规程》(SL 237—1999）和《建筑地基基础设计规范》(GB 50007—2011）对土分类并定名。同时，场地开挖的土方规划方格网边长 $a=20$m，方格角点右上角标注为地面标高，右下角标注为设计标高，单位均以m计，试计算其土方量，分析该项目施工采用的施工机械与施工方法。

【思考】　如何进行场地土方量计算及土方调配？

2.1.1　土的工程性质及分类

2.1.1.1　土的组成

土的组成受到土的形成过程的影响，土的形成过程是土的组成的基础。通常土是由岩石风化生成的松散堆积物，是由矿物颗粒（固相）、水（液相）和空气（气相）组成的三相体系（所谓“相”指土生成后物质的存在状态，包括微观的结构、构造），如图2.1(a）所示。在特殊情况下土可成为两相物质，即没有气体时就是饱和土，没有液体时就是干土。

矿物颗粒构成土的骨架，空气和水填充骨架间的空隙，这就是土的三相组成。土的三

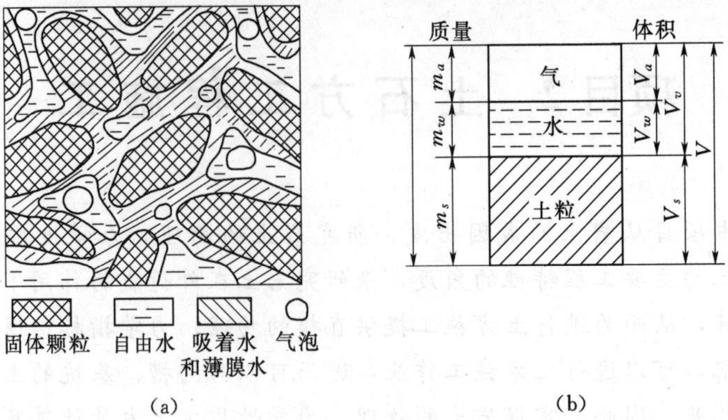

图 2.1 土的组成及三相图

(a) 土的组成；(b) 土的三相图

相组成比例，反映了土的物理状态，如干燥、稍湿或很湿，密实、稍密实或松散。

土的三相物质是混合分布的，土样的三相组成如图 2.1（b）所示。图中各指标含义：m_s 为土粒的质量；m_w 为土中水的质量；m_a 为土中气体的质量（$m_a \approx 0$）；m 为土的质量，$m = m_s + m_w$；V_s 为土粒的体积；V_w 为土中水的体积；V_a 为土中气体的体积；V 为土的体积，$V = V_s + V_w + V_a$。

1. 土的固相（即土的固体颗粒）

（1）土粒的矿物成分。土粒的矿物成分取决于母岩的矿物成分和风化作用，由原生矿物和次生矿物组成。其中，原生矿物由岩石经过物理风化形成，其矿物成分与母岩相同，例如石英、云母、长石等，特征为矿物成分的性质较稳定，由其组成的土具有无黏性、透水性较大、压缩性较低的特点；次生矿物是由岩石经化学风化后形成的新矿物，其成分与母岩不相同，例如黏土矿物有高岭石、伊利石、蒙脱石等，特征为性质较不稳定，具有较强的亲水性，遇水易膨胀的特点。

（2）土粒的大小——粒组。由不同矿物成分形成的土粒，其大小在一定程度上反映了土成分的不同，也影响到土的工程性质。因此，工程上常将粒径大小相近的土颗粒划分为一个粒组，认为同一粒组内的土粒矿物成分和工程性质相近。目前，粒组划分的标准在不同的国家，甚至同一国家的不同部门都有不同的规定。表 2.1 是《土的分类标准》（GB/T 50145—2007）、《土工试验规程》（SL 237—1999）的划分方法。

表 2.1 土粒粒组的划分

粒组统称	粒组名称	粒径范围 /mm	一般特性
巨粒组	漂石（块石）粒	>200	透水性很大，无黏性，无毛细水
	卵石（碎石）粒	60～200	
粗粒组	砾粒（角砾）	20～60	透水性大，无黏性，毛细水上升高度不超过粒径大小
		5～20	
		2～5	

续表

粒组统称	粒组名称	粒径范围/mm	一　般　特　性
粗粒组	砂粒	0.5～2	易透水，当混有云母等杂质时透水性减小，而压缩性增大；无黏性，遇水不膨胀，干燥时松散；毛细水上升高度不大，随粒径变小而增大
		0.25～0.5	
		0.075～0.25	
细粒组	粉粒	0.005～0.075	透水性小，湿时稍有黏性，遇水膨胀小，干时稍有收缩；毛细水上升较快，上升高度较大，极易出现冻胀现象
	黏粒	≤0.005	透水性很小，湿时有黏性和可塑性，遇水膨胀大，干时收缩显著；毛细水上升高度较大，但速度较慢

（3）土的颗粒级配。工程上将各种不同的土粒按其粒径范围，划分为若干粒组，为了表示土粒的大小及组成情况，通常以土中各个粒组的相对含量（即各粒组占土粒总量的百分数）来表示，称为土的颗粒级配。试验方法：粒径 $d \geqslant 0.075$mm 的土用筛分法，粒径 $d < 0.075$mm 的细粒土用虹吸比重瓶法、移液管法、密度计法。试验结果表示方法有表格法和颗粒级配曲线图法。

当土中含有以上两种粒径的土，应联合使用上述两种方法进行颗粒级配试验。土的颗粒级配是决定无黏性土工程性质的主要因素，也是作为土的分类定名的标准。

2. 土的液相（即土中的水）

土中水的含量明显地影响土的性质（尤其是黏性土）。土中水除了一部分以结晶水的形式吸附于固体颗粒的晶格外，还存在结合水和自由水。

（1）结合水包括强结合水和弱结合水。强结合水（吸着水）指紧靠于颗粒表面的水膜，其所受电场的作用力很大，几乎完全固定排列，丧失液体的特性而接近于固体；弱结合水（薄膜水）指紧靠强结合水的外围形成的结合水膜，其所受的电场作用力随着与颗粒距离增大而减弱。

（2）自由水。存在于土粒电场影响范围以外，性质和普通水无异，能传递水压力，冰点为0℃，有溶解能力。包括毛细水和重力水两种。

土中水对土的性质影响显著，随着土中所含水的类型不同，其对土表现出的作用力也不同，见表2.2。

表2.2　　土中水的类型及作用力

水　的　类　型		主要作用力
结合水	强结合水	静电引力
	弱结合水	
自由水	毛细水	表面张力及重力
	重力水	重力

3. 土的气相（即土中气体）

土中气体存在于土孔隙中未被水占据的部分，分为与大气连通的非封闭气体和与大气不连通的封闭气体。

（1）非封闭气体。受外荷作用时被挤出土体外，对土的性质影响不大。

（2）封闭气体。受外荷作用，不能逸出，被压缩或溶解于水中，压力减小时能有所复原，对土的性质有较大的影响，使土的渗透性减小，弹性增大和延长土体受力后变形达到稳定的历时。

2.1.1.2　土的结构

土的结构主要是指土体中土粒的排列与连接。土的结构有单粒结构、蜂窝状结构和絮凝状结构，如图 2.2 所示。

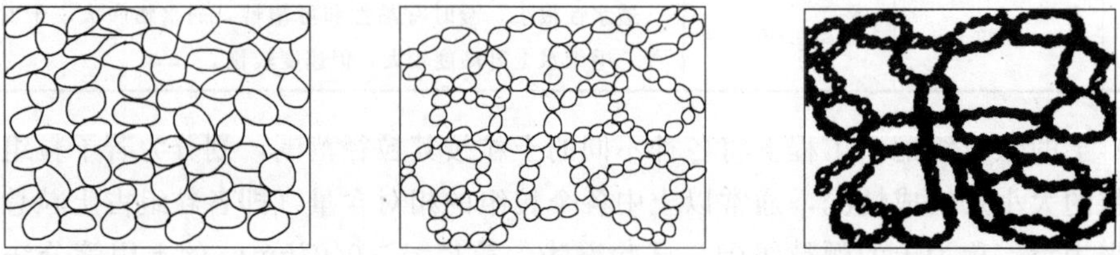

(a)　(b)　(c)

图 2.2　土的结构

(a) 单粒结构；(b) 蜂窝状结构；(c) 絮凝状结构

（1）单粒结构。粗矿物颗粒在水或空气中，在自重作用下沉落而形成单粒结构，其特点是土粒间存在点与点的接触，如图 2.2（a）所示。根据形成条件不同，可分为疏松状态和密实状态。具有单粒结构的土是由碎石、砾石和砂粒等粗粒土组成，各颗粒单独存在，其间只有物理接触，颗粒间存在相互摩擦作用，故这类土影响其工程性质的主要指标是孔隙比或密实度，即土粒排列越密实，土的强度越大。

（2）蜂窝状结构。颗粒间点与点接触，由于彼此之间引力大于重力，接触后不再继续下沉，形成链环单位，很多链环联结起来，形成孔隙较大的蜂窝状结构，如图 2.2（b）所示。具有蜂窝状结构的土是由粉粒土串联而成，存在着大量的空隙。

（3）絮凝状结构。细微黏粒大都呈针状或片状，质量极轻，在水中处于悬浮状态，当悬液介质发生变化时，土粒表面的弱结合水厚度减薄，黏粒互相接近，凝聚成絮状物下沉，形成孔隙较大的絮状结构，如图 2.2（c）所示。絮凝状结构的土是由黏粒土组成，黏土矿物具有明显的胶体特性，比表面积大，常处于溶液或悬浮液状态。

土粒的实际结构要比上述的几类典型结构型式复杂得多，任何天然状态下的土都不是由单一颗粒组成，常是一种混合的结构，影响着土的物理、力学性质，所以研究土的结构对工程施工是非常重要的。

2.1.1.3　土的性质

土的性质对土石方工程的稳定性、施工方法及工程量的大小均有很大的影响。包括土的物理性质及力学性质。

1. 土的物理性质

（1）土的密度 ρ 和重度 γ。天然状态单位体积土的质量为土的质量密度，简称土的密度，用符号 ρ 表示，其单位是 g/cm^3；天然状态单位体积土所受的重力称为土的重力密度，简称土的重度，用符号 γ 表示，其单位是 kN/m^3。

$$\rho=\frac{m}{V} \tag{2.1}$$

$$\gamma=\frac{G}{V}=\frac{mg}{V}=\rho g \tag{2.2}$$

式中 m——土的质量，g；

V——土的体积，cm^3；

G——土的重力，kN；

g——重力加速度，m/s^2。

通常砂土 $\rho=1.6\sim2.0g/cm^3$，黏性土和粉砂 $\rho=1.8\sim2.0g/cm^3$。通常砂土 $\gamma=16\sim20kN/m^3$，黏性土和粉砂 $\gamma=18\sim20kN/m^3$。

黏性土的密度常用环刀法测定，无黏性土的密度常用灌砂法或灌水法测定。

(2) 土粒相对密度 G_s。单位体积土粒的质量与同体积的 4℃时纯水的质量之比，称为土粒相对密度，用符号 G_s 表示。土粒相对密度为无量纲，其数值与土粒密度相同，常见的土粒相对密度见表 2.3。土中有机质含量增加，土粒相对密度减小。

$$G_s=\frac{m_s}{V_s}\cdot\frac{1}{\rho_w} \tag{2.3}$$

式中 G_s——土粒的相对密度；

m_s——单位体积土粒的质量，g；

ρ_w——4℃时单位体积水的质量为 $10kN/m^3$。

表 2.3　　土粒相对密度参考值

土的类别	砂土	粉土	黏性土	
			粉质黏土	黏土
土粒相对密度 G_s	2.65～2.69	2.70～2.71	2.72～2.73	2.73～2.74

土粒相对密度的测定方法有比重瓶法、虹吸筒法或经验法。

(3) 土的含水率 ω。土中水的质量与土颗粒质量之比的百分数称为土的含水率，用符号 ω 表示。

$$\omega=\frac{m_w}{m_s}\times100\% \tag{2.4}$$

含水率是描述土的干湿程度的重要指标，天然土的含水率变化范围很大，与土的种类、埋藏条件及其所处的自然地理环境等有关。含水率小，土较干；反之土很湿或饱和。测定方法通常用烘干法，亦可近似用酒精燃烧法、红外线法、炒干法等快速方法。

(4) 土的干密度 ρ_d 和干重度 γ_d。土的单位体积内颗粒的质量称为土的干密度，用符号 ρ_d 表示，其单位是 g/cm^3；土的单位体积内颗粒所受重力称为土的干重度，用符号 γ_d 表示，其单位是 kN/m^3。

$$\rho_d=\frac{m_s}{V} \tag{2.5}$$

$$\gamma_d=\frac{G_s}{V}=\frac{m_s g}{V}=\rho_d g \tag{2.6}$$

式中 G_s——土颗粒所受的重力，kN。

一般土的干密度为1.3～1.8g/cm³，土的干密度越大，表明土越密实，工程上常用这一指标控制回填土的质量。

(5) 土的饱和度S_r。土的孔隙中所含水的体积与土中孔隙体积的比值，以百分数表示，用符号S_r表示。

$$S_r=\frac{V_w}{V_V}\times 100\% \tag{2.7}$$

饱和度可以说明土孔隙中充满水的程度，其值为0～100%，干土的$S_r=0$，饱和土的$S_r=100\%$。根据饱和度S_r的数值可把细砂、粉土分为稍湿、很湿和饱和三种湿度状态，见表2.4。

表2.4　砂土湿度状态的划分

湿度	稍湿	很湿	饱和
饱和度S_r	$S_r\leqslant 50\%$	$50\%<S_r\leqslant 80\%$	$S_r>80\%$

(6) 土的饱和密度ρ_{sat}与土的饱和重度γ_{sat}。土的饱和密度为孔隙完全被水充满时单位土体的质量，用符号ρ_{sat}表示，单位为g/cm³；土的饱和重度指孔隙中全部充满水时，单位土体所受的重力，用符号γ_{sat}表示，单位为kN/m³。

$$\rho_{sat}=\frac{m_s+\rho_W V_V}{V} \tag{2.8}$$

$$\gamma_{sat}=\rho_{sat} g \tag{2.9}$$

常取值$\rho_{sat}=1.8\sim 2.3$g/cm³，土的饱和重度$\gamma_{sat}=18\sim 23$kN/m³。

(7) 土的有效重度γ'。地下水位以下的土受到水的浮力作用，扣除水的浮力和单位体积上所受的重力称为土的有效重度，用符号γ'表示。

$$\gamma'=\gamma_{sat}-\gamma_w \tag{2.10}$$

式中 γ_w——水的重度，kN/m³，$\gamma_w\approx 10$kN/m³。

土的有效重度一般为8～13kN/m³。

(8) 土的孔隙比e与孔隙率n。土中孔隙体积与颗粒体积相比称为孔隙比，用符号e表示；土中孔隙体积与土的体积之比的百分数称为土的孔隙率，用符号n表示。

$$e=\frac{V_V}{V_s} \tag{2.11}$$

$$n=\frac{V_V}{V}\times 100\% \tag{2.12}$$

孔隙比是表示土的密实程度的一个重要指标。一般来说$e<0.6$的土是密实的，土的压缩性小；$e>1.0$的土是疏松的，土的压缩性高。

2. 土的力学性质

(1) 土的击实性。土的击实是在一定的击实功作用下，土粒克服粒间阻力产生位移，土粒重新排列，使土中孔隙减小、密实度增加的过程。理论上，在某一含水量下将土压到最密，就是将土中所有的气体从孔隙中赶走，使土体达到饱和。击实试验装置如图2.3所示。

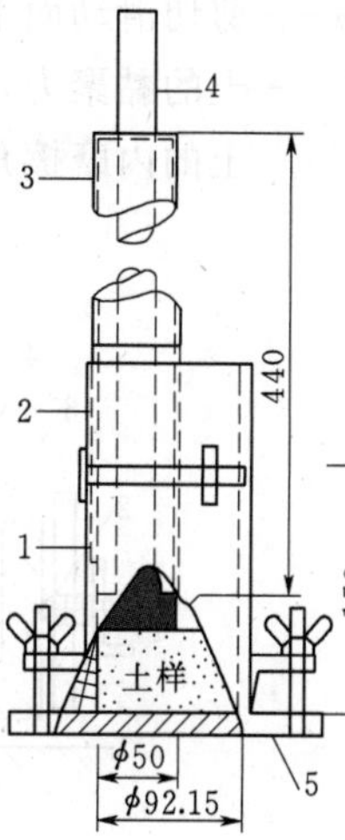

图2.3　击实筒（单位：mm）
1—击实筒；2—护筒；3—导筒；4—击锤；5—底板

在实验室内通过击实试验研究土的压实性，击实试验有轻型和重型两种，见表2.5。

根据击实后土样的密度和实测含水量计算相应的干密度。以干密度为纵坐标，含水率为横坐标，绘制干密度与含水率的关系曲线图，如图2.4所示。干密度与含水率关系曲线上峰点的坐标分别为土的最大干密度$\rho d_{z\max}$与最优含水率ω_{op}，如连不成完整曲线时，应进行补点试验。

（2）土的抗剪强度。土的抗剪强度就是某一受剪面上抵抗剪切破坏时的最大剪应力，土的抗剪强度可由剪切试验确定，如图2.5所示。将土样放在面积为A的剪切盒内，施加一个竖向压力N和水平力T的作用，在剪切面上产生剪切应

表2.5　击实试验方法种类及适用范围

试验方法	类别	锤底直径/m	锤质量/kg	落高/cm	击实筒尺寸 内径/cm	击实筒尺寸 高/cm	试样尺寸 高度/cm	试样尺寸 体积/cm³	击实层数	每层击数	击实功/(kJ/m³)	最大粒径/mm
轻型	Ⅰ-1	5	2.5	30	10	12.7	12.7	997	3	27	598.2	20
	Ⅰ-2	5	2.5	30	15.2	17	17	2177	3	59	598.2	40
重型	Ⅱ-1	5	4.5	45	10	12.7	12.7	997	5	27	2687.0	20
	Ⅱ-2	5	4.5	45	15.2	17	17	2177	3	98	2677.2	40

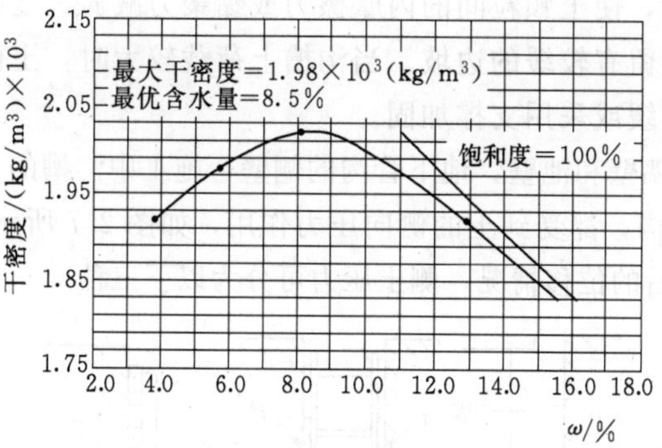

图2.4　干密度与含水率关系曲线

力τ，τ随水平力T增大而增大。T增加到T'时在剪切面上土颗粒发生相互错动，土样破坏。此时的剪切应力τ_f：

$$\tau_f = T'/A \tag{2.13}$$

土样内产生的法向应力σ：

$$\sigma = N/A \tag{2.14}$$

τ与σ成正比。

黏性土颗粒很小，由于颗粒间的胶结作用和结合水的连锁作用，产生黏聚力，即黏性土的抗剪强度由内摩擦力和一部分黏聚力组成，如式（2.15）所示。而无黏性土颗粒是散粒体，颗粒间没有相互的黏聚作用，即$C=0$。

$$\tau = \sigma\tan\phi + C \tag{2.15}$$

式中　τ——土的抗剪程度，kPa；

σ——剪切滑动面上的法向应力，kPa；

C——土的黏聚力，kPa；

ϕ——土的内摩擦角，(°)。

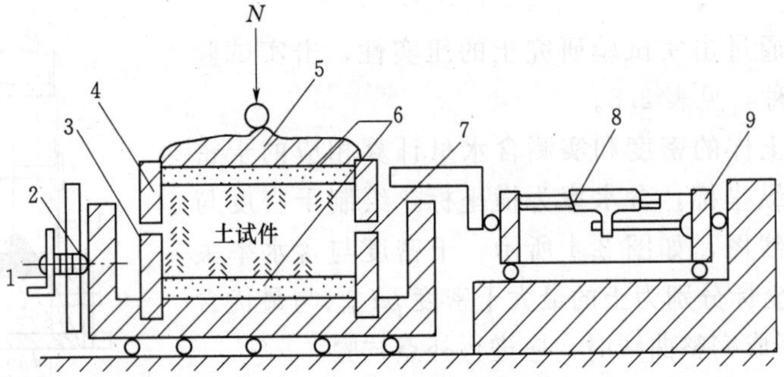

图 2.5　土的剪切试验装置示意图

1—手轮；2—螺杆；3—下盒；4—上盒；5—传压板；6—透水石；7—开缝；8—测量计；9—弹性量力环

抗剪强度决定着土的稳定性，抗剪强度越大，土的强度越大，土的稳定性越好，反之，亦然。工程上需用的砂土 ϕ 值和黏土 ϕ 值及黏聚力 C 值都应由土样试验求得。

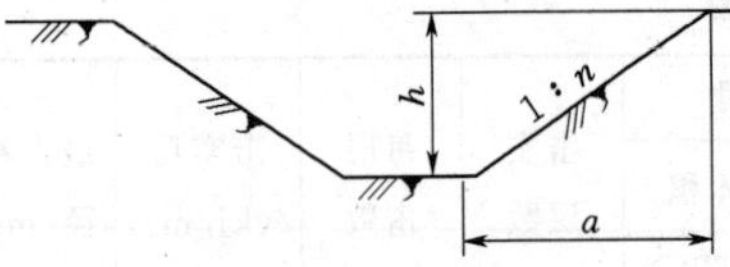

图 2.6　挖方边坡

完全松散的土自由地堆放在地面上，土堆的斜坡与地面构成的夹角，称为自然倾斜角。为此要保证土壁稳定，必须有一定边坡，边坡以 1∶n 表示，如图 2.6 所示。

$$n = a/h \tag{2.16}$$

式中　n——边坡率；

a——边坡的水平投影长度，m；

h——边坡的高度，m。

含水量大的土，土颗粒间产生润滑作用，使土颗粒间的内摩擦力或黏聚力减弱，土的抗剪强度降低，土的稳定性减弱，因此，应留有较缓的边坡。当沟槽上荷载较大时，土体会在压力作用下产生滑移，因此，边坡也要缓或采用支撑加固。

(3) 侧土压力。地下给水排水构筑物的墙壁和池壁，地下管沟的侧壁，施工中沟槽的支撑，顶管工作坑的后背以及其他各种挡土结构，都受到土的侧向压力作用，如图 2.7 所示。这种土压力称为侧土压力。根据挡土墙受力后的位移情况，侧土压力可分为以下三种。

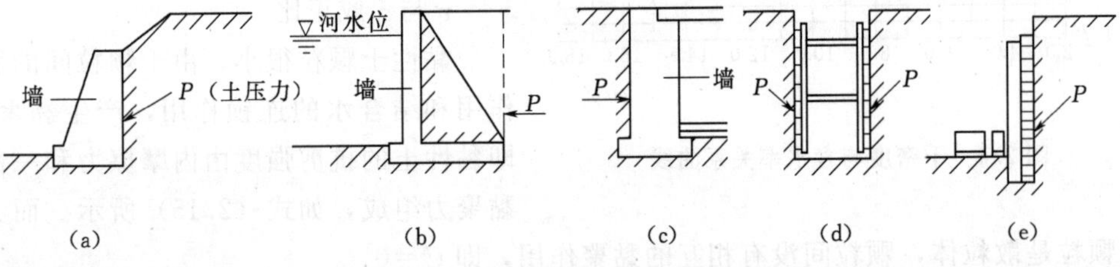

图 2.7　各种挡土结构示意图

(a) 挡土墙；(b) 河堤；(c) 池壁；(d) 支撑；(e) 顶管工作坑后背

1）主动土压力。挡土墙在墙后土压力作用下向前移动或土体随着下滑，当达到一定位移时，墙后土达极限平衡状态，此时作用在墙背上的土压力就称为主动土压力，如图 2.8（a）所示。

2）被动土压力。挡土墙在外力作用下向后移动或转动，挤压填土，使土体向后位移，当挡土墙向后达到一定位移时，墙后土体达到极限平衡状态，此时作用在墙背上的土压力称为被动土压力，如图 2.8（b）所示。

3）静止土压力。挡土墙的刚度很大，在土压力作用下不产生移动和转动，墙后土体处于静止状态，此时作用在墙背上的土压力称为静止土压力，如图 2.8（c）所示。

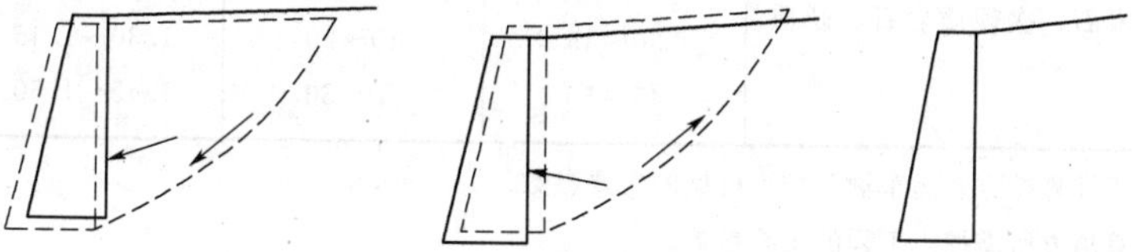

(a)　　(b)　　(c)

图 2.8　三种土压力位移示意图

（a）主动土压力；（b）被动土压力；（c）静止土压力

上述三种土压力，在相同条件下，主动土压力最小，被动土压力最大，静止土压力介于两者之间。三种土压力的计算可按库仑土压力理论或者朗肯土压力理论计算。

（4）土的可松性和压密性。土的可松性是指天然状态下的土经开挖后土的结构被破坏，因松散而体积增大，这种现象称为土的可松性。

土经过开挖、运输、堆放而松散，松散土与原土体积之比用可松性系数 K_1 表示。

$$K_1 = V_2 / V_1 \qquad (2.17)$$

土经回填后，其体积增加值用最后可松性系数 K_2 表示。

$$K_2 = V_3 / V_1 \qquad (2.18)$$

式中　V_1——开挖前土的自然状态下体积，m^3；

V_2——开挖后土的松散体积，m^3；

V_3——压实后土的体积，m^3。

可松性系数的大小取决于土的种类，见表 2.6。

表 2.6　　**土 的 可 松 性 系 数**

土 的 种 类	体积增加百分比/%		可松性系数	
	最初	最后	K_1	K_2
砂土、粉土、种植地、淤泥、淤泥质土	8～17 20～30	1～2.5 3～4	10.8～1.17 1.20～1.30	1.01～1.03 1.03～1.04
粉质黏土、潮湿土、砂土、混碎（卵）石、粉质黏土、素填土	14～28	1.5～5	1.14～1.28	1.02～1.05

续表

土的种类	体积增加百分比/%		可松性系数	
	最初	最后	K_1	K_2
黏土、重粉质黏土、砾石土、干黄土、黄土混碎（卵）石、粉质黏土、混碎（卵）石、压实素填土	24～80	4～7	1.24～1.30	1.04～1.07
重黏土、黏土混碎（卵）石、卵石土、密实黄土、砂岩	26～32	6～9	1.26～1.32	1.06～1.09
泥灰岩、软质岩石、次硬质岩石、硬质岩石	33～37 30～45 45～50	11～15 10～20 20～30	1.33～1.37 1.30～1.45 1.45～1.50	1.11～1.15 1.10～1.20 1.20～1.30

注 1. K_1 是用于计算挖方装运车辆及挖土机械的主要参数。

2. K_2 是计算填方所需挖土工程的主要参数。

3. 最初体积增加百分比$=(V_2-V_1)/V_1\times100\%$。

4. 最后体积增加百分比$=(V_3-V_1)/V_1\times100\%$。

土的压密性是指土经回填压实后，使土的体积减小的现象。

土的压实或夯实程度用压实系数表示，压实系数用符号 λ_c 表示。

$$\lambda_c=\frac{\rho_d}{\rho_{d\max}} \tag{2.19}$$

式中 λ_c——土的压实系数；

ρ_d——土的控制干密度，g/cm^3；

$\rho_{d\max}$——土的最大干密度，g/cm^3。

2.1.1.4 土的状态指标

1. 无黏性土的密实度

无黏性土一般指砂类土和碎石土，其黏粒含量少，不具有塑性，呈单粒结构，最主要的物理状态指标为密实度。

工程上常用相对密度 D_r 来判别无黏性土的密实度，如式（2.20）所示。

$$D_r=\frac{e_{\max}-e}{e_{\max}-e_{\min}}=\frac{(\rho_d-\rho_{d\min})\rho_{d\max}}{(\rho_{d\max}-\rho_{d\min})\rho_d} \tag{2.20}$$

式中 $e_{\max}$——最大孔隙比，即最疏松状态下的孔隙比；

$e_{\min}$——最小孔隙比，即紧密状态下的孔隙比；

e——天然孔隙比，即通常天然状态下的孔隙比；

$\rho_{d\min}$——砂土的最小干密度，g/cm^3。

最大干密度和最小干密度可由试验直接测定。砂土的天然孔隙比介于最大和最小孔隙比之间，故相对密度在 0～1 之间。当 $e=e_{\max}$时，$D_r=0$，砂土处于最疏松状态；当 $e=e_{\min}$时，$D_r=1$，砂土处于最紧密状态。

工程中常用相对密度 D_r 判别砂土的震动液化或评价砂土的密实程度。按相对密度将砂土划分为三种密实状态，见表 2.7。

表 2.7 按相对密度划分砂土的密实度

密实度	密实	中密	松散
D_r	2/3～1	1/3～2/3	0～1/3

2. 黏性土的稠度

（1）黏性土的稠度状态。黏性土因含水的多少而表现出的稀稠软硬程度称为稠度。因含水多少而呈现出的不同物理状态称为黏土的稠度状态，可表现为固态、半固态、可塑状态与流动状态四种。

（2）界限含水率——稠度界限。黏性土由一种稠度状态转变为另一种稠度状态的分界含水率称为稠度界限（即界限含水率）。工程上常用的有液限 ω_L、塑限 ω_P 及缩限 ω_S。

1）液限 ω_L。由可塑状态转变到流动状态的界限含水率称为液限。通常粉土的液限为32%～38%，粉质黏土为38%～46%，黏土为40%～50%。我国采用锥式液限仪法、蝶式液限仪法或液塑限联合测定法来测定土的液限。

2）塑限 ω_P。由半固态转变到可塑状态的界限含水率称为塑限。常见值为17%～28%。常采用搓条法或液塑限联合测定法测得。

3）缩限 ω_S。由固态转变为半固态的界限含水率称为缩限。常采用收缩皿法测得。

（3）黏土的稠度状态指标。

1）液性指数 IL。为判别自然界中黏性土的稠度状态，通常采用液性指数进行评价，见表 2.8，计算如式（2.21）所示。

$$\mathrm{IL}=\frac{\omega-\omega_P}{\omega_L-\omega_P} \tag{2.21}$$

表 2.8 按液性指数划分黏性土的稠度状态

液性指数 IL	IL≤0	0<IL≤0.25	0.25<IL≤0.75	0.75<IL≤1	IL>1
稠度状态	坚硬	硬塑	可塑	软塑	流塑

2）塑性指数 IP。可塑性的强弱可由液限与塑限这两个稠度界限的差值大小来反映，即为塑性指数，如式（2.22）所示。

$$\mathrm{IP}=(\omega_L-\omega_P)\times 100\% \tag{2.22}$$

在工程实际中，按塑性指数的大小对一般黏性土进行分类。

3）活动度 A。黏性土的活动度是指土的塑性指数与土中胶粒含量百分数的比值，计算如式（2.23）所示。黏性土按活动度分类见表 2.9。

$$A=\mathrm{IP}/P_{0.002} \tag{2.23}$$

式中 $P_{0.002}$——土中胶粒（粒径小于 0.002mm）质量占总土质量的百分比。

表 2.9 黏性土按活动度分类

活动度 A	$A<0.75$	$0.75\leqslant A\leqslant 1.25$	$A>1.25$
分类	不活动黏土	正常黏土	活动黏土

4）灵敏度 S_t。黏性土的一个重要特征是具有结构性，当天然结构被破坏时，黏性土的强度降低，压缩性增大。反映黏性土的结构性强弱的指标称为灵敏度，是指原状土的无

侧限抗压强度与重塑土的无侧限抗压强度的比值（原状土是指从地层中取出能保持原有结构及含水量的土样；扰动土是指结构受到破坏或含水量发生变化时的土样；将扰动土再按原状土的密度和含水量制备成的试样，称为重塑土），计算如式（2.24）所示。黏性土按灵敏度分类见表2.10。

$$S_t = q_u / q'_u \tag{2.24}$$

式中 S_t——土的灵敏度；

q_u——原状土无侧限抗压强度，MPa；

q'_u——重限土无侧限抗压强度，MPa。

表2.10 黏性土按灵敏度分类

灵敏度 S_t	$S_t \leqslant 2$	$2 < S_t \leqslant 4$	$S_t > 4$
分类	低灵敏土	中灵敏土	高灵敏土

2.1.1.5 土的工程分类及野外鉴别方法

1. 土的一般分类

土的种类很多，分类方法也很多，一般按土的组成、生产年代和生产条件对土进行分类。按《建筑地基基础设计规范》（GB 50007—2011）将地基土分为岩石、碎石土、砂土、粉土、黏性土、人工填土六类，每类又可以分成若干小类。

（1）岩石。颗粒间牢固黏结，呈整体或具有节理裂隙的岩体称为岩石，根据其坚硬程度、完整程度及风化程度进行分类。

1）岩石的坚硬程度可根据岩块的饱和单轴抗压强度 f_{rk} 划分，见表2.11。

表2.11 岩石坚硬程度的划分

类别	坚硬岩	较硬岩	较软岩	软岩	极软岩
饱和单轴抗压强度 f_{rk}/MPa	$f_{rk} > 60$	$60 \geqslant f_{rk} > 30$	$30 \geqslant f_{rk} > 15$	$15 \geqslant f_{rk} > 5$	$f_{rk} \leqslant 5$

2）按完整性指数，岩石划分为完整、较完整、较破碎、破碎和极破碎五类。

3）按风化程度划分，岩石分为未风化岩、微风化岩、中风化岩、强风化岩和全风化岩五类。

（2）碎石土。碎石土中粒径大于2mm的颗粒占全重50%以上，根据颗粒级配和占全重百分率不同，分为漂石、块石、卵石、碎石、圆砾和角砾，如表2.12所示。

表2.12 碎石土的分类

类别	颗粒形状	粒组含量
漂石	磨圆	粒径大于200mm的颗粒超过全重50%
块石	棱角	
卵石	磨圆	粒径大于20mm的颗粒超过全重50%
碎石	棱角	
圆砾	磨圆	粒径大于2mm的颗粒超过全重50%
角砾	棱角	

（3）砂土。粒径大于2mm的颗粒含量不超过全重的50%，而粒径大于0.075mm的颗粒含量超过全重的50%的土。砂土根据粒组含量不同又被细分为砾砂、粗砂、中砂、细砂和粉砂五类，如表2.13所示。

表2.13 砂土的分类

类别	粒组含量	类别	粒组含量
砾砂	粒径大于2mm的颗粒占全重25%～50%	细砂	粒径大于0.075mm的颗粒超过全重85%
粗砂	粒径大于0.5mm的颗粒超过全重50%	粉砂	粒径大于0.075mm的颗粒超过全重50%
中砂	粒径大于0.25mm的颗粒超过全重50%		

（4）粉土。粒径大于0.075mm的颗粒含量不超过50%，且塑性指数3<IP≤10的土。当IP接近3时，其性质与砂土相似；当IP接近10时，其性质与粉质黏土相似。

（5）黏性土。指塑性指数IP>10的土。黏土按其粒径级配、矿物成分和溶解于水中的盐分等组成情况的指标，分为粉土、粉质黏土和黏土。其中10<IP≤17的土称为粉质黏土；IP>17的土称为黏土。黏性土可以根据液性指数IL分为坚硬、硬塑、可塑、软塑、流塑五种状态。

（6）人工填土。按其组成和成因分为素填土、压实填土、杂填土和冲填土。

1）素填土。由碎石土、砂土、黏土组成的填土。

2）压实填土。经分层压实的统称素填土，又称压实填土。

3）杂填土。含有建筑垃圾、工业废渣、生活垃圾等杂物的填土。

4）冲填土。由水力冲填泥沙形成的填土。

另外，还有一部分土表现出特殊的性质，需要单独对其性质进行研究：①膨胀土：土中黏粒成分主要由亲水性矿物组成，具有显著的吸水膨胀和失水收缩的特性，其自由胀缩率大于或等于40%的黏性土为膨胀土；②湿陷性土：当土体浸水后沉降，其湿陷系数大于或等于0.015的土；③淤泥和淤泥质土：在静水或缓慢的流水环境中沉积，并经生物化学作用形成的黏性土或粉土，淤泥的天然含水率$\omega>\omega_L$，天然孔隙比$e\geqslant1.5$，淤泥质土的天然含水率$\omega>\omega_L$，天然孔隙比$1.0\leqslant e<1.5$，本类土压缩性高、强度低、透水性差，为不良的地基土；④红黏土：指碳酸盐岩系出露区的岩石，经“红土化作用”形成并覆盖于基岩上的棕红色、褐黄色等高塑性黏土，其塑性指数IP＝30～50，$\omega_L>50\%$，$e=1.1\sim1.7$，$S_r>0.85$，通常强度高、压缩性低，表现出上部坚硬下部较软的特性；⑤盐渍土：指地表土层易溶盐含量大于0.5%，使之盐渍化的土，具有吸湿松胀等特性；⑥冻土：指在冰冻季节，因大气负温影响，使土中水分冻结的土，根据冻融情况可以分为季节性冻土、隔年冻土及多年冻土，有冻胀融陷的特性。

2. 土的工程分类

按土石坚硬程度和开挖使用工具，将土分为八类，见表2.14。

表2.14 土的工程分类

土的分类	土（岩）的组成成分	密度/(t/m^3)	开挖方法及工具
一类土（松软土）	略有黏性的砂土、粉土、腐殖土及疏松的种植土、泥炭（淤泥）	0.6～1.5	用锹、少许用脚蹬或用锄头挖掘

续表

土的分类	土（岩）的组成成分	密度/(t/m^3)	开挖方法及工具
二类土（普通土）	潮湿的黏性土和黄土，软的黏土和碱土，含有建筑材料碎屑、碎石、卵石的堆积土和植土	1.1～1.6	用锹、脚蹬，少许用镐
三类土（坚土）	中等密实的黏性和黄土，含有碎石、卵石或建筑材料碎屑的潮湿的黏性土和黄土	1.8～1.9	主要用镐、条锄挖掘，少许用撬棍
四类土（砂砾坚土）	坚硬密实的黏性土或黄土，含有碎石、砾石的中等密实黏性土或黄土，硬化的重盐土，软泥灰岩	1.9	全部用镐、条锄挖掘，少许用撬棍
五类土（软岩）	硬的石炭纪黏土，胶结不紧的砾岩，软的、节理多的石灰岩及贝壳石灰岩，坚实白垩，中等坚实的页岩、泥灰岩	1.2～2.7	用镐或撬棍、大锤挖掘，部分使用爆破办法
六类土（次坚石）	坚硬的泥质页岩，坚硬的泥灰岩，角砾状花岗岩泥灰质石灰岩，黏土质砂岩，云母页岩及砂质页岩，风化花岗岩、片麻岩及正常岩，密石灰岩等	2.2～2.9	用爆破方法开挖，部分用风镐
七类土（坚石）	白云岩、大理石、坚实石灰岩、石灰质及石英质的砂岩、坚实的砂质页岩以及中粗花岗石岩	2.5～2.9	用爆破方法开挖
八类土（特坚石）	坚实的粗花岗岩、花岗片麻岩、闪长岩、坚实角闪岩、辉长岩、石英岩、安山岩、玄武岩、最坚实辉绿岩、石灰岩及闪长岩等	2.7～3.3	用爆破方法开挖

3. 土的野外鉴别方法

在野外粗略地鉴别各类土的方法，应根据经验，采用不同的方法进行。表2.15和表2.16对大量的成功经验进行了总结，在实践运用当中，应根据自身的条件，总结出适合使用者本人的野外鉴别方法。

表2.15　　细粒土的野外鉴别方法

土的名称	湿润时用刀切	湿土用手捻摸时的感觉	土的状态		湿土搓条情况
			干土	湿土	
黏土	切面光滑，有黏力阻力	有滑腻感，感觉不到有砂料，水分较大时很黏手	土块坚硬用锤才能打碎	易黏着物体，干燥后不易剥去	塑性大，能搓成直径小于0.5mm的长条，手持一端不易断裂
粉质黏土	稍有光滑面，切面平整	稍有滑腻感，有黏着感，感觉到有少量砂粒	土块用力可压碎	能黏着物体，干燥后易剥去	有塑性，能搓成直径为0.5～2.0mm土条
粉土	无光滑面，切面粗糙	有轻微黏着感或无滞感，感觉到砂粒较多	土块用手捏碎或抛扔时易碎	不易黏着物体，干燥时一碰就掉	塑性小，能搓成直径为2～3mm的短条
砂土	无光滑面，切面粗糙	无黏滞感，感觉到全是砂粒	松散	不能黏着物体	无塑性，不能搓成土条

表 2.16　　碎石土、砂土野外鉴别方法

类别	土的名称	颗粒粗细	干燥时的状态及强度	湿润时用手拍击的状态	黏着程度
碎石土	卵（碎）石	1/2 以上的颗粒超过 20mm	颗粒完全分散	表面无变化	无黏着感觉
	圆（角）砾	1/2 以上的颗粒超过 2mm	颗粒完全分散	表面无变化	无黏着感觉
砂土	砾砂	约有 1/4 以上的颗粒超过 2mm	颗粒完全分散	表面无变化	无黏着感觉
	粗砂	约有 1/2 以上的颗粒超过 0.5mm	颗粒完全分散，但有个别胶结在一起	表面无变化	无黏着感觉
	中砂	约有 1/2 以上的颗粒超过 0.25mm	颗粒基本分散，局部胶结但一碰即散	表面偶有水印	无黏着感觉
	细砂	大部分颗粒与粗豆米粉近似	颗粒大部分分散，少量胶结，部分稍加碰撞即散	表面有水印	偶有轻微黏着感觉
	粉砂	大部分颗粒与小米粉近似	颗粒少部分分散，大部分胶结，稍加压力可分散	表面有显著翻浆现象	偶有轻微黏着感觉

2.1.2　场地的测量与土方量计算

2.1.2.1　场地的测量

1. 建立测量控制网

土方工程施工前，结合总平面图的要求，将规划确定的水准点和红线桩引至施工现场并做好固定和保护措施，在施工场地内按一定的距离布点，形成测量控制网，以控制施工场地的平面位置和高程。

2. 定位与放线

根据引入施工场地内的基准点，采用测量仪器确定拟建建筑物的所有轴线，并在施工场地的安全位置做好控制桩。结合施工图纸，利用控制桩进行基坑（槽）放线，确定土方开挖的边线。

2.1.2.2　土方量的计算

1. 断面法

适应于地面起伏变化大的地区，或挖深大而又不规则的地区，尤其是长条形的挖方工程更为有利。

（1）计算断面面积的方法。

1）方格纸法。用方格纸敷在图纸上，通过数方格数，再乘以每个方格面积而求得。方格网越密，精度越高。具体在数方格时，测量对象占方格单元 1/2 以上，按一整个方格计；否则不计。最后进行方格数的累加，再求取面积即可。

2）求积仪法。运用求积仪进行测量，此法简便、精度高。

3）标准图计算法。将所取的每个断面划分为若干个三角形或梯形，如图 2.9 所示。

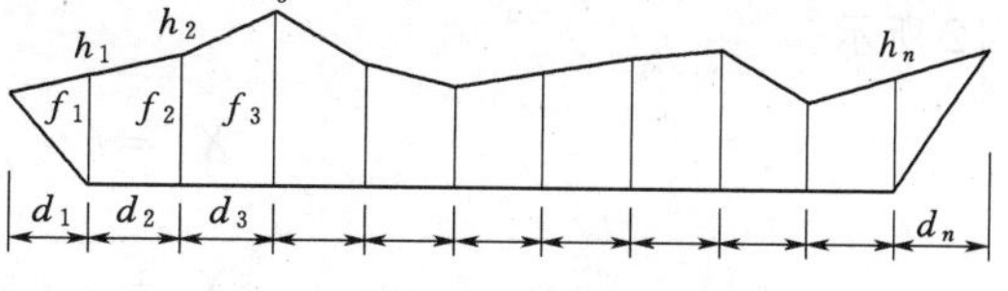

图 2.9　断面法计算简图

三角形或梯形的面积 $f_1=\frac{1}{2}h_1d_1$，$f_2=\frac{1}{2}(h_1+h_2)d_2$，…，$f_n=\frac{1}{2}h_nd_n$

则该断面面积 $F_1=f_1+f_2+\cdots+f_n$

同理可求出其他断面的面积 F_2，F_3，…，F_n。

(2) 土方量的计算。根据选定的断面进行沟槽土方量计算，两相邻计算断面间的土方量 V 为

$$V=\frac{F_1+F_2}{2}L \tag{2.25}$$

式中 F_1、F_2——相邻两计算断面的面积，m^2；

L——两断面间距，m。

2. 方格网法

方格网法适用于地形较平缓的场地采用，计算精度较高，其计算步骤如下：

(1) 划分方格网。依据已有地形图，将需进行土方工程量计算的范围分成若干个方格网，网格尽量与测量的坐标网相对应。方格网一般采用 10m×10m、20m×20m 或 40m×40m。

(2) 计算施工高度。将自然地面标高与设计地面标高分别标注在方格点的右上角和右下角。将设计标高和同一地面高程的差值写在网格的左上角，挖方标（+），填方标（—）。如图 2.10 所示。

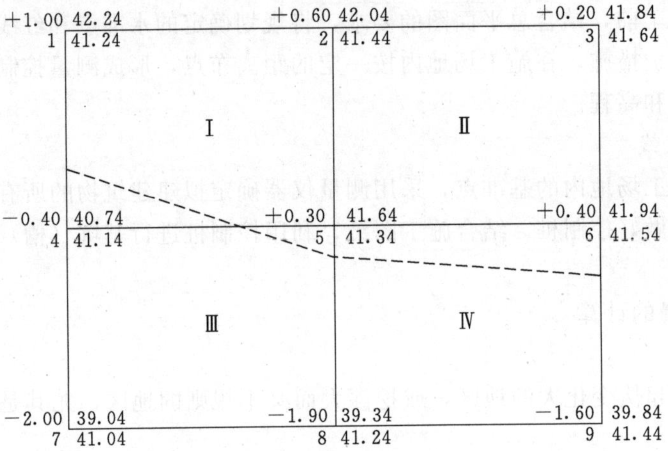

图 2.10 方格法计算简图

(3) 计算零点位置。在一个方格网内同时有填方或挖方时，要先算出方格网边的零点位置，并标注在方格网上。将零点连线就得到零线，它是填方区和挖方区的分界线，在此线上各点施工高度等于零。零点位置可按式（2.26）和式（2.27）计算，如图 2.11、图 2.12 所示。

$$X_1=a\cdot\frac{h_1}{h_1+h_2} \tag{2.26}$$

$$X_2=a\cdot\frac{h_2}{h_1+h_2} \tag{2.27}$$

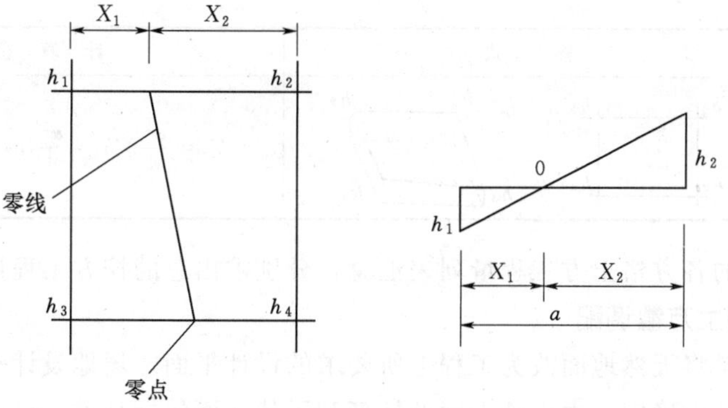

图 2.11　零点位置计算示意图

式中　X_1、X_2——角点至零点的距离，m；

h_1、h_2——相邻两角的施工高度，m，计算时均采用绝对值；

a——方格网的边长，m。

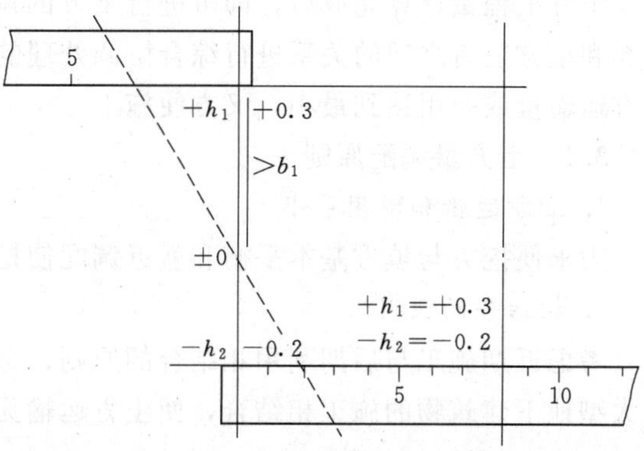

图 2.12　零点位置图解法

在实际工作中，为省略计算，常采用图解法直接求出零点。如图 2.12 所示，方法是用尺在各角上标出相应比例，用尺相连，与方格相交点即为零点位置，同时可避免计算或查表出错。

（4）计算方格土方工程量。方格土方工程量计算公式见表 2.17。

表 2.17　　　　常用方格土方工程量计算公式

项目	图式	计算公式
一点填方或挖方（三角形）	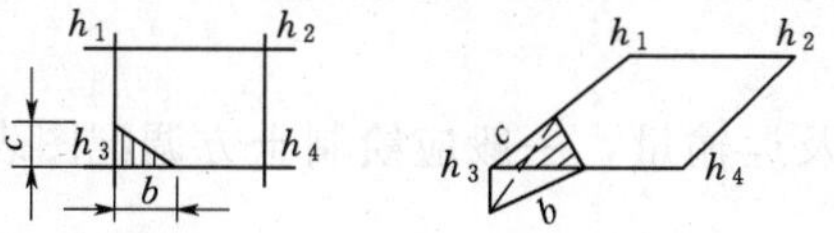	$V=\frac{1}{2}bc\frac{\sum h}{3}=\frac{bch_3}{6}$ 当 $a=b=c$ 时，$V=\frac{a^2h_3}{6}$
二点填方或挖方（梯形）	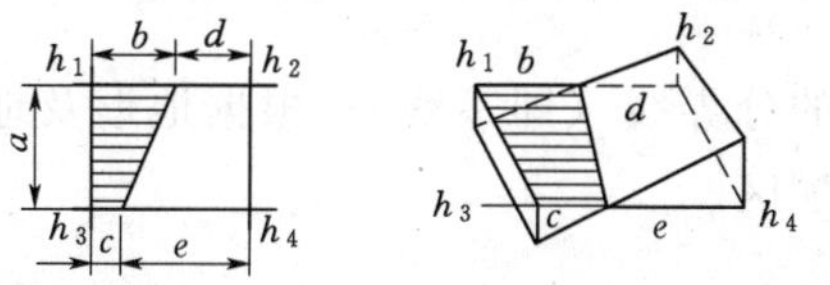	$V_-=\frac{b+c}{2}\cdot a\cdot\frac{\sum h}{4}=\frac{a}{8}(b+c)(h_1+h_3)$ $V_+=\frac{d+e}{2}\cdot a\cdot\frac{\sum h}{4}=\frac{a}{8}(d+e)(h_2+h_4)$
三点填方或挖方（五角形）	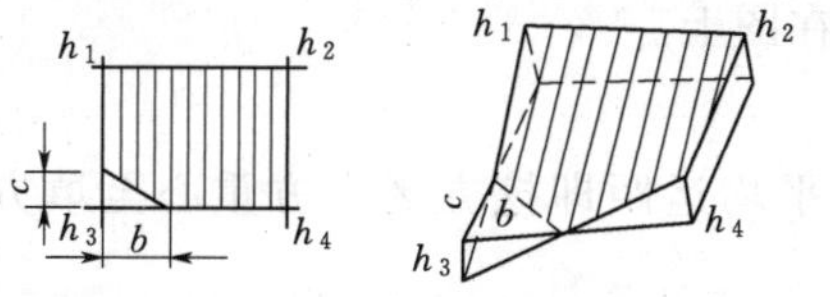	$V_-=\frac{1}{2}bc\frac{\sum h}{3}=\frac{bch_3}{6}$ $V_+=\left(a^2-\frac{bc}{2}\right)\frac{\sum h}{5}=\left(a^2-\frac{bc}{2}\right)\frac{h_1+h_2+h_3}{5}$

续表

项目	图　式	计 算 公 式
四点填方或挖方（正方形）	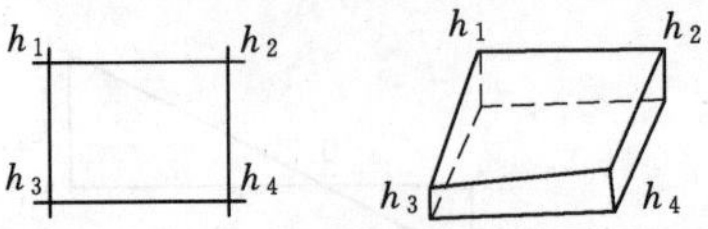	$V_+ = \frac{a^2}{4}\sum h = \frac{a^2}{4}(h_1 + h_2 + h_3 + h_4)$

（5）将计算的各方格土方工程量列表汇总，分别求出总的挖方工程量和填方工程量。

2.1.3　场地平整土方量调配

场地平整就是将天然地面改为工程上所要求的设计平面。场地设计平面通常由设计单位在总图竖向设计中确定，由设计平面的标高和天然地面的标高差，可以得到场地各点的施工高度（填挖高度），由此可以计算场地平整的土方量。

土方工程量计算完成后，即可进行土方的调配工作。土方调配，就是对挖土的利用、堆弃和填方三者之间的关系进行综合协调处理的过程。一个好的土方调配方案，应该既使土方运输量或费用达到最小，又方便施工。

2.1.3.1　土方量调配原则

1. 土方运输和费用最小

力求使挖方与填方基本平衡和就近调配使挖方与运距的乘积之和尽可能为最小。

2. 相结合的原则

考虑近期施工与后期利用相结合的原则；考虑分区与全场相结合的原则；还应尽可能与大型地下建筑物的施工相结合，使土方运输无对流和乱流的现象。

3. 机械设备合理使用

合理选择恰当的调配方向、运输路线，使土方机械和运输车辆的功率能得到充分发挥。

4. 土的合理安排

好土用在回填质量要求的地区；取土或弃土尽量不占或少占农田。

总之，土方的调配必须根据现场的具体情况、有关资料、进度要求、质量要求、施工方法与运输方法，综合考虑的原则，进行技术经济比较，选择最佳的调配方案。

2.1.3.2　编制土方调配图表

为了更直观地反映场地调配的方向及运输量，一般应绘制土方调配图表，其编制程序如下。

1. 划分调配区

在场地平面图上先划出挖、填方区的分界线（即零线）；根据地形及地理条件，可在挖方区和土方区适当地分别划出若干调配区。

2. 计算土方工程量

计算各调配区的土方工程量，并标在图上。

3. 求平均运距

求出每对调配区之间的平均运距。平均运距即挖方区土方重心至填方区土方重心的距离。

4. 进行土方调配

采用线性规划中“表上作业法”进行。

5. 画出土方调配图

土方调配图，如图 2.13 所示。

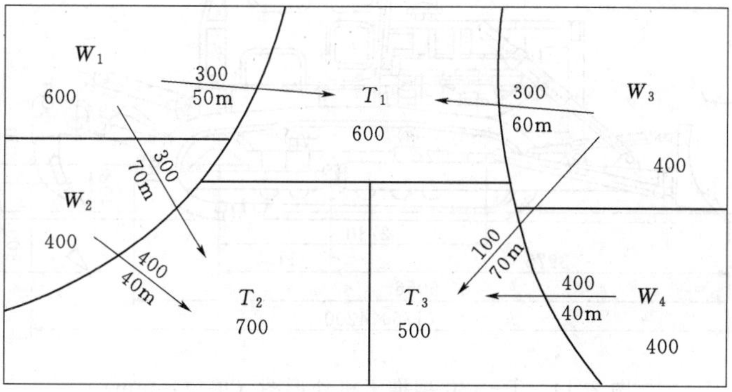

图 2.13　土方调配图（单位：m^3）

6. 列出土方工程量调配平衡表

土方工程量调配平衡表见表 2.18。图 2.13 中箭头上方的数字表示土方量（m^3），箭头下方数字为运距（m）；其中 W 为挖方区，T 为填方区。

表 2.18　　**土方工程量调配平衡表**

挖方区编号	挖方数量 /m^3	填方区编号、填方数量（m^3）			
		T_1	T_2	T_3	合计
		600	700	500	1800
W_1	600	300	300		
W_2	400		400		
W_3	400	300		100	
W_4	400			400	
合计	1800				

2.1.4　场地平整土方施工作业

场地土方施工由土方开挖、运输、填筑等施工过程组成。

2.1.4.1　场地土方开挖与运输

场地土方开挖与运输通常采用人工、半机械化、机械化和爆破等方法，目前主要采用机械化施工法。下面介绍几种常用的施工机械。

1. 推土机

推土机是土方工程施工时的主要机械之一，是在拖拉机上安装推土板等工作装置的机械，其行走方式有轮胎式和履带式两种。

推土机施工特点是：构造简单，操作灵活，运输方便，所需工作面较小，功率较大，行驶速度快，易于转移，可爬 30°左右的缓坡。

目前我国生产的推土机有：红旗100、T-120、T-180、黄河220、T-240和T-320等。油压操纵的T-180型推土机外形，如图2.14所示。

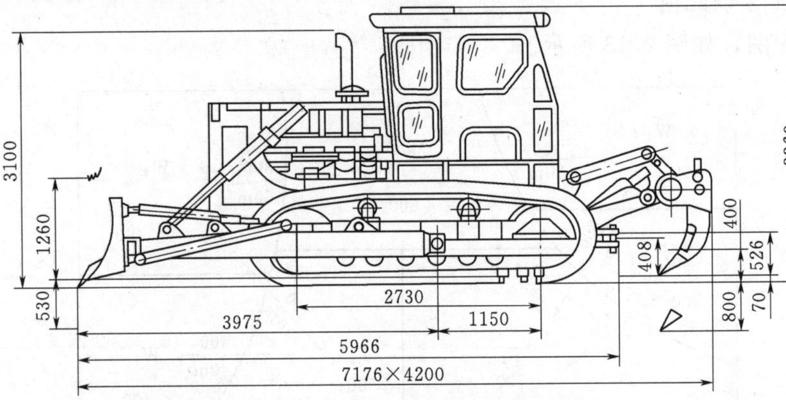

图2.14 T-180型推土机外形图（单位：mm）

推土机多用于场地清理和平整，在其后面可安装专用装置，以松动硬土和冻土，还可以牵引其他无动力土方施工机械，可以推挖一～三类土，经济运距在100m以内，效率最高时运距为60m。

推土机的生产效率主要取决于推土刀推移土的体积及切土、推土、回程等工作循环时间，所以缩短推土时间和减少土的损失是提高推土效率的主要影响因素。施工时可采用下坡推土、并列推土（图2.15）和利用前次推土的槽型推土（图2.16）等方法。

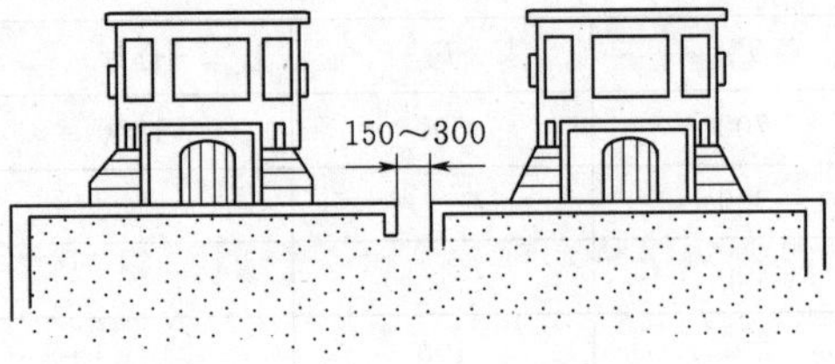

图2.15 并列推土（单位：mm）

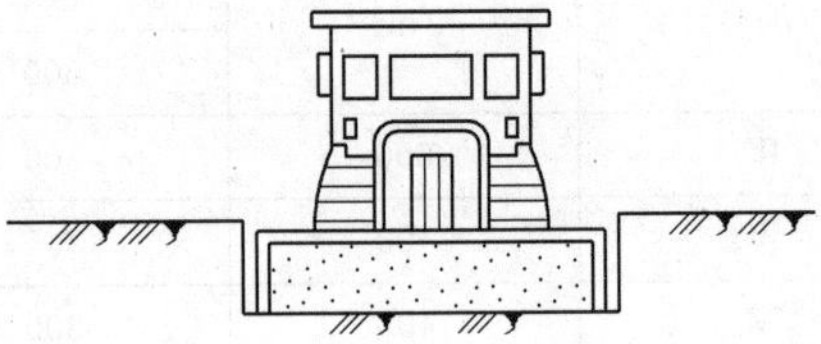

图2.16 槽型推土

2. 铲运机

铲运机是一种能综合完成土方施工工序的机械，在场地土方施工中广泛采用。铲运机有拖式铲运机［图2.17（a）］和自行式铲运机［图2.17（b）］两种。常用铲运机铲斗容量一般为3～12m^3。

铲运机操纵简单灵活，行驶速度快，生产率高，且运转费用低。宜用于场地地形起伏不大，坡度在20°以内，土的天然含水量不超过27%的大面积场地平整。当铲运三～四类较坚硬土时，宜先与松土机配合，以减少机械磨损，提高施工效率。

自行式铲运机适用于运距在800～3500m的大型土方工程施工，运距在800～1500m范围内的生产效率最高。

2.1.4.2 场地填筑与压实

场地平整施工常采用环形路线，如图2.18所示。

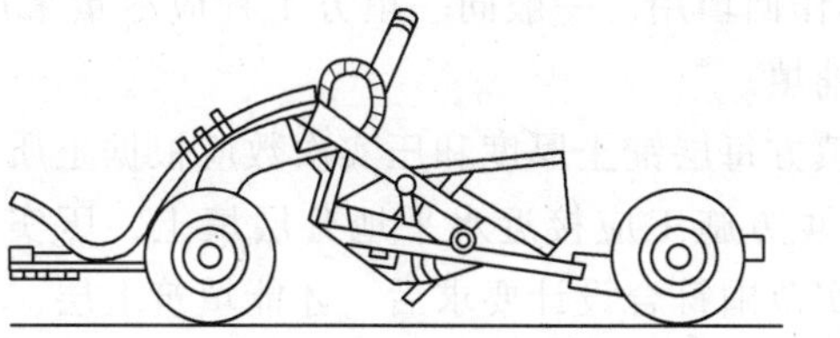
(a)

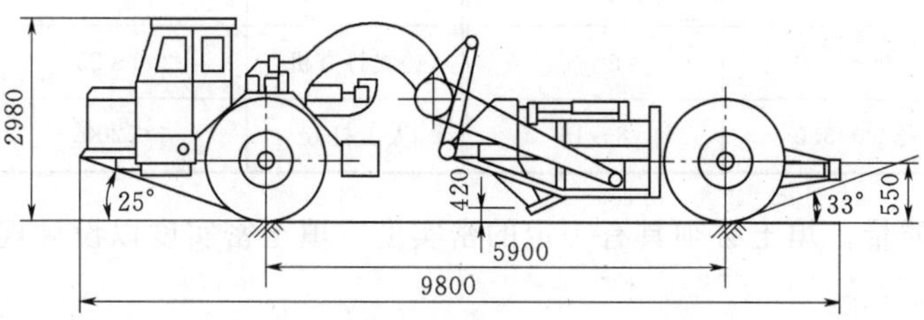

(b)

图 2.17　铲运机外形图（单位：mm）

(a) 拖式铲运机；(b) 自行式铲运机

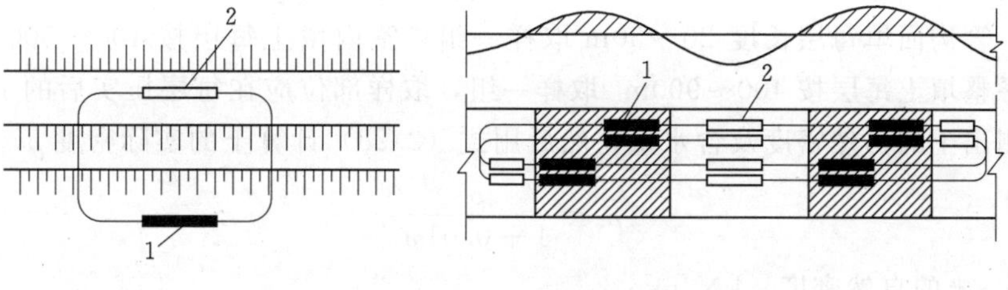

图 2.18　铲运机作业路线示意图

(a) 环形路线；(b) 大环形路线

1—铲土；2—卸土

1. *填方的质量要求*

在场地土方填筑工程中，只有严格遵守施工验收规范，正确选择填料和填筑方法，才能保证填土的强度和稳定性。

(1) 填方施工前基底处理。根据填方的重要性及填土厚度确定天然地基是否需要处理。当填方厚度在 1.0～1.5m 以上时可以不处理；当在建筑物和构筑物地面以下或填方厚度小于 0.5m 的填方，应清除基底的草皮和垃圾；当在地面坡底不大于 1/10 的平坦地上填方时，可不清除基底上草皮；当在地面坡底大于 1/5 的山坡上填方时，应将基底挖成阶梯形，阶宽不小于 1m；当在水田、池塘或含水量大的松软地段填方时，应根据实际情况采取适当措施处理，如排水疏干、全部挖土、抛块石等。

(2) 填方土料的选择。用于填方的土料应保证填方的强度和稳定性。土质、天然含水量等应符合有关规定。含水量大的黏性土、含有 5%以上的水溶性硫酸土、有机质含量在

8%以上的土一般都不作回填用。一般同一填方工程应尽量采用同一类土填筑，若填方土料不同时，必须分层铺填。

(3) 填筑方法。填方每层铺土厚度和压实次数应根据土质、压实系数和机械性能来确定，按表2.19选用。填方施工应接近水平地分层填土、压实和测定压实后土的干密度，检验其压实系数和压实范围符合设计要求后，才能填筑上层。分段填筑时，每层接缝处应做成斜坡形，碾迹重叠0.5～1.0m，上下层错缝距离应不小于1.0m。

表2.19　　填方每层的铺土厚度和压实次数

压实机具	每层铺土厚度/mm	每层压实次数/次	压实机具	每层铺土厚度/mm	每层压实次数/次
平碾	200～300	6～8	蛙式打夯机	200～250	3～4
羊足碾	200～350	8～16	人工打夯	≤200	3～4

(4) 填方的质量。填土必须具有一定的密实度，填土密实度以设计规定的控制干密度ρ_d作为检查标准。

土的最大干密度一般在实验室由击实试验确定，再根据规范或设计规定的压实系数，即可算出填土的控制干密度ρ_d的值。在填土施工时，土的实际干密度大于或等于ρ_d时，则符合质量要求。

土的实际干密度可用"环刀法"测定。其取样组数：基坑回填每20～50m² 取样一组；基槽、管沟回填每层长度20～50m取样一组；室内填土每层按100～500m² 取样一组；场地平整填土每层按400～900m² 取样一组，取样部位应在每层压实后的下半部。试样取出后测出土的自然密度及含水量，然后用式(2.28)计算土的实际密度ρ_0。

$$\rho_0=\frac{\rho}{1+0.01\omega} \tag{2.28}$$

式中　ρ——土的自然密度，kN/m³；

ω——土的天然含水量。

2. 填方压实的影响因素

填方压实质量与许多因素有关，其中主要影响因素为：压实功、土的含水率及每层铺土厚度。

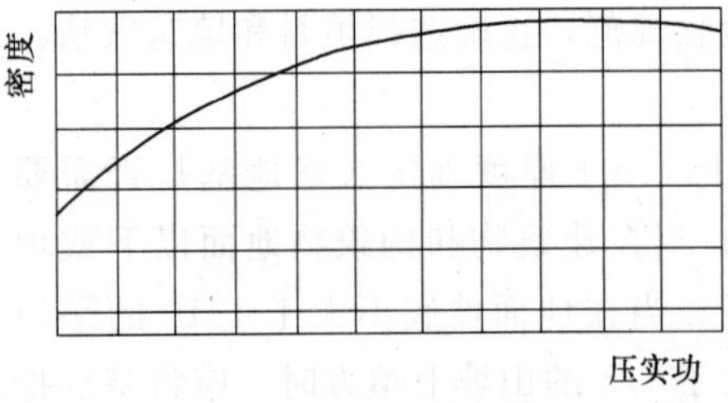

图2.19　土的密度与压实功的关系示意图

(1) 压实功。压实机械在土上施加功，土的密度增加，但土的密度大小并不与机械施加功成正比例。土的密度与机械所耗功的关系如图2.19所示。当土的含水率一定，在开始压实时，土的密度急剧增加，待到接近土的最大密度时，压实功虽然增加许多，而土的密度则没有变化。因此，在实际施工中应选择合适的压实机械和压实遍数。

(2) 土的含水率。在同一压实功条件下，填土的含水率对压实质量有直接影响，较干燥的土不易压实，较湿的土也不易压实。当土的含水率最佳时，土经压实后的密度最大，压实系数最高。土的最优含水率，即在压实功相同的条件下，能够使土获得最大干密度的含水率。各种土的最优含水率和最大干密度通过击实试验取得，也可参见表2.20确定。

表2.20　土的最优含水量和最大干密度参考表

序号	土的种类	变动范围		序号	土的种类	变动范围	
		最优含水率/%	最大干密度/(g/cm³)			最优含水率/%	最大干密度/(g/cm³)
1	砂土	8～12	1.80～1.88	3	粉质黏土	12～15	1.67～1.95
2	黏土	10～23	1.58～1.70	4	粉土	16～22	1.61～1.80

实际施工中，为保证填土处于最佳含水率状态，当土过湿时，应翻松晒干，也可掺入同类干土或石灰等吸水材料从而减小土的含水率；当土过干时，则应洒水湿润。

（3）每层铺土厚度。土在压实功的作用下地基应力是随深度增加而减少的。而压实机械的作用深度与压实机械、土的性质和含水率等有关。要保证压实土层各点的密实度都满足要求，铺土厚度应小于压实机械压土时的作用深度。但是铺土过厚，要压很多遍才能达到规定的密实度；铺土过薄，则也要增加机械的总压实遍数，所以铺土厚度应能使土方达到规定的密实度，而机械功耗费最少，这一铺土厚度称为最优铺土厚度。

2.1.4.3　场地平整综合机械化施工

在进行大规模场地平整时，可根据现场具体情况和地形条件、工程量大小、工期等要求，合理组织机械化施工，如采用铲运机、挖土机及推土机开挖土方；用松土机松土、装载机装土、自卸汽车运土；用推土机平整土壤；用碾压机械进行压实。如图2.20所示。

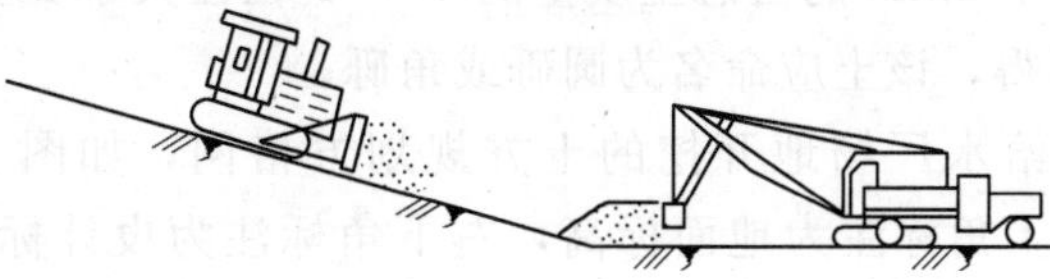

(a)

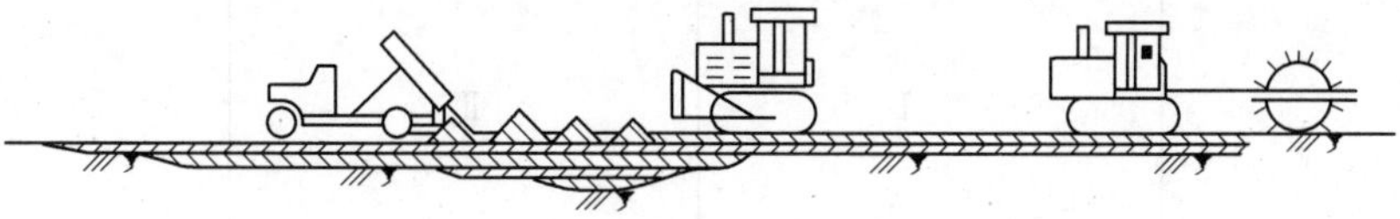

(b)

图2.20　场地平整综合机械化施工示意图

(a) 挖方区；(b) 填方区

组织机械化施工，应使各个机械或各机组的生产协调一致，并将施工区划分为若干施工段进行流水作业。

2.1.5　引例分析

【例2.1】 图2.21为某三种土A、B、C的颗粒级配曲线，试按《建筑地基基础设计规范》(GB 50007—2011) 分类法确定三种土的名称。

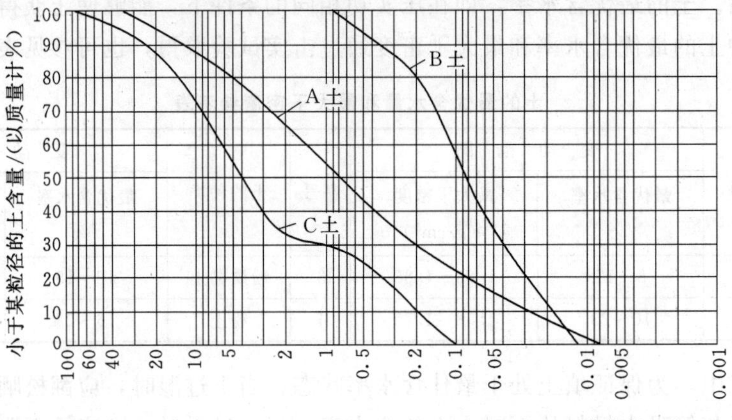

图 2.21 A土、B土、C土的颗粒级配曲线

解：

A土：从A土级配曲线查得，粒径小于 2mm 的占总土质量的 67%、粒径小于 0.075mm 占总土质量的 21%，满足粒径大于 2mm 的不超过 50%、粒径大于 0.075mm 的超过 50%的要求，该土属于砂土。又由于粒径大于 2mm 的占总土质量的 33%，满足粒径大于 2mm 占总土质量 25%～50%的要求，故此土应命名为砾砂。

B土：粒径大于 2mm 的没有，粒径大于 0.075mm 占总土质量的 52%，属于砂土。按砂土分类表分类，此土应命名为粉砂。

C土：粒径大于 2mm 的占总土质量的 67%、粒径大于 20mm 的占总土质量的 13%，按碎石土分类表可得，该土应命名为圆砾或角砾。

【例 2.2】 某给水厂场地开挖的土方规划方格网，如图 2.22 所示。方格边长 $a=20\text{m}$，方格角点右上角标注为地面标高，右下角标注为设计标高，单位均以 m 计，试计算其土方量，分析该项目施工采用的施工机械与施工方法。

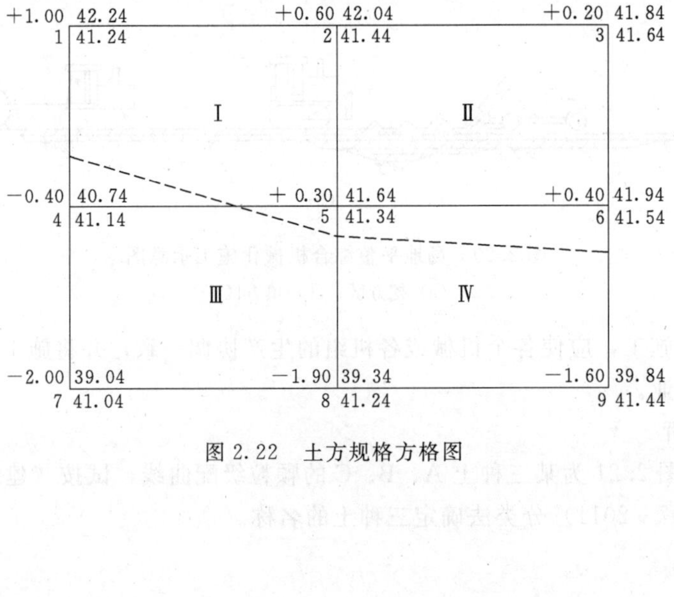

图 2.22 土方规格方格图

解：

1. 计算土方量

（1）计算各角点施工高度。

解题思路：施工高度＝地面标高－设计标高

如角点 1 施工高度，$h_1=42.24-41.24=+1.00$

各角点施工高度计算同上，得 $h_2=+0.60$，$h_3=+0.20$，$h_4=-0.40$，$h_5=+0.30$，$h_6=+0.40$，$h_7=-2.00$，$h_8=-1.90$，$h_9=-1.60$

将计算结果标在角点的左上角（＋）为挖方，（－）为填方。

（2）计算零点位置，确定零点线位置。

解题思路：在方格网中任一边的两端点的施工高度符号不同时，在这条边上肯定存在着零点。

如 1－4 边上的零点计算，零点距角点 4 的距离：

$$X_4=ah_4/(h_4+h_1)=20\times0.4/(0.4+1.0)=5.17(\mathrm{m})$$

4－5 边上零点距角点 5 的距离：

$$X_5=ah_5/(h_5+h_4)=20\times0.3/(0.3+0.4)=8.57(\mathrm{m})$$

5－8 边上零点距角点 8 的距离：

$$X_8=ah_8/(h_5+h_8)=20\times1.9/(0.3+1.9)=17.27(\mathrm{m})$$

6－9 边上零点距角点 6 的距离：

$$X_6=ah_6/(h_6+h_9)=20\times0.4/(0.4+1.6)=4.0(\mathrm{m})$$

将各零点连接成线，即可确定零点线位置，如图虚线所示。

（3）计算方格土方量，计算公式见表 2.17。

方格网Ⅰ的土方量：

$V_{\mathrm{I}(-)}=1/6bch_4=1/6\times(20-8.57)\times5.71\times0.4=4.35(\mathrm{m}^3)$

$V_{\mathrm{I}(+)}=(a^2-bc/2)\times(h_1+h_2+h_5)/5$

$=[20^2-(20-8.57)\times5.71]\times(1.0+0.6+0.3)/5=139.6(\mathrm{m}^3)$

方格网Ⅱ的土方量：

$V_{\mathrm{II}(+)}=1/4a^2(h_2+h_3+h_5+h_6)=1/4\times20^2\times(0.6+0.2+0.3+0.4)=150(\mathrm{m}^3)$

同理，应用表 2.17 中三点挖（填）方公式计算方格网Ⅳ的土方量：

$V_{\mathrm{III}(+)}=1.17\mathrm{m}^3$

$V_{\mathrm{III}(-)}=256.28\mathrm{m}^3$

同理，应用表 2.17 中两点挖（填）方公式计算方格网Ⅳ的土方量：

$V_{\mathrm{IV}(+)}=17.67\mathrm{m}^3$

$V_{\mathrm{IV}(-)}=291.11\mathrm{m}^3$

（4）土方量汇总。

方格网总挖方量：

$$V_{(+)}=V_{\mathrm{I}}+V_{\mathrm{II}}+V_{\mathrm{III}}+V_{\mathrm{IV}}=139.6+150+1.17+17.67=308.44(\mathrm{m}^3)$$

方格网总填方量：

$$V_{(-)}=V_{\mathrm{I}}+V_{\mathrm{II}}+V_{\mathrm{III}}+V_{\mathrm{IV}}=4.35+0+256.28+291.11=551.74(\mathrm{m}^3)$$

2. 分析该项目施工采用的施工机械与施工方法

根据已知条件，该项目土方可以采用推土机进行挖运，施工时可采用下坡推土、并列推土和利用前次推土的槽型推土等方法。

任务2.2 沟槽、基坑的开挖与回填

【引例2.2】 已知某一给水管线纵断面图设计，土质为黏土，无地下水，采用人工开槽法施工，其开槽边畅通采用1∶0.25，工作面宽度$b=0.4$，计算土方量。

某土坝工程的土方量为$2\times10^5m^3$，设计填筑干密度为$1.65g/cm^3$。料场土的含水率为12%，天然密度为$1.7g/cm^3$，液限为32.0%，塑限为20.0%，土料相对密度为2.72。

【思考】 为满足填筑土料的需要，料场至少要有多少方土料？如每天土方的填筑量为$3000m^3$，该土的最优含水率为塑限的95%，为达到最佳碾压效果，每天共需加水多少？土体填筑后的饱和度为多少？

2.2.1 沟槽、基坑土方开挖施工作业

2.2.1.1 沟槽断面形式

常用的沟槽断面形式有直形槽、梯形槽、混合槽和联合槽等，如图2.23所示。正确地选择沟槽断面形式，可以为管道施工创造良好的施工作业条件。在保证工程质量和施工安全的前提下，减少土方开挖量，降低工程造价，加快施工速度，做到既经济又合理。因此，合理选择沟槽断面形式至关重要，应综合考虑土的种类、地下水位情况、管道断面尺寸、埋深和施工环境等因素。

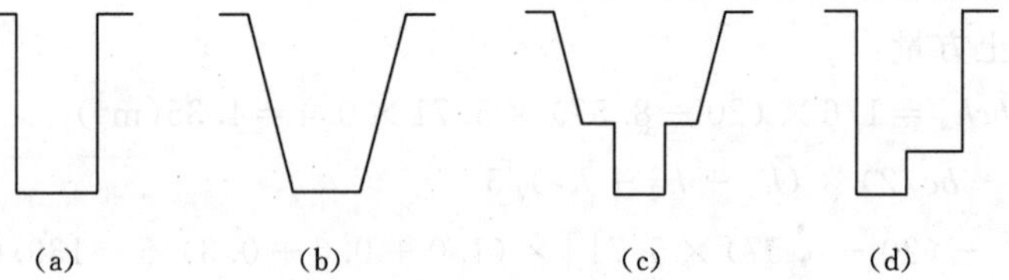

图2.23 沟槽断面类型

(a) 直形槽；(b) 梯形槽；(c) 混合槽；(d) 联合槽

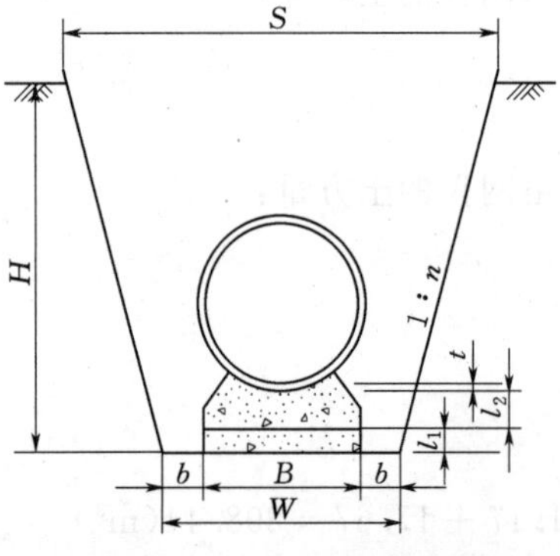

图2.24 沟槽断面简图

t—管壁厚度；l_1—基础厚度；l_2—管座厚度

沟槽断面简图如图2.24所示，沟槽底宽由式(2.29)确定。

$$W=B+2b \tag{2.29}$$

式中 W——沟槽底宽，m；

B——基础结构宽度，m；

b——工作面宽度，m。

沟槽上口宽度由式(2.30)计算。

$$S=W+2nH \tag{2.30}$$

式中 S——沟槽上口的宽度，m；

n——沟槽槽壁边坡率；

H——沟槽开挖深度，m。

工作面宽度 b 取决于管道断面尺寸和施工方法，每侧工作面宽度参见表 2.21。

表 2.21　沟槽底部每侧工作面宽度

管道结构宽度/mm	沟槽底部每侧工作面宽度/mm		管道结构宽度/mm	沟槽底部每侧工作面宽度/mm	
	非金属管道	金属管道或砖沟		非金属管道	金属管道或砖沟
200～500	400	300	1100～1500	600	600
600～1000	500	400	1600～2500	800	800

沟槽开挖深度 H 按管道设计纵断面确定。当槽深 H 不超过下列数值可开挖直槽且不需要支撑：砂土、砂砾土，$H<1.0\text{m}$；砂质粉土、粉质黏土，$H<1.25\text{m}$；黏土，$H<1.5\text{m}$。

当采用梯形槽时，其边坡坡度的选定，应按土的类别并符合表 2.22 的规定。不需支撑的直槽边坡坡度一般采用 1∶0.05。

表 2.22　深度在 5m 以内的沟槽、基坑（槽）的边坡最陡坡度

土的类别	最大坡度		
	坡顶无荷载	坡顶有静载	坡顶有动载
中密的砂土	1∶1.00	1∶1.25	1∶1.50
中密的碎土石（充填物为砂土）	1∶0.75	1∶1.00	1∶1.25
硬塑的粉土	1∶0.67	1∶0.75	1∶1.00
中密的碎石类土（充填物为黏性土）	1∶0.50	1∶0.67	1∶0.75
硬塑的粉质黏土、黏土	1∶0.33	1∶0.50	1∶0.67
老黄土	1∶0.10	1∶0.25	1∶0.33
软土（经井点降水后）	1∶1.00	—	—

注　1. 当有成熟施工经验时，可不受本表限制。
2. 在软土沟槽坡顶不宜设置静载或动载；需要设置时，应对土的承载力和边坡的稳定性进行验算。

2.2.1.2　沟槽及基坑土方量计算

1. 沟槽土方量计算

沟槽土方量计算通常采用平均法，由于管径的变化、地面的起伏，为了更准确地计算土方量，应沿长度方向分段计算（式 2.31），计算简图如图 2.25 所示。

$$V_1=\frac{1}{2}(F_1+F_2)L_1 \tag{2.31}$$

式中　V_1——各计算段的土方量，m^3；

L_1——各计算段的沟槽长度，m；

F_1、F_2——各计算段两端断面面积，m^2。

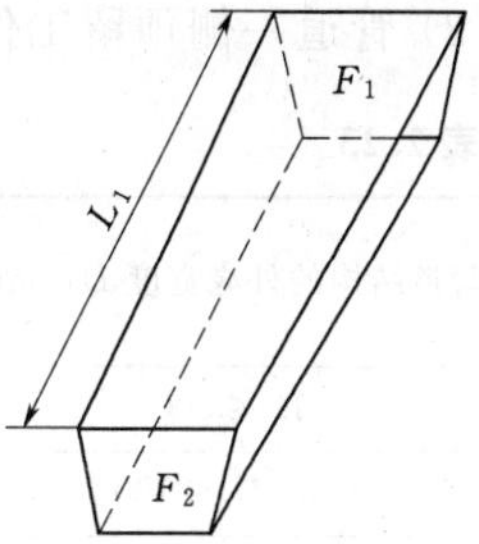

图 2.25　沟槽土方量计算简图

将各计算段土方量相加即得总土方量。

2. 基坑土方量计算

基坑土方量可按立体几何中柱体体积公式计算［式（2.32）］，计算简图如图 2.26 所示。

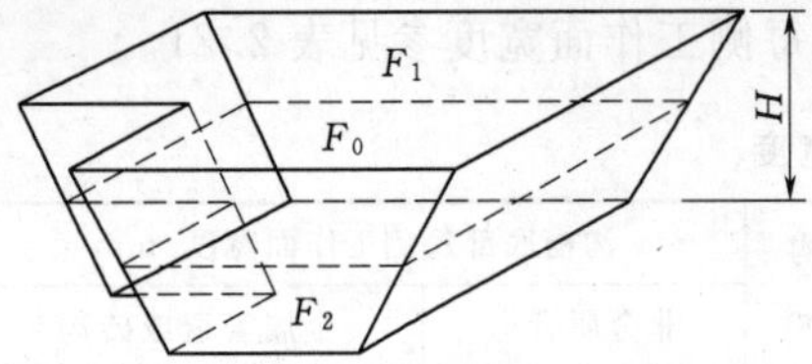

图 2.26 基坑土方量计算简图

$$V=\frac{1}{6}(F_1+4F_0+F_2)H \qquad (2.32)$$

式中 V——基坑土方量，m^3；

H——基坑深度，m；

F_1、F_2——基坑上、下底面面积，m^2；

F_0——基坑中断面面积，m^2。

2.2.1.3 沟槽、基坑土方开挖施工作业

1．沟槽、基坑土方开挖的一般要求和规定

（1）施工前应对沟槽施工影响范围内的地上、地下管线和其他构筑物进行探测和调查，确保地上、地下管线及其他构筑物等设施需拆迁或加固的已完成。

（2）管道沟槽的开挖、支护应根据工程地质条件、施工方法、周围环境等要求进行技术经济比较后确定，确保施工安全和达到环境保护要求。

（3）沟槽的开挖在确保施工安全和质量的前提下，做到方便施工并尽量减少挖方和占地；做好土（石）方平衡调配，避免重复挖运。

（4）对有地下水影响的沟槽土方施工，施工前应根据工程地质、水文、气象资料、施工工期和现场环境编制排水与降水方案。沟槽外侧应设置截水沟及排水沟，防止雨水浸泡沟槽。

（5）管道沟槽底部的开挖宽度。

1）管道沟槽底部开挖宽度应按设计要求留置一定的宽度；若无设计要求时，可按式（2.33）确定。

$$B=D_1+2(b_1+b_2+b_3) \qquad (2.33)$$

式中 B——管道沟槽底部的开挖宽度，mm；

D_1——管道结构的外缘宽度，mm；

b_1——管道一侧的工作面宽度，mm；

b_2——管道一侧的支撑厚度，可取150～200mm；

b_3——现场浇筑混凝土或钢筋混凝土管渠一侧模板的厚度，mm。

2）管道一侧预留工作宽度见表2.23。

表 2.23　　管道一侧的工作面宽度

管道结构的外缘宽度 D_1/mm	管道一侧的工作面宽度 b_1/mm	
	非金属管道	金属管道
$D_1 \leqslant 500$	400	300
$500 < D_1 \leqslant 1000$	500	400
$1000 < D_1 \leqslant 1500$	600	600
$1500 < D_1 \leqslant 3000$	800	800

注 1. 槽底需设排水沟，工作面宽度 b_1 应适当增加。

2. 管道有现场施工的外防水层时，每侧工作面宽度 b_1 宜取800mm。

（6）沟槽的开挖断面应符合施工组织设计（方案）的要求。槽底原状地基土不得扰

动，机械开挖时槽底预留 200～300mm 土层，由人工开挖至设计高程并整平；槽底不得受水浸泡或受冻，槽底局部扰动或受水浸泡时，宜采用天然级配砂砾石或石灰土回填；槽底土层为杂填土、腐蚀性土时，应全部挖除并按设计要求进行地基处理。

(7) 当地质条件良好、土质均匀，地下水位低于沟槽底面高程，且开挖深度在 5m 以内边坡不加支撑时，沟槽边坡最陡坡度应符合表 2.22 中的规定。

(8) 人工开挖沟槽的槽深超过 3m 时应分层开挖，每层的深度不超过 2m；采用机械挖槽时，沟槽分层的深度按机械性能确定。

2. 施工工艺

(1) 工艺流程。测量放线→沟槽开挖→边坡修整→人工清底 →沟槽回填。

(2) 操作工艺。

1) 测量放线。根据管道轴线、沟槽底宽和由土质等条件决定的沟槽开挖放坡系数将沟槽开挖中线、边线在地面上放出，并用石灰线标明。

2) 沟槽（基坑）开挖。

a. 机械开挖。①开挖沟槽时，应合理确定开挖顺序、路线及开挖深度，然后分段开挖，开挖边坡应符合有关规范规定，直槽开挖必须设置支撑；②采用机械挖槽时，应向机械操作人员详细交底，其内容包括挖槽断面、堆土位置、现有地下构筑物情况和施工要求等；由专人指挥，并配备一定数量的测量人员随时进行测量，防止超挖或欠挖；当沟槽较深时，应分层开挖，分层厚度由机械性能确定；③挖土机沿挖方边坡移动时，机械距边坡上缘的宽度一般不得小于沟槽深度的 1/2；土质较差时，挖土机必须在滑动面以外移动；④开挖沟槽的土方，在场地有条件堆放时，留足回填需要的好土，多余土方应一次运走，避免二次挖运；⑤沟槽设有明沟排水边沟时，开挖土方应由低处向高处开挖，并设集水井；⑥检查井应和沟槽同时开挖。

b. 人工开挖。人工开挖沟槽时，一次开挖深度不宜超过 2m，开挖时必须严格按放坡规定开挖，直槽开挖必须加支撑。

c. 堆土。①在农田中开挖时，根据需要，应将表面耕植土与下层土分开堆放，填土时耕植土仍填于表面；②堆土应堆在距槽边 1m 以外，计划在槽边运送材料的一侧，其堆土边缘至槽边的距离，应根据运输工具而定；③沟槽两侧不能堆土时，应选择堆土场地，随挖随运，以免影响下一步施工；④在高压线下及变压器附近堆土，应符合供电部门的有关规定；⑤靠近房屋、墙壁的堆土高度，不得超过檐高的 1/3，同时不得超过 1.5m；结构强度较差的墙体，不得靠墙堆土；⑥堆土不得掩埋消火栓、雨水口、测量标志、各种地下管道的井盖等。

d. 沟槽支护。详见任务 2.3 内容。

e. 现况管道处理。①开挖沟槽与现况管线交叉时，应对现况管线采用悬吊措施，具体悬吊方案应经计算确定，并取得管理单位同意；②当开挖沟槽与现况管线平行时，需经过设计和管理单位制定专门保护方案。

3. 开挖方法

土方开挖方法分为人工开挖和机械开挖两种方法。为了减轻繁重的体力劳动，加快施工速度，提高劳动生产率，应尽量采用机械开挖。

沟槽、基坑开挖常用的施工机械有单斗挖土机和多斗挖土机两个种类。

(1) 单斗挖土机。单斗挖土机在沟槽或基坑开挖施工中应用广泛，种类很多。按其工作装置不同，分为正铲、反铲、拉铲和抓铲等（图 2.24）。按其操纵原理的不同，分为机械式和液压式两类，如图 2.27 所示。目前，多采用的是液压式挖土机，它的特点是能够比较准确地控制挖土深度。

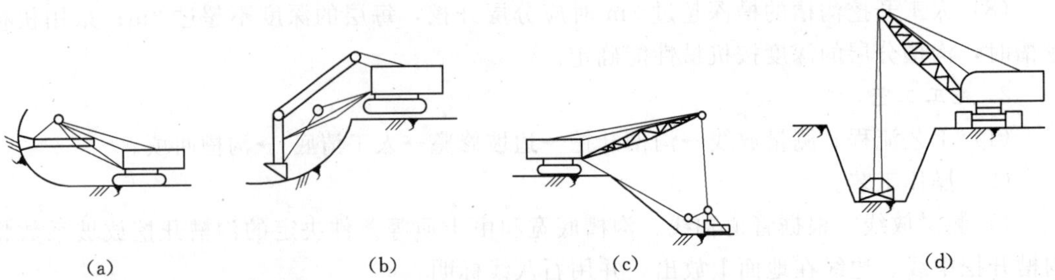

图 2.27 挖土机类型

(a) 正铲；(b) 反铲；(c) 拉铲；(d) 抓铲

1) 正铲挖土机。它适用于开挖停机面以上的一～三类土，一般与自卸汽车配合完成整个挖运任务。可用于开挖高度大于 2.0m 的基坑和土丘的施工。其特点是：开挖时土斗向上，强制切土，挖掘力大，生产率高。其外形如图 2.28 所示。

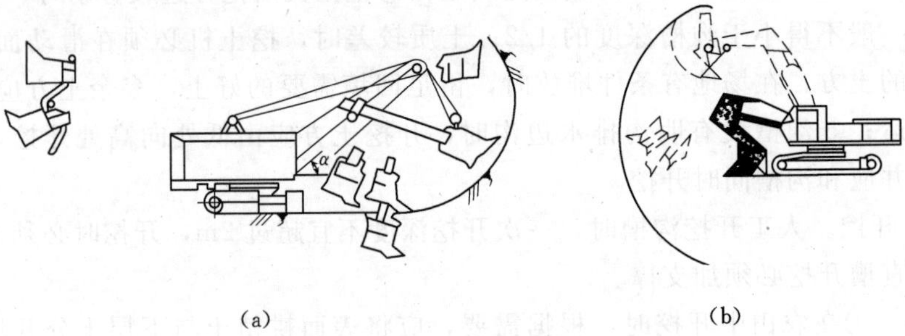

图 2.28 正向铲挖土机外形示意图

(a) 机械式；(b) 液压式

正铲挖土机技术性能见表 2.24 和表 2.25。

表 2.24 单斗液压挖掘机正铲技术性能

工作项目	WY—60	WY—100	WY—160	工作项目	WY—60	WY—100	WY—160
铲斗容量/m³	0.6	1.5	1.6	最大挖掘半径时挖掘高度/m	1.7	1.8	2
动臂长度/m		3		最大卸载高度时卸载半径/m	4.77	4.5	4.6
斗柄长度/m		2.7		最大卸载高度/m	4.05	2.5	5.7
停机面上最大挖掘半径/m	7.6	7.7	7.7	最大挖掘高度时挖掘半径/m	6.16	5.7	5
最大挖掘深度/m	4.36	2.9	3.2	最大挖掘高度/m	6.34	7.0	8.1
停机面上最小挖掘半径/m			2.3	停机面上最小装载半径/m	2.2	4.7	4.2
最大挖掘半径/m	7.78	7.9	8.05	停机面上最大水平装载行程/m	5.4	3.0	3.6

表 2.25　　正铲挖土机技术性能

工作项目	W1—50		W2—100		W3—200	
动臂倾角 α/(°)	45	60	45	60	45	60
最大挖土高度 H_1/m	6.5	7.9	8.0	9.0	9.0	10.0
最大挖土半径 R_1/m	7.8	7.2	9.8	9.0	11.5	10.8
最大卸土高度 H_2/m	4.5	5.6	5.5	6.8	6.0	7.0
最大卸土高度时卸土半径 R_2/m	6.5	5.4	8.0	7.0	10.2	8.5
最大卸土半径 R_3/m	7.1	6.5	8.7	8.0	10.8	9.6
最大卸土半径时卸土高度 H_3/m	2.7	3.0	3.3	3.7	3.75	4.7
停机面积处最大挖土半径 R_1/m	4.7	4.35	6.4	5.7	7.4	6.25
停机面积处最小挖土半径 R_2/m	2.5	2.8	3.3	3.6		

正铲挖土机挖土方式有两种，正向工作面挖土和侧向工作面挖土。

开挖土丘一般采用侧向工作面挖土，挖土机回转卸土的角度小，且避免了汽车的倒车和转弯多的缺点，如图 2.29（a）所示。

开挖基坑一般采用正向工作面挖土，方便汽车倒车、装土和运土，如图 2.29（b）所示。

2）反铲挖土机。反铲挖土机开挖停机面以下的一～三类土方，其机身和装土都在地面上操作，受地下水的影响较小，适用于开挖沟槽和深度不大的基坑。其外形如图 2.30 所示。

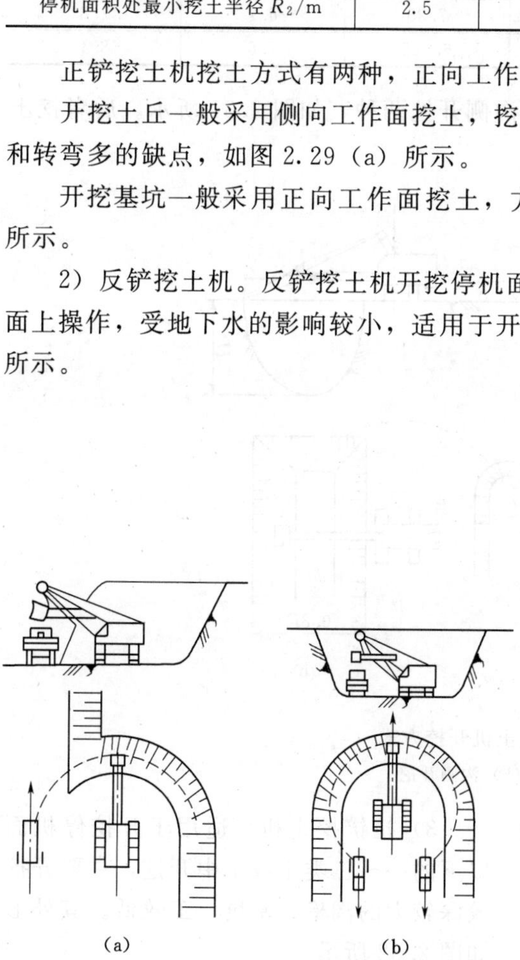

图 2.29　正铲挖土机开挖方式

（a）侧向开挖；（b）正向开挖

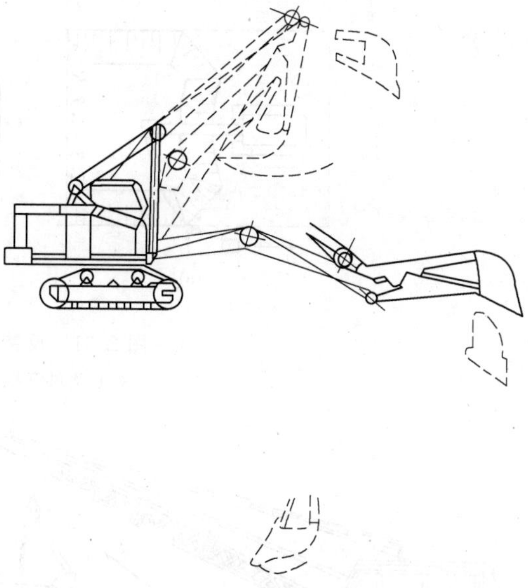

图 2.30　反铲挖土机的外形示意图

反铲挖土机的技术性能见表 2.26。

表 2.26　　单斗液压挖掘机反铲技术性能

名　　称	WY	WY—60	WY—100	WY—160
铲斗容量/m^3	0.4	0.6	1～1.2	1.6
动臂长度/m			5.3	
斗柄长度/m			2	2
停机面上最大挖掘半径/m	6.9	8.2	8.7	9.8
最大挖掘深度时挖掘半径/m	3.0	4.7	4.0	4.5
最大挖掘深度/m	4.0	5.3	5.7	6.1
停机坪上最小挖掘半径/m		8.2		3.3
最大挖掘半径/m	7.18	8.63	9.0	10.6
最大挖掘半径时挖掘高度/m	1.97	1.3	1.8	2
最大装卸高度时卸载半径/m	5.267	5.1	4.7	5.4
最大装卸高度/m	3.8	4.48	5.4	5.83
最大挖掘高度时挖掘半径/m	6.367	7.35	6.7	7.8
最大挖掘高度/m	5.1	6.025	7.6	8.1

反铲挖土机挖土方法通常采用沟端开挖或沟侧开挖两种，如图 2.31 所示。后者挖土的宽度与深度小于前者，但弃土距沟边较远。

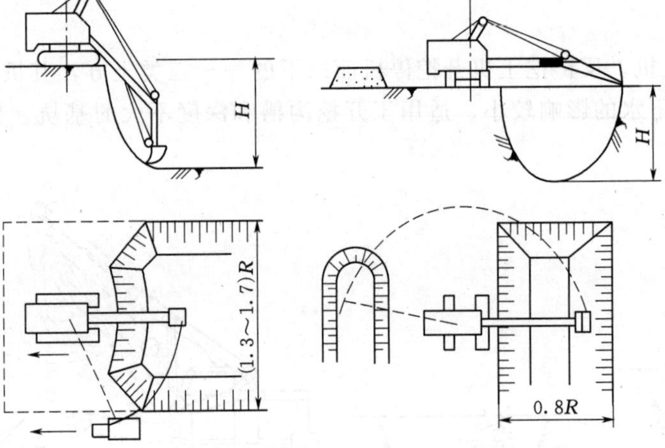

图 2.31　反铲挖土机开挖方式

(a) 沟端开挖；(b) 沟侧开挖

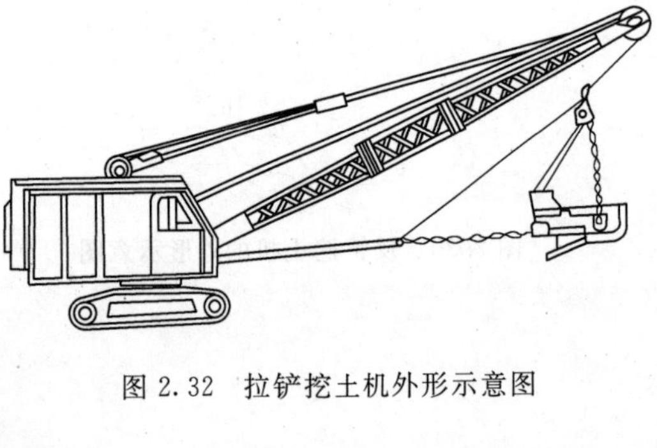

图 2.32　拉铲挖土机外形示意图

3）拉铲挖土机。适用于开挖停机面以下的一～三类土或水中开挖，主要开挖较深较大的沟槽、基坑，工效低。其外形如图 2.32 所示。

4）抓铲挖土机。适用于开挖停机面以下一～三类土，主要用于开挖面积较小、深度较大的基坑及开挖水中的淤泥或疏通旧有渠道等。其外形如图 2.33 所示。

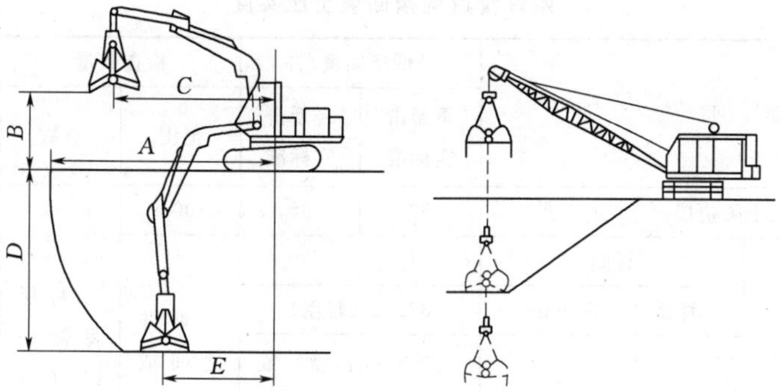

图 2.33　抓铲挖土机

(a) 液压式；(b) 绳索式

(2) 多斗挖土机。多斗挖土机按工作装置分为链斗式和轮斗式两种；按卸土方法分为装卸土皮带运输器和未装卸土皮带运输器两种。

多斗挖土机由工作装置、行走装置和动力及传动装置等部分组成，如图 2.34 所示。多斗挖土机与单斗挖土机相比，其优点为挖土作业是连续的、生产效率较高、沟槽面整齐、开挖单位土方量所消耗的能量低、在挖土的同时能将土自动地卸在沟槽一侧。

多斗挖土机不宜开挖坚硬的土和含水量较大的土。宜用于开挖黄土、粉质黏土和砂质粉土等。

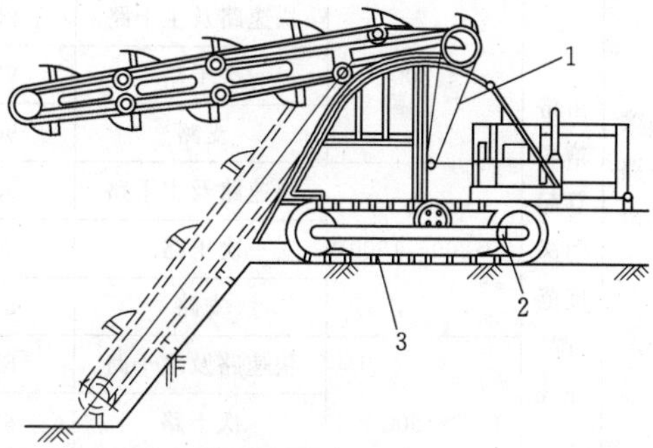

图 2.34　多斗挖土机

1—动力及传动装置；2—工作装置；3—行走装置

4. 边坡修整

开挖各种基坑和沟槽时，如不能放坡，应先沿白灰线切出槽边的轮廓线；开挖放坡沟槽时，应分层按坡度要求做出坡度线，每隔 3m 左右做出一条，进行修坡。机械开挖时，边开挖边进行人工修坡。

5. 人工清底

人工清底按照设计图纸和测量的中线、边线进行。严格按标高拉线清底找平，不得破坏原状土，确保基槽尺寸、标高符合设计要求，机械开挖配合人工进行清底。

2.2.2　沟槽、基坑土方回填施工作业

给水排水管道施工完毕并经检验合格后应及时进行土方回填，回填施工包括返土、摊平、夯实、检查等施工过程。其中的关键是夯实，应符合设计及规范的密实度要求。依据《给水排水管道工程施工及验收规范》(GB 50268—2008) 要求，进行沟槽、管道的土方回填作业。刚性管道沟槽回填土压实度见表 2.27，柔性管道沟槽回填土压实度见表 2.28。

2.2.2.1　回填土的夯实方法

沟槽回填土夯实通常采用人工夯实和机械夯实两种方法。通常情况下是两者相结合进行夯实。

表 2.27 刚性管道沟槽回填土压实度

项目				最低压实度/% 重型击实标准	最低压实度/% 轻型击实标准	检查数量 范围	检查数量 点数	检查方法
石灰土类垫层				93	95	100m	每层每侧一组（每组3点）	用环刀法检查或采用现行国家标准《土工试验方法标准》（GB/T 50123—1999）中其他方法
沟槽在路基范围外	胸腔分部		管侧	87	90	两井之间或1000m²		
			管顶以上500mm	87±2（轻型）				
	其余部分			≥90（轻型）或按设计要求				
	农田或绿地范围表层500mm范围内			不宜压实，预留沉降量，表面整平				
沟槽在路基范围内	胸腔部分		管侧	87	90	两井之间或1000m²	每层每侧一组（每组3点）	用环刀法检查或采用现行国家标准《土工试验方法标准》（GB/T 50123—1999）中其他方法
			管顶以上250mm	87±2（轻型）				
	由路槽底算起的深度范围/mm	≤800	快速路及主干路	95	98			
			次干路	93	95			
			支路	90	92			
		>800～1500	快速路及主干路	93	95			
			次干路	90	92			
			支路	87	90			
		>1500	快速路及主干路	87	90			
			次干路	87	90			
			支路	87	90			

注 表中重型击实标准的压实度和轻型击实标准的压实度，分别为以相应的标准击实试验法求得的最大干密度。

表 2.28 柔性管道沟槽回填土压实表

槽内部位		压实度/%	回填材料	检查数量 范围	检查数量 点数	检查方法
管道基础	管底基础		中、粗砂			用环刀法检查或采用现行国家标准《土工试验方法标准》（GB/T 50123—1999）中其他方法
	管道有效支撑角范围	≥95		每100m		
管道两侧		≥95	中、粗砂、碎石屑，最大粒径小于40mm的砂砾或符合要求的原土	两井之间或每1000m²	每层每侧一组（每组3点）	
	管道两侧	≥90				
	管道上部	85±2				
管顶500～1000mm		≥90	原土回填			

注 回填土的压实度，除设计要求用重型击实标准外，其他暂以轻型击实标准试验获得最大干密度。

管顶500mm以下部分返土的夯实，应采用轻夯，夯击力不应过大，防止损坏管壁与接口，可采用人工夯实。管顶500mm以上部分返土的夯实，可采用机械夯实。

常用的夯实机械有蛙式打夯机、内燃打夯机、履带式打夯机及压路机等。

2.2.2.2　沟槽、基坑回填施工的一般要求和规定

给排水管道铺设完毕后并经检验合格后应及时回填沟槽。

1. 回填前应符合的规定

(1) 预制钢筋混凝土管道的现浇基础的混凝土强度、水泥砂浆接口的水泥砂浆强度不应小于 5MPa。

(2) 检查井室、雨水口及其他构筑物的现浇混凝土强度或砌体水泥砂浆强度达到设计要求。

(3) 回填时采取防止管道发生位移或损伤的措施。

(4) 化学建材管道或大于 900mm 的钢管、球墨铸铁管的柔性管道在回填沟槽前，应采取措施控制管道的竖向变形。

(5) 雨期应采取措施防止管道漂浮。

(6) 回填作业每层土的压实遍数，按压实度要求、压实工具、虚铺厚度和含水量，应经现场试验确定。

2. 管道沟槽回填前的要求

将沟槽内砖、石、木块等杂物清除干净，且沟槽内不得有积水，不得带水回填。

3. 井室、雨水口及其他附属构筑物周围回填的要求

井室、雨水口及其他附属构筑物周围回填与管道沟槽同时进行。不便同时进行时应留台阶形接茬，回填压实时应沿井室中心对称进行，且不得漏夯；路面范围内的井室周围，应采用石灰土、砂、砂砾等材料回填，其回填宽度不宜小于 400mm，严禁在槽壁取土回填。

4. 采用土回填时的要求

槽底至管顶以上 500mm 范围内，土中不得含有机物、冻土以及大于 50mm 的砖、石等硬块；在抹带接口处、防腐绝缘层或电缆周围，应采用细粒土回填；应采用轻型压实机具，管道两侧压实面的高差不应超过 300mm。

5. 回填土的虚铺厚度

每层回填土的虚铺厚度，应根据所采用的压实机具按表 2.29 的规定选取。

表 2.29　每层回填土的虚铺厚度

压实机具	虚铺厚度/mm	压实机具	虚铺厚度/mm
木夯、铁夯	≤200	压路机	200～300
轻型压实设备	200～250	振动压路机	≤400

6. 采用重型压实机械压实或较重车辆在回填土上行驶时的要求

管道顶部以上应存在一定厚度的压实回填土，其最小厚度应根据压实机械的规格和管道的设计承载力计算确定。

2.2.2.3　沟槽、基坑回填压实作业的要求

1. 刚性管道沟槽的回填

(1) 回填压实应逐层进行，且不得损伤管道。

(2) 管道两侧和管顶以上 500mm 范围内胸腔夯实，应采用轻型压实机具，管道两侧

压实面的高差不应超过 300mm。

(3) 管道基础为土弧基础时，先填实管道支撑角范围内腋角部位；压实时，管道两侧对称进行，且不得使管道位移或损伤。

(4) 同一沟槽中有双排或多排管道的基础底面位于同一高程时，管道之间的回填压实与管道与槽壁之间的回填压实对称进行。

(5) 同一沟槽中有双排或多排管道的基础底面的高程不同时，先回填基础较低的沟槽；回填至较高基础底面高程后，再按上一款规定回填。

(6) 分段回填压实时，相邻段的接茬应呈台阶形，且不得漏夯。

(7) 采用轻型压实设备时，做到夯夯相连；采用压路机时，碾压的重叠宽度不得小于 200mm。

(8) 采用压路机、振动压路机等压实机械压实时，其行驶速度不得超过 2km/h。

(9) 接口工作坑回填时底部凹坑先回填压实至管底，然后与沟槽同步回填。

2. 柔性管道沟槽的回填

(1) 回填前检查管道有无损伤或变形，有损伤的管道应修复或更换。

(2) 管内径大于 800mm 的柔性管道，回填施工时在管内设有竖向支撑。

(3) 管基有效支撑角范围内采用中粗砂填充密实，与管壁紧密接触，不得用土或其他材料填充。

(4) 管道半径以下回填时采取防止管道上浮、位移的措施。

(5) 管道回填时间宜在一昼夜中气温最低时段，从管道两侧同时回填，同时夯实。

(6) 沟槽回填从管底基础部位开始到管顶以上 500mm 范围内，必须采用人工回填；管顶 500mm 以上部位，可用机械从管道轴线两侧同时夯实；每层回填高度应不大于 200mm。

(7) 管道位于车行道下，铺设后即修筑路面或管道位于软土地层以及低洼、沼泽、地下水位较高地段时，沟槽回填时先用中、粗砂将管底腋角部位填充密实后，再用中粗砂回填到管顶以上 500mm。

(8) 回填作业的现场试验段长度应为一个井段或不少于 50m，因工程因素变化改变回填方式时，应重新进行现场试验。

(9) 柔性管道回填至设计高程时，应在 12～24h 内测量并记录管道变形率，管道变形率应符合设计及规范的要求。

3. 管道变形率超标的处理措施

管道的变形率不能超出设计及规范的要求，当设计无要求时，钢管或球墨铸铁管道变形率应不超过 2%，化学建材管道变形率应不超过 3%。当超过该值时，应采取下列处理措施。

(1) 挖出回填材料至露出管径 85%处，管道周围内应人工挖掘以避免损伤管壁。

(2) 挖出管节局部有损伤时，应进行修复或更换。

(3) 重新夯实管道底部的回填材料。

(4) 选用合适的回填材料重新回填施工，直至设计高程。

(5) 重新检测管道的变形率，直至符合设计及规范的要求。

(6) 钢管或球墨铸铁管道的变形率超过 3%时，化学材料管道变形率超过 5%时，应挖出管道，并会同设计单位研究处理。

2.2.2.4 土方回填的施工

依据《给水排水管道工程施工及验收规范》(GB 50268—2008) 要求，进行沟槽、管道的土方回填作业。

沟槽回填前，应建立沟槽回填制度或方案。根据不同的夯实方式、夯实机具、土质、密实度要求等确定返土厚度和夯实后的厚度。

管道基础混凝土强度和抹带水泥砂浆接口强度不应小于 5MPa，现浇混凝土管渠的强度达到设计规定；砖沟或管渠顶板应装好盖板。

沟槽回填的顺序为按沟槽排水方向由高向低分层进行。

还土一般用沟槽的原土，槽底到管顶以上 500mm 范围内，不得含有机物、动土及大于 50mm 的砖、石块等硬物，冬季回填时在此范围以外可均匀掺入不超过填土体积 15%的冻土，并且冻块尺寸不得超过 100mm。

回填槽内不得有积水，不得回填淤泥、腐殖土及有机质土。

沟槽两侧应同时回填夯实，以防管道移位。

夯实时，管道两侧和管顶以上 500mm 范围内，应采用轻夯方式，两侧压实面的高差不应超过 300mm。

每层土夯实后，按设计及规范要求测密实度。

回填完成后，应使槽上方略呈拱形，拱高一般为槽宽的 1/20，通常取 150mm。

特别要采取有效措施，做好沟槽冬雨季的施工。

(1) 冬季施工前应清除基底上的冰雪和保温材料，土方回填应连续分层夯实，每层填土厚度较小，一般为 200mm。

(2) 雨季施工其工作面不宜过大，应逐段完成，保证排水系统正常，排水畅通，防止地面水流入沟槽，保证边坡稳定，保证现场运输道路满足施工要求，并落实安全措施，使施工顺利进行。

2.2.3 沟槽、基坑的施工质量控制、安全及措施

2.2.3.1 施工质量控制

(1) 沟槽、基坑的基底的土质，必须符合设计要求，严禁扰动。

(2) 土石方的基底处理，必须符合设计要求和施工规范的规定。

(3) 填方时，应分层夯实，其控制干密度或压实系数应满足要求。

(4) 土方工程外形尺寸的允许偏差及检验方法见表 2.30。

表 2.30 土方工程外形尺寸的允许偏差及检验方法

项目	允许偏差/mm					检验方法
	基坑、基槽、管沟	挖方、填方、场地平整		排水沟	地基（路）面层	
		人工施工	机械施工			
标高	+0 −50	±50	±100	+0 −50	+0 −50	用水准仪检查

续表

项　目	允许偏差/mm					检验方法
	基坑、基槽、管沟	挖方、填方、场地平整		排水沟	地基（路）面层	
		人工施工	机械施工			
长度、宽度（由设计中心线向两边量）	−0	−0	−0	+100 −0		用经纬仪、拉线和尺检查
边坡坡度	−0	−0	−0	−0		观察或用坡度尺检查
表面平整度					20	用2m靠尺和楔形塞尺检查

注　1. 地（路）面基层的偏差只适用于直接在挖、填方上做地（路）面的基层。

2. 本表"边坡坡度"的偏差是指边坡坡度不应偏陡。

2.2.3.2　施工安全技术

（1）沟槽、基坑开挖时，两人操作间距应大于2.5m。多台机械开挖时，挖土机间距应大于10m。

（2）沟槽、基坑开挖应严格按要求放坡。施工中应随时注意土壁的变动情况，如发现有裂缝或部分坍塌现象，应及时进行加固处理。

（3）在有支撑的沟槽、基坑中使用机械挖土时，应防止破坏支撑。在沟槽、基坑边使用机械挖土时，应计算支撑的强度是否满足要求，必要时应加强支撑。

（4）上下坑（槽）应先挖好阶梯或设置靠梯，并采取防滑措施，禁止踩踏支撑进行上下作业。

（5）坑槽四周应设置防护栏杆，跨过沟槽的通道应搭设渡桥，夜间应有照明设施。

（6）沟槽、基坑回填时，下方不得有人，所使用的电动机械等要检查电器线路，并严格按照操作规程施工，防止漏电、触电。

（7）拆除护壁支撑时，应按照回填顺序，从下而上逐步拆除；更换支撑时，必须先安装新的再拆除旧的。

2.2.3.3　常见的质量问题及控制措施

1. 常见质量问题

在沟槽开挖过程中经常会出现边坡塌方、槽底泡水、槽底超挖、沟槽断面不符合要求等一些质量问题。

2. 控制措施

（1）防止边坡塌方。根据土壤类别、土的力学性质确定适当的槽帮坡度。实施支撑的直槽槽帮坡度一般采用1∶0.05。对于较深的沟槽，宜分层开挖。挖槽土方应妥善安排堆放位置，一般情况堆在沟槽两侧。堆土下坡脚与槽边的距离根据槽深、土质、槽边坡来确定，其最小距离应为1.0m。

（2）沟槽断面的控制。确定合理的开槽断面和槽底宽度。开槽断面由槽底宽、挖深、槽底、各层边坡坡度以及层间留台宽度等因素确定。槽底宽度，应为管道结构宽度加两侧工作宽度。因此，确定开挖断面时，要考虑生产安全和工程质量，做到开槽断面合理。

（3）防止槽底泡水。雨季施工时，应在沟槽四周叠筑闭合的土埂，必要时要在埂外开挖排水沟，防止雨水流入槽内。在地下水位以下或有浅层滞水地段挖槽，应要求施工单位设排水沟、集水井，用水泵进行抽水。沟槽见底后应随即进行下一道工序，否则，槽底应留 200mm 土层不挖作为保护层。

（4）防止槽底超挖。在挖槽时应跟踪并对槽底高程进行测量检验。使用机械挖槽时，在设计槽底高程以上预留 200mm 土层，待人工清挖。如遇超挖，应采取以下措施：用碎石（或卵石）填到设计高程，或填土夯实，其密实度不低于原天然地基密实度。

2.2.4　引例分析

【例 2.3】 已知某一给水管线纵断面图如图 2.35 所示，土质为黏土，无地下水，采用人工开槽法施工，其开槽边坡采用 1∶0.25，工作面宽度 $b=0.4$m，计算土方量。

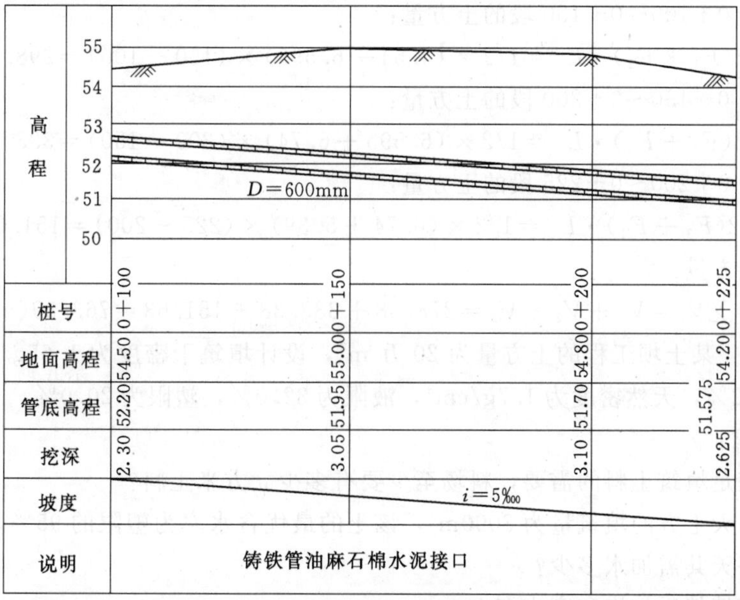

图 2.35　给水管线纵断面图（单位：m）

解：

解题思路：根据管线纵断面图，可以看出地形是起伏变化的。为此将沟槽按桩号 0+100～0+150，0+150～0+200，0+200～0+225 分三段计算。

1. 各断面面积计算

（1）0+100 处断面面积：

沟槽底宽 $W=B+2b=0.6+2\times0.4=1.4(\text{m})$

沟槽上口宽度 $S=W+2nH_1=1.4+2\times0.25\times2.3=2.55(\text{m})$

沟槽断面面积 $F_1=1/2(S+W)\times H_1=1/2\times(2.55+1.4)\times2.3=4.54(\text{m}^2)$

（2）0+150 处断面面积：

沟槽底宽 $W=B+2b=0.6+2\times0.4=1.4(\text{m})$

沟槽上口宽度 $S=W+2nH_2=1.4+2\times0.25\times3.05=2.925(\mathrm{m})$

沟槽断面面积 $F_2=1/2(S+W)\times H_2=1/2\times(2.925+1.4)\times3.05=6.595(\mathrm{m}^2)$

(3) 0+200 处断面面积：

沟槽底宽 $W=B+2b=0.6+2\times0.4=1.4(\mathrm{m})$

沟槽上口宽度 $S=W+2nH_3=1.4+2\times0.25\times3.1=2.95(\mathrm{m})$

沟槽断面面积 $F_3=1/2(S+W)\times H_3=1/2\times(2.95+1.4)\times3.1=6.74(\mathrm{m}^2)$

(4) 0+225 处断面面积：

沟槽底宽 $W=B+2b=0.6+2\times0.4=1.4(\mathrm{m})$

沟槽上口宽度 $S=W+2nH_4=1.4+2\times0.25\times2.625=2.71(\mathrm{m})$

沟槽断面面积 $F_4=1/2(S+W)\times H_4=1/2\times(2.71+1.4)\times2.625=5.39(\mathrm{m}^2)$

2. 沟槽土方量计算

(1) 桩号 0+100～0+150 段的土方量：

$V_1=1/2(F_1+F_2)\cdot L_1=1/2\times(4.54+6.595)\times(150-100)=298.38(\mathrm{m}^3)$

(2) 桩号 0+150～0+200 段的土方量：

$V_2=1/2(F_2+F_3)\cdot L_2=1/2\times(6.595+6.74)\times(200-150)=333.38(\mathrm{m}^3)$

(3) 桩号 0+200～0+225 段的土方量：

$V_3=1/2(F_3+F_4)\cdot L_3=1/2\times(6.74+5.39)\times(225-200)=151.63(\mathrm{m}^3)$

沟槽总土方量：

$$V=\sum V_i=V_1+V_2+V_3=278.38+333.38+151.63=763.39(\mathrm{m}^3)$$

【例 2.4】 某土坝工程的土方量为 20 万 m^3，设计填筑干密度为 $1.65\mathrm{g/cm}^3$。料场土的含水率为 12%，天然密度为 $1.7\mathrm{g/cm}^3$，液限为 32.0%，塑限为 20.0%，土料相对密度为 2.72。试求：

(1) 为满足填筑土料的需要，料场至少要有多少立方米土料？

(2) 如每天土方的填筑量为 $3000\mathrm{m}^3$，该土的最优含水率为塑限的 95%，为达到最佳碾压效果，每天共需加水多少？

(3) 土体填筑后的饱和度为多少？

解：

(1) 解题思路：

土坝工程碾压前后土粒的质量不变，即

土体总质量＝土粒质量＋水重

土体总质量 $$m=\rho_{天}V_{料}\left(\rho=\frac{m}{V}\right)$$

土粒质量 $$m_s=\rho_{d\max}V_{土坝}\left(\rho=\frac{m_s}{V}\right)$$

水重 $$m_\omega=\omega m_s=\omega\rho_{d\max}V_{土坝}\left(\omega=\frac{m_\omega}{m_s}\right)$$

因为 $$m=m_s+m_\omega$$

所以 $$\rho_{天}V_{料}=\rho_{d\max}V_{土坝}+\omega\rho_{d\max}V_{土坝}$$

故 $$V_{料}=\frac{\rho_{d\max}V_{土坝}+\omega\rho_{d\max}V_{土坝}}{\rho_{天}}=\frac{\rho_{d\max}V_{土坝}(1+\omega)}{\rho_{天}}$$

将各参数代入得 $$V_{料}=\frac{2\times10^5\times1.65\times(1+0.12)}{1.70}=2.17\times10^5(\text{m}^3)$$

(2) 解题思路：先求出填筑土坝 3000m³ 时，所需的天然土是多少，再求出需要的水量。

填筑土坝 3000m³ 时，所需的天然土的体积为

$$V_{料}=\frac{V_{土坝}\rho_{d\max}(1+\omega)}{\rho_{天}}=\frac{3000\times1.65\times1.12}{1.70}=3261(\text{m}^3)$$

由于最优含水率 $\omega_{op}=20.2\%\times95\%=19\%$

需要加水量为

$$m_{\omega}=\omega V_{土坝}\rho_{d\max}=(\omega_{op}-\omega_{天})V_{土坝}\rho_{d\max}$$
$$=(19\%-12\%)\times1.65\times10^3\times3261=3.77\times10^5(\text{kg})$$

(3) 解题思路：先求出压实后的孔隙比 e，再用公式 $S_r=\frac{G_s\omega}{e}$ 求出饱和度 S_r。

$$e=\frac{G_s\rho_{\omega}}{\rho_{d\max}}-1=\frac{2.72\times1}{1.65}-1=0.65$$
$$S_r=\frac{G_s\omega}{e}=\frac{2.72\times19\%}{0.65}=79.51\%$$

本题总结

需要料场土的体积公式为 $V_{料}=\frac{\rho_{d\max}V_{土坝}(1+\omega)}{\rho_{天}}$

需要加水到最优含水率的公式为 $m_{\omega}=(\omega_{op}-\omega_{天})V_{土坝}\rho_{d\max}$

任务 2.3 沟槽、基坑的支撑

【引例 2.3】 市政工程往往需要铺设大量的上下水管道、燃气热力管道、电力电缆及电信电缆等，这些管线的铺设和维修都需要挖掘沟槽。在沟槽开挖时，如果地质条件或周围场地条件良好，采用放坡通常是比较经济的。但是在建筑稠密的地区，施工现场由于场地受限，有时不允许沟槽或基坑按规定的坡度进行放坡，或深基坑开挖时，放坡所增加的土方量过大，容易造成土壁坍塌现象，这时就需要考虑设置支撑以保证土方开挖顺利进行和施工安全，并减少对相邻已有建筑物的不利影响。我们看下面这个案例。

供水配套工程输水管线总长占输水线路总长的 98%，其中某段管顶覆土厚度在 2.0m，管径 800～1200mm，管沟开挖深度 6～8m，边坡岩性为黏性土，因地下水埋藏较深，存在施工排水问题和其他地质问题，故考虑设置沟槽支撑。

【思考】 通过本次任务学习，该工程宜采用哪种沟槽支撑方式？

2.3.1 支撑的目的及要求

支撑的目的是为了防止施工过程中土壁坍塌，为安全施工创造有利条件。支撑是由木材或钢材做成的一种可以防止沟槽土壁坍塌的临时性挡土结构。支撑的荷载是原土和地面

上的荷载所产生的侧土压力。支撑加设与否应根据土质、地下水情况、槽深、槽宽、开挖方法、排水方法、地面荷载等因素确定。一般情况下，当沟槽土质较差、深度较大而又挖成直槽时，均应支设支撑。支设支撑可以减少挖方量和施工占地面积，又可保证施工的安全，但支撑增加材料消耗，有时会影响后续工序的操作。

支撑结构应满足下列要求。

(1) 牢固可靠，支撑材料质地和尺寸合格，保证施工安全。

(2) 在保证安全可靠的前提下，尽可能节约用料，宜采用工具式钢支撑。

(3) 便于支设和拆除，不影响后续工序的操作。

2.3.2 支撑的种类及适用条件

在施工中应根据土质、地下水情况、沟槽或基坑深度、开挖方法、地面荷载等因素确定是否支设支撑。

在市政管道工程施工中，常用的沟槽基坑支护有土壁支撑、钢板桩、深层搅拌水泥土桩挡墙、旋喷桩挡墙、钢筋混凝土桩排桩挡墙、地下连续墙、土钉墙等。这里主要介绍土壁支撑和钢板桩。

2.3.2.1 土壁支撑

根据沟槽或基坑的深度和平面宽度不同，沟槽土壁支撑可分为横撑、竖撑两种形式。

横撑由撑板、立柱和撑杠组成，可分成疏撑和密撑两种。疏撑的撑板之间有间距，密撑的各撑板间则密接铺设。

疏撑又叫断续式支撑，如图2.36所示，适用于土质较好、地下水含量较小的黏性土且挖土深度小于3.0m的沟槽或基坑。

密撑又叫连续式支撑，如图2.37所示，适用于土质较差且挖深在3～5m的沟槽。

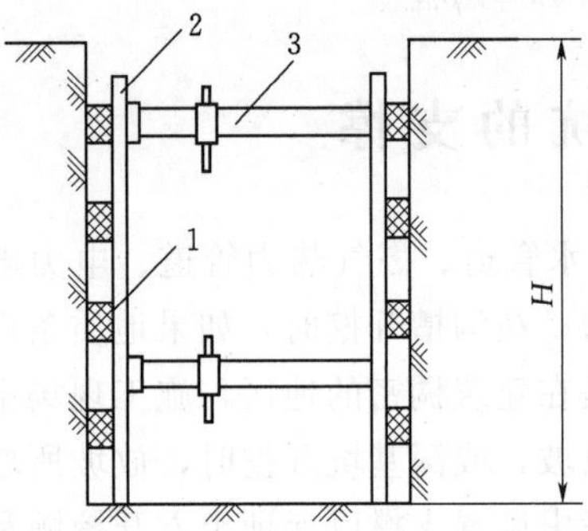

图2.36 疏撑

1—水平挡土撑板；2—竖楞木；
3—工具式横撑杠；H—沟槽深

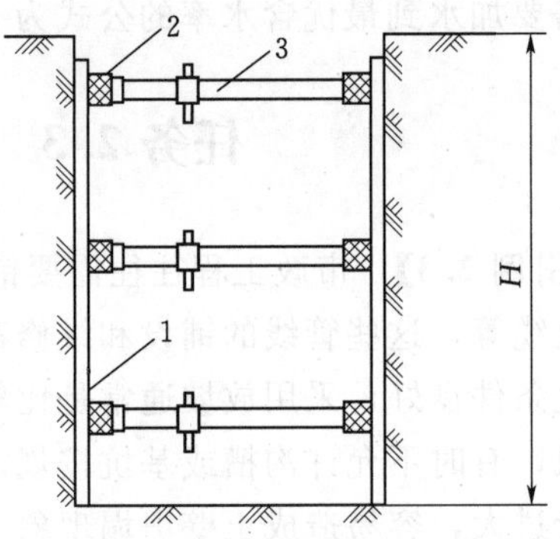

图2.37 密撑

1—竖直挡土撑板；2—横楞木；
3—工具式横撑杠；H—沟槽深

井字撑是疏撑的特例，如图2.38所示。一般用于沟槽的局部加固，如地面上建筑物距沟槽较近处。

竖撑由撑板、横梁和撑杠组成，如图2.39所示。用于沟槽土质较差，地下水较多或有流沙的情况。竖撑的特点是撑板可先于沟槽挖土而插入土中，回填以后再拔出。因此，竖撑便于支设和拆除，操作安全，挖土深度可以不受限制。

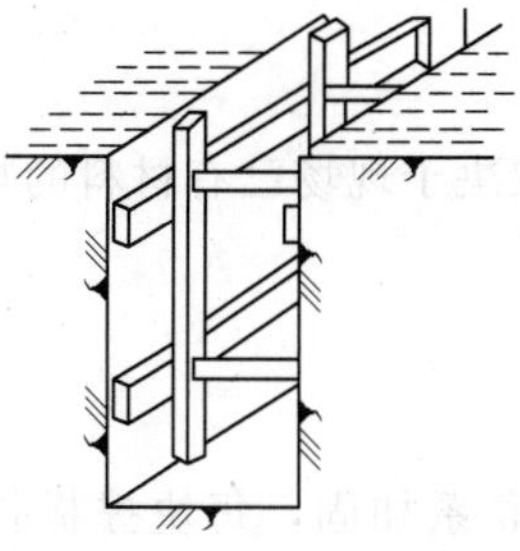

图 2.38　井字撑

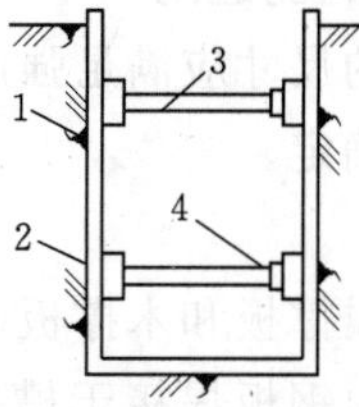

图 2.39　竖撑

1—撑板；2—横梁；3—横撑杠；4—木楔

2.3.2.2　钢板桩

钢板桩和木板桩是板桩撑的两种形式，钢板桩又可分平板桩和波浪式板桩（"拉森"板桩）两类。钢板桩的桩板间一般采用啮口连接，以提高板桩撑的整体性和水密性。钢板桩适用于砂土、黏性土、碎石类土层，开挖深度可达 10m 以上。钢板桩可不设横梁和支撑，但如入土深度不足，仍需要辅以横梁和撑杠。

(1) 平板桩，如图 2.40 (a) 所示，防水良好，易打入地下，但长轴方向抗弯强度较小。

(2) 波浪式板桩，如图 2.40 (b) 所示，其防水和抗弯性能都较好，施工中多采用。

板桩撑是在沟槽土方开挖前就将板桩打入槽底以下一定深度。其优点是土方开挖及后续工序不受影响，施工条件良好，可以防止基坑附近建筑物基础下沉。适用于沟槽挖深较大，地下水丰富、有流沙现象或砂性饱和土层以及采用一般支撑不能奏效的情况。

木板桩如图 2.41 所示，所用木板厚度应符合强度要求，允许偏差为 20mm。为了保证木板桩的整体性和水密性，木板桩两侧有榫口连接，板厚小于 8cm 时常采用人字形榫口，大于 8cm 时常采用凸凹企口形榫口，凹凸榫相互吻合。桩底部为双斜面形桩脚，一般应增加铁皮桩靴。木板桩适用于不含卵石土质的地层，且深度在 4m 以内的沟槽或基坑。

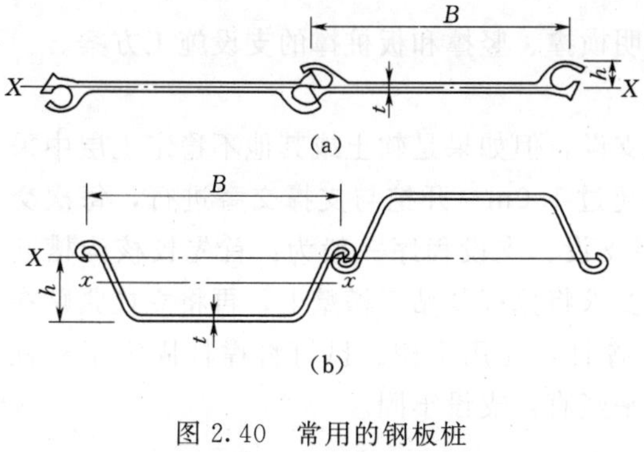

图 2.40　常用的钢板桩

(a) 平板桩；(b) 波浪式板桩（"拉森"板桩）

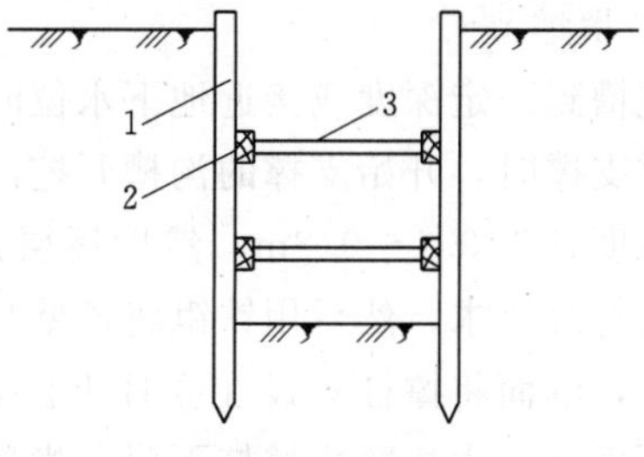

图 2.41　木板桩

1—木板桩；2—横梁；3—撑杠

木板桩虽然打入土中一定深度，仍需要辅以横梁和撑杠。

在各种支撑中，板桩撑是安全度最高的支撑。因此，在弱饱和土层中，经常选用板桩撑。

2.3.3 支撑材料的选用

支撑材料的尺寸应满足强度和稳定性的要求，一般取决于现场已有材料的规格，施工时常根据经验确定。

2.3.3.1 撑板

撑板有金属撑板和木撑板两种。

金属撑板由钢板焊接于槽钢上拼成，槽钢间用型钢联系加固，每块撑板长度有2m、4m、6m等种类。

木撑板不应有裂纹等缺陷，一般长2～6m、宽200～300mm、厚50mm。

2.3.3.2 立柱和横梁

立柱和横梁通常采用槽钢，其截面尺寸为100mm×150mm～100mm×200mm。如采用方木，其断面尺寸不宜小于150mm×150mm。

立柱的间距视槽深而定，槽深在4m以内时，间距为1.5m左右；槽深为4～6m时，疏撑的间距为1.2m，密撑的间距为1.5m。

横梁的间距也是根据开槽深度而定，一般为1.2～1.5m。沟槽深度小时取大值，反之取小值。

2.3.3.3 撑杠

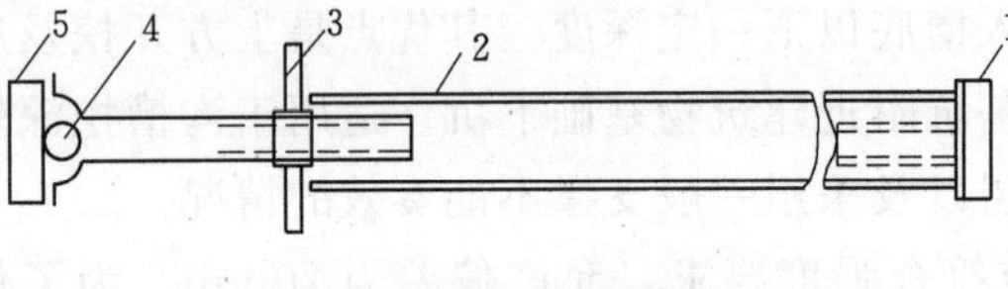

图2.42 工具式撑杠

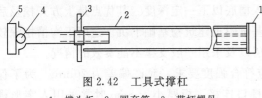

1—撑头板；2—圆套管；3—带柄螺母；4—球绞；5—撑头板

撑杠有木撑杠和金属撑杠两种。木撑杠为100mm×100mm～150mm×150mm的方木或采用直径150mm的圆木，长度根据具体情况而定。金属撑杠为工具式撑杠，由撑头和圆套管组成，如图2.42所示。为支撑方便，尽可能采用工具式撑杠。

2.3.4 支撑支设和拆除的施工方案

2.3.4.1 支撑的支设

撑板支撑应随挖土及时安装，下面分别说明横撑、竖撑和板桩撑的支设施工方案。

1. 横撑

挖槽到一定深度或接近地下水位时，开始支设，但如果是软土或其他不稳定土层中采用横撑支撑时，开始支撑的沟槽开挖深度不得超过1.0m；开挖与支撑交替进行，每次交替的深度宜为0.4～0.8m，然后逐层开挖逐层支设。支设程序一般为：首先校核沟槽断面是否符合要求，然后用铁锹将槽壁找平，按要求将撑板紧贴于槽壁上，再将立柱紧贴在撑板上，继而将撑杠只设在立柱上。若采用木撑杠，应用木楔、扒钉将撑杠固定于立柱上，下面钉一木托防止撑杠下滑。横撑必须横平竖直，支设牢固。

2. 竖撑

竖撑支设时，先在沟槽两侧将撑板垂直打入土中，然后开始开挖，根据土质，每挖深50～600mm，将撑板下锤一次，直至锤打到槽底排水沟底为止。下锤撑板每到1.2～1.5m，再加撑杠和横梁一道，如此反复进行。

施工过程中，如原支撑妨碍下一工序进行或原支撑不稳定，一次拆撑有危险或因其他原因必须重新支设支撑时，均需要更换立柱和撑杠的位置，这一过程称为倒撑，倒撑操作应特别注意安全，必要时需制订安全措施。

3. 板桩撑

主要介绍钢板桩的施工过程。

(1) 钢板桩是用打桩机将其打入沟槽底以下。采用钢板桩支撑，应符合下列规定。

1) 构件的规格尺寸经计算确定。

2) 通过计算确定钢板桩的入土深度和横撑的位置与断面。

3) 采用型钢作横梁时，横梁与钢板桩之间的缝应采用木板垫实，横梁、横撑与钢板桩连接牢固。

(2) 钢板桩的施工过程如图 2.43 所示。

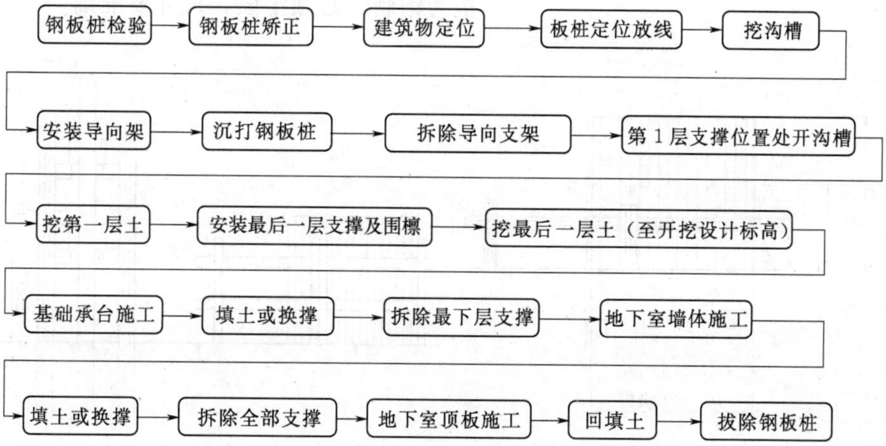

图 2.43　钢板桩施工流程图

1) 确定支撑形式。对宽度不大、深 5m 以内的浅基坑（槽）、管沟，一般宜设置简单支撑，其形式根据开挖深度、地下水位、土质条件、施工时间、施工季节和当地气象条件、施工方法与相邻建（构）筑物情况进行确定。

2) 打桩机械选择。钢板桩可采用锤击打入法、振动打入法、静力压入法及振动锤击打入法等施打方法，工程中常采用前两者。打桩机具设备，主要包括桩锤、桩架及动力装置三部分。桩锤的作用是对桩施加冲击，将桩打入土中，桩架的作用是支持桩身和将撞锤吊到打桩位置，引导桩的方向，保证桩锤按要求的方向锤击。动力装置为启动撞锤用的动力设施。

a. 桩锤有落锤、单动汽锤、双动汽锤、柴油打桩锤、振动桩锤等种类，应根据工程性质、桩的种类、动力供应等现场情况选择，根据施工经验，双动汽锤和柴油打桩锤更适合打设钢板桩。

b. 桩架的形式很多，选择时应考虑桩锤的类型、桩的长度和施工条件等因素。目前常用下列三种桩架：①滚筒式桩架，该桩架靠两根钢滚筒在垫木上滚动，结构简单，制作容易；②多功能桩架，该桩架的机动性和适应性很强，适用于各种预制桩和灌注桩的施

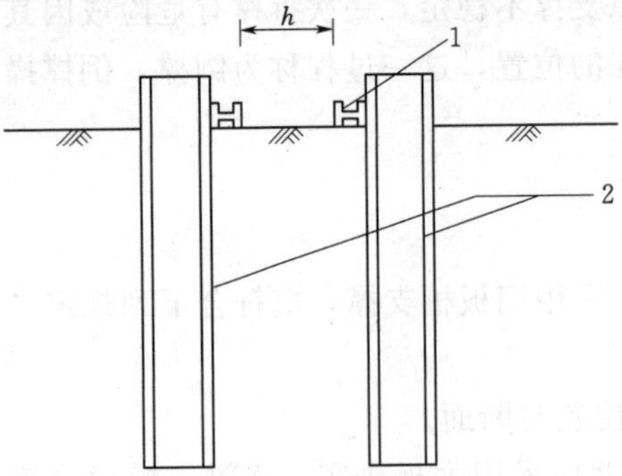

图 2.44 导架

1—导梁；2—导桩

工；③履带式桩架，该桩架移动方便，比多功能桩架灵活，适用于各种预制桩和灌注桩施工。

3）导架（围檩支架）安装。为控制桩的打入精度，防止板桩的屈曲变形和提高桩的贯入能力，一般都需要设置一定刚度的、坚固的导架，亦称“施工围模”，如图 2.44 所示。

围檩支架的作用是保证钢板桩垂直打入和打入后的钢板桩墙面平直，围檩支架由围檩桩和围檩组成，其形式平面上有单面围檩和双面围檩之分，高度上有单层、双层和多层之分，如图 2.45（a）和图 2.45（b）所示，围檩支架多为钢制，必须牢固，尺寸要准确。

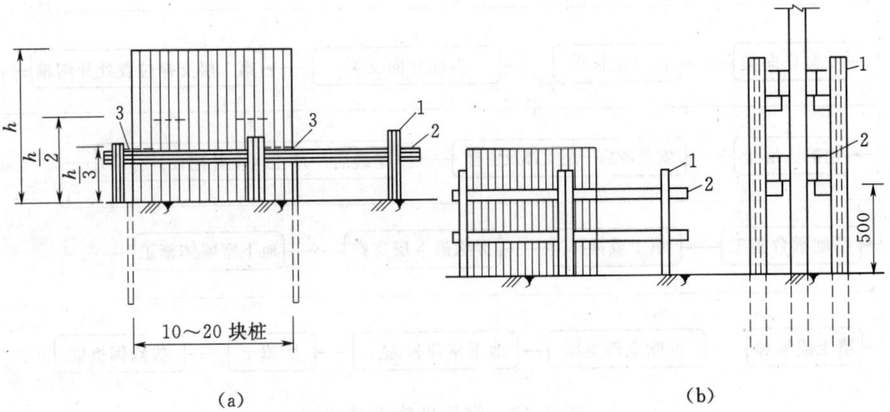

图 2.45 围檩支架分类（单位：mm）

（a）单层围檩；（b）双层围檩

1—围檩桩；2—围檩；3—两端先打入的定位桩

4）钢板桩的检验及矫正。

a. 新成品钢板桩可按出厂标准进行检验；重复使用的钢板桩使用前应对钢板桩进行材质检验和外观检验；焊接钢板桩还需进行焊接部位的检验。对用于基坑临时支护结构的钢板桩，主要进行外观检验，并对不符合形状要求的钢板桩进行矫正，以减少打桩过程中的困难。

b. 矫正钢板桩为多次周转使用的材料，在使用过程中会发生板桩的变形、损伤，偏差超过表 2.31 中数值者，使用前应进行矫正与修补。

c. 钢板桩应设置在基础外边缘之外，留足支模、拆模的空间，以方便基础施工，也便于拔出钢板桩。

5）钢板桩焊接。由于钢板桩的长度是定长，因此在施工中常需焊接。

6）钢板桩的打设方式。

a. 钢板桩的打设方式可根据板桩与板桩之间的锁扣方式确定，或选择“大锁扣扣打”

表 2.31 重复使用钢板桩支护工程质量标准和检验方法

类别	序号	检查项目	质量标准	单位	检验方法及器具
主控项目	1	钢板桩质量	应符合设计要求和现行有关标准的规定		检验出厂证件和试验报告
	2	轴线位移	不大于钢板宽度		用钢尺检查
一般项目	1	桩垂直度	<1%		和经纬仪检查
	2	桩身弯曲度	小于 2/1000 桩长		用钢尺检查
	3	齿槽平直度及光滑度	无电焊渣或毛刺		用 1m 长的桩段做通过试验
	4	桩长度偏差	应不小于设计长度		用钢尺检查
	5	桩顶标高偏差	±50	mm	用水准仪检查
	6	停锤标准	应符合设计要求		检查沉桩记录

施工法及"小锁扣扣打"施工法。"大锁扣扣打"施工法是从板桩墙的一角开始，逐块打设，每块之间的锁扣并没有扣死，"大锁扣扣打"施工法简便、迅速，但板桩有一定的倾斜度、不止水、整体性较差、钢板桩用量较大，仅适用于强度较好、透水性差、对围护系统要求精度低的工程；"小锁扣扣打"施工法也是从板桩墙的一角开始，逐块打设，且每块之间的锁扣要求锁好，能保证施工质量，止水较好，支护效果较佳，钢板桩用量亦较少，但打设速度较缓慢。

b. 钢板桩的打设方法还可以分为单独打入法和屏风式打入法两种。

7）钢板桩的打设。打设钢板桩时，先用吊车将钢板桩吊至插桩点处进行插桩，插桩时锁口要对准，每插入一块即套上桩帽轻轻加以锤击。在打桩过程中，为保证钢板桩的垂直度，用两台经纬仪在两个方向加以控制，为防止锁口中心线平面位移，可在打桩进行方向的钢板桩锁口处设卡板，以阻止板桩位移。同时在围檩上预先算出每块板桩的位置，以便随时检查校正。当板桩打至预定深度后，立即用钢筋与围檩支架焊接固定。

钢板桩应分几次打入，如第 1 次由 20m 高打至 15m，第 2 次打至 10m，第 3 次打至导梁高度，待导架拆除后第 4 次打至设计标高。打桩时，开始打设的前两块板桩，要确保方向和位置准确，从而起到样板导向作用，一般每打入 1m 即测量校正一次。对位置和方向有偏差的钢板桩要及时采取措施进行纠正，确保支设质量。

当钢板桩内的土方开挖后，应在沟槽内设撑杠，以保证钢板桩的可靠性。

8）钢板桩的转角和封闭。钢板桩墙的设计长度有时不是钢板桩标准宽度的整倍数，或者板桩墙的轴线较复杂，钢板桩的制作和打设也有误差，这些都会给钢板桩墙的最终封闭合拢带来困难。

a. 采用异形板桩。异形板桩的加工质量较难保证，而且打入和拔出也较困难，特别是用于封闭合拢的异形板桩，一般是在封闭合拢前需要进行加工，往往影响施工进度，所以应尽量避免采用异形板桩。

b. 连接件法。此法是用特制的 ω 形和 δ 形连接件来调整钢板桩的根数和方向，实现板桩墙的封闭合拢。钢板桩打设时，预先测定实际的钢板墙的有效宽度，并根据钢板桩和连接件的有效宽度确定板桩墙的合拢位置。

c. 骑缝搭接法。利用选用的钢板桩或宽度较大的其他型号的钢板桩作闭合板桩，打设于板桩墙闭合处。闭合板桩应打设于挡土的一侧。此法用于板桩墙要求较低的工程。

d. 轴线调整法。此法是通过钢板桩墙闭合轴线设计长度和位置的调整实现封闭合拢。封闭合拢处最好选在短边的角部。

9）打桩时问题的处理。

a. 阻力过大不易贯入的原因主要有两方面：一是在坚实的砂砾层中沉桩，桩的阻力过大；二是钢板桩连接锁口锈蚀、变形，入土阻力大。对第一种情况，可伴以高压冲水或改以振动法沉桩，不要用锤硬打；对第二种情况，宜加以除锈、矫正，在锁口内涂油脂，以减少阻力。

b. 钢板桩向打设前进方向倾斜。在软土中打桩，由于锁口处的阻力大于板桩与土体间的阻力，使板桩易向前进方向倾斜。纠正方法是用卷扬机和钢丝绳将板桩反向拉住后再锤击，或用特制的楔形板桩进行纠正。

c. 打设时将相邻板桩带入软土。打设钢板桩，如遇到不明障碍物或板桩倾斜时，板桩阻力增大，会把相邻板桩带入。处理方法是用屏风法打设，把相邻板桩焊在导梁上，在锁口处涂黄油以减少阻力。

（3）质量控制。

1）钢板桩均为工厂成品，新桩可按出厂标准检验，重复使用的钢板桩应符合要求。

2）特殊工艺、关键控制点等的控制方法见表2.32。

表2.32　钢板桩特殊工艺、关键控制点的控制方法

序号	关键控制点	控制方法
1	材料	桩源材料质量应满足设计和规范要求
2	标高	桩顶标高应满足设计标高的要求
3	嵌固	悬臂柱的嵌固长度必须满足设计要求

（4）成品保护。

1）钢板桩施工过程中应注意保护周围道路、建筑物和地下管线的安全。

2）基坑开挖施工过程对排桩墙及周围土体的变形、周围道路、建筑物以及地下水位情况进行监测。

3）基坑、地下工程在施工过程中不得伤及排桩墙墙体。

（5）质量问题及处理方法。易出现的质量问题有钢板桩倾斜、基坑底土隆起、地面裂缝等，预防措施有：钢板桩嵌固深度必须由计算确定，挖土机、运土车不得在基坑边作业，如必须施工，则应将该项荷载增加计算到设计中，以增加桩的嵌固深度。钢板桩施工中常见的质量问题的原因及处理方法见表2.33。

表2.33　钢板桩施工中常见的质量问题的原因及处理方法

常见问题	原因	处理方法
倾斜（板桩头部向打桩进行方向倾斜）	被打桩与邻桩锁口间阻力较大而向打桩进行方向倾斜	施工过程中用仪器随时检查、控制、纠正；发生倾斜时用钢丝绳拉往桩身，边拉边打，逐步纠正；对先打的板桩适度预留偏差

续表

常见问题	原因	处理方法
扭转	锁口是绞式连接	在打桩进行方向用卡板锁住板桩的前锁口，在钢板桩与围堰之间的两边空隙内，设滑轮支架，制止板桩下沉中的转动，在两块板桩柱锁口扣搭处的两边，用垫铁和木材填实
共连（打板桩时和已打入的部分一起沉下）	钢板桩倾斜弯曲，使槽口阻力增加	发生板桩倾斜及时纠正，把相邻已打好的桩用角铁电焊临时固定
水平伸长（沿打桩进行方向长度增加）	钢板桩锁口扣搭处有空隙	属正常现象，对四角要求封闭的挡墙，设计要考虑水平伸长值，可在轴线修正时纠正

4. 支设支撑的注意事项

（1）支撑应经常检查，发现支撑构件有弯曲、松动、移位或劈裂等迹象时，应及时处理；雨期及春季解冻时期应加强检查。

（2）拆除支撑前，应对沟槽两侧的建筑物、构筑物和槽壁进行安全检查，并应制订拆除支撑的作业要求和安全措施。

（3）施工人员应由安全梯上下沟槽，不得攀登支撑。

（4）支撑应随沟槽的开挖及时支设，雨季施工不得空槽过夜。

（5）槽壁要平整，撑板要均匀地紧贴于槽壁。

（6）撑板、立柱、撑杠必须相互贴紧、固定牢固。

（7）施工中尽量不倒撑或少倒撑。

（8）糟朽、劈裂的木料不得作为支撑材料。

2.3.4.2　支撑的拆除

沟槽内工作全部完成后，应将支撑拆除。拆除时必须注意安全，边回填土边拆除。拆除支撑前应检查槽壁及沟槽两侧地面有无裂缝，建筑物、构筑物有无沉降，支撑有无位移、松动等情况，应准确判断拆除支撑可能产生的后果。

拆除横撑时，先松动最下一层的撑杠，抽出最下一层撑板，然后回填土，回填完毕后再拆除上一层撑板，依次将撑板全部拆除，最后将立柱拔出。

拆除竖撑时，先回填土至最下层撑杠底面，松动最下一层的撑杠，拆除最下一层的横梁，然后回填土。回填至上一层撑杠底面时，再拆除上一层的撑杠和横梁，依次将撑杠和横梁全部拆除后，最后用吊车或导链拔出撑板。

1. 拆除钢板桩应符合的规定

（1）在回填达到规定要求高度后，方可拔除钢板桩。

（2）钢板桩拔除后应及时回填桩孔。

（3）回填桩孔时应采取措施填实；采用砂灌回填时，非湿陷性黄土地区可冲水助沉：有地面沉降控制要求时，宜采取边拔桩边注浆等措施。

2. 拆除支撑时应注意的事项

（1）采用明沟排水的沟槽，应由两座集水井的分水岭向两端延伸拆除。

（2）多层支撑的沟槽，应按自下而上的顺序逐层拆除，待下层拆撑还土之后，再拆上层支撑。

(3) 遇撑板和立柱较长时，可在倒撑或还土后拆除。

(4) 一次拆除支撑有危险时，应考虑倒撑。

(5) 钢板桩拔除后应及时回填桩孔，并采取措施保证回填密实度。

(6) 支撑的拆除应与回填土的填筑高度配合进行，且在拆除后应及时回填。

2.3.5 引例分析

根据工程特点、土质条件、开挖深度、地下水位和施工方法等不同情况，支撑可以分为土壁支撑（包括横撑和竖撑）、钢板桩（包括平板桩和波浪式板桩）等。根据引例 2.3 可知沟槽开挖深度在 8m 左右，横撑只适用于开挖深度在 5m 以下的沟槽。由于地质条件为黏性土，可以采用钢板桩支撑，钢板桩适用于砂土、黏性土、碎石类土层，开挖深度可达 10m 以上，考虑到波浪式钢板桩造价较高，所以采用平板钢板桩。当沟槽开挖深度较大时，如入土深度不足，为避免悬臂式板桩桩顶产生较大位移导致地面沉降，可采用桩顶设置撑杠的方式。

任务 2.4 施 工 排 水

【引例 2.4】 某厂房设备基础施工，基坑底宽 8m、长 15m、基坑深 4.5m、挖土边坡 1∶0.5。经地质勘探，天然地面以下为 1.0m 厚的亚黏土，其下有 8m 厚的中砂，$K=12\text{m/d}$，再往下为不透水的黏土层。地下水位在地面以下 1.5m。试选择施工降水方案。

【思考】

(1) 基坑降水有哪几种方案?

(2) 各个方案的优缺点有哪些?

(3) 人工降低地下水位的方法有哪些?

(4) 什么是轻型井点降水?

(5) 如何设置轻型井点?

2.4.1 明沟排水施工方案

市政管道开槽施工时，经常遇到地下水，土层内的水分主要以水汽、结合水、自由水 3 种状态存在。结合水没有出水性，自由水对市政管道开槽施工起主要影响作用。当沟槽开挖后自由水在水力坡降的作用下，从沟槽侧壁和沟槽底部渗入沟槽内，使施工条件恶化，严重时，会使沟槽侧壁土体坍落，地基土承载力下降，从而影响沟槽内的施工。因此，在管道开槽施工时必须做好施工排（降）水工作。市政管道开槽施工中的排水主要指排除影响施工的地下水，同时也包括排除流入沟槽内的地表水和雨水。

施工排水有明沟排水和人工降低地下水位两种方法。不论采用哪种方法，都应将地下水位降到槽底以下一定深度，以改善槽底的施工条件；稳定边坡；稳定槽底；防止地基土承载力下降；为市政管道的开槽施工创造有利条件。

2.4.1.1 明排水原理

明排水是最简便经济而有效的排、降水方法。它是将流入基坑或沟槽内的地表或地下水汇集到集水井，然后用水泵抽走的排水方式。常用的明排水方式有：明沟与集水井排水，适用于小型及中等面积的基坑（槽）；分层明沟排水，适用于可分层施工的较深基坑（槽）；深沟排水，适用于大面积场区施工等。如图2.46所示。

明沟排水通常是当沟槽开挖到接近地下水位时，修建集水井并安装排水泵，然后继续开挖沟槽至地下水位后，先在沟槽中心线处开挖排水沟，使地下水不断渗入排水沟后，再开挖排水沟两侧土。如此一层一层地反复下挖，地下水便不断地由排水沟流至集水井，当挖深接近槽底设计标高时，将排水沟移置在槽底两侧或一侧，如图2.47所示。

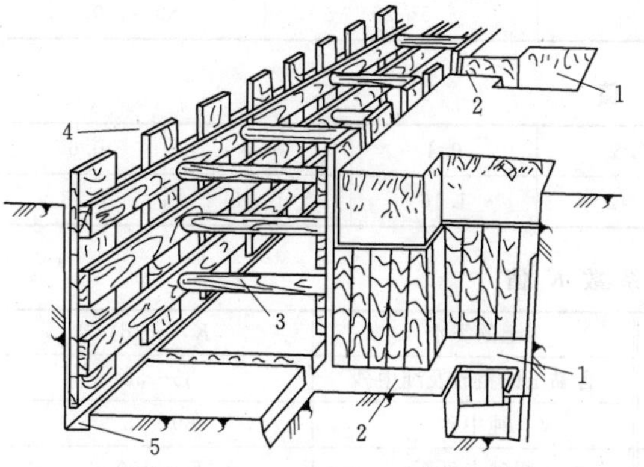

图2.46 明沟排水系统

1—集水井；2—进水口；3—横撑；4—竖撑板；5—排水沟

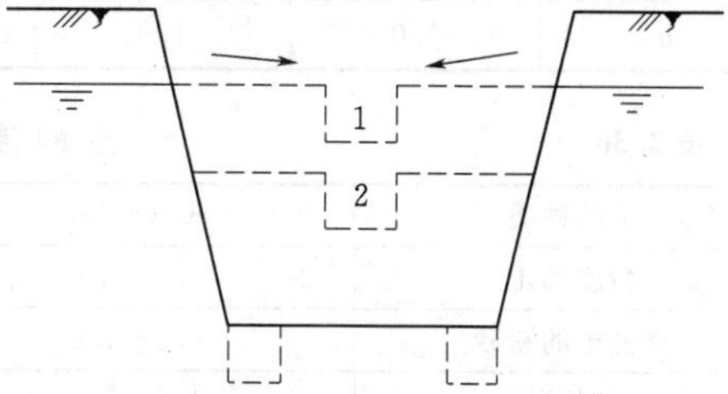

图2.47 排水沟开挖示意图

1—第一层排水明沟；2—第二层排水明沟

2.4.1.2 明沟排水涌水量计算

为了合理选择排水设备，确定水泵型号，应计算总涌水量，水泵的流量一般为涌水量的1.5～2.0倍。

在市政管道开槽施工时，沟槽一般为窄长式，此时可忽略沟槽两端的涌水量，认为地下水主要由沟槽两侧渗入。因此，沟槽的总涌水量可按裘布依公式进行计算，即

1. 干河床

$$Q=1.36KH^2/[\lg(R+r_0)-\lg r_0] \tag{2.34}$$

式中 Q——基坑总涌水量，m^3/d；

K——渗透系数，m/d，见表2.34、表2.36；

H——稳定水位至坑底的深度，m；当基底以下为深厚透水层时，H值可增加3～4m；

R——影响半径，m，见表2.34；

r_0——基坑半径，m。矩形基坑，$r_0=u\cdot(L+B)/4$；不规则基坑，$r_0=(F/\pi)^{1/2}$，其中L与B分别为基坑的长与宽，F为基坑面积，u值见表2.35。

2. 基坑近河流

$$Q=1.36KH^2/\lg(2D/r_0)$$

式中 D——基坑距河边的距离，m；

其余同式（2.34）。

选择水泵时，水泵总排水量一般采用基坑总涌水量的1.5～2.0倍。

表 2.34 各种岩层的渗透系数及影响半径

岩层成分	渗透系数/(m/d)	影响半径/m
裂隙多的岩层	>60	>500
碎石、卵石类地层、纯净无细砂粒混杂均匀的粗砂和中砂	>60	200～600
稍有裂隙的岩层	20～60	150～250
碎石、卵石类地层、混合大量细砂粒物质	20～60	100～200
不均匀的粗粒、中砂和细粒砂	5～20	80～150

表 2.35 *u* 值

B/*L*	0.1	0.2	0.3	0.4	0.5	0.6
u	1.0	1.0	1.12	1.16	1.18	1.18

表 2.36 土的渗透系数 *K* 值

土的种类	*K*/(m/d)	土的类别	*K*/(m/d)
粉质黏土	<0.1	含黏土的粗砂及纯中砂	35～50
含黏土的粉砂	0.5～1.0	纯中砂	60～75
纯粉砂	1.5～5.0	粗砂夹砾石	50～100
含黏土的细砂	10～15	砾石	100～200
含黏土的中砂及细砂	20～25		

2.4.1.3 明沟排水施工

施工时，排水沟的开挖断面应根据地下水量及沟槽的大小来决定，通常排水沟的底宽不小于0.3m，排水沟深应大于0.3m，排水沟的纵向坡度应不小于3%～5%，且坡向集水井。若在稳定性较差的土壤中施工，可在排水沟内埋设多孔排水管，并在其周围铺卵石或碎石加固；亦可在排水沟内埋设管径为150～200mm的排水管，排水管接口处留有一定缝隙，排水管两侧和上部也用卵石或碎石加固；或在排水沟内设板框、荆笆等支撑。

集水井是在排水沟的一定位置上设置的汇水坑，为使沟槽底部土层免遭破坏，通常将集水井设在基础范围以外，距沟槽底一般为1～2m的距离处，并应设在地下水来水方向的沟槽一侧。

集水井的断面一般为圆形和方形两种，其直径或宽度一般为0.7～0.8m，集水井底与排水沟底应有一定的高差；在开挖过程中，集水井底应始终低于排水沟底0.7～1.0m，当沟槽挖至设计标高后，集水井底应低于排水沟底1～2m。

集水井的间距应根据土质、地下水量及井的尺寸和水泵的抽水能力等因素确定，一般每隔50～150m设置一个集水井。

集水井通常采用人工开挖，为防止开挖时或开挖后井壁塌方，需进行加固。在土质较好、地下水量不大的情况下，采用木框加固，井底需铺垫约0.3m厚的卵石或碎石组成反滤层，以免从井底涌入大量泥沙造成集水井周围地面塌陷；在土质（如粉土、砂土、亚砂土）较差、地下水量较大的情况下，通常采用板桩加固。即先打入板桩加固，板桩绕井一圈，板桩深至井底以下约0.5m。也可以采用混凝土管集水井，采用沉井法或水射振动法施工，井底标高在槽底以下1.5～2.0m，为防止井底出现管涌，可用卵石或碎石封底。

为保证集水井附近的槽底稳定，集水井与槽底有一定距离，沟槽与集水井间设进水口，进水口的宽度一般为1～1.2m。为防止水流对集水井的冲刷，进水口的两侧应采用木板、竹板或板桩加固。排水沟、进水口需要经常疏通，集水井需要经常清除井底的积泥，保持必要的存水深度以保证水泵的正常工作。

2.4.1.4 明沟排水设备选择

明沟排水常用的水泵有离心泵、潜水泵和潜污泵。

1. 离心泵

离心泵由泵壳、泵轴及叶轮等主要部件组成，其管路系统包括滤网与底阀、吸水管及出水管等。

选择离心泵的主要依据是需要的流量与扬程。对基坑排水来说，离心泵的流量应大于基坑的用水量，一般选用吸水口径2～4in（吋）（5.08～10.16cm）的排水管，能满足水泵流量的要求。离心泵的扬程在满足排水所需扬程的前提下，主要是考虑吸水扬程是否能满足降水深度的要求，如果不够，则需另选水泵或将水泵降低至坑壁台阶或坑底上。抽水能力较大的离心泵，适用于地下水量较大的基坑。

安装离心泵时要特别注意，保证吸水管接头不漏气及吸水口至少应在水面以下0.5m，以免吸入空气，影响水泵正常运行。

使用离心泵时，要先向泵体与吸水管内灌满水，排除空气，然后开泵抽水，为了防止所灌的水漏掉，在底阀内装有单向阀门。离心泵在使用中要防止漏气与脏物堵塞等。

2. 潜水泵

潜水泵由立式水泵和电动机组合而成，水泵装在电动机上端，叶轮可制成离心式或螺旋桨式，电动机设有密封装置，潜水泵工作时完全浸入水中。

常用的潜水泵出水口径有40mm、50mm、100mm、125mm，其流量相应为15m^3/h、25m^3/h、65m^3/h、100m^3/h，扬程相应为25m、15m、7m、3.5m。这种泵具有体积小、质量轻、移动方便、安装简单和开泵时不需引水等优点，因此在基坑排水中采用较广。使用潜水泵时，为了防止电动机烧坏，不得脱水运转或陷入泥中，也不得排灌含泥量较高的水和泥浆水，以免泵叶轮被杂物堵塞。

3. 潜污泵

潜污泵的泵与电动机连成一体潜入水中工作，由水泵、三相异步电动机、橡胶圈密封和电器保护装置四部分组成。该泵的叶轮前部装有一搅拌叶轮，它可将作业面下的泥沙等杂质搅起抽吸排送。

明沟排水由于设备简单和排水方便，采用较为普遍，宜用于粗粒土层（因为土地不致被水流带走）和渗水量小的黏性土，当土为细沙和粉沙时，地下水渗出会带走细粒，发生流沙现象，导致边坡坍塌，坑底凸起，给施工造成困难，此时应采用井点降水法。

2.4.2 人工降低地下水位

人工降低地下水位是在含水层中布设井点进行抽水，地下水位下降后形成降落漏斗。如果槽底标高位于降落漏斗以上，就基本消除了地下水对施工的影响。地下水位是在沟槽开挖前人为预先降落的，并维持到沟槽土方回填，因此这种方法称为人工降低地下水位，如图2.48所示。

人工降低地下水位一般有轻型井点、喷射井点、电渗井点、管井井点、深井井点等方法。

2.4.2.1 轻型井点

轻型井点是目前降水效果显著，应用广泛的降水系统，并有成套设备可选用，根据地下水位降深的不同，可分为单层轻型井点和多层轻型井点两种。在市政管道的施工降水时，一般采用单层轻型井点系统，有时可采用双层轻型井点系统，三层及三层以上的轻型井点系统则很少采用。

1. 适用条件

轻型井点系统适用于粉砂、细砂、中砂、粗砂等土层，渗透系数为0.1～50m/d，降深小于6m的土层。

2. 组成

轻型井点系统由井点管、弯联管、总管和抽水设备四部分组成，井点管包括滤水管和直管，如图2.49所示。

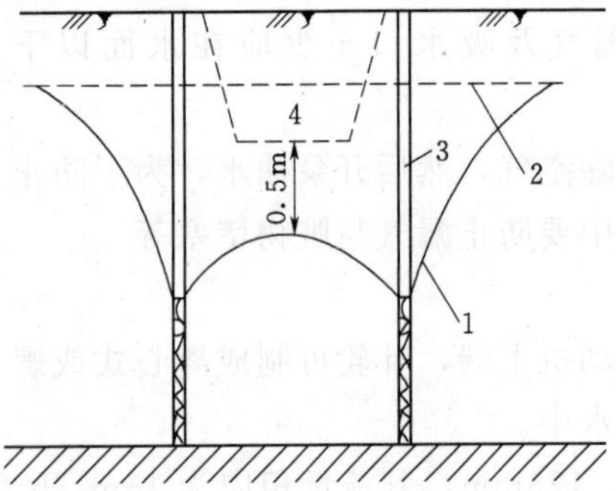

图2.48 人工降低地下水位示意图

1—抽水时水位；2—原地下水位；3—井点管；4—沟槽

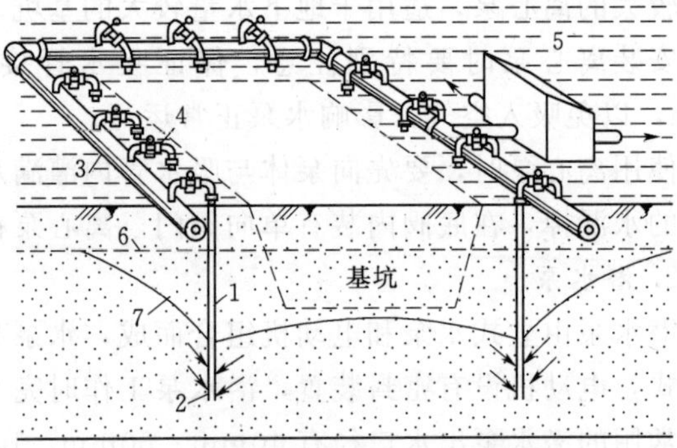

图2.49 轻型井点系统组成

1—直管；2—滤水管；3—总管；4—弯联管；5—抽水设备；6—原地下水位线；7—降低后地下水位线

(1) 滤水管。滤水管也称过滤管，是轻型井点的重要组成部分，一般采用直径38～55mm，长1～2m的镀锌钢管制成，管壁上呈梅花状开设直径为5.0mm的孔眼，孔眼间距为30～40mm，常用定型产品有1.0m、1.2m、2.0m三种规格。滤水管埋设在含水层中，地下水经孔眼涌入管内，滤水管的进水面积按式(2.35)计算。

$$A = 2m\pi rL_L \qquad (2.35)$$

式中 A——滤水管进水面积，m^2；

m——孔隙率，一般取20%～30%；

r——滤水管半径，m；

L_L——滤水管长度，m。

滤水管下端应用管堵封闭，也可安装沉砂管，使地下水中夹带的砂粒沉积在沉砂管内，滤水管的构造如图2.50所示。为了防止土颗粒涌入井内，提高滤水管的进水面积和土的竖向渗透性，可在滤水管周围建立直径为400～500mm的过滤层（也称为过滤砂圈)，如图 2.51 所示。

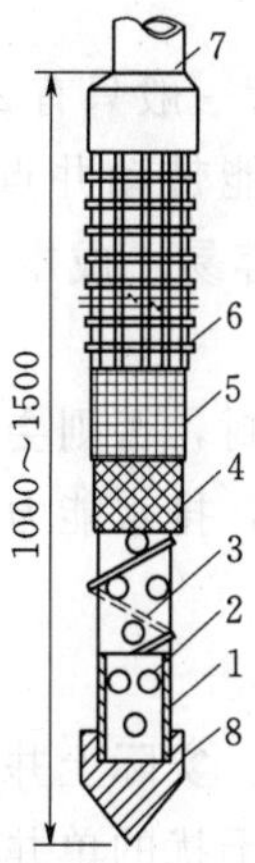

图 2.50　滤水管构造（单位：mm）

1—钢管；2—孔眼；3—缠绕的塑料管；4—细滤网；5—粗滤网；6—粗铁丝保护网；7—直管；8—铸铁堵头

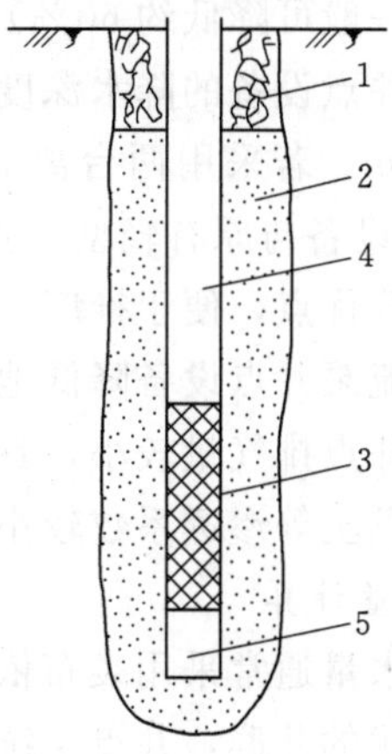

图 2.51　井点的过滤砂层

1—黏土；2—填料；3—滤水管；4—直管；5—沉砂管

(2) 直管。直管一般也采用镀锌钢管制成，管壁上不设孔眼，直径与滤水管相同，其长度视含水层埋设深度而定，一般为 5～7m，直管与滤水管间用管箍连接。

(3) 弯联管。弯联管用于连接井点管和总管，一般采用长度为 1.0m，内径 38～55mm 的加固橡胶管，内有钢丝，以防止井点管与总管不均匀沉陷时被拉断。该种弯联管的安装和拆卸方便，允许偏差较大，套接长度应大于 100mm，套接后应用夹子箍紧。有时也可用透明的聚乙烯塑料管，以便观察井管的工作情况。金属管件也可作为弯联管，虽然气密性较好，但安装不方便，施工中使用较少。

(4) 总管。总管一般采用直径为 100～150mm 的钢管，每节长为 4～6m，总管之间用法兰盘连接。在总管的管壁上开设三通以连接弯联管，三通的间距应与井点布置间距相同，但是由于不同的土质，不同降水要求，所计算的井点间距与三通的间距可能不同，因此应根据实际情况确定三通间距。总管上三通间距通常按井点间距的模数而定，一般为 1.0～1.5m。

(5) 抽水设备。抽水设备由真空泵、离心泵和水气分离器等组成。抽水时先开动真空泵，使土中的水分和空气受真空吸力产生水气化（水气混合液），经管路向上流入水气分离器中，然后开动离心泵。此外，在水气分离器上还装有真空调节阀。当抽水设备所负担的管路较短，管路轻微漏气时，可将调节阀门打开，让少量空气进入水气分离器内。使真空度能适应水泵的要求。当水位降低较深需要较高的真空度时，可将调节阀关闭。为对真空泵进行冷却，设有一个冷却循环水泵。水气分离器与总管连接的管口应高于其底部 0.3～0.5m，使水气分离器内保持一定水位，不致被水泵抽空，并使真空泵停止工作时，水气分离器内的水不致倒流回基坑。

随着井点设备的改进和发展，近几年来，射流泵井点已在一些地区推广使用。射流泵井点设备由离心泵、射流器、循环水箱等组成。它是在原有轻型井点系统的基础上保持管路系统，采用射流泵代替真空泵，使抽水设备大大简化（设备重约减轻15%），施工费用大大降低（一般可降低约60%）。

射流泵井点设备的降水深度能达到6m，但其所带的井点管一般只有25～40根，总管长度30～50m。若采用两台离心泵和两个射流器联合工作，能带动井点管70根，总管100m。这种设备与原有轻型井点比较，具有结构简单、制造容易、成本低、耗电少、使用维修方便等优点，便于推广。

采用射流泵井点设备降低地下水位时，要特别注意管路密封，否则会影响降水效果。

射流泵井点排气量较小，真空度的波动较敏感，易于下降，排水能力也较低，适用于粉砂、轻亚黏土等渗透系数较小的土层中降水。

3. 涌水量计算

井点涌水量通常采用裘布依公式近似地按单井涌水量计算。实际上井点系统是各单井之间相互干扰的井群，井点系统的涌水量显然比数量相等互不干扰的单井涌水量的总和要小。工程上为应用方便，往往按“单井”涌水量作为整个井群的总涌水量，而这个“单井”的半径应按井群中各个井点所围的面积的半径进行计算，该半径称为假想半径。由于轻型井点的各井点间距较小，这种假想是可行的，即用假想环围面积的半径代替“单井”半径计算涌水量。

（1）涌水量计算公式。

潜水完整井如图2.52所示，其涌水量按式（2.36）计算。

$$Q=\frac{1.366K(2H-S)S}{\lg R-\lg x_0} \tag{2.36}$$

式中 Q——井点系统总涌水量，m^3/d；

K——渗透系数，m/d；

S——水位降深，m；

H——含水层厚度，m；

R——影响半径，m；

x_0——井点系统的假想半径，m。

潜水非完整井如图2.53所示，其涌水量按式（2.37）计算。

$$Q=\frac{1.366K(2H_0-S)S}{\lg R-\lg x_0} \tag{2.37}$$

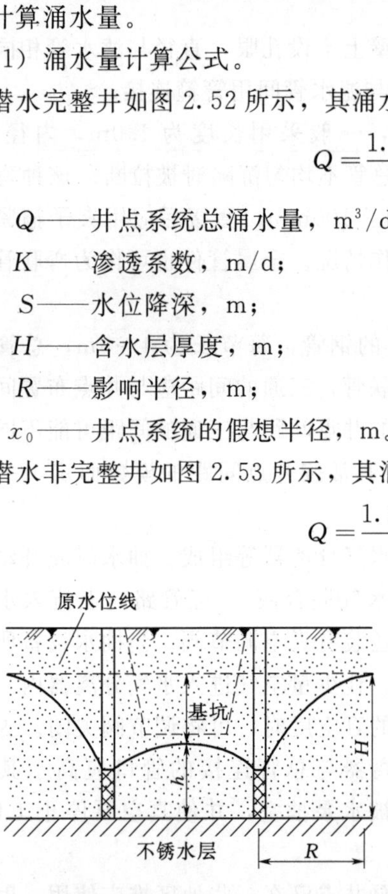

图2.52 潜水完整井

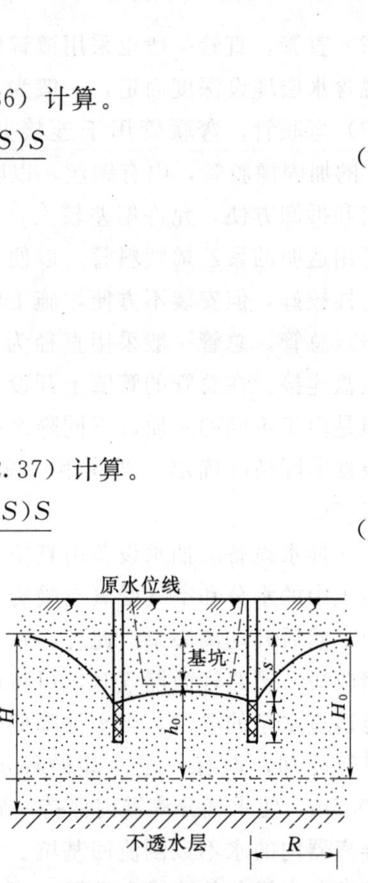

图2.53 潜水非完整井

(2) 涌水量计算公式中有关参数的确定。

1) 渗透系数 K。K 值以现场抽水试验确定较为可靠，若无抽水试验资料时可参见表2.34数值选用。当含水层不是均一土层时，渗透系数可按各层不同渗透系数的土层厚度加权平均计算。

$$K_{cp}=\frac{K_1n_1+K_2n_2+\cdots+K_nn_n}{n_1+n_2+\cdots+n_n} \tag{2.38}$$

式中 K_1，K_2，…，K_n——不同土层的渗透系数，m/d；

n_1，n_2，…，n_n——含水层不同土层的厚度，m。

2) 影响半径 R。确定影响半径通常有直接观察法、经验公式法和经验数据法三种方法。直接观察是精确可靠的方法，但需设置观察井，不宜于指导实际工程；经验数据法不适用于非均一土层；实际工程中经常采用经验公式法计算影响半径。

对于潜水完整井计算影响半径为

$$R=1.95S\sqrt{KH} \tag{2.39}$$

对于潜水非完整井计算影响半径为

$$R=1.95S\sqrt{KH_0} \tag{2.40}$$

3) 假想半径。当沟槽采用单排线状井点降水时，其假想半径可按式(2.41)计算。

$$X_0=\frac{L+2B_1}{4} \tag{2.41}$$

式中 B_1——沟槽底距井点最远的一点到井点中心的距离，m；

L——井点组有效计算长度，m。

井点组的有效计算长度随沟槽长度的增大而增大，一般情况下取 $L=50\sim120$m 为一段。当沟槽长度较大时，宜分段进行计算，通常以 $L=1.5R$ 为一段计算较为合适。

当沟槽采用双排线状井点降水时，其假想半径可按式(2.42)进行计算。

$$X_0=\frac{L+B_2}{4} \tag{2.42}$$

式中 B_2——两排井点的间距，m。

4) 降水深度 S。沟槽降水深度是指原地下水位至滤水管顶部的距离。一般要求槽底距井点最远一点的水位要降至槽底以下0.5～1.0m，此外还要考虑槽底最远的一点到滤水管顶部的水力坡降。

环状或双排线状井点，水力坡度一般取1/10～1/15；对单排线状井点，水力坡度一般取1/4；环装井点外取1/8～1/10。根据水力坡度和井点布置的实际情况就可计算出水力坡降。

5) 含水层厚度 H 和含水层有效带厚度 H_0。含水层厚度应通过水文地质勘测资料确定，当含水层为非均一土层时，应为各层厚度之和。而含水层有效带厚度是指假想的有效面与稳定地下水位之间的渗水厚度，可按经验公式[式(2.43)]进行计算。

$$H_0=\alpha(S+L_L) \tag{2.43}$$

式中 H_0——含水层有效带厚度，m；

S——降水深度，m；

L_L——滤水管长度，m；

α——有效带计算系数，参照表2.37确定。

表2.37　　有效带计算系数α

B/L	0.2	0.3	0.5	0.8	1.0
α	1.3	1.5	1.7	1.85	2.0

(3) 井点数量和井点间距的计算。

1) 井点数量。

$$n=1.1\frac{Q}{q} \tag{2.44}$$

其中

$$q=20\pi dL_L\sqrt{K} \tag{2.45}$$

式中 n——井点个数；

Q——井点系统涌水量，m^3/d；

q——单个井点的涌水量，m^3/d；

d——滤水管直径，m；

L_L——滤水管长度，m；

K——渗透系数，m/d。

2) 井点间距。

$$D=\frac{L}{n-1} \tag{2.46}$$

求得的井点间距应满足式(2.47)的要求。

$$D\geqslant 5\pi d \tag{2.47}$$

式中 D——井点间距，m；

L——井点组有效计算长度，m；

n——井点个数；

d——滤水管直径，m。

若两个井点的间距过小，将会出现互阻现象，影响出水量。通常情况下，井点间距应与总管上的三通口相匹配，以1.0m或1.5m为宜。

(4) 确定抽水设备。常用抽水设备有真空泵（干式、湿式）和离心泵等，水泵流量应按涌水量的1.1～1.2倍进行计算。

(5) 轻型井点布置。总的布置原则是所有需降水的范围都包括在井点围圈内，若在主要构造物基坑附近有一些小面积的附属构筑物基坑，应将这些小面积的基坑包括在内。井点布置分为平面布置和高程布置。

1) 平面布置。根据基坑平面形状与大小，土质和地下水的流向，降低地下水的深度等要求而定。当沟槽宽小于2.5m，降水深小于4.5m，可采用单排线状井点，如图2.54所示，布置在地下水流的上游一侧；当基坑或沟槽宽度较大，或土质不良，渗透系数较大时，可采用双排线状井点，如图2.55所示，当基坑面积较大时，应用环形井点，如图

2.56所示，挖土运输设备出入道路处可不封闭。

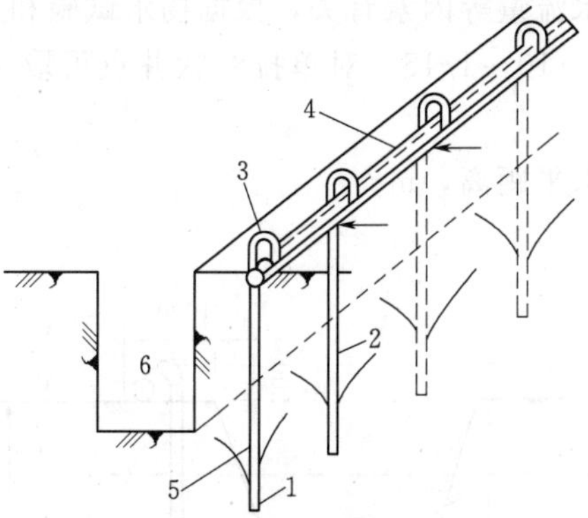

图2.54 单排井点系统

1—滤水管；2—井管；3—弯联管；4—总管；5—降水曲线；6—沟槽

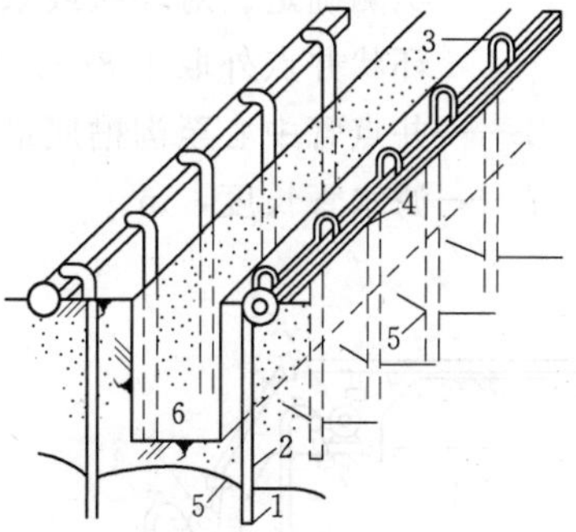

图2.55 双排井点系统

1—滤水管；2—井管；3—弯联管；4—总管；5—降水曲线；6—沟槽

a. 井点的布置。井点应布置在坑（槽）上口边缘外1.0～1.5m，布置过近，影响施工进行，而且可能使空气从坑（槽）壁进入井点系统，使抽水系统真空破坏，影响正常运行。

井点的埋设深度应满足降水深度要求。

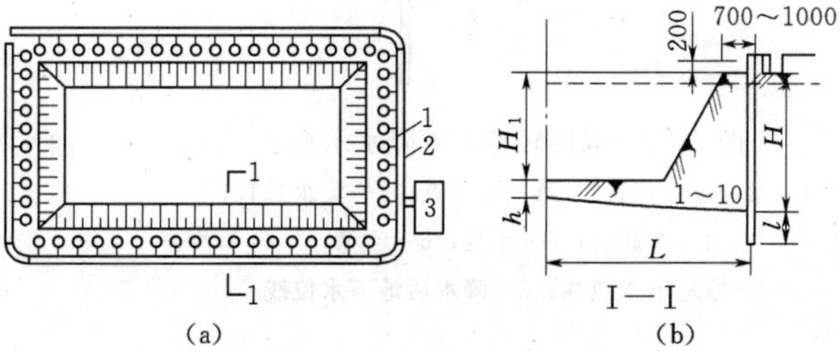

图2.56 环形井点布置简图（单位：mm）

(a) 平面布置；(b) 高程布置

1—总管；2—井点管；3—抽水设备

b. 总管布置。为提高井点系统的降水深度，总管的设置高程应尽可能接近地下水位，并应以1‰～2‰的坡度坡向抽水设备，当环围井点采用多个抽水设备时，应在每个抽水设备所负担总管长度分界处设阀门将总管分段，以便分组工作。

c. 抽水设备的布置。抽水设备通常布置在总管的一端或中部，水泵进水管的轴线尽量与地下水位接近，常与总管在同一标高上，水在泵轴线不低于原地下水位以上0.5～0.8m。

d. 观察井的布置。为了了解降水范围内的水位降落情况，应在降水范围内设备一定数量的观察井，观察井的位置及数量视现场的实际情况而定，一般设地基坑中心、总管末端、局部挖深处等位置。

2）高程布置。井点管的埋设深度是指滤水管底部到井点埋设地面的距离，应根据降水深度、含水层所在位置、集水总管的标高等因素确定。

如图2.55所示，井点管埋深可按式（2.48）计算。

$$H = H_1 + \Delta h + iL + l \tag{2.48}$$

式中 H——井点管埋设深度，m；

H_1——井点管管顶至沟槽底的距离，m，一般井点管露出地面0.2～0.3m；

Δh——降水后地下水位在沟槽底面的安全距离，m，一般为0.5～1.0m；

i——水力坡度，与土层渗透系数、地下水流量等因素有关，根据扬水试验和工程实测确定。对环状或双排井点可取1/10～1/15；对单排线状井点可取1/4；环状井点外取1/8～1/10；

L——井点管中心至沟槽底最不利点处的水平距离，m；

l——滤水管长度，m。

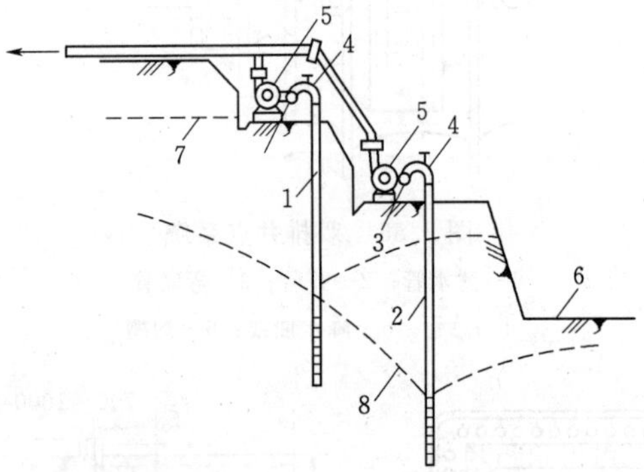

图2.57 双层轻型井点降水示意

1—第一层井点；2—第二层井点；3—集水总管；4—弯联管；5—水泵；6—沟槽；7—原地下水位线；8—降水后地下水位线

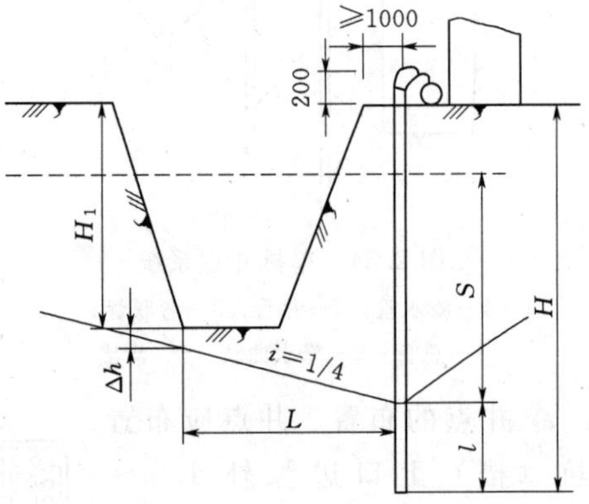

图2.58 轻型井点管高程布置（单位：mm）

轻型井点的降水深度以不超过6m为宜。如求出的H值大于6m，则应降低井点管和抽水设备的埋置面，如果仍达不到降水深度的要求，可采用二级井点或多级井点，如图2.58所示。根据施工经验。两级井点降水深度递减0.5m左右。布置平台宽度一般为1.0～1.5m。

(4) 轻型井点的施工、运行及拆除。轻型井点系统的施工顺序是测量定位、埋设井点管、敷设集水总管、用弯联管将井点管与集水总管相连、安装抽水设备、试抽后正式运行。井点管的埋设方法可根据施工现场条件及土层情况确定，一般有冲击钻孔法、回转钻孔法、射水法、套管法等。

2.4.2.2 喷射井点

当槽开挖较深，降水深度大于6.0m时，单层轻型井点系统则不能满足要求，此时可采用多层轻型井点系统，但多层轻型井点系统存在着设备多、施工复杂、工期长等缺点，此时宜采用喷射井点降水。喷射井点降水深度可达8～12m，在渗透系数为3～20m/d的砂土中最为有效，在渗透系数为0.1～3.0m/d的粉砂淤泥质土中效果也较显著。

根据工作介质的不同，喷射井点可分为喷气井点和喷水井点两种，目前多采用喷水井点。

(1) 工作原理。喷射井点主要由井管、高压水泵（或空气压缩机）和管路系统组成，如图2.59所示。

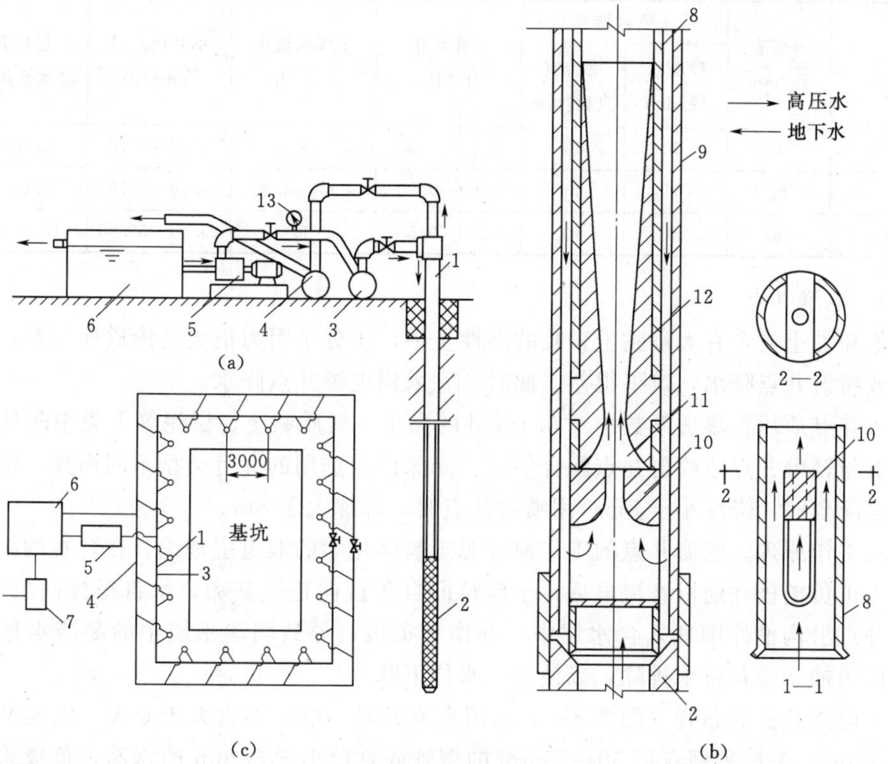

图 2.59 喷射井点

(a) 系统图；(b) 井管详图；(c) 平面图

1—喷射井管；2—滤管；3—进水总管；4—排水总管；5—高压水泵；6—集水池；7—水泵；8—内管；9—外管；10—喷嘴；11—混合室；12—扩散管；13—压力表

(2) 井点布置。喷射井点的平面布置和高程布置与轻型井点相同。

(3) 井点的施工与运行。喷射井点的施工顺序为：安装水泵及进水管路；敷设进水总管和回水总管；沉设井点管并灌填砂滤料，接通进水总管后及时进行单根井点试抽、检验；全部井点管沉设完毕后，接通回水总管，全面试抽，检查整个降水系统的运转状况及降水效果。然后让工作水循环进行正式工作。

(4) 井点的计算。喷射井点的涌水量计算、确定井点数量与间距、抽水设备选型等均与轻型井点相同，不再重述。

水泵工作水需要压力按式 (2.49) 计算。

$$P=\frac{P_0}{A} \tag{2.49}$$

式中 P——水泵工作水压力，mH_2O；

P_0——扬水高度，即水箱至井管底部的总高度，m；

A——水高度与喷嘴前工作水头之比。

混合室直径一般为 14mm，喷嘴直径为 5～7mm。

喷射井点出水量见表 2.38。

表 2.38　喷射井点出水量

型号	外管直径/mm	喷射器		工作水压力/MPa	工作水流量/(m^3/h)	单井出水量/(m^3/h)	适用含水层渗透系数/(m/d)
		喷嘴直径/mm	混合室直径/mm				
1.5 型并列式	38	7	14	0.60～0.80	4.10～6.80	4.22～5.76	0.10～5.00
2.5 型圆心式	68	7	14	0.60～0.80	4.60～6.20	4.30～5.76	0.10～5.00
6.0 型圆心式	162	19	40	0.60～0.80	30	25.00～30.00	10.00～20.00

2.4.2.3　电渗井点

在饱和黏土或含有大量黏土颗粒的砂性土中，土分子引力很大，渗透性较差，采用轻型井点或喷射井点降水，效果很差。此时，宜采用电渗井点降水。

电渗井点适用在渗透系数小于 0.1m/d 的黏土、粉质黏土、淤泥等土质中降低地下水位，一般与轻型井点或喷射井点配合使用。降深也因选用的井点类型不同而异。使用轻型井点与之配套时，降深小于 8m；用喷射井点时，降深大于 8m。

(1) 工作原理。电渗井点的工作原理源于胶体化学的双电层理论。在含水的细土颗粒中，插入正负电极并通以直流电后，土颗粒即自负极向正极移动，水自正极向负极移动，这样把井点沿沟槽外围埋入含水层中，并作为负极，导致弱渗水层中的黏滞水移向井点中，然后用抽水设备将水排除，以使地下水位下降。

(2) 电渗井点的布置（图 2.58）。采用直流电源，电压不宜大于 60V。电流密度宜为 0.5～1A/m^2；阳极采用直径 50～75mm 的钢管或直径小于 25mm 的钢筋，负极采用井点本身。

正极和负极自成一列布置，一般正极布置在井点的内侧，与负极并列或交错，正极埋设应垂直，严禁与相邻负极相碰。正极的埋设深度应比井点深 500mm，露出地面 0.2～0.4m，并高出井点管顶端，正负极的数量宜相等，必要时正极数量可多于负极数量。

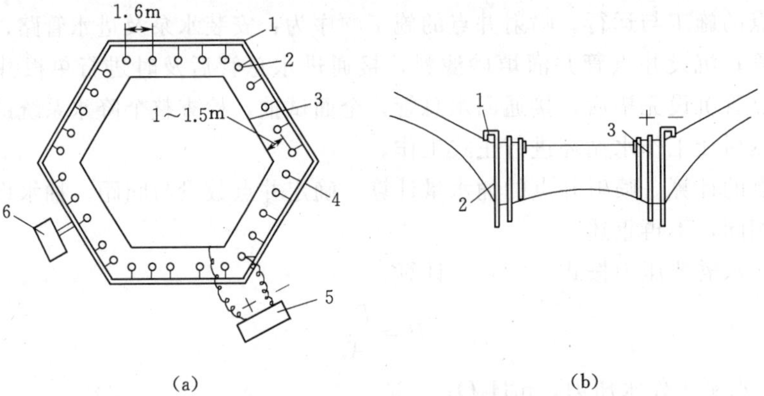

图 2.60　电渗井点布置示意

(a) 平面布置；(b) 高程布置

1—总管；2—井点管；3—正极；4—井点管（负极）；5—直流电源；6—水泵

(3) 电渗井点的施工与使用。电渗井点施工与轻型井点相同。

2.4.2.4　管井井点

管井井点适用于在中砂、粗砂、砾砂、砾石等渗透系数大于200m/d，地下水含量丰富的土层或砂层中降低地下水位。

管井井点是沿基坑每隔20～50m设置一个管井，深度为8～15m，每个管井单独用一台水泵不断抽水来降低地下水位，井内水位降低值可达6～10m，而井中间则为3～5m。在土的渗透系数大（20～200m/d）、地下水量大的土层中，宜采用管井井点。

管井井点的设备主要由管井、吸水管及水泵组成，管井可用钢管管井和混凝土管管井等。钢管管井的管身采用直径为150～250mm的钢管，其过滤部分采用钢筋焊接骨架外包孔眼为1～2mm的滤网，长度为2～3m。混凝土管管井的内径为400mm，分实管与过滤管两种，过滤管的孔隙率为20%～25%，吸水管可采用直径为50～100mm的钢管或胶皮管，其下端应沉入管井抽吸时的最低水位以下。为了启动水泵和防止在水泵运转中突然停泵时发生水倒灌，在吸水管底应装逆止阀。

管井的沉设可采用泥浆护壁钻孔法，方法是在钻机钻孔的同时，向孔内投放泥浆护住井壁，以免塌方。钻孔的直径要比井管外径大200mm，井孔钻成后要进行清孔，然后下井管并随即用粗砂或砾石填充作为过滤层。

洗井是管井沉设中最后一道重要工序，其作用是清除井内泥沙和过滤层淤塞，使井的出水且达到正常要求。洗井方法有水泵洗井法、空气压缩机洗井法等。

管井井点系统由井管、滤水管和抽水设备组成，如图2.61所示。

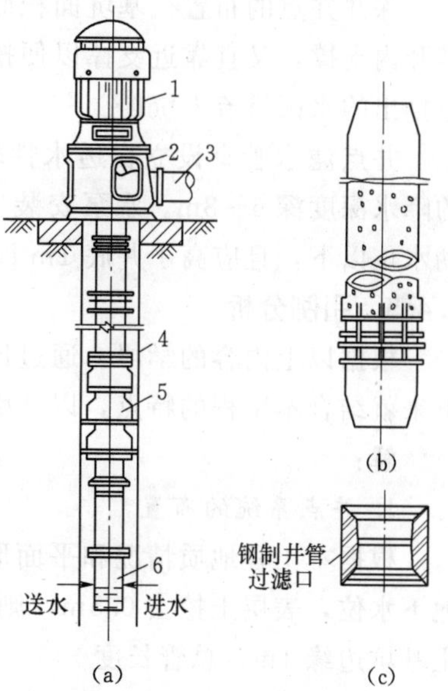

图2.61　管井井点示意图
(a) 深井泵抽水设备系统；
(b) 滤网骨架；(c) 滤管大样
1—电机；2—泵座；3—出水管；
4—井管；5—泵体；6—滤管

2.4.2.5　深井井点

深井井点降水是在深基坑周围埋置深于基底的井管，依靠深井泵或深井潜水泵将地下水从深井内扬升到地面排出，使地下水位降至坑底以下。

电动机安装在地面上，通过长轴传动使深井内的水泵叶轮旋转，这种泵叫做深井泵。而电动机和水泵均淹没在深井内工作的称为深井潜水泵。

深井井点降水具有排水量大、降水深、不受吸程限制、井距大等优点，但一次性投资大、成孔质量要求高。深井井点降水适用于渗透系数较大（10～250m/d）、土质为砂土或碎石土、地下水丰富、降水深（10～50m）、面积大的情况。

深井井点系统设备由深井井管、深井潜水泵和集水井等组成。

1. 井管

井管由滤水管、吸水管和沉砂管三部分组成，它可用钢管或混凝土管制成。管径一般为300～375mm，内径应比潜水泵外径大50mm。

(1) 滤水管。在降水过程中，滤水管的滤网将土、砂粒过滤在管外，使清水流入管内。滤水管的长度取决于含水层的厚度、透水层的渗透速度及降水速度，一般为3～9m。通常在钢管上分三段轴条（或开孔）后的管壁，在轴条（或开孔）后的管壁上焊 $\phi 6$ 的垫筋，在垫筋外呈螺旋形状缠绕12号铁丝，螺距为1mm，并与垫筋用锡焊焊牢；或外包10孔/cm^2 和41孔/cm^2 的镀锌铁丝网各两层或外包尼龙网。

当土质较好、深度在15m以内时，也可以采用外径380～600mm、壁厚50～60mm、长1.2～1.5m的无砂混凝土管作滤水管。

(2) 吸水管。吸水管连接滤水管，起挡土、储水作用，采用与滤水管同直径的钢管制成。

(3) 沉砂管。在降水过程中，沉砂管用于沉淀少量进入滤水管的砂粒，一般用与滤水管同直径的钢管，下端用钢板封底。

2. 水泵

水泵的选用取决于地下水位降深和排水量，可选用深井潜水泵或深井泵，水泵出水量应大于设计值的20%～30%。每口井配一台水泵，并带吸水管，同时配上一个控制井内水位的自动开关。井口安装一个阀门以便调节流量。另外，每个基坑井点群应有两台备用泵。

深井井点的布置视基坑面积而定，一般每200～250m^2 设一个深井井点，布置时既要避开内支撑，又宜靠近支撑以便挖土时加以固定。井点的排水口应与坑边有一定距离，防止排出的水回渗流入坑内。

井点滤水管宜设立在透水性较好的土层中，并深入透水层6～9m，通常还应比所需的降水深度深6～8m。水泵安装应按设计要求置于预定深度，水泵吸水口应始终保持在动水位以下，且应高于井底1m以上。

2.4.3 引例分析

根据以上内容的学习，通过比较可以发现，轻型井点降水的方式比较适合本工程，接下来就结合本工程的特点，以［引例2.4］进行井点系统的设计。

解：

1. 井点系统的布置

根据本工程地质情况和平面形状，轻型井点选用环形布置（图2.62）。为使总管接近地下水位，表层土挖去0.5m，则基坑上口平面尺寸为12m×16m，布置环形井点。总管距基坑边缘1m，总管长度

$$L=[(12+2)+(16+2)]\times 2=64(\mathrm{m})$$

水位降低值

$$S=4.5-1.5+0.5=3.5(\mathrm{m})$$

采用一级轻型井点，井点管的埋设深度（总管平台面至井点管下口，不包括滤管）

$$H_A \geqslant H_1+h+IL=4.0+0.5+0.1\times(14\div 2)=5.2(\mathrm{m})$$

采用6m长的井点管，直径50mm，滤管长1.0m。井点管外露地面0.2m，埋入土中5.8m（不包括滤管）大于5.2m，符合埋深要求。

井点管及滤管长6+1=7(m)，滤管底部距不透水层1.7m[(1+8)−(1.5+4.8+1)=1.7]，基坑长宽比小于5，可按无压非完整井环形井点系统计算。

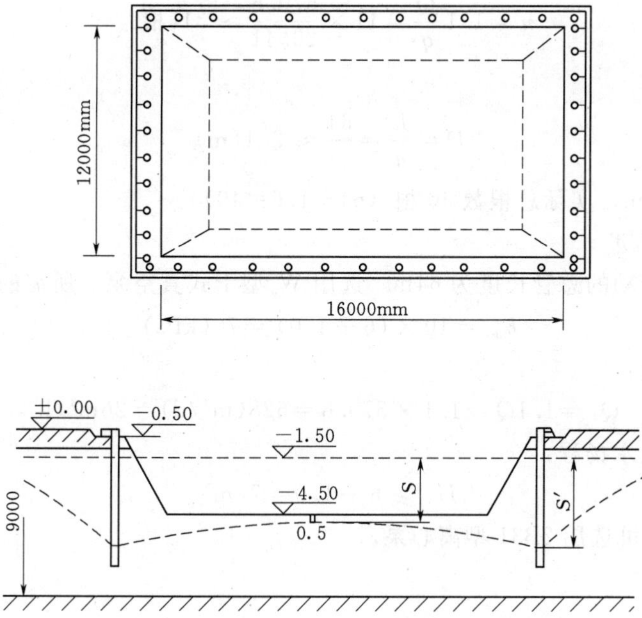

图 2.62 井点系统平面布置

2. 基坑涌水量计算

按无压非完整井环形点系统涌水量计算公式（2.37）进行计算

$$Q = 1366K\frac{(2H_0 - S)S}{\lg R - \lg x_0}$$

先求出 H_0、K、R、x_0 值。

H_0：有效带深度，按式（2.37）求出。

$S' = 6 - 0.2 - 1.0 = 4.8\text{m}$。根据$\frac{S'}{S'+1} = \frac{48}{48+1} = 0.827$ 查表 2.37，求得 H_0：

$$H_0 = 1.85(S' + 1) = 1.85(4.8 + 1.0) = 10.73(\text{m})$$

由于 $H_0 > H$（含水层厚度 $H = 1 + 8 - 1.5 = 7.5\text{m}$），取 $H_0 = H = 7.5(\text{m})$

K：渗透系数，经实测 $K = 8\text{m/d}$

R：抽水影响半径，$R = 1.95S\sqrt{H_0 K} = 1.95 \times 35 \times \sqrt{7.5 \times 8} \approx 52.87(\text{m})$

x_0：基坑假想半径，$x_0 = \sqrt{\frac{F}{\pi}} = \sqrt{\frac{14 \times 18}{3.14}} \approx 8.96(\text{m})$

将以上数值代入式（2.37），得基坑涌水量 Q：

$$Q = 1.366K\frac{(2H_0 - S)S}{\lg R - \lg x_0} = 1.366 \times 8 \times \frac{(2 \times 7.5 - 3.5) \times 3.5}{\lg 52.87 - \lg 8.96} = 570.6(\text{m}^3/\text{d})$$

3. 计算井点管数量及间距

单根井点管出水量：

$$q = 65\pi dl\sqrt[3]{R} = 65 \times 3.14 \times 0.05 \times 1.0 \times \sqrt[3]{8} = 20.41(\text{m}^3/\text{d})$$

井点管数量：

$$n = 1.1\frac{Q}{q} = 11 \times \frac{570.6}{20.41} \approx 31(\text{根})$$

井距：

$$D = \frac{L}{n} = \frac{64}{31} \approx 2.1(\text{m})$$

取井距为1.6m，实际总根数40根（64÷1.6=40）。

4. 抽水设备选用

抽水设备所带动的总管长度为64m。选用 W_5 型干式真空泵。所需的最低真空度：

$$h_K = 10 \times (6 + 1.0) = 70(\text{kPa})$$

所需水泵流量：

$$Q_1 = 1.1Q = 1.1 \times 570.6 = 628(\text{m}^3/\text{d}) = 26\text{m}^3/\text{h}$$

所需水泵的吸水扬程：

$$H_s \geqslant 6 + 1.0 = 7(\text{m})$$

根据 Q_1、H_s 可选用2B31型离心泵。

项目3 基础工程施工

项目概述 以调蓄水池和引水泵站工程的地基处理方案和基础工程方案的选择为切入点，介绍了工程建设中的地基处理方法和基础工程的基本类型，重点讲述了给水排水工程中常用的地基处理方法以及基础工程的施工工艺和质量控制措施，并结合引例介绍了地基处理方案和基础工程方案以及施工方案的确定。

知识目标 了解给排水工程中常用的地基处理方法和基础工程的形式以及相应的施工工艺和质量检测方法。

能力目标 能根据工程地质条件和周边环境条件确定地基处理方案和基础工程方案及其施工方案，能根据所确定的工程方案组织工程施工。

学时建议 6～10学时。

任务3.1 地基处理

【引例3.1】 甘肃省某县供水工程需建设一座调蓄水池。水池平面近似椭圆形，长1000m，宽565m，池周中心轴线长2721m，占地面积43.8万m^2。调蓄水池水深约10m，总容积400万m^3，调节容积360m^3，供水量为5万m^3/d。

调蓄水池位于祖历河Ⅱ级阶地上，高出河床30m，地面自然坡降3.1‰。地质勘察资料显示，拟建调蓄水池场地自上而下的地层结构为：①第四系全新世洪积湿陷性黄土（Q_4^{lpl}），厚度22.3～30m；②冲洪积砂卵砾石（Q_4^{lapl}），厚度4～8m；③基岩，新近系上新统（N_2l^3）泥质粉砂岩、粉砂质泥岩。

场地地下水埋深为27.0～29.5m。从场地的地层结构看，②层和③层为良好的天然地基，但埋深大。根据调蓄水池结构布置要求、水池的深度，并考虑开挖与填筑土方量基本平衡，减少弃土量，确定水池基础底板距地面4.8m，故只能选择①层洪积湿陷性黄土作为持力层。

【思考】 在该案例中，根据地层结构只能选择湿陷性黄土作为调节蓄水池基础的持力层，能否直接在湿陷性黄土层上进行调蓄水池基础的浇筑？如果不能，应如何进行处理？即使调节蓄水池基础的持力层不是湿陷性黄土层，是否可以直接在持力层上浇筑基础？

3.1.1 地基处理技术及其方法

3.1.1.1 地基

地基在工程地质学中是指由于建筑物的兴建导致原有应力状态发生了变化的某一范围内的岩土体，在土木工程中指承受上部建筑结构荷载影响的岩体或土体（或者说地基是承受建筑物全部荷载的土体或岩体）。地基不属于建（构）筑物的组成部分，但它对保证建（构）筑物的坚固耐久具有非常重要的作用。土木工程建筑物或构筑物的地基一般会面临以下四个方面的问题。

1. 强度和稳定性

当地基的抗剪强度不足以支承上部建筑物或构筑物的自重及外荷载时，地基就会产生局部或整体剪切破坏。

2. 变形

当地基在建筑物或构筑物的自重及外荷载作用下产生过大的变形时，会影响结构物的使用功能；当变形大于建筑物所能容许的不均匀沉降时，上部结构就会发生破坏。

3. 渗流

由于地下水在运动中会产生水量的流失、流沙或产生潜蚀、管涌，从而导致沉降量过大或不均匀沉降，影响建（构）筑物的使用功能或使建（构）筑物产生破坏。

4. 液化

在地震等动力荷载作用下，会引起饱和松散粉细砂或部分粉土产生液化，使土体失去抗剪强度产生近似液体的现象，从而导致地基失稳或沉陷。

由此可见，要保证建（构）筑物的使用功能，使建（构）筑物稳定不受破坏，地基必须具有足够的强度（承载力），沉降量在一定范围内且不同部位的沉降差不能太大，同时不能产生液化、潜蚀、管涌、流沙等现象。

从对施工现场的土体的人工干预角度来讲，地基可分为天然地基、人工地基两种。天然地基是自然状态下即可满足承载建（构）筑物全部荷载要求，不需要人加固的天然土体。天然地基土分为五大类：岩石、碎石土、砂土、粉土、黏性土。人工地基是自然状态下不能承载建（构）筑物全部荷载要求，经过人工处理或改良的地基。当土层的地质状况较好，承载力较强时可以采用天然地基；而在地质状况不佳的条件下，如坡地、沙地或淤泥地，或虽然土层质地较好，但上部荷载过大时，为使地基具有足够的承载能力和稳定性，则要采用人工地基。

3.1.1.2 地基处理技术

地基处理技术是指按照上部建（构）筑物荷载的要求，对地基进行必要的加固或改良，以提高地基强度、稳定性，改善其变形性质或渗透性质，消除特殊土的湿陷性、胀缩性和冻胀性的综合技术措施。

地基处理目的就是改善地基土工程特性，满足上部结构对地基稳定和变形的要求。改善地基土的工程特性主要包括五个方面：改善剪切特性，即增加地基土的抗剪强度的措施；改善压缩特性，即提高地基土的压缩模量；改善透水特性，使地基土变成不透水或减少其水压力；改善动力特性，即防止液化；改善特殊土的不良特性，即消除或减少湿陷性和的胀缩性等。

3.1.1.3 地基处理方法

当前，改善地基土工程特性的技术措施有物理措施和化学措施两类。

1. 物理措施

物理措施就是通过换除不良地基土、提高密实度、降低含水量等来改善地基土的工程性能，常用的地基处理方法有：换填垫层法、压实与夯实法、挤密桩法、预压法（排水固结法）等。

（1）换填垫层法是指当建筑物基础下的持力层比较软弱或性能不稳定，不能满足上部结构荷载对地基的要求时，挖去地表浅层软弱土层或性能不稳定土层，回填强度高、压缩性低或性能稳定、没有侵蚀性的材料，并夯压密实，形成垫层作为建筑物持力层的地基处理方法。换填垫层法适用于浅层软弱地基及不均匀地基的处理。其主要作用是提高地基承载力，减少沉降量，加速软弱土层的排水固结，防止冻胀和消除膨胀土的胀缩。

（2）压实夯实法包括压实法和夯实法。压实法是利用机械自重或辅以振动产生的能量对地基土进行压实，以提高土的强度和减小压缩量的地基处理方法。压实法适用于浅层疏松的黏性土、松散砂性土、湿陷性黄土及杂填土等。夯实法是利用夯锤自由下落产生的能量对地基进行夯击使其密实，以提高土的强度和减小压缩量的地基处理方法。（夯实法适用于无黏性土、杂填土、不高于最优含水量的非饱和黏性土以及湿陷性黄土等。）压实法包括碾压和振动碾压。夯实法包括重锤夯实和强夯。强夯法适用于无黏性土、松散砂土、杂填土、非饱和黏性土及湿陷性黄土等。

（3）挤密桩法又称为挤密法，是以振动、冲击或打入套管等方法在地基中成孔，然后向孔内分层填入碎石、砂、土（灰土、二灰土、水泥土）、石灰或其他散粒材料并加以振实，形成直径较大的密实桩体并将桩体周围地基土挤密，或者直接将木桩、混凝土桩、金属桩打入地基中将桩体周围的地基土挤密，使桩和桩间土组成复合地基，以提高地基强度、减小沉降量的地基处理方法。

（4）预压法是在拟建建（构）筑物的地基上预先施加一定静荷载，使地基土空隙中的空气和水排除，逐步使土体密实、固结，并使地基发生沉降，然后再将荷载卸除，以提高软弱地基的强度减小压缩量的地基处理方法。

2. 化学措施

化学措施就是通过化学胶结剂等将碎裂岩石或土粒胶结起来，来改善地基的工程特性，也称为化学固结。常用的化学固结剂有水泥、石灰、丙烯氨、水玻璃等，常用的地基处理方法有水泥搅拌桩法、高压旋喷桩法、注浆加固法等。

（1）水泥搅拌桩法是利用水泥作为固化剂的主剂，用搅拌桩机将水泥喷入土体并充分搅拌，使水泥与土发生一系列物理化学反应，使软土硬结而提高地基强度。该方法是软基处理的一种有效形式。

（2）高压旋喷桩法是以高压旋转的喷嘴将水泥浆或复合浆喷入土层与土体，利用射流作用切割掺搅地层，改变原地层的结构和组成，注入的水泥浆或复合浆与土颗粒形成凝结体，以达到加固地基和防渗止水的目的。

（3）注浆加固法是将胶结材料配制成浆液并注入松散砂层、含裂隙的岩层、岩石破碎带、溶洞，排除岩石裂隙、空隙或砂土颗粒间的水分或气体，并以其自身填充，与岩石、砂土颗粒胶结、固化为整体，以提高地基的强度及整体性、抗渗性的地基处理方法。

3.1.2 地基处理施工

目前地基处理方法很多，限于篇幅仅介绍在给水排水工程中常用的几种地基处理方法。

3.1.2.1 换填垫层法

换填垫层法适用于浅层软弱土层及不均匀土层的地基处理。对于工程量较大的换填垫层，应按所选用的施工机械、换填材料及场地的土质条件进行现场试验，确定换填垫层压实效果和施工质量控制标准。换填垫层的厚度应根据置换软弱土的深度以及下卧土层的承载力确定，厚度宜为0.5～3m。当采用换填垫层法时应根据建筑体型、结构特点、荷载性质、场地土质条件、施工机械设备及填料性质和来源等进行综合分析，进行换填垫层的设计和选择施工方法。

1. 换填材料

换填材料可选择砂石、粉质黏土、灰土、粉煤灰、水泥稳定碎石、其他工业废渣、土工合成材料。

(1) 砂石。宜选用碎石、卵石、角砾、圆砾、砾砂、粗砂、中砂或石屑，应级配良好，不含植物残体、生活垃圾等杂质。缺少中、粗砂和砾砂的地区，也可采用细砂，但宜同时掺入一定数量的碎石或卵石，其掺量应按设计规定（含石量不应大于50%）。含泥量不宜超过3%，碎石或卵石最大颗粒不宜大于50mm。

(2) 粉质黏土。土料中有机质含量不得超过5%，亦不得含有冻土或膨胀土。当含有碎石时，其粒径不宜大于50mm。用于湿陷性黄土或膨胀土地基的粉质黏土垫层，土料中不得夹有砖、瓦和石块。

(3) 灰土。体积配合比宜为2∶8或3∶7。土料宜用粉质黏土，不宜使用块状黏土和砂质粉土，不得含有松软杂质，并应过筛，其颗粒不得大于15mm。石灰宜用新鲜的消石灰，其颗粒不得大于5mm。

(4) 粉煤灰。作为建筑物地基垫层的粉煤灰应符合有关建筑材料标准要求。粉煤灰垫层中采用掺加剂时，应通过试验确定其性能及适用条件。粉煤灰垫层中的金属构件、管网宜采取适当防腐措施。大量填筑粉煤灰时应考虑对地下水和土壤的环境影响。粉煤灰垫层上宜覆土0.3～0.5m。

(5) 水泥稳定碎石。碎石宜采用反击式破碎机轧制的级配碎石，其密度不小于2.5t/m^3，压碎值小于30%。水泥宜采用普通硅酸盐水泥、矿渣硅酸盐水泥，宜采用32.5强度等级，不得使用快硬、早强和受潮变质水泥，细度、凝结时间、安定性、抗压强度等指标需满足《通用硅酸盐水泥》(GB 175—2001) 要求。

(6) 其他工业废渣。在有充分依据或成功经验时，也可采用质地坚硬、性能稳定、透水性强、无腐蚀性的其他工业废渣材料，但必须经过现场试验证明其经济效果良好及施工措施完善方能应用。

(7) 土工合成材料。加筋垫层所用土工合成材料的品种与性能及填料的土类应根据工程特性和地基土条件，按照现行国家标准《土工合成材料应用技术规范》(GB/T 50290—2014) 的要求，通过设计计算和现场试验后确定。作为加筋的土工合成材料应采用抗拉强度较高、耐久性好、抗腐蚀的土工带、土工格栅等土工合成材料；垫层填料宜用碎石、角砾、砾砂、粗砂、中砂或粉质黏土等材料。当工程要求垫层具有排水功能时，垫层材料应具有良好的透水性。在软土地基上使用加筋垫层时，应满足建筑物稳定性和变形的要求。

2. 压实方法

换填垫层施工中应根据不同的换填材料选择施工机械，特别是压实机械。常用的压实方法有机械碾压法、重锤夯实法和平板振冲法三种。

机械碾压法是利用碾压机械的自重或附加的振动力通过碾轮的作用，使垫层内部的空隙减小而密实。常用的碾压机械有压路机、推土机、羊足碾等。采用机械碾压施工时应注意保证碾压的速度：平碾不大于 2km/h；羊足碾不大于 3km/h；振动碾不大于 2km/h；振动压实机不大于 0.5km/h。

重锤夯实法是利用夯锤的自由下落或惯性的冲击能量来使垫层内部的空隙减小而密实。常用的夯实机具有履带式打夯机、链条式打夯机、平板振动打夯机、内燃打夯机、蛙式夯、木夯、石夯等。夯实时，应一夯挨一夯的按顺序进行。在独立基坑内，应按先外后里的顺序夯击。当夯实完毕时，应将基坑表面修整至设计标高。

平板振冲法是利用振动压实机的振动冲击能量使垫层内部的空隙减小而密实。采用振动压实机械施工时，应先振冲坑（槽）两边，后振中间。振动压实的效果与填土成分、振动时间等因素有关，应注意其振动时间对地基土的影响。

粉质黏土、灰土宜采用平碾、振动碾或羊足碾，中小型工程也可采用蛙式夯、内燃打夯机；砂石等宜用振动碾；粉煤灰宜采用平碾、振动碾、平板振动器、蛙式夯；矿渣宜采用平板振动器或平碾，也可采用振动碾。

3. 施工作业

(1) 原状土挖除。采用换填垫层法进行地基处理，施工时应先将拟建建（构）筑物范围一定深度的不符合工程要求的地基土挖除。开挖基坑（槽）时应注意下列问题。

1) 应避免坑（槽）底土层受扰动，可保留约 200mm 厚的土层暂不挖去，待铺填垫层前再挖至设计标高。严禁扰动垫层下的软弱土层，防止其被践踏、受冻或受水浸泡。

2) 施工时应注意基坑（槽）排水，除采用水撼法施工砂垫层外，不得在浸水条件下施工，必要时应采用降低地下水位的措施。

3) 垫层底面宜设在同一标高上，如深度不同，基坑（槽）底土面应挖成阶梯或斜坡搭接。

4) 开挖时，应根据原状土的特性合理确定基坑（槽）的边坡比，必须确保边坡稳定，以防止塌方。

(2) 基坑（槽）验收与处理。在进行垫层施工前应根据设计方案对基坑（槽）进行检查验收。当基坑（槽）底部存在古井、古墓、洞穴、旧基础、暗塘等软硬不均的部位时，应根据建（构）筑物对不均匀沉降的要求予以处理，并将基坑（槽）中的浮土清除。经检验合格后，应先进行基坑（槽）底部碾压，碾压合格后方可铺填垫层。

(3) 分层铺筑，逐层压实。换填垫层应按分层铺垫，分层压实。垫层的压实方法、分层铺填厚度、每层压实遍数等宜通过试验确定。除接触下卧软土层的垫层底部应根据施工机械设备及下卧层土质条件确定厚度外，一般情况下，垫层的分层铺填厚度可取 200～300mm，分层厚度可用样桩控制。为保证分层压实质量，应控制机械碾压速度。压实系数应符合表 3.1 的要求。

在垫层的铺筑与压实施工中应注意如下问题。

1) 铺筑垫层时，填料砂（砂石、粉质黏土、灰土、粉煤灰、水泥稳定碎石等）的级配或配合比应符合要求，并应拌和均匀。灰土应当于拌和当日铺填压实。

2) 粉质黏土和灰土垫层土料的施工含水量宜控制在最优含水量±2%的范围内，粉煤灰垫层的施工含水量宜控制在±4%的范围内。最优含水量可通过击实试验确定，也可按

表 3.1 各种垫层的压实标准

换填材料	压实方式	压实系数 λ_c
碎石、卵石、砂夹石、土夹石（其中碎石、卵石占全重的30%～50%）、中砂、粗砂、砾石、角砾、圆砾、石屑、粉质黏土	碾压、振密或夯实	≥0.97
粉煤灰		≥0.95
水泥稳定碎石		≥0.97

注 1. 压实系数 λ_c 为土的控制干密度 ρ_d 与最大干密度 $\rho_{d\max}$ 的比值；土的最大干密度宜采用击实试验确定，碎石或卵石的最大干密度可取 $2.2t/m^3$。

2. 当采用轻型击实试验时，压实系数 λ_c 应取高值，采用重型击实试验时，压实系数 λ_c 可取低值。

当地经验取用。

3）分段施工时，接头处应做成斜坡，上下两层的接头应错开 0.5～1.0m。粉质黏土及灰土垫层分段施工时，不得在柱基、墙角及承重窗间留下接缝，接缝处应充分夯压密实。

4）如基坑（槽）的深度不同时，施工应按先深后浅的程序进行垫层施工，并搭接处应夯压密实。

5）采用碎石或卵石换填时，为防止基坑（槽）底面的表层软土发生局部破坏，应在基坑（槽）底部及四周先铺设厚 150～300mm 的砂垫层或铺设一层土工织物，然后再铺设碎石垫层。

6）在垫层铺设中应保证边坡稳定，以防基坑（槽）边坡的坍土混入垫层。

7）冬季施工时，不得采用夹有冰块的砂石做垫层，并应采用措施防止砂石内水分冻结。

8）灰土夯压密实后 3 天内不得受水浸泡。粉煤灰垫层铺填后宜当天压实，每层验收后应及时铺填上层或封层，防止干燥后松散起尘污染，同时应禁止车辆碾压通行。

9）由于分层回填碾压应注意防止基坑灌水或雨水下渗，也应控制施工含水量，防止地基因水处理不当而发生破坏。

10）垫层竣工验收合格后，应及时进行基础施工与基坑回填。

铺设土工合成材料时，应符合以下要求。

1）下铺地基土层顶面应平整，防止土工合成材料被刺穿、顶破。

2）土工合成材料应先铺纵向后铺横向，且铺设时应把土工合成材料张拉平整、绷紧，严禁有折皱。

3）土工合成材料的连接宜采用搭接法、缝接法或胶接法，连接强度不应低于原材料抗拉强度，端部应采用有效固定方法，防止筋材拉出。

4）应避免土工合成材料暴晒或裸露，阳光暴晒时间应不大于 8h。

（4）质量检验。对粉质黏土、灰土、粉煤灰和砂石垫层的施工质量检验可用环刀法、贯入仪、静力触探、轻型动力触探或标准贯入试验检验；对砂石、矿渣垫层可用重型动力触探检验，并均应通过现场试验以设计压实系数所对应的贯入度为标准检验垫层的施工质量。

垫层的施工质量检验必须分层进行，应在每层的压实系数符合设计要求后铺设上一层。

采用环刀法检验垫层的施工质量时，取样点应位于每层厚度的2/3深度处。检验点数量的要求：对大基坑每50～100m^2应不少于1个检验点；对基槽每10～20m应不少于1个点；每个独立柱基应不少于1个点。采用贯入仪或动力触探检验垫层的施工质量时，每分层检验点的间距应小于4m。

竣工验收采用载荷试验检验垫层承载力时，每个单体工程应不少于3点；对于大型工程则应按单体工程的数量或工程的面积确定检验点数。在有充分试验依据时也可采用标准贯入试验或静力触探试验。

对加筋垫层中土工合成材料应进行如下检验。

1）土工合成材料质量符合设计要求、外观无破损、无老化、无污染。

2）土工合成材料要求张拉平整、无皱折、紧贴下承层，锚固端锚固牢固。

3）上下层土工合成材料搭接缝要交替错开，搭接强度应满足设计要求。

3.1.2.2 压实夯实法

1. 压实法

压实法适用于大面积填方经处理后形成建（构）筑物荷载持力层的情况。对于浅层软弱地基以及局部不均匀地基换填处理应采用换填垫层法。采用压实法处理的地基称为压实地基。

压实地基的设计和施工方法的选择，应根据建（构）筑物的体型、结构与荷载特点、场地条件、变形要求及材料等因素确定。对大型的、重要的或场地地层复杂的工程，在正式施工前应通过现场试验确定其处理效果。

对于大面积填方的设计和施工，应验算并采取措施确保大面积填方自身稳定性、填方下面原地基的稳定性、承载力和变形满足设计要求；应评估大面积填方对邻近建（构）筑物及重要设施、地下线等的变形和稳定性的影响；施工过程中，应对大面积填方和邻近建（构）筑物及重要设施、地下管线等进行变形检测。

（1）填方材料。当建（构）筑物采用压实地基时，即利用压实填方材料作为建筑工程的地基持力层时，应根据结构类型、填料性能和现场条件等，对拟压实的填方材料提出质量要求。未经检验查明以及不符合质量要求的材料，不得作为建筑工程地基持力层的填筑材料。

压实地基的填筑填料可选用粉质黏土、灰土、粉煤灰、级配良好的砂土或碎石土、土工合成材料以及质地坚硬、性能稳定、无腐蚀性和放射性危害的工业废料等，并符合下列规定。

1）以砾石、卵石或块石作填料时，分层压实时其最大粒径应不大于200mm，分层夯实时其最大粒径应不大于400mm。

2）以粉质黏土、粉土作填料时，其含水量宜为最优含水量，可采用击实试验确定。

3）挖高填低或开山填沟的土料和石料，应符合设计要求。

4）不得使用淤泥、耕土、冻土、膨胀性土以及有机质含量大于5%的土。

（2）压实方法。压实可分为碾压和夯实两种，碾压又可分为普通碾压、振动碾压、冲击碾压三种。在地下水位以上的填筑材料，可采用碾压法和振动压实法，非黏性土或黏土颗粒含量少、透水性好的松散填土地基宜采用振动压实法。

在压实法施工时应根据压实机械的压实能量、地基土的性质、压实系数和填筑材料的含水量等来选择压实方法、设备以及分层厚度和压实遍数。压实分层厚度、压实遍数、压实范围和有效加固深度等施工参数宜由现场试验确定，亦可参考表3.2确定。

表3.2　　填土每层铺填厚度及压实遍数

施工设备	每层铺填厚度/mm	每层压实遍数
平碾（8～12t）	200～300	6～8
羊足碾（5～16t）	200～350	8～16
振动碾（8～15t）	500～1200	6～8
冲击碾压（冲击势能15～32kJ）	600～1500	20～40

注　1. 对已经完成回填且回填厚度大于表中的铺填厚度，或填料中粒径超过100mm、填料含量超过50%时，应采用较高性能的压实设备或采用强夯法进行加固。

2. 采用冲击碾压法时应根据土质条件、工期要求等因素综合确定每层的铺填厚度和压实遍数，施工前应进行试验性施工，每层铺填厚度通过试验确定。

填土的压实质量以压实系数λ_c控制，并应根据结构类型和压实填土所在部位按表3.3的数值确定。

表3.3　　压实填土的质量控制

结构类型	填土部位	压实系数λ_c	控制含水量/%
砌体承重结构和框架结构	在地基主要受力层范围内	≥0.97	$W_{op}\pm2$
	在地基主要受力层范围以下	≥0.95	
排架结构	在地基主要受力层范围内	≥0.96	
	在地基主要受力层范围以下	≥0.94	

注　地坪垫层以下及基础底面标高以上的压实填土，压实系数应不小于0.94。

重锤夯实法常用锤重为1.5～3.2t，落距为2.5～4.5m，夯打遍数一般取6～10遍。宜通过试夯确定施工方案，试夯的层数不宜小于两层。当最后两遍的平均夯沉量对于黏性土和湿陷性黄土等一般不大于1.0～2.0cm，对于砂性土等一般不大于0.5～1.0cm。

采用重锤夯实分层填土地基时，每层的虚铺厚度宜通过试夯确定。当使用重锤夯实地基时，夯实前应检查坑（槽）中土的含水量，并根据试夯结果决定是否需要增湿。当含水量较低，宜加水至最优含水量，需待水全部渗入土中一昼夜后方可夯击。若含水量过大，可采取铺撒干土、碎砖、生石灰等、换土或其他有效措施处理。分层填土时，应取用含水量相当于最优含水量的土料。每层土铺填后应及时夯实。

设置在斜坡上的压实填土，应验算其稳定性。当天然地面坡度大于20%时，应采取防止压实填土可能沿坡面滑动的措施，并应避免雨水沿斜坡排泄。当压实填土阻碍原地表水畅通排泄时，应根据地形修筑雨水截水沟，或设置其他排水设施。设置在压实填土区的上、下水管道，应采取防渗、防漏措施。

压实填土的边坡允许值，应根据其厚度、填料性质等因素，按照填土的自身稳定、填土下方原地基的稳定性的验算结果确定，亦可参考表3.4的数值确定。

表3.4 压实填土的边坡允许值

填料类别	压实系数 λ_c	边坡允许值（高宽比）			
		填土高度 H/m			
		$H\leqslant5$	$5<H\leqslant10$	$10<H\leqslant15$	$15<H\leqslant20$
碎石、卵石	0.94～0.97	1∶1.25	1∶1.50	1∶1.75	1∶2.00
砂夹石（碎石、卵石占全重的30%～50%）		1∶1.25	1∶1.50	1∶1.75	1∶2.00
土夹石（碎石、卵石占全重的30%～50%）		1∶1.25	1∶1.50	1∶1.75	1∶2.00
粉质黏土、黏粒含量 $\rho_c\geqslant10\%$ 的粉土		1∶1.50	1∶1.75	1∶2.00	1∶2.25

注 当压实填土厚度大于15m时，可设计成台阶或者采用土工格栅加筋等措施，验算满足稳定性要求后进行压实填土的施工。

压实填土地基承载力特征值，应根据现场静载荷试验确定，或可通过动力触探等试验，并结合静载荷试验结果确定。

压实地基的施工应符合下列规定。

1）铺填料前，应清除或处理场地内填土层底面以下的耕土或软弱土层等。

2）应根据建（构）筑物的使用要求、邻近建（构）筑物的结构类型和地质条件，确定允许加载的量和范围，并按设计要求，均衡、分步填铺压实，应避免快速、集中大量填筑。

3）分层填料的厚度、分层压实的遍数，宜根据所选用的压实设备，并通过试验确定。

4）先振基槽两边，再振中间。压实标准以振动机原地振实不再继续下沉为合格。边角及转弯区域应采取其他措施压实，以达到设计标准。

5）在雨季、冬季进行压实填土施工时，应采取防雨、防冻措施，防止填料（粉质黏土、粉土）受雨水淋湿或冻结，并应采取措施防止出现“橡皮土”。

6）当分段铺筑时施工缝应各层错开搭接，在施工缝的搭接处，应适当增加压实遍数。

7）性质不同的填料，应水平分层填铺、分层压实。同一水平层应采用同一填料，不得混合填筑。填方分几个作业段施工时，接头部位如不能交替填筑，则先填筑区段，应按1∶1坡度分层留台级；如能交替填筑，则应分层相互交替搭接，搭接长度不小于2m。

8）压实施工场地附近有需要保护的建筑物时，应合理安排施工时间，减少噪声与振动对环境的影响，必要时可采取挖减振沟等减振隔振措施或进行振动监测。

9）施工过程中严禁扰动垫层下卧层的淤泥或淤泥质土层，防止受冻或受水浸泡。施工结束后应根据采用的施工工艺，待土层休止期后再进行基础施工。

（3）质量检测。压实地基的施工质量检验应分层进行，每完成一层的填铺、压实应按设计要求及时验收，合格后，方可进行上一层的铺筑。压实填土地基的质量检验应符合下列规定。

1）在压实填土的过程中，应分层取样检验土的干密度和含水量。每50～100m^2面积内应有一个检测点；每个独立的独立基础下，检测点不少于1个；条形基础每20m检测点不少于1个。压实系数不得低于表3.3的规定。采用灌水法或灌砂法检测的碎石土干密度不得低于2.0t/m^3。有地区经验时，可采用动力触探、静力触探、标准贯入试验等原位试验，并结合干密度试验的对比结果进行质量检查。

2）重锤夯实的质量验收，除符合试夯最后下沉量的规定要求外，同时还要求基坑（槽）表面的总下沉量不小于试夯总下沉量的90%为合格。如不合格应进行补夯，直至合格为止。

3）冲击碾压法垫层宜进行沉降量、压实度、土的物理力学参数、层厚、弯沉、破碎状况等的监测和检测。

4）工程质量验收可通过载荷试验并结合动力触探、静力触探、标准贯入试验等原位试验进行。每个单体工程载荷试验应不少于3点，大型工程可按单体工程的数量或面积确定检验点数。

2. 夯实法

夯实法是指采用强夯法或强夯置换法处理地基。强夯法适用于处理碎石土、砂土、低饱和度的粉土与黏性土、湿陷性黄土、素填土和杂填土等地基。强夯置换法适用于工程对变形控制要求不高的高饱和度粉土与软塑-流塑黏性土等地基。

强夯和强夯置换施工前，应在施工现场具有代表性的场地上选取一个或几个试验区，进行试夯或试验性施工。每个试验区面积应不小于20m×20m。试验区数量应根据建筑场地复杂程度、建筑规模及建筑类型确定。按试验方案进行现场试夯后，应根据不同土质条件经一至数周，对试夯场地进行检测，并与夯前测试数据进行对比，检验强夯效果，确定采用的各项强夯参数。对应强夯置换法，除进行现场载荷试验检测承载力和变形模量外，还应采用超重型或重型动力触探等方法，检查置换墩着底情况及承载力与密度随深度的变化。确定软黏性土中强夯置换墩地基承载力特征值时，可只考虑墩体，不考虑墩间土的作用，其承载力应通过现场单墩载荷试验确定，对饱和粉土地基可按复合地基考虑，其承载力可通过现场单墩复合地基载荷试验确定。

强夯夯锤质量可取10～60t，其底面宜采用圆形或多边形，锤底面积宜按土的性质确定，锤底静接地压力值可取25～80kPa，单击夯击能高时取大值，单击夯击能低时取小值，对于细颗粒土锤底静接地压力宜取较小值。

夯实地基施工结束后应根据地基土的性质和采用的施工工艺，待土层休止期后再进行基础施工。

（1）强夯法。采用强夯法处理地基前，应对场地周边环境、原始地形地貌、工程地质条件、地下管线布置、排水情况等进行调查。对采用强夯法处理的沟谷地带，进行新填筑时，应采用分层回填强夯处理，每层回填深度可根据强夯的有效加固深度进行预估。地下水位高，影响施工或夯实效果时，应采取降水或其他技术措施。

强夯法的有效加固深度应根据现场试夯或当地经验确定，在缺少试验资料或经验时，也可参考表3.5确定。

强夯法的有效加固深度应从最初起夯面算起，当单击夯击能大于12000kN·m时，有效加固深度应通过试验确定。

1）夯点的布置。强夯处理范围应大于建筑物基础范围，每边超出基础外缘的宽度宜为基底下设计处理深度的1/2～2/3，并应不小于3m。对可液化地基，扩大范围应不小于可液化土层厚度的1/2，并应不小于5m；对湿陷性黄土地基，还应符合现行国家标准

表 3.5　　强夯有效加固深度经验值

单击夯击能 E/(kN·m)	有效加固深度/m	
	碎石土、砂土等粗颗粒土	粉土、黏性土等细颗粒土
1000	4.0～5.0	3.0～4.0
2000	5.0～6.0	4.0～5.0
3000	6.0～7.0	5.0～6.0
4000	7.0～8.0	6.0～7.0
5000	8.0～8.5	7.0～7.5
6000	8.5～9.0	7.5～8.0
8000	9.0～9.5	8.0～9.0
10000	9.5～10.0	8.5～9.0
12000	10.0～11.0	9.0～10.0

《湿陷性黄土地区建筑规范》(GB 50025—2004) 的有关规定。

夯击点位置可根据基底平面形状，采用等边三角形、等腰三角形或正方形等布置（图3.1）。第一遍夯击点间距可取夯锤直径的2.5～3.5倍，第二遍夯击点位于第一遍夯击点之间，以后各遍夯击点间距可适当减小。对处理深度较大或单击夯击能较大的工程，第一遍夯击点间距宜适当增大。

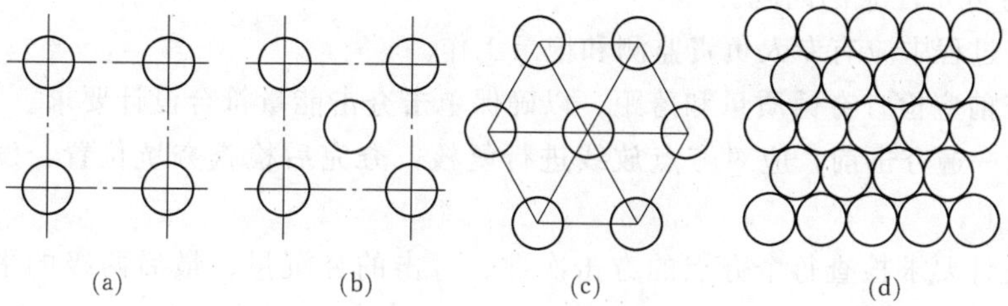

图3.1　夯点布置图

(a) 正方形；(b) 梅花形；(c) 正三角形；(d) 满夯布点

2）夯击次数。夯点的夯击次数，应按现场试夯得到的夯击次数和夯沉量关系曲线确定，并应同时满足下列条件：①最后两击的平均夯沉量应符合表3.6的要求；②夯坑周围地面不应发生过大的隆起；③不因夯坑过深而使提锤困难。

表 3.6　　强夯法最后两击平均夯沉量

单击夯击能 E/(kN·m)	最后两击平均夯沉量/mm
$E<4000$	≤50
$4000 \leqslant E<6000$	≤100
$6000 \leqslant E<8000$	≤150
$8000 \leqslant E<12000$	≤200

3）夯击遍数与间歇。夯击遍数应根据地基土的性质确定，可采用点夯2～4遍，对于

渗透性较差的细颗粒土，必要时夯击遍数可适当增加。最后再以低能量满夯 1～2 遍，满夯可采用轻锤或低落距锤多次夯击，锤印搭接。

两遍夯击之间应有一定的时间间隔，间隔时间取决于土中超静孔隙水压力的消散时间。当缺少实测资料时，可根据地基土的渗透性确定，对于渗透性较差的黏性土地基，间隔时间应不少于 2～3 周，对于渗透性好的地基可连续夯击。

4）施工步骤。

a. 清理并平整施工场地，标出第一遍夯点位置，并测量场地高程。

b. 起重机就位，将夯锤置于夯点位置，测量夯实前锤顶高程。

c. 将夯锤起吊到预定高度，开启脱钩装置，待夯锤脱钩自由下落后，放下吊钩，测量夯实后锤顶高程，若发现因坑底倾斜而造成夯锤歪斜时，应及时将坑底整平。

d. 重复步骤 c，按规定的夯击次数及控制标准，完成一个夯点的夯击。当夯坑过深出现提锤困难，又无明显隆起，而尚未达到控制标准时，宜将夯坑回填不超过 1/2 深度后，继续夯击。

e. 按布置的夯点位置逐点进行夯击，完成第一遍全部夯点的夯击。

f. 用推土机将夯坑填平，测量场地高程，并按规定的时间间歇。

g. 经过规定的间隔时间后，按规定的夯击次数逐点进行第二遍的夯击，并逐次达到规定的夯击遍数。

h. 最后用低能量满夯，将场地表层松土夯实，并测量夯后场地高程。

5）强夯施工注意的问题。

a. 施工过程中应有专人负责监测和记录工作。

b. 开夯前应检查夯锤质量和落距，以确保单击夯击能量符合设计要求。

c. 在每一遍夯击前，应对夯点放线进行复核，夯完后检查夯坑位置，发现偏差或漏夯应及时纠正。

d. 按设计要求检查每个夯点的夯击次数、每击的夯沉量、最后两级的平均夯沉量和总夯沉量，夯点施工起止时间。

e. 施工过程中应对各项参数及情况进行详细记录。

（2）强夯置换法。强夯置换法必须通过现场试验确定其适用性和处理效果。置换墩的深度由土质条件决定，除厚层饱和粉土外，应穿透软土层，到达较硬土层，深度应不超过 10m。墩体材料可采用级配良好的块石、碎石、矿渣、建（筑）垃圾等坚硬粗颗粒材料，粒径大于 300mm 的颗粒含量应不超过全重的 30%。

1）墩位的布置。强夯置换处理范围应与强夯法相同。墩位布置宜采用等边三角形或正方形（图 3.2）。对独立基础或条形基础可根据基础形状与宽度相应布置。墩间距应根据荷载大小和原土的承载力选定，当满堂布置时可取夯锤直径的 2～3 倍，对独立基础或条形基础可取夯锤直径的 1.5～2.0 倍。墩的计算直径可取夯锤直径的 1.1～1.2 倍，当墩间净距较大时，应适当提高上部结构和基础的刚度。

2）夯点夯击次数。强夯置换法的单击夯击能、夯点的夯击次数应根据现场试验确定。夯点的夯击次数应满足以下要求：墩底穿透软弱土层，且达到设计墩长；累计夯沉量为设计墩长的 1.5～2.0 倍；最后两击的平均夯沉量满足表 3.6 的规定。

3）施工步骤。

a. 清理并平整施工场地，当表土松软时可铺设一层厚度为1.0～2.0m的砂石施工垫层。

b. 标出夯点位置，并测量场地高程。

c. 起重机就位，夯锤置于夯点位置，测量夯前锤顶高程。

d. 夯击并逐击记录夯坑深度。当夯坑过深而发生起锤困难时停夯，向坑内填料直至与坑顶平，记录填料数量，如此重复直至满足规定的夯击次数及控制标准完成一个墩体的夯击。当夯点周围软土挤出影响施工时，可随时清理并在夯点周围铺垫碎石，继续施工。

e. 按由内而外，隔行跳打原则完成全部夯点的施工。

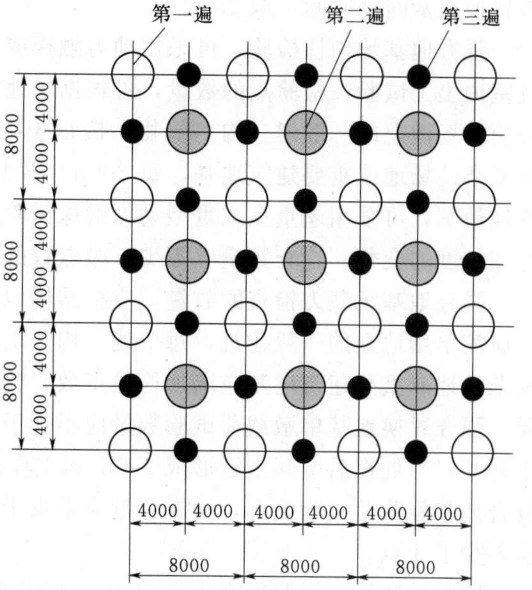

图3.2 墩位布置（单位：mm）

f. 推平场地，用低能量满夯，将场地表层松土夯实，并测量夯后场地高程。

g. 铺设垫层，并分层碾压密实。

4）施工应注意的问题。强夯置换夯锤底面形式宜采用圆柱形，夯锤底静接地压力值宜大于100kPa。

起吊夯锤的起重机械宜采用带有自动脱钩装置的履带式起重机、强夯专用施工机械，或其他可靠的起重设备，夯锤的质量应不超过起重机械自身额定起重质量。采用履带式起重机时，可在臂杆端部设置辅助门架，或采取其他安全措施，防止落锤时机架倾覆。

当场地表土软弱或地下水位较高，夯坑底积水影响施工时，宜采用人工降低地下水位或铺填一定厚度的砂石材料，使地下水位低于坑底面以下2m。坑内或场地积水应及时排除，对细颗粒土，应经过晾晒，含水量满足要求后施工。

施工前应查明影响范围内地下建（构）筑物的位置及标高，并采取必要保护措施。

施工时应设置安全警戒，强夯引起的振动对邻近建（构）筑物可能产生影响时，应进行振动监测，必要时应采取隔振或减振措施。

施工过程中应有专人负责监测和记录工作，其工作内容除与强夯法相同外尚应检查置换深度。

（3）夯实地基的质量检验。检查施工过程中的各项测试数据和施工记录，不符合设计要求时应补夯或采取其他有效措施。强夯处理后的地基竣工验收时，承载力检验应采用静载试验、其他原位测试和室内土工试验。强夯置换后的地基竣工验收时，承载力检验除应采用单墩载荷试验检验外，还应采用动力触探等有效手段查明置换墩着底情况及承载力与密度随深度的变化。

强夯处理后的地基竣工验收承载力检验，应在施工结束后间隔一定时间方能进行，对于碎石土和砂土地基，其间隔时间可取7～14天；粉土和黏性土地基可取14～28天。强夯置换地基间隔时间可取28天。

强夯地基均匀性检验，可采用动力触探或标准贯入试验、静力触探试验等原位试验以及室内土工试验。检验点的数量，可根据场地复杂程度和建（构）筑物的重要性确定，对应简单场地上的一般建（构）筑物，按每400m^2不少于1个检测点，且不少于3点；对于复杂的场地或重要建筑地基，每300m^2不少于1个检测点，且不少于3点。对于强夯置换地基，可采用超重型或重型动力触探试验等方法，检查置换墩着底情况及承载力与密度随深度的变化，检查数量应不少于墩点数的3%，且不少于3点。

强夯地基承载力检查的数量，应根据场地的复杂程度和建（构）筑物的重要性确定，对应简单场地上的一般建筑，每个建（构）筑物地基载荷试验检验点应不少于3点；对于复杂场地或重要建筑地基应增加检验点数。检查结果的评价，应考虑夯点和夯间位置的差异。强夯置换地基单墩载荷试验数量应不少于墩点数的1%，且不少于3点；对于饱和粉土地基，当处理后墩间土能形成2.0m以上厚度的硬层时，其地基承载力可通过现场单墩复合地基静载荷试验确定，检查数量应不少于墩点数的1%，且每个建筑载荷试验检验点应不少于3点。

墩顶应铺设一层厚度不小于500mm的压实垫层，垫层材料可与墩体相同，粒径应不大于100mm。

3.1.2.3 挤密桩法

1. 素土桩与灰土桩

素土、灰土挤密桩法适用于处理湿陷性黄土、砂土、粉土、素填土和杂填土等地基。桩孔内的填料，应根据地基处理的目的和工程要求，采用素土、灰土（粉煤灰与石灰土或水泥土）。对于灰土，消石灰与土的体积配合比宜为2：8或3：7；对于水泥土，水泥与土的体积配合比宜为1：9或2：8。当以消除地基土的湿陷性为主要目的时，宜选用土桩挤密法；当以提高地基土的承载力或增强其水稳性为主要目的时，宜选用灰土桩（或其他具有一定胶凝强度桩如二灰桩、水泥土桩等）挤密法。

当地基土的含水量大于24%、饱和度大于65%时，应通过试验确定其适用性。对重要工程或在缺乏经验的地区，施工前应按设计要求，在有代表性的地段进行现场试验。素土、灰土桩挤密地基承载力特征值，应通过单桩静载荷试验或复合地基载荷试验确定。

(1) 处理范围和深度。对于素土、灰土挤密桩法，地基的处理面积应大于基础或建筑物底层平面的面积。当采用整片处理时，超出建筑物外墙基础底面外缘的宽度，每边应不小于处理土层厚度的1/2，并应不小于2m；当采用局部处理时，对非自重湿陷性黄土、素填土和杂填土等地基，超出基础底面的宽度：每边应不小于基底宽度的25%，并不应小于0.5m，对自重湿陷性黄土地基，每边应不小于基底宽度的75%倍，并应不小于1.0m。

对应素土、灰土挤密桩法，处理地基的厚度应根据建筑场地的土质情况、工程要求和成孔及夯实设备等综合因素确定，宜为3～15m。对湿陷性黄土地基，应符合现行国家标准《湿陷性黄土地区建筑规范》(GB 50025—2004）的有关规定。

桩孔直径宜为300～600mm，并根据所选用的成孔设备或成孔方法确定。桩孔宜按等边三角形布置，桩孔之间的中心距离可为桩孔直径的2.0～2.5倍，可通过计算确定。

(2) 成孔和孔内回填夯实。施工时，桩顶设计标高以上应预留覆盖土层，其厚度为：沉管（锤击、振动）成孔时宜不小于0.5m，冲击成孔、钻孔夯扩法时宜不小于1.2m。

成孔方法应按设计要求、成孔设备、现场土质和周围环境等情况，选用沉管（振动、锤击）、冲击或钻孔夯扩等方法。成孔时，地基土宜接近最优（或塑限）含水量，当土的含水量低于12%时，宜对拟处理范围内的土层进行增湿，并应于地基处理前4～6天，将需增湿的水分通过一定数量和一定深度的渗水孔，均匀地浸入拟处理范围内的土层中。

成孔和孔内回填夯实的施工顺序为：当整片处理时，宜从里（或中间）向外间隔1～2孔进行，对大型工程，可采取分段施工；当局部处理时，宜从外向里间隔1～2孔进行。

成孔后，在填料前应将孔底夯实，并应进行桩孔直径、深度和垂直度的检查，桩孔的垂直度偏差应不大于1.5%，中心点的偏差应不超过桩距设计值的5%。经检验合格后，应按设计要求，向孔内分层填入筛好的素土或灰土填料，并应分层夯实至设计标高。孔内填料的平均压实系数λ_c值应不小于0.97，其中压实系数最小值应不低于0.93。所有的桩孔施工完毕后应在桩顶标高以上设置300～600mm厚的褥垫层，褥垫层材料可根据工程要求采用灰土或水泥土，其压实系数应不小于0.95。

雨季或冬季施工，应采取防雨或防冻措施，防止填料受雨水淋湿或冻结。

(3) 质量检查。施工过程中，应有专人检测成孔及回填夯实的质量，并应做好施工记录，成孔检查合格后方能进行回填和夯实。在成孔中如发现地基土质与勘察资料不符，应立即停止施工，待查明情况或采取有效措施处理后，方可继续施工。

成桩后，应及时抽样检验挤密地基的质量。对于夯后桩长范围内对素土或灰土填料的平均压实系数$\bar{\lambda}_c$抽检数量应不少于桩总数的1%，且不少于9根桩。对灰土桩桩身强度有怀疑时，还应检验消石灰与土的体积配合比。

对于处理深度内桩间土的平均挤密系数$\bar{\eta}_c$，检测的探井数应不少于总桩数的0.3%，且每项单体工程应不少于3个。对消除湿陷性的工程，除检测上述内容外，还应进行现场浸水静载荷试验，试验方法应符合现行国家标准《湿陷性黄土地区建筑规范》(GB 50025—2004) 的有关规定。

承载力检测应采用复合地基静载荷试验方法，宜在成桩后14～28天进行，检测数量应不少于总桩数的1%，且每项单体工程复合地基静载荷试验应不少于3点。

2. CFG桩

CFG桩 (Cement Fly-ash Gravel Pile) 是水泥粉煤灰碎石桩的简称，由碎石、石屑、砂、粉煤灰、水泥加水拌和后，用各种成桩机械制成的具有一定强度的桩体。CFG桩适用于处理黏性土、粉土、砂土和自重固结完成的素填土地基，对淤泥和淤泥质土应按地区经验或通过现场试验确定其适用性。桩顶和基础之间应设置褥垫层，褥垫层厚度宜取0.4～0.6倍桩径，褥垫材料宜用中砂、粗砂、级配砂石和碎石等，最大粒径宜不大于30mm。

(1) CFG桩的布置。采用CFG桩处理地基时应选择承载力和压缩模量相对较高的土层作为桩端持力层。桩径视成桩机械不同而异：采用长螺旋钻中心压灌、干成孔和振动沉管成桩时宜取350～600mm；采用泥浆护壁钻孔灌注成桩宜取600～800mm。桩距应根据建筑物基础形式、要求的复合地基承载力和变形以及土性、施工工艺确定，当采用箱基、筏基和独立基础或采用非挤土成桩工艺和部分挤土成桩工艺时，宜取3～5倍桩径，当采用墙下条基单排布桩或挤土成桩工艺时宜取3～6倍桩径，当在桩长范围内有饱和粉土、粉细砂、淤泥、淤泥质土层，采用长螺旋钻中心压灌成桩施工中可能发生窜孔时宜采用大桩距或采用跳打措施。

采用CFG桩时可只在基础内布桩，应根据建筑物荷载分布、基础形式、地基土性状进行合理布置。对厚度与跨距之比小于1/6的平板式筏基、梁的高跨比大于1/6且板的厚跨比（筏板厚度与梁的中心距之比）小于1/6的梁板式筏基，应在柱（平板式筏基）和梁（梁板式筏基）边缘外扩2.5倍板厚的面积范围布桩。对荷载水平不高的墙下条形基础可采用墙下单排布桩。

（2）CFG桩的施工。采用CFG桩进行地基处理时应根据现场条件选用施工工艺：长螺旋钻孔灌注成桩法适用于地下水位以上的黏性土、粉土、素填土、中等密实以上的砂土；长螺旋钻中心压灌成桩法适用于黏性土、粉土、砂土和素填土地基以及对噪声或泥浆污染要求严格的场地，当穿越卵石夹层时应通过试验确定其适用性；振动沉管灌注成桩法适用于粉土、黏性土及素填土地基，当挤土造成地面隆起量大时，应采用较大桩距；泥浆护壁成孔灌注成桩法适用于地下水位以下的黏性土、粉土、砂土、填土、碎石及风化岩层等地基，对桩长范围和桩端有承压水土层时，应通过试验确定其适用性。

无论采用哪种施工方法，施工前均应复核定位点和水准点，然后按桩的布置方案进行放线。根据地基条件和桩距确定桩点的施打顺序，施打顺序一般有连续施打和间隔跳打两种类型，并根据不同的施工方法准备混合料。

1）当采用振动沉管灌注成桩法时，施工工艺流程如下。

a. 桩机组装、就位。根据设计桩长和沉管入土深度确定振动沉管机的机架高度和沉管长度，然后进行组装。组装完毕后，按桩位布置和施工顺序将桩机就位，并调整沉管的垂直度，垂直度偏差不大于1%。

b. 沉管。启动振动沉管机开始沉管，沉管过程中要保持桩机稳定，严禁倾斜和错位。

c. 混合料灌注。将沉管下沉至设定标高后停机，将混合料投入管内，直至混合料面与进料口齐平。

d. 拔管。启动振动沉管机，留振5～10s开始拔管，拔管速度按均匀线速度控制，拔管线速度应控制在1.2～1.5m/min，如遇淤泥土或淤泥质土，拔管速度可适当放慢。

e. 封顶成桩。将沉管拔出地面，检查并确认桩顶标高符合设计要求后，用粒状材料或湿黏性土封顶。

f. 移机。按照施打顺序将桩机移动到下一个桩位。

2）采用长螺旋钻孔灌注成桩法时，施工工艺流程如下（图3.3）。

a. 钻机就位。按桩位布置和施工顺序将钻机就位，然后校正钻杆的位置和垂直度，垂直度的容许偏差不大于1%。

b. 钻进成孔。钻孔开始时，关闭钻头阀门，向下移动钻杆至钻头触及地面时，启动电机，将钻杆旋转下沉至设计标高，关闭电机，清理钻孔周围土。成孔时应先慢后快，以避免钻杆摇晃，也能及时检查并纠正钻杆偏位。

c. 灌注及拔管。成孔到设计标高后，停止钻进，开始泵送混合料，当钻杆芯管充满混合料后开始拔管，速度宜控制在 2～3m/min，直至成桩严禁先拔管后泵料。灌注过程宜连续进行，应避免因供料出现问题导致停机待料。

d. 移机。按照施打顺序将桩机移动到下一个桩位。必要时，移机后清洗钻杆和钻头。

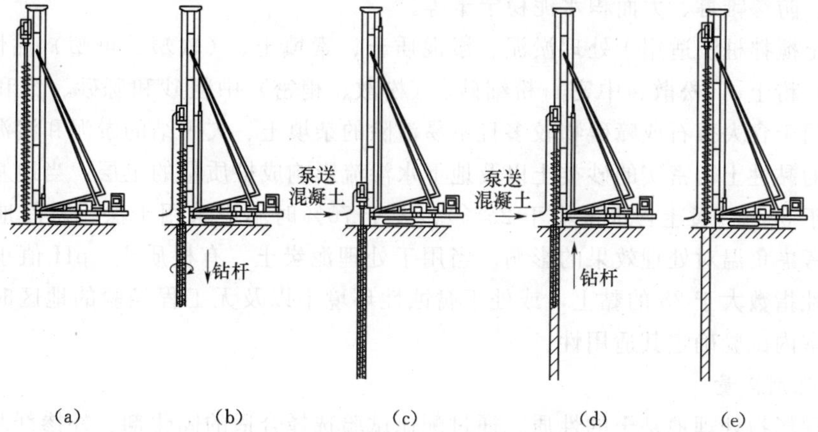

图 3.3　CFG 桩长螺旋钻施工工艺

(a) 钻机就位；(b) 钻进成孔；(c) 钻至设计标高；(d) 灌注及拔管；(e) 成桩

(3) 施工中注意的问题。

1) 施工前应按设计要求由试验室进行配合比试验，施工时按配合比配制混合料。长螺旋钻孔灌注成桩法施工的坍落度宜为 160～200mm，振动沉管灌注成桩施工的坍落度宜为 30～50mm，振动沉管灌注成桩后桩顶浮浆厚度宜不超过 200mm。

2) 施工桩顶标高高出设计桩顶标高宜不少于 0.5m；当施工作业面与有效桩顶标高距离较大时，宜增加混凝土灌注量，提高施工桩顶标高，防止缩径。

3) 成桩过程中，抽样做混合料试块，每台机械一天应做一组（3 块）试块（边长为 150mm 的立方体），标准养护，测定其立方体抗压强度。

4) 冬期施工时混合料入孔温度不得低于 5℃，对桩头和桩间土应采取保温措施。

5) 清土和截桩时，应采取措施防止桩顶标高以下桩身断裂和桩间土扰动。

6) 褥垫层铺设宜采用静力压实法，当基础底面下桩间土的含水量较小时，也可采用动力夯实法，夯填度（夯实后的褥垫层厚度与虚铺厚度的比值）不得大于 0.9。

(4) 质量检查。施工质量检验主要应检查施工记录、混合料坍落度、桩数、桩位偏差、褥垫层厚度、夯填度和桩体试块抗压强度等。承载力检验应采用复合地基载荷试验或单桩静载荷试验，并宜在施工结束 28 天后进行，其桩身强度应满足试验荷载条件，复合地基载荷试验或单桩静载荷试验数量应不少于总桩数的 1%，且每个单体工程的试验数量应不少于 3 点。竣工验收时，应抽取不少于总桩数 10% 的桩进行低应变动力试验，检测桩身完整性。

3.1.2.4　水泥土搅拌桩法

水泥土搅拌桩法是利用水泥作为固化剂，通过特制的搅拌机械，在地基深处将软土和水泥强制搅拌，利用水泥和软土之间所产生的一系列物理化学反应，使软土硬结成具有整体性、水稳定性和一定强度的地基。水泥土搅拌桩的施工工艺分为浆液搅拌法（简称湿法）和粉体搅拌法（简称干法）两种，可采用单轴搅拌、双轴搅拌、多轴搅拌或连续成槽搅拌形成水泥土加固体，加固体形状可分为柱状、壁状、格栅状或块状等；湿法搅拌可插入型钢形成排桩（墙）。水泥土搅拌形成水泥土加固体，亦可用于基坑工程围护挡墙、被动区加固、防渗帷幕、大面积水泥稳定土等。

水泥土搅拌桩法适用于处理淤泥、淤泥质土、素填土、（软塑、可塑）黏性土、（稍密、中密）粉土、（松散、中密）粉细砂、（松散、稍密）中粗砂和砾砂、饱和黄土等土层，不适用于含大孤石或障碍物较多且不易清除的杂填土、欠固结的淤泥和淤泥质土、硬塑及坚硬的黏性土、密实的砂类土以及地下水渗流影响成桩质量的土层。当地基土的天然含水量小于30%（黄土含水量小于25%）、大于70%时不应采用干法。寒冷地区冬季施工时，应考虑负温对处理效果的影响。当用于处理泥炭土、有机质土、pH 值小于4的酸性土、塑性指数大于25的黏土，或处于腐蚀性环境中以及无工程经验的地区时，必须通过现场和室内试验确定其适用性。

1. 固化剂掺量

针对现场拟处理地基土的性质，通过配比试验选择合适的固化剂、外掺剂及掺量，为设计提供不同龄期、不同配比的强度参数。固化剂宜选用强度等级不低于32.5的普通硅酸盐水泥（对于型钢水泥土搅拌墙宜选用强度不低于42.5的普通硅酸盐水泥）。块状加固时水泥掺量应不小于被加固天然土质量的7%，作为复合地基增强体时应不小于12%。湿法的水泥浆水灰比可选用0.5～0.6。此外，应根据工程需要和土质条件选用具有早强、缓凝、减水以及节约水泥等作用的外掺剂。

竖向承载搅拌桩复合地基中的桩长超过10m时，可采用变掺量设计。在全桩水泥总掺量不变的前提下，桩身上部1/3桩长范围内可适当增加水泥掺量及搅拌次数；桩身下部1/3桩长范围内可适当减少水泥掺量。

2. 桩长

搅拌桩的长度应根据上部结构对承载力和变形的要求确定，并应穿透软弱土层到达承载力相对较高的土层；设置的搅拌桩同时为提高抗滑稳定性时，其桩长应超过危险滑弧2.0m以上。干法施工的加固深度宜不大于15m；湿法加固深度宜不大于20m。

3. 桩位布置

竖向承载搅拌桩的平面布置可根据上部结构特点及对地基承载力和变形的要求，采用柱状、壁状、格栅状或块状等加固形式。对于刚性基础可只在平面范围内进行桩的布置，独立基础下的桩数宜不少于4根。柔性基础应通过验算在基础内、外布桩。柱状加固可采用正方形、等边三角形等布桩形式。

4. 施工

水泥土搅拌法施工现场事先应予以平整，必须清除地上和地下的障碍物。遇有明浜、池塘及洼地时应抽水和清淤，回填土料应压实，不得回填生活垃圾。施工前应根据设计进行工艺性试桩，数量不得少于3根，多轴搅拌不得少于3组。应对工艺试桩的质量进行必要的检验。搅拌头翼片的枚数、宽度、与搅拌轴的垂直夹角、搅拌头的回转数、提升速度应相互匹配，钻头每转一圈的提升（或下沉）量以1.0～1.5cm为宜，以确保加固深度范围内土体的任何一点均能经过20次以上的搅拌。

(1) 水泥土搅拌法施工工艺如图3.4所示。

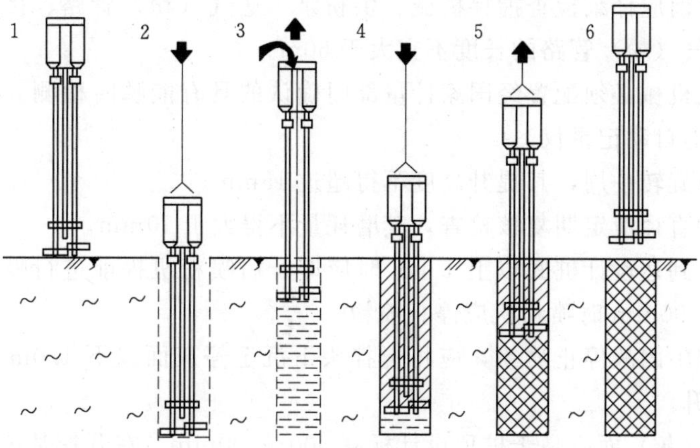

图3.4 水泥搅拌桩施工工艺

1—定位；2—预搅下沉；3—喷浆搅拌上升；4—重复搅拌下沉；5—重复搅拌上升；6—完毕

1) 搅拌机械就位、调平。

2) 预搅下沉至设计加固深度。

3) 边喷浆（粉）、边搅拌提升直至预定的停浆（灰）面。

4) 重复搅拌下沉至设计加固深度。

5) 根据设计要求，喷浆（粉）或仅搅拌提升至预定的停浆（灰）面。

6) 关闭搅拌机械。

在预（复）搅下沉时，也可采用喷浆（粉）的施工工艺，必须确保全桩长上下至少再重复搅拌一次。对地基土进行干法咬合加固时，如复搅困难，可采用慢速搅拌，保证搅拌的均匀性。

(2) 湿法施工应符合下列要求。

1) 施工前应确定灰浆泵输浆量、灰浆经输浆管到达搅拌机喷浆口的时间和起吊设备提升速度等施工参数，并根据设计要求通过工艺性成桩试验确定施工工艺。

2) 所用的水泥都应过筛，制备好的浆液不得离析，泵送必须连续；拌制水泥浆液的罐数、水泥和外掺剂用量以及泵送浆液的时间等应有专人记录；喷浆量及搅拌深度必须采用经国家计量部门认证的监测仪器进行自动记录。

3) 搅拌机喷浆提升的速度和次数必须符合施工工艺的要求，并应有专人记录。

4) 当水泥浆液到达出浆口后，应喷浆搅拌30s，在水泥浆与桩端土充分搅拌后，再开始提升搅拌头。

5) 搅拌机预搅下沉时不宜冲水，当遇到硬土层下沉太慢时，方可适量冲水，但应考虑冲水对桩身强度的影响。

6) 施工时如因故停浆，应将搅拌头下沉至停浆点以下0.5m处，待恢复供浆时再喷浆搅拌提升。若停机超过3h，宜先拆卸输浆管路，并妥加清洗。

7) 壁状加固时，相邻桩的施工时间间隔不宜超过12h。如间隔时间太长，与相邻桩无法搭接时，应采取局部补桩或注浆等补强措施。

(3) 干法施工应符合下列要求。

1) 喷粉施工前应仔细检查搅拌机械、供粉泵、送气(粉)管路、接头和阀门的密封性、可靠性,送气(粉)管路的长度不宜大于60m。

2) 喷粉施工机械必须配置经国家计量部门确认的具有能瞬时检测并记录出粉体计量装置及搅拌深度的自动记录仪。

3) 搅拌头每旋转一周,其提升高度不得超过15mm。

4) 搅拌头的直径应定期复核检查,其磨耗量不得大于10mm。

5) 当搅拌头到达设计桩底以上1.5m时应即开启喷粉机提前进行喷粉作业,当搅拌头提升至地面下500mm时喷粉机应停止喷粉。

6) 成桩过程中因故停止喷粉,应将搅拌头下沉至停灰面以下1.0m处,待恢复喷粉时再喷粉搅拌提升。

施工中停浆(灰)面应高于桩顶设计标高300~500mm。在开挖基坑时,应将桩顶以上500mm土层及搅拌桩顶端施工质量较差的桩段用人工挖除。施工中应保持搅拌桩机底盘的水平和导向架的竖直,搅拌桩的垂直偏差不得超过1%,桩位的偏差不得大于50mm,成桩直径和桩长不得小于设计值。

水泥土搅拌桩复合地基宜在基础和桩之间设置褥垫层,刚性基础下褥垫层厚度可取150~300mm。褥垫层材料可选用中粗砂、级配砂石等,最大粒径宜不大于20mm,褥垫层的压实系数应不小于0.94。

5. 质量检查

水泥土搅拌桩的施工应进行全过程的质量控制。施工过程中应做施工记录和计量记录,并对照规定的施工工艺对每根桩进行质量评定。检查重点是:喷浆压力、水泥用量、桩长、搅拌头转数和提升速度、复搅次数和复搅深度、停浆处理方法等。施工完毕后还应对桩的质量进行现场检验。

(1) 成桩后3天内,可用轻型动力触探(N_{10})检查上部桩身的均匀性,检验数量为施工总桩数的1%,且不少于3根。

(2) 成桩7天后,采用浅部开挖桩头进行检查,开挖深度宜超过停浆(灰)面下0.5m,目测检查搅拌的均匀性,量测成桩直径,检查量为总桩数的5%。

(3) 成桩28天后,在桩身强度满足试验荷载条件时进行载荷试验,采用复合地基荷载试验和单桩复合地基荷载试验法,检验数量为桩总数的1%,其中每单项工程单桩复合地基载荷试验的数量应不少于3根(多轴搅拌为3组)。

(4) 对变形有严格要求的工程,应在成桩28天后用双管单动取样器钻取芯样作水泥土抗压强度检验,检验数量为施工总桩(组)数的0.5%,且不少于6点。

(5) 基槽开挖后,应检验桩位、桩数与桩顶质量,如不符合设计要求,应采取有效补强措施。

3.1.3 引例分析

地基处理方法很多,合理选择地基处理方案,不仅关系到工程建设的质量,也会影响工程建设的投资和工期。影响地基处理方案选择的因素主要包括工程现场的地质条件、工程规模与结构特性及其对地基变形的要求、施工现场的环境、工程建设工期以及处理方法的技术特征和费用等。在进行方案比较时，通常综合考虑上述因素初步选定几种方案，然后分别从预期处理效果、材料来源和费用、施工机具和进度、对周围环境影响等方面进行技术经济分析和对比，从中选择最佳方案，或选择两种或多种地基方法组成综合处理方案。

就［引例3.1］而言，持力层为湿陷性黄土，主要的工程地质问题就是湿陷性、压缩性和渗漏问题。天然地基不能满足调蓄水池稳定性的要求，必须进行处理。根据工程特点及湿陷性黄土的特性，本着保护环境、节约资源、就地取材以及工艺简单、技术成熟、工期短、费用小等原则，初步选定预浸水法、强夯法、挤密桩法、换填垫层法、复合地基法，然后进行技术经济比较。

3.1.3.1 预浸水法

工程占地面积较大，采用预浸水法用水量很大。首先，工程位于干旱区，水资源严重匮乏，无地表水源可用；其次，采用预浸水法时要消除湿陷性，地基下沉至稳定并且土的含水量降低到满足要求，所需时间约为1年，工期太长；再次，工程场地周边为大片村庄居民点，浸水过程中因侧向渗漏可能引发边坡失稳、坍塌或沉降等问题，影响周边建筑物的安全。由此可见，不适于采用预浸水法处理地基。

3.1.3.2 强夯法

采用强夯法处理地基，速度快、工期短、投资小、效果好，但是，要求地基土的天然含水率低于塑限含水率1%～3%，当土的天然含水率大于塑限含水率的3%，夯击时会呈软塑状态，易出现“橡皮土”或“弹簧土”现象，含水率过高时还会出现翻浆现象。该调蓄水池地基开挖深度为4.8m，处理层深度为5～12m。其中深度5～7m的土层天然含水率为32%～33.9%，大于平均塑限含水率13.2%～15.1%，若采用强夯法时会出现“橡皮土”或翻浆现象。虽然可以通过晾晒等措施降低土的含水率，或通过向夯击坑内添加碎石类粗骨料进行置换，但土的天然含水率过高难以自然降低到符合要求，而工程区周边也缺乏碎石类粗骨料，因此，不适于采用强夯法进行地基处理。

3.1.3.3 挤密桩法

当地基土的含水率略低于最优含水率时，挤密桩法的处理效果好。当地基土的含水率$\omega \geqslant 24\%$、饱和度$S_r > 65\%$时，一般不宜直接选用挤密桩法。该工程地基土天然含水率大于24%，局部饱和度大于65%，且处理的范围和桩孔数量较大、处理工期长、投资大，故不适于采用挤密桩法处理地基。

3.1.3.4 换填垫层法

素土垫层和灰土垫层法是较为成熟和普遍采用的地基处理方法。但该法需要大量的稳定性土进行置换并产生弃土，且不能全部消除地基的湿陷性，而且地基下层土的含水率过高，容易出现“橡皮土”或“翻浆”现象。若采用灰土垫层时，当地无消石灰生产厂，需远距离运输，因此，该工程也不适于采用垫层法处理地基。

3.1.3.5 复合地基法

类比该地区类似工程的施工经验，从充分利用当地资源和材料、减少开挖弃土、对周边环境影响小等因素综合考虑，对垫层法加以改进，进行综合处理，形成复合地基。首先，将调蓄水池地基挖除4.8m后，采用原土翻夯2m，在最优含水率下分层回填、分层压实；然后，铺设聚乙烯（PE）土工膜防渗层；最后，铺设0.15～0.5m厚10%的水泥土垫层至设计基础高程，各部位水泥土垫层的厚度根据不同段的防渗要求来确定。该综合处理方法能完全消除湿陷性，满足工程对地基变形和渗漏的要求，并且该法施工设备和工序简单，有成熟的施工经验和检验方法，适于大面积场地的分片处理，能缩短工期、减小费用，经分析比较最终推荐复合地基法作为该工程的地基处理方案。

在复合地基的施工中，要求下层翻夯层干密度大于1.6g/cm^3，压实系数不小于0.95，水泥土垫层的压实系数不小于0.97。监测结果表明完全符合要求。

任务3.2 基础施工

【引例3.2】 某引水工程的泵站由前池、泵房、仓库及维修车间、变电站、配电控制间等建（构）筑物组成，工程重要性类别为乙类，建（构）筑物沉降要求严格，最大沉降小于200mm，相对沉降差不大于50mm。该泵站工程位于珠江三角洲冲积平原区，区内地势较平坦，河涌纵横。根据建（构）筑物布置图，在现场共布置33个钻孔进行地质勘察，自上而下的地层结构为：①现代的人工填土层，②（粉质）黏土和淤泥质土层，③粉细砂、中砂、粗砂层，④淤泥质土、（粉质）黏土层，⑤粉细砂、粗砂、砾砂层，⑥粉质黏土层，⑦残积层，下伏基岩为早石炭系测水组泥质粉砂岩及炭质页岩，早石炭系石磴子组灰岩等，如图3.5所示。

【思考】 在该案例中，根据地层结构可知，该泵站工程地质条件复杂，不仅存在断裂、溶洞、空洞，而且存在震陷、液化的可能性，同时，地下水丰富，透水性强，在对建（构）筑物沉降要求高的情况下应该采取哪种基础结构？应该如何施工？

3.2.1 浅基础施工

基础是建（构）筑物向地基传递荷载的下部结构。浅基础是相对深基础而言的，一般是指基础的埋置深度小于5m或埋置深度小于基础厚度的基础。按使用的材料性能和受力特点不同，浅基础可分为无筋扩展基础和扩展基础，按照构造形式不同分为独立基础、条形基础（包括墙下条形基础和柱下条形基础）、筏形基础、箱形基础等。在给排水管道工程中常用的基础有弧形素土基础、砂基础、混凝土枕基和混凝土带型基础。

3.2.1.1 管道基础施工

1. *砂土基础*

砂土基础包括弧形素土基础和砂基础两种。

弧形素土基础是在原土上挖成弧形管槽，将管子铺设在弧形管槽中，如图3.6所示。弧形管槽的中心角一般采用90°，当管径为800～1100mm时，也可采用60°。这种管道基础适合于槽底无地下水、原土干燥且能挖成弧形的钢管、铸铁管、塑料管给水管道，管径小于600mm的混凝土管、钢筋混凝土管、陶土管且管顶覆土厚度为0.7～2.0m的街坊污水管道，以及不在车行道下的次要管道和临时性管道。

砂基础亦称为砂垫层基础，是在挖好的沟槽内，铺上一层粗砂，将管道铺设在砂层上，如图3.7所示。这种管道基础适用于槽底无地下水影响、槽底为岩石或多石的给排水管道以及柔性接口的给排水管道。砂垫层的厚度要求见表3.7。

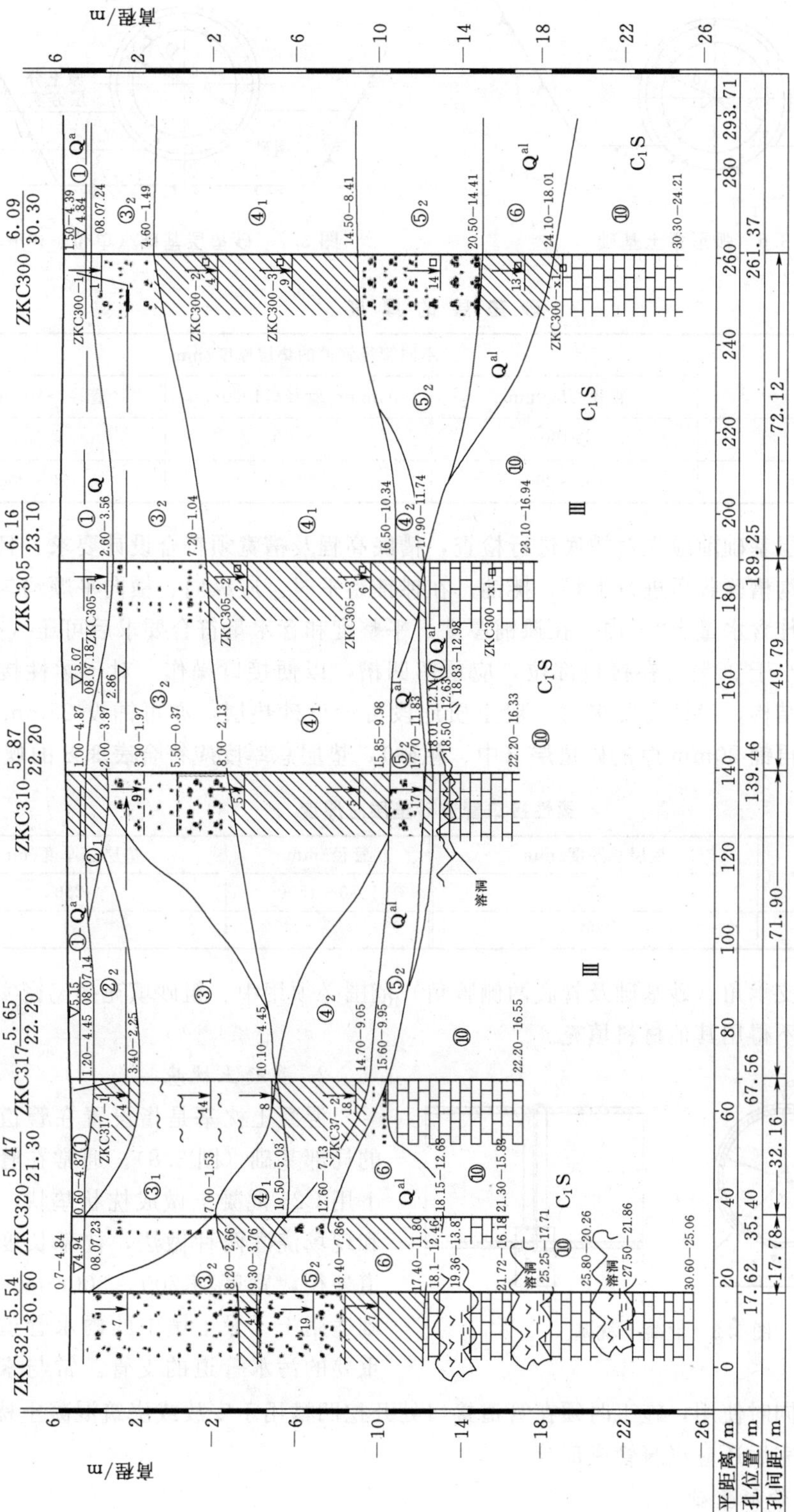

图 3.5 工程地质典型剖面图

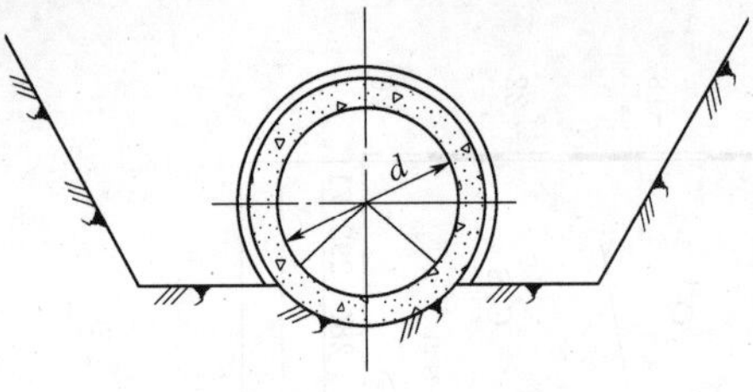

图 3.6　弧形素土基础

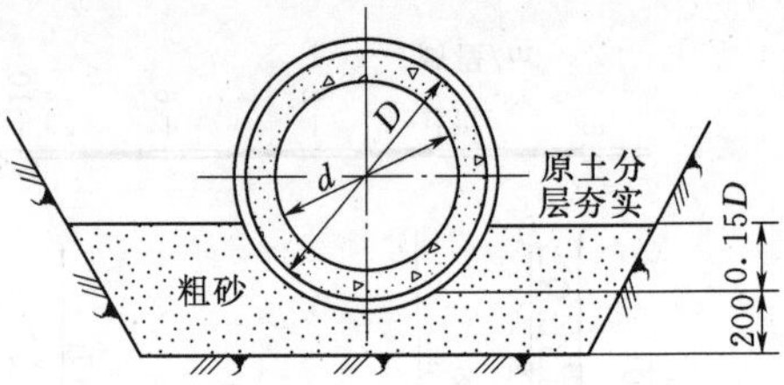

图 3.7　砂垫层基础（单位：mm）

表 3.7　　砂垫层的厚度

管材	不同管径管道的垫层厚度/mm		
	管径≤500mm	500mm＜管径≤1000mm	管径＞1000mm
金属管	≥100	≥150	≥200
非金属管	150～200	150～200	150～200

铺设砂垫层基础前应先对槽底进行检查，槽底高程及槽宽须符合设计要求，且不应有积水和软泥。沟槽验收后进行下料、摊铺。在摊铺整平时，应纵向、横向平顺均匀，并保持含水量在最佳含水量±2%内。在摊铺厚度、平整度和含水量符合要求后可压（夯）实，其密实度不得小于90%。在接口部位，应预留凹槽，以便接口操作。对于柔性接口的刚性管道的基础结构，设计无要求时一般土质地段可铺设砂垫层，亦可铺设25mm以下粒径碎石，表面再铺20mm厚的砂垫层（中、粗砂），垫层总厚度应符合表3.8的规定。

表 3.8　　柔性接口管道砂垫层总厚度

管径/mm	垫层总厚度/mm	管径/mm	垫层总厚度/mm
300～800	150	1350～1500	250
900～1200	200		

管道有效支承角（砂基础及管底两侧腋角）范围必须用中、粗砂填充插捣密实，与管底紧密接触，不得用其他材料填充。

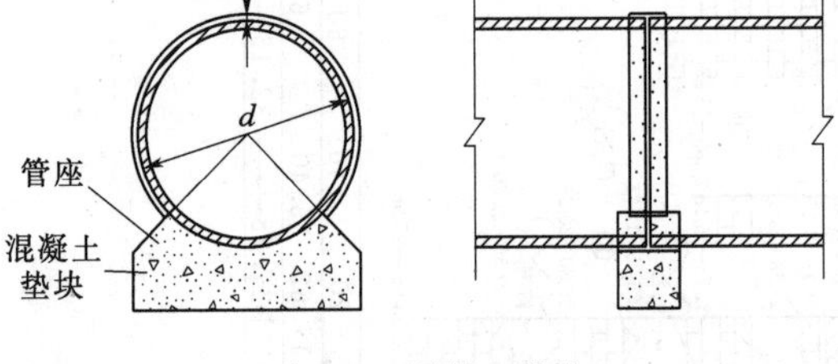

图 3.8　混凝土枕基

2. 混凝土枕基

混凝土枕基是指设置在管道接口处的局部基础（图3.8）。通常在管道接口下用C25混凝土做成枕状垫块，有预制和现场浇灌两种做法，枕基长度等于管道外径，宽度为200～300mm。此种基础适用于干燥土壤中的雨水管道及不太重要的污水管道的支管。常与素土基础或砂填层基础同时使用，施工时须在管道接口处开挖凹槽用于安放或浇筑混凝土枕块。当管道的接口做完后还应浇筑管座部分。

3. 混凝土带形基础

混凝土带形基础是沿管道全长铺设铺筑混凝土板带作为管道的基础。按管座所包裹的管壁对应的中心角不同可分为 90°、135°、180°三种，如图 3.9 所示。这种基础适用于各种地基情况的排水管道，适宜的管径为 200～2000mm。当管顶覆土厚度为 0.7～2.5m 时采用 90°管座基础，管顶覆土厚度为 2.6～4m 时用 135°基础，管顶覆土厚度为 4.1～6m 时采用 180°基础。无地下水时可在槽底原状土上直接浇混凝土基础；有地下水时常在槽底铺 10～15cm 厚的卵石或碎石垫层，然后在上面浇混凝土基础。在地震区以及土质特别松软、不均匀沉陷严重的地段，最好采用钢筋混凝土带形基础。

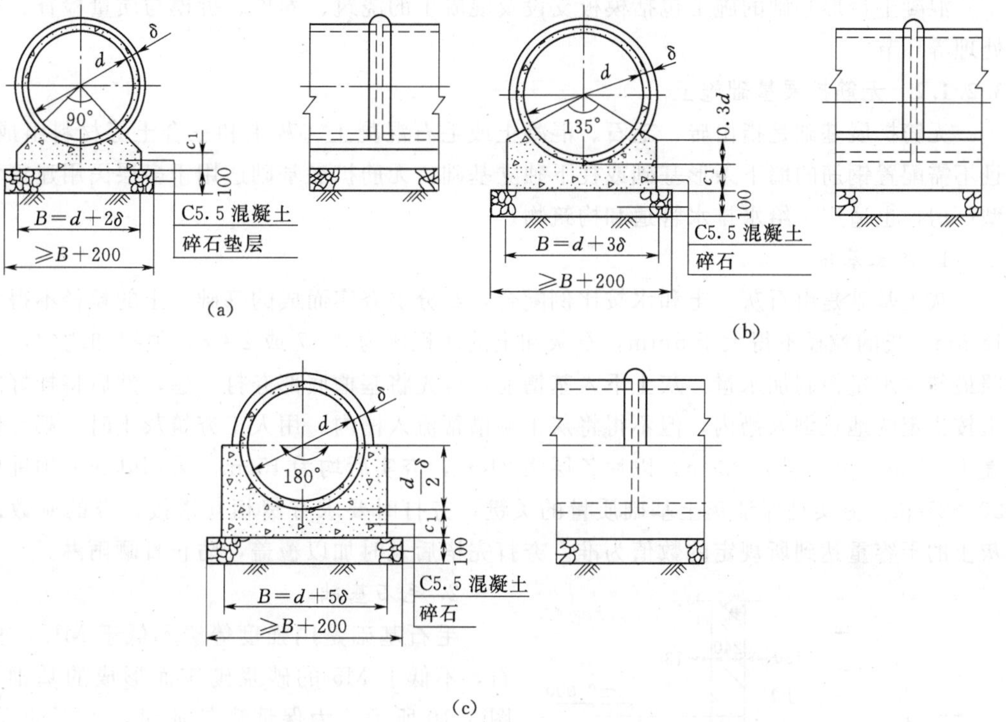

图 3.9 混凝土带形基础（单位：mm）

(a) Ⅰ型基础（90°）；(b) Ⅱ型基础（135°）；(c) Ⅲ型基础（180°）

混凝土带形基础的施工方法随管道的敷设方法不同而不同。排水管道敷设方法有平基安管法、垫块安管法和“四合一”施工法（将平基浇筑、稳管、管座浇筑、抹带接口四道工序合在一起施工）。当采用平基安管法时，应先浇筑平基，待平基达到强度要求后安装管道（下管、稳管），同时浇筑管座；当采用垫块安管法时，先在槽底管道接口的位置放置预制混凝土垫块，然后在垫块上安装管道，之后平基、管座一次浇筑完成；当采用“四合一”施工法时，先铺筑平基混凝土，一般比设计平基面高 20～40mm，进行振捣，然后安装管道，当管道的中心位置与高程符合设计设计要求时，浇筑管座。

混凝土基础施工应符合下列规定：①平基与管座的模板可以一次或两次支设，每次支设高度宜略高于混凝土的浇筑高度；②平基、管座的混凝土，设计无要求时，宜采用强度等级不低于 C15 的低坍落度混凝土；③管座与平基分层浇筑时，应先将平基凿毛冲洗干净，并将平基与管体相接触的腋角部位用同强度等级的水泥砂浆填满、捣实后，再浇筑混凝土，使管体与管座混凝土结合严密；④采用垫块安管法时，必须先从一侧灌注混凝土，待从管道底部流到对侧的混凝土高过管底且与灌注侧混凝土高度相同时，再两侧同时浇筑，并保持两侧混凝土高度一致；⑤管道基础应按设计要求留变形缝，变形缝的位置应与柔性接口相一致；⑥管道平基与井室基础宜同时浇筑，跌落水井上游接近井基础的一段应砌砖加固，并将平基混凝土浇至井基础边缘；⑦混凝土浇筑中应防止离析，浇筑后应进行养护，强度低于 1.2MPa 时不得承受荷载。

混凝土带形基础的施工包括模板支设及混凝土的浇筑、养护、拆模与质量检查、缺陷处理等环节。

3.2.1.2　无筋扩展基础施工

无筋扩展基础是指由砖、毛石、混凝土或毛石混凝土、灰土和三合土等材料组成的，且不需配置钢筋的墙下条形基础或柱下独立基础。无筋扩展基础适用于多层民用建筑和轻型厂房，也适用于给水排水管道和构筑物。

1. *灰土基础*

灰土基础是由石灰、土和水按比例配合，经分层夯实而成的基础。土的粒径不得大于 15mm，灰的粒径不得大于 5mm，石灰和土的体积比为 3∶7 或 2∶8，须拌和均匀，并按照最佳含水量控制加水量。灰土下入基槽前，应先将基槽底部夯打一遍，然后将拌好的灰土按指定的地点倒入槽内，但不得将灰土顺槽帮流入槽内。用人工夯筑灰土时，第一层铺虚土 25cm，第二层为 22cm，以后各层为 21cm，夯实后均为 15cm。采用蛙式夯须铺虚土 20～25cm。夯实是保证灰土基础质量的关键，夯打时要求夯窝相互搭接，夯的遍数以使灰土的干容重达到所规定的数值为准。夯打完毕后及时加以覆盖，防止日晒雨淋。

2. *毛石基础*

毛石基础是用强度等级不低于 MU30 的毛石，不低于 M5 的砂浆砌筑而形成的基础，如图 3.10 所示。为保证砌筑质量，毛石的强度、规格尺寸、表面处理和毛石基础的宽度、阶宽、阶高等应符合设计要求。毛石基础每台阶高度宜不小于 400mm，基础的宽度宜不小于 200mm，每阶两边各伸出宽度宜不大于 200mm。石块应错缝搭砌，缝内砂浆应饱满，且每步台阶不应少于两皮毛石，石块上下皮竖缝必须错开（不少于 10cm，角石不少于 15cm），做到丁顺交错排列。

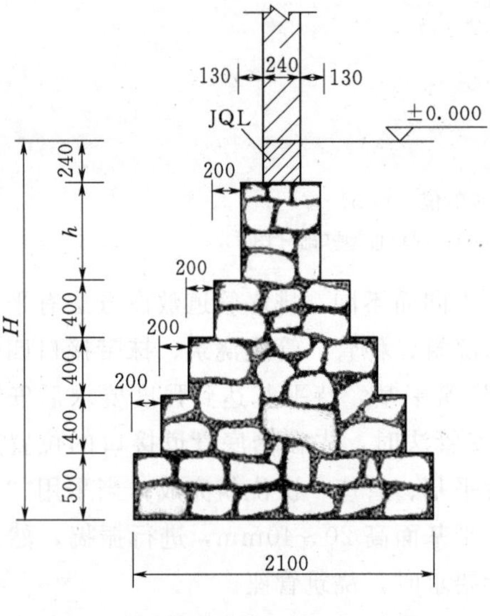

图 3.10　毛石基础（单位：mm）

毛石基础的施工中，各层均应铺灰坐浆砌筑，且缝内砂浆应饱满，砌筑后的内外侧石缝应用砂浆勾嵌，粗料毛石砌筑灰缝宜不大于 30mm；毛石基础的第一皮及转角处、交接处和洞口处，应采用较大的平毛石，并采取大面朝下的方式坐浆砌筑；转角、阴阳角等部位应选用方正平整的毛石互相拉结砌筑，每步台阶应不少于两皮毛石，最上面一皮毛石应选用较大的毛石砌筑；毛石基础应结合牢靠，砌筑应内外搭砌，上下错缝（不少于 10cm，角石不少于 15cm），拉结石、丁砌石交错设置；不应在转角或纵横墙交接处留设接槎；接槎应采用阶梯式，不应留设直槎或斜槎。

3. 砖基础

砖基础是用砖砌筑而成的建（构）筑物基础，适用于地基坚实、均匀，上部荷载较小的地层建（构）筑物的墙下基础。砖基础一般做成阶梯形，即大放脚。大放脚的砌筑有等高式（两皮一收）和间隔式（一皮一收与两皮一收相间）两种形式，如图 3.11 所示。砖的强度等级不低于 MU10，砂浆的强度等级不低于 M5。砂浆的稠度宜为 70～100mm，砖的规格应一致。

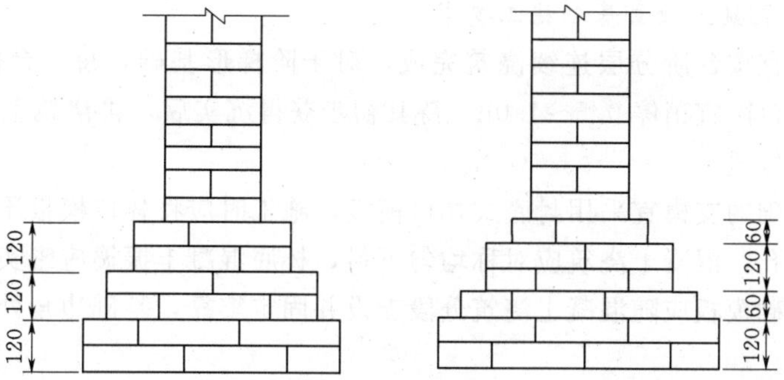

(a)　　(b)

图 3.11　砖基础（单位：mm）

(a) 等高式；(b) 间隔式

砌筑砖基础前应给砖浇水使其湿润。砌砖时应上下错缝，内外搭砌，竖缝错开不小于 1/4 砖长。砖基础水平缝的砂浆饱满度应不低于 80%。内外墙基础应同时砌筑，对不能同时砌筑而又必须留置的临时间断处，应砌筑成斜槎，斜槎的长度应不小于高度的 2/3。深浅不一致的基础，应从低处开始砌筑，接槎高度不宜超过 1m，高低相接处应砌筑阶梯状，台阶长度应不小于 1m，高度应不大于 0.5m。宽度超过 300mm 的洞口，上方应砌筑平拱或设置过梁。

4. 混凝土与毛石混凝土基础

用素混凝土浇筑基础时，混凝土的强度等级一般为 C15，基础的强度高，耐久性和抗冻性好，一般荷载较大的墙柱基础，特别是地下水位较高的情况。当浇筑的基础厚度较大且混凝土的用量较大时，为了减少水泥用量和水泥的发热量对施工的影响，可在混凝土中掺入一定量（体积比 15%～25%）的毛石即为毛石混凝土。毛石的粒径控制在 200mm 以下，应保证毛石被水泥浆充分包裹，在结构体空间中分布均匀。

混凝土基础应支模浇筑，模板的支撑应牢固可靠，模板接缝应严密不漏浆。浇筑时，宜先浇边角，后浇中间，并用振捣器振捣密实。如基础上有插筋时，在浇捣过程中要保持插筋位置固定，不得发生位移。当厚度较大时应分层浇筑，对于台阶式基础宜一次浇筑完成。坡度较陡的锥形基础可采取支模浇筑的方法。底标高不一致的基础，应开挖成阶梯状，混凝土应从低到高浇筑。混凝土的浇筑和振捣应满足均匀性和密实性的要求，混凝土浇筑完成后应采取适当的养护措施。

3.2.1.3 钢筋混凝土扩展基础施工

通过将上部结构传来的荷载向两侧或四周扩展到一定面积，使基础底部作用在地基上的压应力等于或小于地基土的允许承载力，而基础材料的强度又能满足内部应力要求，这种起到压力扩散作用的基础称为扩展基础。能满足基础内部应力要求的材料通常为钢筋混凝土。钢筋混凝土扩展基础抗弯、抗剪强度高，耐久性和抗冻性高，适合于荷载大、地基允许承载力低的情况。钢筋混凝土扩展基础一般多为柱下独立基础和墙下条形基础。

在基（沟）槽验收后应立即浇筑垫层混凝土，待垫层混凝土强度达到70%后，在其上绑扎钢筋、支模等。基础混凝土浇筑完后，外露表面应在12h内覆盖并保湿养护。

1. 柱下钢筋混凝土独立基础施工要求

（1）混凝土宜按台阶分层连续浇筑完成，对于阶梯形基础，每一台阶作为一个浇捣层，每浇筑完一台阶宜稍停0.5～1.0h，待其初步获得沉实后，再浇筑上层，基础上有插筋时，应固定其位置。

（2）杯形基础的支模宜采用封底式杯口模板，施工时应将杯口模板压紧，在杯底应预留观测孔或振捣孔，混凝土浇筑应对称均匀下料，杯底混凝土振捣应密实。

（3）锥形基础模板应随混凝土浇筑分段支设并固定牢靠，基础边角处的混凝土应捣实密实。

2. 钢筋混凝土条形基础施工的要求

（1）绑扎钢筋时，底部钢筋应绑扎牢靠，用HPB235钢筋时弯钩应朝上，柱的锚固钢筋下端应用90°弯钩与基础钢筋绑扎牢固，按轴线位置校核后上端应固定牢靠。

（2）混凝土宜分段分层连续浇筑，每层厚度300～500mm，各段各层间应互相衔接，并振捣密实。

3.2.1.4 筏形基础和箱形基础施工

1. 基础形式

（1）筏形基础。筏形基础是指将墙或柱下基础连成一片，整个建筑物的荷载由一块整板传递给地基的一种满堂式基础。当建筑物上部荷载较大而地基承载能力又比较小时，用简单的独立基础或条形基础已不能满足建筑物对地基变形的要求时可选用筏形基础。

筏形基础分为平板式和梁板式两种，如图3.12所示。平板式筏形基础的底板是一块厚度相等的钢筋混凝土平板，板厚一般在0.5～2.5m之间。平板式基础适用于柱荷载不大、柱距较小且等柱距的情况。梁板式筏形基础是在钢筋混凝土底板上增加了肋梁的筏形

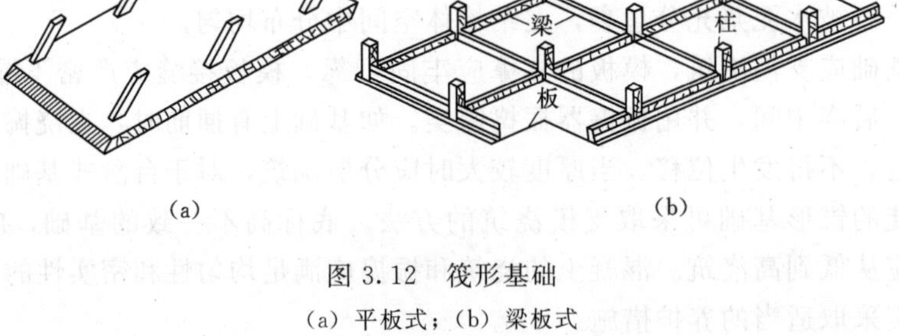

图3.12 筏形基础

(a) 平板式；(b) 梁板式

基础。当柱网间距较大时，一般采用梁板式筏形基础。根据肋梁的设置分为单向肋和双向肋两种形式。单向肋梁板式筏形基础是只在纵向或横向一个方向的柱间设置肋梁，双向肋梁板式筏形基础是在纵、横两个方向上的柱下都布置肋梁。

(2) 箱形基础。箱形基础是由钢筋混凝土的底板、顶板、侧墙及一定数量的内隔墙构成封闭箱体结构的基础（图3.13）。箱形基础整体性好，刚度大，调整不均匀沉降的能力较强，一般适用于高层建筑或在软弱地基上建造的上部荷载较大的建筑物。当基础的中空部分尺寸较大时，可用作地下室。

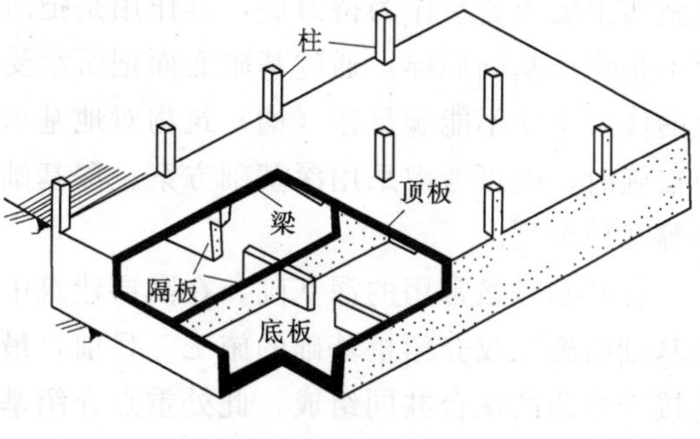

图3.13 箱形基础

2. 施工方法

筏形基础与箱形基础可采用一次连续浇筑，也可留设施工缝或后浇带分块连续浇筑。施工缝和后浇带的留设位置应在混凝土浇筑之前确定，宜留设在结构受力较小且便于施工的位置。当采用连续浇筑时，浇筑方向宜平行于次梁长度方向，对于平板式筏形基础宜平行于基础长边方向；采用分块浇筑时，根据结构形状尺寸、现场场地条件、基坑开挖流程、混凝土供应能力、混凝土浇筑设备等划分泵送混凝土浇筑区域及浇筑顺序。在浇筑混凝土前，应清除模板和钢筋上的杂物，表面干燥的垫层、木模板应浇水湿润。

混凝土运输和输送设备作业区域应有足够的承载力，不应影响土坡稳定。混凝土浇筑应选择合适的布料方案，混凝土的布料点宜接近浇筑位置，由远而近浇筑。多根输送管同时浇筑时，各布料点浇筑速度应均衡、一致。混凝土自高处倾落的自由下料高度应不大于2m，否则应采取减小混凝土下料冲击的措施。混凝土应连续浇筑，布料应均匀，并及时振捣密实。混凝土厚度较大时宜采用斜面分层方法连续浇筑，分层厚度应不大于500mm，层间间隔时间应不大于混凝土的初凝时间。混凝土表面应采取二次抹面技术措施减少收缩裂缝。

筏形基础与箱形基础混凝土养护宜采用浇水、蓄热、喷涂养护剂等方式，为控制裂缝应根据工程特点采取合理选择混凝土配合比、降低入模温度、配置构造筋、加强混凝土养护和保温、控制拆模时间等措施。采用蓄热保湿养护方式时，养护时间应根据测温数据确定，混凝土内部温度与环境温度的差值应不大于30℃。蓄热养护结束后宜采用浇水养护方式继续养护，蓄热养护和浇水养护时间不得少于14天。

筏形基础与箱形基础后浇带和施工缝的施工应符合下列要求：

(1) 地下室柱、墙、反梁的水平施工缝应留设在基础顶面。

(2) 基础垂直施工缝应留设在平行于平板式基础短边的任何位置且不应留设在柱角范围；梁板式基础垂直施工缝应留设在次梁跨度中间的1/3范围内。

(3) 后浇带和施工缝处的钢筋应贯通，侧模应固定牢靠。

(4) 箱形基础的后浇带两侧应限制施工荷载，梁、板应有临时支撑措施。

(5) 后浇带和施工缝处浇筑混凝土前，应清除浮浆、疏松石子和软弱混凝土层，浇水湿润。

(6) 后浇带混凝土强度等级宜比两侧混凝土提高一级，并宜采用低收缩混凝土进行浇筑。施工缝处后浇混凝土应待先浇混凝土强度达到1.2MPa后方可进行。

3.2.2 深基础施工

深基础一般指基础埋深大于基础宽度且深度超过5m的基础。深基础埋深较大，以下部坚实土层或岩层作为持力层，其作用是把所承受的荷载相对集中地传递到地基的深层，而不是像浅基础那样，通过基础底面把所承受的荷载扩散分布于地基的浅表层。当建筑场地的浅层土质不能满足建（构）筑物对地基承载力和变形的要求，而又不适宜采用地基处理措施时，就可考虑采用深基础方案。深基础有桩基础、墩基础、地下连续墙、沉井和沉箱等几种类型。

桩基础是最常用的深基础，在高层建筑中，桩基础应用广泛。为此，限于篇幅，对于深基础的施工仅介绍桩基础的施工。目前，最常用的桩基础是混凝土桩基础，它由基桩和连接于桩顶的承台共同组成，此处重点介绍基桩的施工。

按照施工方式不同，基桩可分为预制桩和灌注桩两种。预制桩是在工厂或施工现场预先制成桩体，然后用沉桩设备将桩体打入、压入或振入土中。灌注桩是先在施工场地上钻孔，当达到设计深度后将钢筋放入孔中，然后浇灌混凝土形成桩体。按成孔方法不同，灌注桩可分为钻孔灌注桩、沉管灌注桩、人工挖孔灌注桩、爆扩灌注桩等。

3.2.2.1 钢筋混凝土预制桩施工

1. 桩的制作、运输和堆放

钢筋混凝土预制桩常用的断面有方形实心桩与管桩两种。方形实心桩在尖端设置桩靴。管桩及长度在10m以内的方形实心桩在工厂制作，较长的方形实心桩在打桩现场制作。预制场地要平整夯实，不应产生浸水湿陷和不均匀沉降。方形实心桩的预制方法有叠浇法、并列法、间隔法等。叠浇预制桩的层数不宜超过4层，上下之间、邻桩之间、桩与底模和模板之间应做好隔离层。

钢筋混凝土预制桩应在混凝土达到设计强度的70%后方可起吊，达到设计强度的100%时才能运输和打桩。桩的堆放层数不宜超过4层。在起吊搬运钢筋混凝土预制桩时，必须做到平稳，避免冲击和振动，吊点应同时受力，且吊点位置应符合设计规定。如无吊环，设计又未做规定时，绑扎点的数量及位置应视桩长而定，应符合起吊弯矩最小的原则。吊索与桩段水平夹角不得小于45°。吊装、运输时应采用吊机取桩，严禁拖拉取桩。

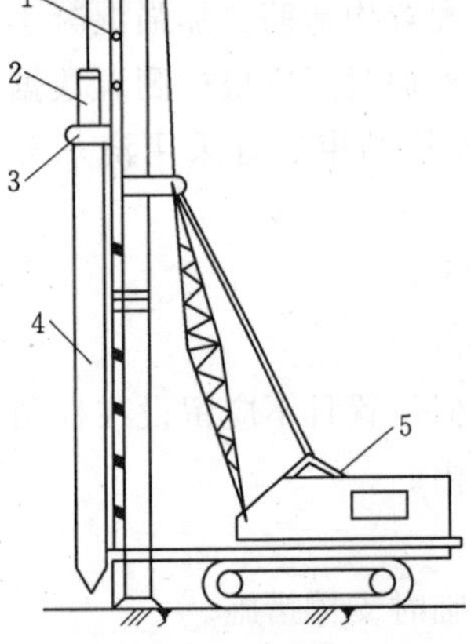

图3.14 履带式桩架

1—导架；2—桩锤；3—桩帽；4—桩；5—吊车

2. 沉桩

(1) 沉桩方法。沉桩就是利用上部荷载将桩插入地下土层中，按照上部荷载的施加方式不同可分为锤击沉桩、静力压桩和振动沉桩3种。

锤击沉桩又称打桩，就是利用锤击的方法把桩打入地下。这是最常用的预制桩沉桩方法。打桩设备包括桩锤、导架和动力装置等，如图3.14所示。桩锤有重力锤、蒸汽锤（单动汽锤和双动汽锤）、柴油桩锤和液压锤等。

静力压桩是在软土地基上利用静力压桩机或液压压桩机

用无振动的静力压力（自重和配重）将预制桩压入土中的一种新工艺。液压静力压桩机如图 3.15 所示。

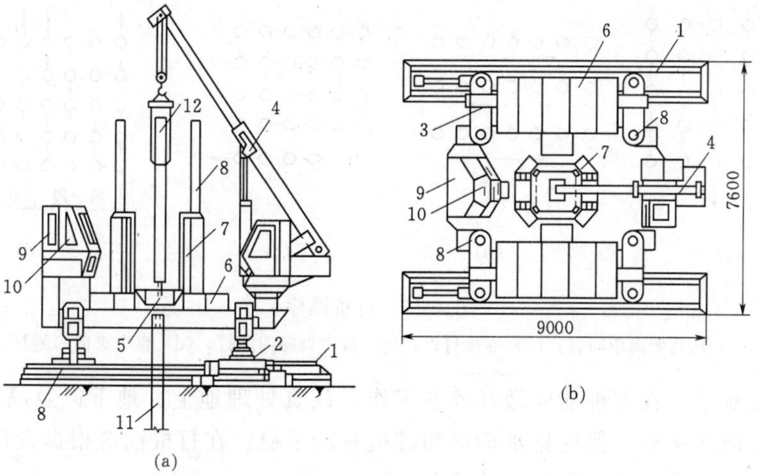

图 3.15 液压静力压桩机（单位：mm）

（a）侧视结构图；（b）俯视结构图

1—长船行走机构；2—短船行走及回转机构；3—支腿式底盘机构；4—液压起重机；5—夹持与压板装置；6—配重铁块；7—导向架；8—液压系统；9—电控系统；10—操纵室；11—下节桩（已压入）；12—上节桩（待压入）

振动沉桩是利用固定在桩顶部的振动器使桩体产生振动，在自重和激振力共同作用下使桩沉入土中。液压高频振动沉桩机如图 3.16 所示。

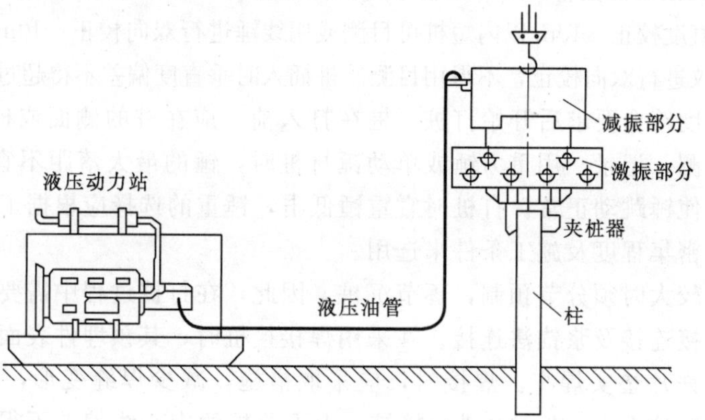

图 3.16 液压高频振动沉桩机

（2）沉桩顺序。沉桩时，由于桩对土体的挤密作用，先打入的桩被后打入的桩水平挤推而造成偏移变位或因垂直挤拔造成浮桩，而后打入的桩难以达到设计标高或入土深度，所以，打桩前应根据桩的密度、桩的规格以及桩架移动性能等因素来选择正确的打桩顺序。当场地不大时，应从中间开始分头向两边或周边进行；当场地较大时，应分为数段，在各段范围内分别进行。沉桩时应避免自外向内，或从周边向中间进行。当桩基的设计标高不同时，沉桩顺序宜先深后浅；当桩的规格不同时，沉桩顺序宜先大后小、先长后短。

常用的沉桩顺序如图3.17所示。

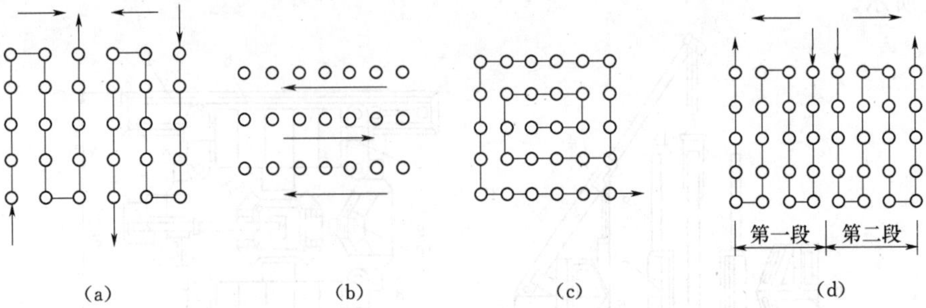

图3.17 打桩顺序

(a) 从两侧向中间打；(b) 逐排打设；(c) 自中央向四周打；(d) 自中央向两侧打

(3) 沉桩施工。在沉桩前应做好准备工作，认真处理地上、地下以及高空的障碍物，并对场地进行碾压平整，保证排水畅通和桩机移动平稳。在打桩前应根据设计图纸确定桩基轴线，并将桩的准确位置测设到地面上。

1) 锤击沉桩。锤击沉桩法的工序为：桩机就位→起吊预制桩→稳桩→沉桩、接桩→送桩→中间检查验收→移动桩机到下一桩位。

桩机就位时应保证垂直、稳定、位置准确，并确保在施工中不发生倾斜、移动。起吊预制桩时先拴好吊桩用的钢丝绳和索具，然后用索具捆绑住桩上端吊环附近处，一般不宜超过30cm，再启动机器起吊预制桩，使桩尖垂直对准桩位中心，缓缓放下插入土中，随后在桩顶扣好帽或桩箍，即可除去索具。

稳桩是在桩尖插入桩位后，用落距较小的桩锤锤击1～2次，使桩入土一定深度后达到稳定，然后进行垂直度校正。10m以内短桩可目测或用线锤进行双向校正；10m以上或打接桩必须用线锤或经纬仪进行双向校正，不得用目测。桩插入时垂直度偏差不得超过0.5%。

桩位和垂直度符合要求后开始打桩。桩在打入前，应在桩的侧面或桩架上设置标尺，以便在施工中观测、记录。用重力锤或单动锤打桩时，锤的最大落距不宜超过1m；用柴油锤打桩时，应使锤跳动正常。打桩时宜重锤低击，锤重的选择应根据工程地质条件、桩的类型、结构、密集程度及施工条件来选用。

当桩的长度较大时须分节预制，逐节沉桩，因此，在打桩过程中需要接桩。接桩方法有法兰连接、焊接连接及浆锚法连接。在采用焊接接桩时，其预埋件表面应清洁，上下节之间的间隙应用铁片垫实焊牢。焊接时，应采取措施，减少焊缝变形，焊缝应连续、饱满。一般在桩顶距地面1m左右时进行接桩，上下节桩的中心线偏差不得大于10mm，节点弯曲的矢高不得大于桩长的1‰。接头处入土前，应对外露铁件再次补刷防腐漆。

当需要将桩顶打至地面以下时就要进行送桩，送桩器的中心线应与桩身吻合一致。若桩顶不平可用麻袋或厚纸垫平。送桩留下的桩孔应立即回填密实。

当桩已打到贯入度符合要求，且桩尖标高进入持力层接近设计标高或打至设计标高时，应进行中间验收。在进行控制时，一般要求最后三次十击的平均贯入度不大于规定的数值，或以桩尖打至设计标高来控制。符合设计要求后，填好施工记录，然后移动桩机到新桩位。如验收中发现与要求相差较大时，应同有关单位研究处理。

2）静力压桩。静力压桩的施工工艺流程与锤击沉桩法相同。起吊就位时，将桩体吊至静压桩机夹桩钳口，然后将桩体徐徐下降，至桩尖离地面10cm左右停止，并用夹桩钳夹紧桩身，微调压桩机使桩尖对准桩位，并将桩压入土中0.5～1.0m，暂停下压，从两个正交侧面校正桩身垂直度，待其偏差小于0.5%时，除去吊具，正式压桩。压桩液压缸活塞的一个出程结束时夹持液压缸回程松夹，压桩液压缸开始回程，重复上述动作，可实现连续压桩操作，直至把桩压入预定深度土层中。在压桩过程中要认真记录桩入土深度和压力表读数的关系，以判断桩的质量及承载力。当压力表读数突然上升或下降时，要停机对照地质资料进行分析，判断是否遇到障碍物或产生断桩现象等。

当压力表数值达到预先规定值，便可停止压桩。如桩顶接近地面，而压桩力尚未达到规定值，可以送桩。如桩顶高出地面一段距离，而压桩力以达到规定值时，则要截桩，以便压桩机移位。

3）振动沉桩。振动沉桩的施工工艺流程为：振动沉桩机液压钳夹紧桩头→起吊桩体→桩体就位→稳桩→开启振动器沉桩→送桩→验收→下一个桩位的施工。

起吊桩体时，振动沉桩机的液压钳必须夹紧桩头。桩体起吊后应垂直移至桩位，然后人工扶桩就位，并用经纬仪进行垂直度校正。稳桩后开启振动器进行沉桩，振动频率应从低到高逐步加强。沉桩过程中，应保证振动器与桩身在同一垂直线上，夹桩器必须夹紧桩头，避免滑动，否则影响沉桩效率，损坏机具。

3.2.2.2 钢筋混凝土灌注桩施工

灌注桩是指在工程现场通过机械钻孔、钢管挤土或人力挖掘等手段在地基土中形成桩孔，并在其内放置钢筋笼、灌注混凝土而做成的桩，依照成孔方法不同，灌注桩又可分为沉管灌注桩、钻孔灌注桩和挖孔灌注桩等几类。

钻孔灌注桩的施工，因其所选护壁形成的不同，有泥浆护壁施工法和全套管施工法两种，目前泥浆护壁成孔灌注桩最常用的施工方法。

泥浆护壁钻孔灌注桩施工法的过程（图3.18）为：平整场地→泥浆制备→埋设护筒→铺设工作平台→安装钻机并定位→钻进成孔→清孔并检查成孔质量→钢筋笼的安装→灌注混凝土→拔出护筒→检查质量。

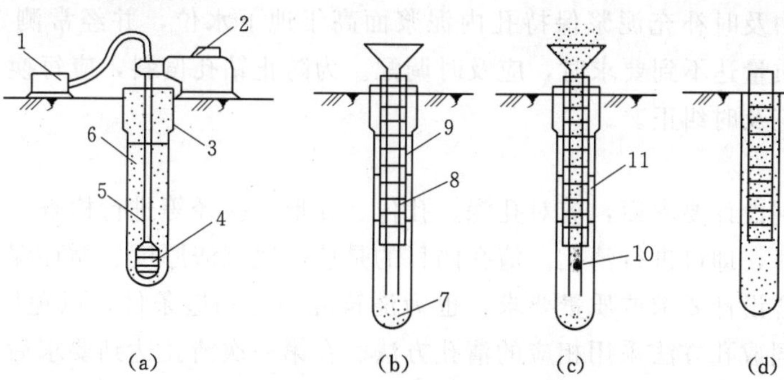

图3.18 钻孔灌注桩施工过程

（a）钻孔；（b）下钢筋笼和导管；（c）灌注混凝土；（d）成桩

1—泥浆泵；2—钻机；3—护筒；4—钻头；5—钻杆；6—泥浆；

7—沉渣；8—导管；9—钢筋笼；10—隔水球；11—混凝土

1. 平整场地

钻孔场地应清除杂物、换除软土、平整压实，以便能满足施工设备安全进、出场。

2. 泥浆制备

钻孔中的护壁泥浆由水、黏土（膨润土）和添加剂组成。调制泥浆时，应根据钻孔方法和地层情况来确定泥浆稠度，并视地层变化或操作要求机动掌握。泥浆稠度小，排渣能力、护壁效果差；泥浆稠度大会削弱钻头冲击功能，降低钻进速度。

3. 埋设护筒

护筒具有定位、钻孔导向、隔离地表水、保护孔口、保证孔内泥浆水位高于地下水位防止孔壁坍塌的作用。护筒为钢圆筒，壁厚10mm。埋设护筒时，先以桩位中心为圆心，按护筒半径在地面定出护筒位置。护筒就位后，可用锤击、加压或振动等方法下沉护筒，确保护筒埋设牢固。如下沉困难，也可采用开挖的方式埋置护筒，但应将护筒外侧用黏土回填压实，以防止护筒四周出现漏水现象，回填厚度约40～45cm。护筒中心应与桩中心重合，除设计另有规定外，一般平面允许误差为50mm，倾斜度不大于1%。

4. 铺设工作平台

当在水上或淤泥中施工或场地位于陡坡区时，用枕木或型钢等搭设工作平台。平台必须坚固稳定，能承受施工作业时所有静、活荷载，同时还应考虑施工设备能安全进、出场。

5. 钻机的安装与定位

灌注桩钻孔机按成孔方法有螺旋式、冲击式、冲抓式、潜水式和振动式等多种形式，不同的钻机安装与就位的方法不同。安装操作人员必须经过培训，熟悉钻机的性能、结构。安装时应规范操作，确保安全。安装时，必须确保机架水平，就位准确，使起重滑轮、钻头或固定钻杆的卡孔与护筒中心在一垂线上，以保证钻机的垂直度。钻机位置的偏差不大于2cm。

6. 钻孔

钻孔是灌注桩施工的关键工序，在施工中必须严格按照操作要求进行，以保证成孔质量。特别要注意开孔质量，为此在钻孔前必须认真检查桩孔位置及钻杆的垂直度，并压好护筒。钻孔过程中及时补充泥浆保持孔内泥浆面高于地下水位，并经常测定泥浆相对密度，若发现泥浆质量达不到要求时，应及时调配。为防止钻孔偏斜，应每换一次杆检查一次，若发现偏斜应及时纠正。

7. 清孔

钻孔深度达到设计要求后，应对孔深、孔位、孔形、孔径等进行检查。在终孔检查完全符合设计要求时，即可进行清孔。清孔的目的是使孔底沉渣厚度、循环泥浆中含渣量和孔壁泥垢厚度符合设计要求或质量要求，也为浇筑混凝土创造条件，以免影响桩的质量。清孔时应根据不同成孔方法采用相应的清孔方法。在第一次清孔达到要求后，由于放置钢筋骨架和设置水下浇筑混凝土的导管时，孔底又会产生沉渣，因此，在浇筑混凝土之前，应进行第二次清孔。

8. 钢筋笼安装

钢筋笼制作必须符合设计要求和施工规范要求。桩的长度较大时钢筋笼应分段制作，约12m一段。钢筋笼上必须设保护层垫块，常用混凝土垫块绑扎在主筋上，垫块厚度由设计确定，为7cm，每隔2～4m设一道，每道均匀布置4块。吊运钢筋笼时，应分节吊放，注意防止因扭转、弯曲而发生过大的变形。安装钢筋笼时，应对准孔位，吊直扶稳，缓慢下沉，避免碰撞孔壁。钢筋笼的连接采用单面电弧焊接，搭接长度、同一断面焊点数量以及焊接质量符合规范要求。钢筋笼下沉到设计位置，应立即固定，可采用加长钢筋笼两根主筋，然后与孔口护筒、支架临时焊接的方法。

9. 灌注水下混凝土

在灌注水下混凝土时首先安装导管和储料斗，导管底距孔底0.3～0.5m。开始灌注前，储料斗下料口先用预制混凝土球塞堵，用铁丝吊住，当储料斗混凝土体积达到初灌量（能将孔底的导管埋入混凝土中的深度不小于0.8m）要求时，将悬吊混凝土球的铁丝剪断。混凝土灌注应连续进行，不得中断，随灌注随提升导管，且应勤提勤拆。在灌注过程中导管底端应始终埋入混凝土面以下2～6m，严禁把导管底端提出混凝土面。在灌注混凝土过程中孔内混凝土面的标高和导管埋深有专人测量，并填写水下混凝土灌注记录表。在灌注中应控制最后一次灌注量，使灌注高度应高于设计桩顶标高0.8～1.0m，桩顶混凝土泛浆应充分并保证达到设计要求。

3.2.3 引例分析

［引例3.2］中工程地质条件与建设环境复杂，工程规模大、等级高，必须在查明地质条件的情况下提出合适地基处理方案、基础工程方案及其施工方案。

3.2.3.1 场地稳定性评价

场地附近范围内的断裂分布、活动性鉴定和场地钻探结果表明，工程场地范围内没有全新世地表断裂，部分晚更新世活动断裂活动性较弱。场地土类型为中软场地土，场地类别为Ⅱ类。总体而言，断裂对该场区稳定性影响不大。

根据现场勘察资料，在ZKC296、ZKC297、ZKC307、ZKC310、ZKC312、ZKC321、ZKC322、ZKC323这8个钻孔灰岩中揭露有溶洞及土洞，虽其规模较小，局部发育，埋藏不深，大部分为流塑-软塑状粉质黏土填充，顶板局部厚度较小，但认为溶洞及土洞对该场地的稳定性仍有一定影响。

综上分析认为该场地所处区域基本稳定。

3.2.3.2 软土震陷及砂土液化分析

根据《××引水工程场地地震安全性评价报告》及现场剪切波速试验资料，认为②$_2$及④$_1$为淤泥、淤泥质土软土，需考虑软土震陷问题。按《软土地区岩土工程勘察规程》（JGJ 83—2011）第6.3.4条有关规定，该场地软土剪切波速值不大于90mm，应对淤泥、淤泥质土地基做加固处理。

依据剪切波速测试和《××引水工程场地地震安全性评价报告》，③层砂和⑤层砂地震时可能液化，根据《建筑抗震设计规范》（GB 50011—2010）第4.3.4条进行复判，认为该场地砂土存在液化现象，液化等级为轻微-中等。

3.2.3.3 地质条件评价及处理方案

1. 地质条件评价

泵站及前池地基多为③$_1$粉细砂层、④$_1$淤泥质土层，其次为③$_2$中砂层。其中粉细砂层、中砂层易液化，④$_1$淤泥质土层土质软弱，压缩性高，易蠕变和震陷，为不良地基土，所以必须进行地基处理。

另外，ZKC308、ZKC322、ZKC323孔揭露灰岩顶部存在土洞，顶面埋深14.80～21.50m，洞高0.70～1.56m，同时ZKC296、ZKC297、ZKC307、ZKC310、ZKC312、ZKC321这6个钻孔中揭露有溶洞，顶面埋深为18.20～25.80m，顶板厚度0.49～3.50m，洞高0.40～1.70m，易引起地面塌陷，危及基础稳定和施工安全。

而且，场区地下水位在4.84～5.70m，埋深0.50～1.70m，基础施工期间应该降低地下水位，但泵站场地又距道路、民房及高压电塔很近，基础施工期间又不允许降低周围的地下水位，否则极易引起淤泥的固结沉降及土洞塌陷，从而导致地表塌陷，影响邻近房屋及道路、高压电塔的安全，所以基坑开挖时须采取可靠的支护及防渗措施。

2. 处理方案确定

为了防止砂土液化和软土震陷，同时对泵站及前池起抗浮作用，泵站的基础工程中泵房及前池等重要建筑物采用桩基础，其他低层建筑物可采用搅拌桩或旋喷桩加固等地基处理措施。

在基础工程施工中，为避免降低地下水位而影响周边道路、民房和高压电塔稳定，则应采用地下连续墙或密排挡土桩外加搅拌桩或旋喷桩防渗，加内支撑。防渗长度宜为隔绝所有的透水砂层并进入相对隔水层1m以上。此外，开挖基坑时，侧壁土层主要为素填土①、③砂层、④$_1$淤泥、淤泥质土层，其次为⑤$_2$中粗砂层，场地的主要含水层为③、⑤砂层，相对隔水层为④粉质黏土层、⑥及⑦黏性土层。基坑开挖无放坡条件，因此，应采用挡墙和内支撑相结合的支护方式，垂直开挖，并做好防渗，坑外保持天然地下水位，避免因降水产生塌陷。

针对上述基础施工方案，其施工程序为：第一，先进行基坑开挖的防护结构的施工，如采用密排挡土桩外加搅拌桩或旋喷桩防渗或地下连续墙等有效的防护结构，确保隔断基坑内、外的水力联系；第二，基坑开挖的防护结构施工完毕后，再进行钻（冲）孔灌注桩施工，当成孔达到终孔要求及时灌注桩身混凝土，以避免对邻近道路及房屋的不利影响；第三，灌注桩施工完毕后，再进行基坑开挖并进行地基处理施工等。

项目4 室外管道工程施工

项目概述 以实际室外给排水管道工程施工项目为案例，分别介绍了室外管道的几种施工方法，重点讲述了室外管道在开槽施工、不开槽施工及水下施工的工法，以及不同管材的连接。并结合引例介绍给排水管道施工方案的确定及质量检测方法与要求。

知识目标 了解给排水管道工程中管道铺设的方式，掌握开槽施工工法与顶管施工工法，熟悉管道接口形式，以及相应的施工工艺和质量检测方法。

能力目标 能根据现有地形、地质情况确定管道工程方案，能根据所确定的工程方案组织工程施工。

学时建议 6～10学时。

任务4.1 室外管道开槽施工

【引例4.1】 1号大道一期工程西起重大装备区的规划道路，北至2号大道，长度14.33km，包括道路两侧绿化带总宽度为160m。该段的地质情况自上而下为：0.2～5.4m（一般土层厚度）松散的耕植土；0.3～3.0m软塑状的粉质黏土夹黏质粉土，土质较好；1.2～5.1m稍密状态的砂质粉土；5.3～11.8m中密状态的灰色粉砂。

该段的雨水排水区域属于自流为主，强排为辅的排水区，就近排入附近河道。由于河道众多，纵横交错，因此雨水管道埋置深度较浅，一般都在1.0～2.5m范围内，布置于高架桥的两侧和中间，管径为DN400、DN600、DN800和DN1200四种，其中DN400及DN400以下管径的雨水管管材为硬聚氯乙烯（UPVC）管，其余管径管材为钢筋混凝土管道。另外，在3号大道与1号大道交叉口处雨水管管径局部还有DN1000、DN1500、DN1800等，该区域为强排区，其埋深较深，在3.0～4.5m。

该段设计规划为一根污水总管，过河均采用一根同管径的倒虹管，布置于道路的东侧。污水管道埋置较深，在6.0～8.0m范围内，管径有DN400、DN600、DN800、DN1500、DN1650、DN1800六种，其中DN400管径采用UPVC加筋管，管径DN600、DN800的采用玻璃钢夹砂管，DN1500、DN1650、DN1800管径的采用企口式钢筋混凝土管。倒虹管管材采用F型接口钢筋混凝土管。

【思考】

（1）管道开槽施工的工艺流程。

（2）市政给排水管道常用的管道材料和不同管材的接口方式。

（3）常见的下管方法和注意事项。

（4）室外给水管道水压试验、排水管道严密性试验的方法及要求。

（5）管道工程竣工验收应提交哪些相关资料？

4.1.1　下管和稳管

下管是在沟槽和管道基础已经验收合格后进行，下管前应对管材进行检查与修补，经核对管节、管件无误方可下管。管子经过检验、修补后，在下管前应先在槽上排列成行，称为排管。稳管是将管道按设计的高程与平面位置稳定在地基或基础上，稳管时，控制管道的轴线位置和高程是十分重要的，也是检查验收的主要项目。

4.1.1.1　下管常用的方法

按照下管选用机械设备的不同可分为人工下管和机械下管。当管径较小，管重较轻时，如陶土管、塑料管、直径400mm以下的铸铁管、直径600mm以下的钢筋混凝土管，可采用人工方法下管。大口径管道，特别是钢筋混凝土管、铸铁管、钢管，一般均采用机械下管，只有在缺乏吊装设备和现场条件不允许机械下管时，才采用人工下管。

按照下入槽内管道的位置可分为分散下管和集中下管。下管一般都沿着沟槽把管道下入槽内，下到槽位的管道基本上位于铺管的位置，这样减少了管道在槽内的搬动，这种方法称为分散下管。如果沟槽旁场地狭窄，两侧堆土或者沟槽内设有支撑，分散下管不方便时，也可选择适宜的基础集中下管，再在槽内把管道分散就位，这种方法称为集中下管。

下管的长度可以采用单根下管也可以选用长串下管，焊接钢管一般采用长串下管，铸铁管和非金属管材一般采用单根下管。

总之，施工中下管的方法要根据管材种类、管节的重量和长度、现场条件及机械设备等情况来确定。

1. 人工下管

（1）立管溜管法。立管溜管法是在沟槽的边坡放置溜板或不设置溜板，利用大绳及绳钩由管内勾住管节下端，人拉紧大绳的一端，管节立向顺槽边溜下的下管方法，如图4.1所示。此法主要适于混凝土管、钢筋混凝土管的下管。

（2）压绳下管法。压绳下管法先在槽底横放两根滚木，将管道推至槽边，然后用两根大绳分别穿过管底，下管时大绳下半段用脚踩住，上半段用手向下放，前面用撬棍拨住，以便控制下管速度，再用撬棍拨管道，慢慢把管道下入槽内，放在滚木上，撤掉大绳。

压绳下管法在人工下管法中应用较为广泛，方式也较多，分为人工压绳下管法和立管压绳下管法，如图4.2、图4.3所示。人工压绳下管法适用于管径为400～600mm的管子，立管压绳下管法适用于较大管径的管子。

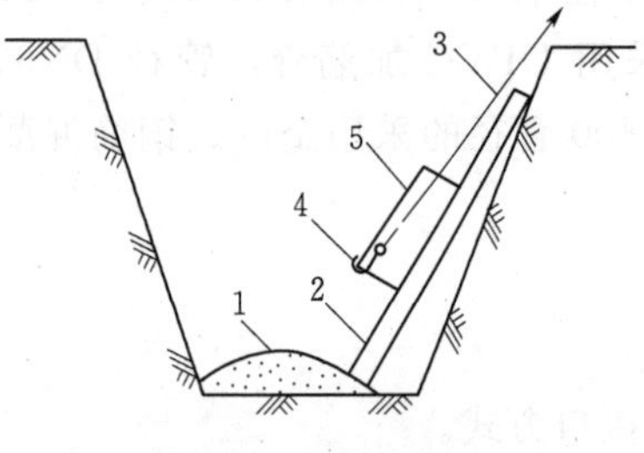

图4.1　立管溜管法

1—草袋；2—杉木溜子；3—大绳；4—绳钩；5—管子

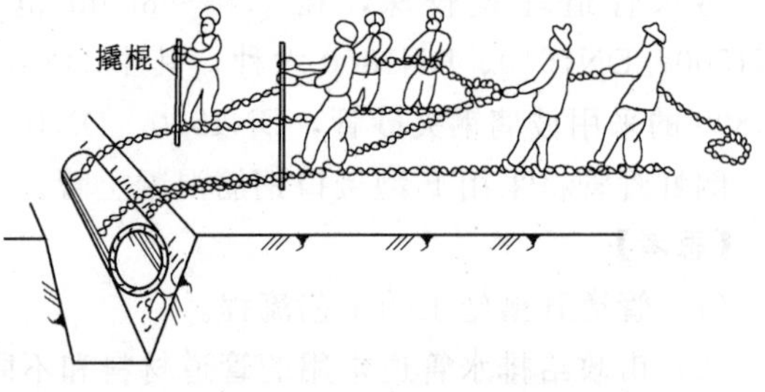

图4.2　人工压绳下管法

(3) 塔架下管法。塔架下管法如图4.4所示。施工时，先在下管位置沟槽上搭设吊链架，并用型钢、方木、圆木横跨沟槽上搭设平台。下管时，先将管道推至平台上，然后用吊链将管道吊起，随后撤出方木或圆木，管道即可徐徐下到槽底。该方法也可用于长串下管法。其优点是省力，容易操作，但工作效率低。

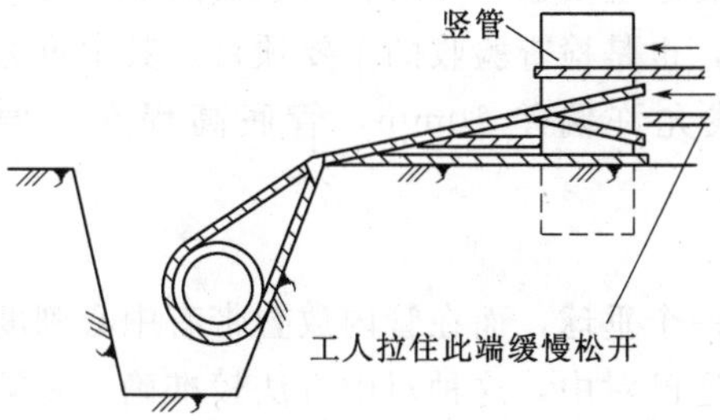

图4.3 立管压绳下管法

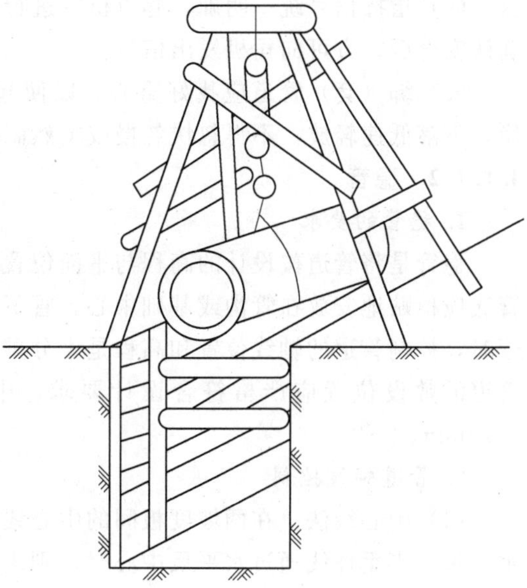

图4.4 塔架下管法

2. 机械下管

机械下管一般是用汽车式或履带式起重机下管，如图4.5、图4.6所示。

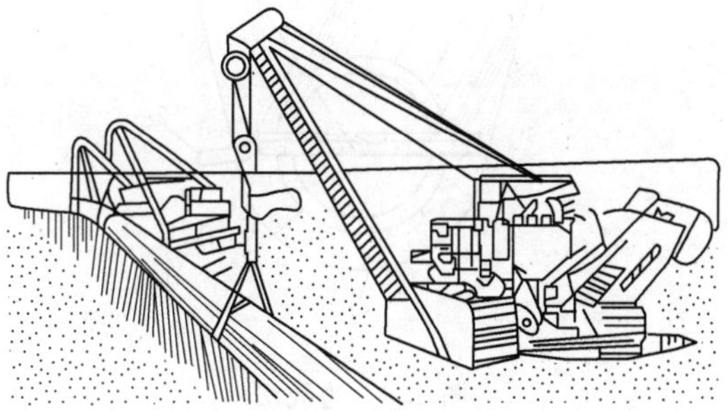

图4.5 起重机长管段下管法

图4.6 起重机

机械下管时有以下注意事项。

(1) 采用起重机下管时，事先应与起重人员或司机一起勘察现场，根据沟槽情况，确定距起重机座槽边的距离、管材存放位置及其他配合事宜。当沟槽两侧堆土时，其中一侧堆土与槽边应有足够的距离，以便起重机运行。起重机距沟边至少1.0m，以保证槽壁不坍塌。起重机进出路线应事先进行平整，清除障碍。

（2）起重机不得在架空输电线路下工作，在架空线路一侧工作时，其安全距离应符合有关规定。

（3）起重机下管应有专人指挥。指挥人员必须熟悉机械吊装有关安全操作规程及指挥信号。在吊装过程中，指挥人员应精神集中，起重机司机和槽下工作人员必须听从指挥。

（4）指挥信号统一明确，起重机在进行吊装之前，指挥人员必须检查操作环境情况，确认安全后，方可向司机发出信号。

（5）绑（套）管道应找好重心，以便起吊平稳，要保证管道起吊速度均匀、回转平稳，下落低速轻放，不得忽快忽慢或突然制动。

4.1.1.2 稳管

1. 稳管的要求

稳管是将管道按设计的高程与平面位置稳定在地基或基础上。管道应放在管沟中心，管底应稳贴地安放在管沟或基础中心，管下不得有悬空现象，以防管道承受附加应力。稳管时，控制管道的轴线位置和高程是十分重要的，也是检查验收的主要项目。其中重力流管道的敷设位置应严格符合设计要求，中心线允许偏差10mm，管底高程允许偏差±10mm。

2. 管道轴线控制

（1）中心线法。在两坡度板间的中心线上挂一个垂球，而在管内放置带有中心刻度的水平尺，当垂球线通过水平尺中心时，则表示管道已对中，这种对中方法较准确，多被采用，如图4.7所示。

（2）边线法。当采用边线法时，将管边线用钉子钉在龙门板桩上，通过锤球定位线定出边线，在基础上做好记号，稳管时通过垂线控制管道边线，这样管道就处于中心位置，如图4.8所示。

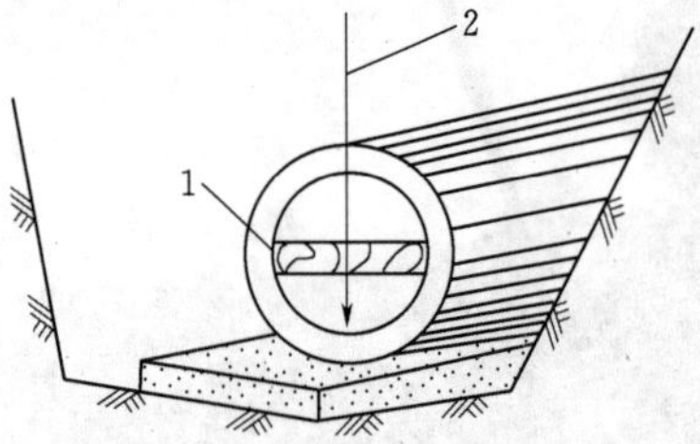

图4.7 中心线法

1—水平尺；2—坡度板中心线

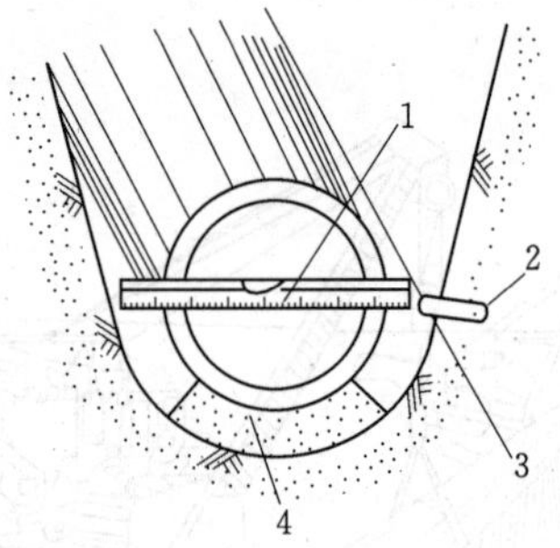

图4.8 边线法

1—水平尺；2—边桩；3—边线；4—砂垫弧基

3. 高程控制

在稳管前由测量人员将管道的中心钉和高程钉测量后钉设在坡度板上，两高程钉之间的连线即为管底坡度的平行线，称为坡度。坡度线上的任何一点到管内底的垂直距离为一常数，称为下反数。稳管时用一木制样（或称高程尺）垂直放入管内底中心处。根据下反数和坡度线则可控制高程。一般常用方法是使用一个丁字形高程尺，尺上刻有管底内皮和坡度线之间的距离，即相对高程的下反数。将高程尺垂直放置在管底内皮上，当标记与坡度线重合时，则高程准确。

4.1.2 钢管安装技术

钢管具有强度高、韧性好、重量轻、长度大、接头少的特点，但它比铸铁管的价格高，耐腐蚀性差，主要供城市大口径的给水管道以及穿越铁路、河谷和室内管道使用。

4.1.2.1 安装准备工作

钢管在使用前应按设计要求核对其规格、材质、型号，并进行外观检查，其表面要求：无裂纹、缩孔、夹渣、折叠、重皮等缺陷；不超过壁厚负偏差的锈蚀或凹陷；螺纹密封面良好，精度及粗糙度应达到设计要求或制造标准。

4.1.2.2 钢管的连接

钢管的连接方式多分为螺纹连接、焊接、法兰连接等。

1. 螺纹连接

管道螺纹连接也称为丝扣连接，有冶金部标准（YB 25—57）与化工部标准（TY 8100—50）两种，前者用于一般工业与民用管道螺纹连接，后者用于高压化工管道螺纹连接。在市政工程中，小口径钢管一般采用丝扣螺纹接口。

钢管采用螺纹连接时，管节的切口断面应平整，偏差不得超过一扣；丝扣应光洁，不得有毛刺、乱扣、断扣，缺扣总长不得超过丝扣全长的10%；接口紧固后宜露出2～3扣螺纹。

2. 焊接

焊接一般采用熔化焊方式。焊条的化学成分、机械强度应与母材相同且匹配，兼顾工作条件和工艺特性。《给水排水管道工程施工及验收规范》（GB 50268—2008）要求，焊接连接应符合下列规定。

（1）管节组对焊接时应先清理管内污物，将管口边缘与焊口两侧打磨干净，露出金属光泽，并制作坡口，管端端面的坡口角度、钝边、间隙，应符合设计要求，设计无要求时应符合表4.1的规定。不得在对口间隙夹焊帮条或用加热法缩小间隙施焊。

表4.1　　电弧焊管端倒角各部尺寸

倒角形式图示	壁厚 t/mm	间隙 b/mm	钝边 p/mm	坡口角度 α/(°)
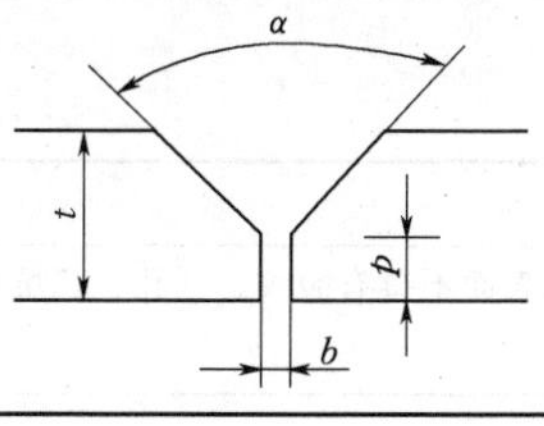	4～9	1.5～3.0	1.0～1.5	60～70
	10～26	2.0～4.0	1.0～2.0	60±5

（2）对口时应使内壁齐平，错口的允许偏差应为壁厚的20%，且不得大于2mm。

（3）对口时纵、环向焊缝的位置应符合下列规定。

1）纵向焊缝应放在管道中心垂线上半圆的45°左右处。

2）纵向焊缝应错开，管径小于600mm时，错开的间距不得小于100mm；管径大于或等于600mm时，错开的间距不得小于300mm。

3）有加固环的钢管，加固环的对焊焊缝应与管节纵向焊缝错开，其间距应不小于

100mm，加固环距管节的环向焊缝应不小于50mm。

4）环向焊缝距支架净距离应不小于100mm。

5）直管管段两相邻环向焊缝的间距应不小于200mm，并应不小于管节的外径。

6）管道任何位置不得有十字形焊缝。

（4）不同壁厚的管节对口时，管壁厚度相差不宜大于3mm。不同管径的管节相连时，两管径相差大于小管管径的15%时，可用渐缩管连接。渐缩管的长度应不小于两管径差值的2倍，且应不小于200mm。

（5）钢管对口检查合格后，方可进行接口定位焊接。定位焊接采用点焊时，应符合下列规定。

1）点焊焊条应采用与接口焊接相同的焊条。

2）点焊时，应对称施焊，其焊缝厚度应与第一层焊接厚度一致。

3）钢管的纵向焊缝及螺旋焊缝处不得点焊。

4）点焊长度与间距应符合表4.2的规定。

表4.2　点焊长度与间距

管外径 D_0/mm	点焊长度/mm	环向点焊点/处
350～500	50～60	5
600～700	60～70	6
≥800	80～100	点焊间距不宜大于400mm

（6）焊接方式应符合设计和焊接工艺评定的要求，管径大于800mm时，应采用双面焊，管内焊两遍，外面焊三遍。不合格的焊缝应返修，返修次数不得超过3次。

（7）管道对接时，环向焊缝的检验应符合下列规定。

1）检查前应清除焊缝的渣皮、飞溅物。

2）应在无损检测前进行外观质量检查，并应符合表4.3的规定。

3）无损探伤检测方法应按设计要求选用。

4）无损检测取样数量与质量要求应按设计要求执行；设计无要求时，压力管道的取样数量应不小于焊缝量的10%。

表4.3　焊缝的外观质量

项目	技术要求
外观	不得有熔化金属流到焊缝外未熔化的母材上，焊缝和热影响区表面不得有裂纹、气孔、弧坑和灰渣等缺陷；表面光顺、均匀，焊道与母材应平缓过渡
宽度	应焊出坡口边缘2～3mm
表面余高	应小于或等于 $1+0.2b$，且不大于4mm
咬边	深度应小于或等于0.5mm，焊缝两侧咬边总长不得超过焊缝长度的10%，且连续长应不大于100mm
错边	应小于或等于 $0.2t$，且应不大于2mm
未焊满	不允许

注　t 为壁厚（mm），b 为坡口边缘宽度。

3. 法兰连接

法兰连接由一对法兰、一个垫片及若干个螺栓螺母组成（图4.9）。法兰连接是将垫片放入一对固定在两个管口上的法兰中间，用螺栓拉紧使其紧密结合起来的一种可拆卸的接头。

图4.9 法兰的组成

（1）法兰分类。按法兰与管子的固定方式可分为螺纹法兰、焊接法兰、松套法兰；按密封面形式可分为光滑式、凹凸式、榫槽式、透镜式和梯形槽式。

（2）法兰安装要求。按《城镇供热管网工程施工及验收规范》（CJJ 28—2004）要求，法兰连接应符合下列规定。

1）安装前应对法兰密封面及密封垫片进行外观检查，法兰密封面应表面光洁，法兰螺纹完整、无损伤。

2）法兰端面应保持平行，偏差不大于法兰外径的1.5%，且不得大于2mm，不得采用加偏垫、多层垫或加强力拧紧法兰一侧螺栓的方法，消除法兰接口端面的缝隙。

3）法兰与法兰、法兰与管道应保持同轴，螺栓孔中心偏差不得超过孔径的5%。

4）垫片的材质和涂料应符合设计要求，当大口径垫片需要拼接时，应采用斜口拼接或迷宫式的对接，不得直缝对接，垫片尺寸应与法兰密封面相同。

5）严禁采用先加垫片并拧紧法兰螺栓，再焊接法兰焊口的方法进行法兰焊接。

6）螺栓应涂防锈油脂保护。

7）法兰连接应使用同一规格的螺栓，安装方向应一致，紧固螺栓时应对称、均匀地进行，松紧适度，紧固后丝扣外露长度应为2～3倍螺距，需要用垫圈时，每个螺栓应采用一个垫圈。

8）法兰内侧应进行封底焊。

9）软垫片的周边应整齐，垫片尺寸应与法兰密封面相符，其允许偏差应符合《工业金属管道工程施工规范》（GB 50235—2010）的规定。

10）法兰与附件组装时，垂直度允许偏差为2～3mm。

4.1.3 球墨铸铁管安装技术

球墨铸铁管是近十几年来引进和开发的一种管材，具有强度高、韧性大、抗腐蚀能力强的特点。球墨铸铁管管口之间采用柔性接头，且管材本身具有较大延伸率，使管道的柔性较好，在埋地管道中能与管周围的土体共同工作，改善了管道的状态，提高了管网的供水可靠性，因此得到了越来越广泛的应用。铸铁管穿过铁路、公路、城市道路或与电缆交处应设套管并采用柔性接口，以增强抗震能力。

4.1.3.1 安装准备工作

检查铸铁管外观光滑平整，不得有损坏、裂缝、气孔、重皮，管口尺寸应在允许范围内。管节及管件下沟槽前，应清除承口内部的油污、毛刺、杂物、铸砂及凹凸不平的铸瘤。柔性接口铸铁管及管件承口的内工作面、插口的外工作面应修整光滑、轮廓清晰，不得有影响接口密封性的缺陷。橡胶圈应形体完整、表面光滑，无变形、扭曲现象。检查安装机具是否配套齐全，工作状态是否良好。

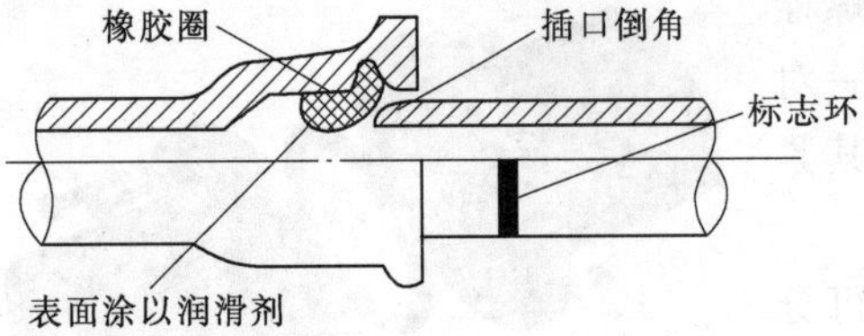

图 4.10 滑入式柔性接口

4.1.3.2 管道的连接

球墨铸铁管的接口主要有三种形式，即滑入式（简称T型）（图4.10）、机械式（简称K型）和法兰式（简称RF型）。前两种为柔性接口，法兰式可承受纵向力。

1. 滑入式（简称T型）接口安装

球墨铸铁管一般采用T型接口，施工方便，只要将插口插入承口就位即可。施工实践表明，这种接口具有可靠的密封性、良好的抗震性和耐腐蚀性，能承受1.0MPa的管网压力，且操作简单，安装技术易掌握，改善了劳动条件，质量可靠，接口完成后即可通水，是一种较好的接口形式。

(1) 安装程序。下管→清理管口→清理胶圈→上胶圈→安装机具设备→在插口外表面和胶圈上刷润滑剂→顶推管子使之插入承口→检查。

(2) 安装要求。

1) 将橡胶圈装入承口凹槽，对较小规格的橡胶圈，将其弯成心形（图4.11）放入承口密封槽内，DN800以上的胶圈捏成梅花形（图4.12）容易安装。橡胶圈放入后应施加径向力使其完全放入承口槽内，确保胶圈各个部分不翘不扭，均匀一致地卡在槽内。

2) 在插口外表面和胶圈上刷润滑剂。润滑剂可用厂方提供的，也可用肥皂水，将润滑剂均匀地刷在承口内已安装好的胶圈内表面，在插口外表面刷润滑剂时应注意刷至插口端部的坡口处。

3) 球墨铸铁管下沟槽时应使承口朝向水流方向，球墨铸铁管柔性接口的安装一般采用顶推和拉入的方法，可采用撬棍顶入法、倒链（手拉葫芦）拉入法、千斤顶拉杆法、牵引机拉入法等。

4) 检查插口推入承口的位置是否符合要求。用探尺伸入承插口间隙中检查胶圈位置是否正确。

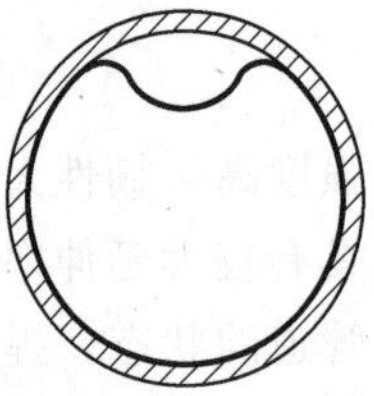

图 4.11 心形橡胶圈

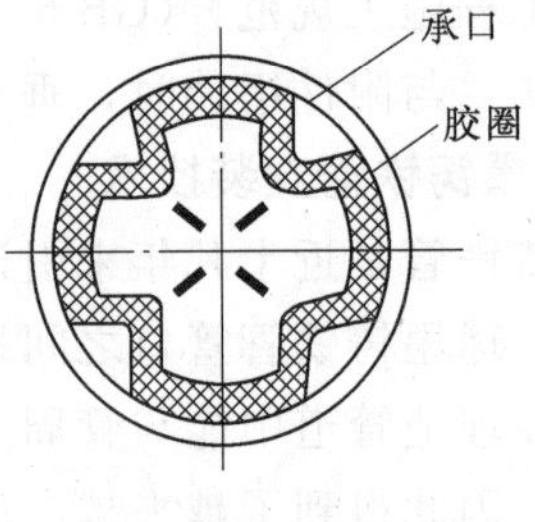

图 4.12 梅花形橡胶圈

2. 机械式（简称K型）接口安装

机械式K型接口（图4.13），又称压兰式球墨铸铁管柔性接口，是将铸铁管的承插口加以改造，使其适应一特殊形状的橡胶圈作为挡水材料，外部不需其他填料。不需要复杂的安装机具，施工较简单，但要有附设配件，常用于施工面狭小，施工机械无法使用的地方。机械式接口主要由铸铁管、压兰、螺栓和橡胶圈组成。

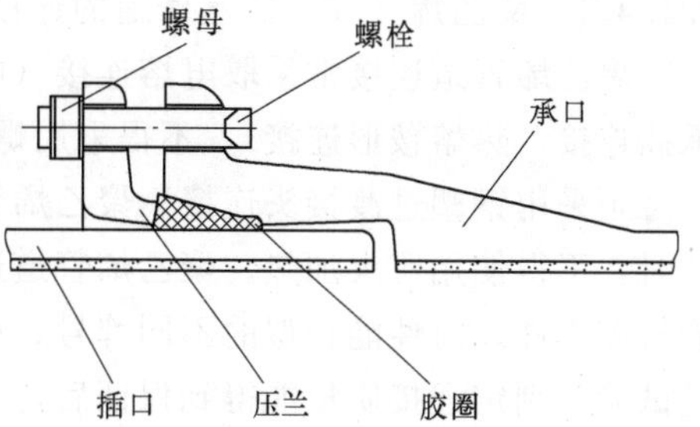

图4.13 K型接口

(1) 安装程序。下管→清理插口、压兰和橡胶圈→压兰和胶圈定位→清理承口→刷润对口→临时紧固→螺栓全方位紧固→检查螺栓扭矩。

(2) 安装要求。

1) 插口、压兰及胶圈清洁后，在插口上定出胶圈的安装位置，先将压兰送入插口，然后把胶圈套在插口已定好的位置处。

2) 刷润滑剂前应将承插口和胶圈再清理一遍，然后将润滑剂均匀地涂刷承口内表面和插口及胶圈的外表面。

3) 将管子稍许吊起，使插口对正承口装入，调整好接口间隙后固定管身，卸吊具。

4) 将密封胶圈推入承插口的间隙，调整压兰的螺栓孔使其与承口上的螺垒孔对正，先用4个互相垂直方位上的螺栓临时紧固。

5) 将全部的螺栓穿入螺栓孔，并安上螺母，然后按上下左右交替紧固的工序，对称均匀地分数次上紧螺栓。

6) 螺栓上紧之后，用力矩扳手检验每个螺栓的扭矩。

3. 法兰式（简称RF型）接口安装

法兰接口所用的环形橡胶垫圈，应质地均匀、厚薄一致、未老化、无皱纹，采用非整体垫片时，应粘接良好、拼缝平整。法兰面应平整、无裂纹，密封面上不得有斑疤、砂眼及辐射状沟纹。螺孔位置应准确，相对两法兰螺栓孔必须相对称。法兰密封面应与管径轴线垂直，管径小于等于DN300时允许偏差为1mm，管径大于DN300时允许偏差为2mm。

4.1.4 塑料管安装技术

塑料管的种类较多，可用于室内外的给排水管道中。常用的有硬聚氯乙烯（UPVC）给排水管道、聚乙烯（PE）给排水管道、玻璃钢管道、聚丙烯管（PP）等。塑料管材由于其重量轻、施工方便、耐腐蚀、寿命周期长等特点，得到了广泛的使用。本节主要介绍聚乙烯（PE）给水管和玻璃钢管道的安装。

4.1.4.1 管道安装准备工作

设计图纸及其他技术文件齐全，并经会审通过；施工单位必须有建设主管部门批准的相应的施工资质；施工工具、施工场地及施工用水、用电、材料储放等临时设施能满足施工要求；施工现场与材料存放温差较大时，应于安装前将管材和管件在现场放置一定时间，使其温度接近施工的环境温度。

例如PE管道系统安装前应对外观和接头配合的公差进行仔细检查，管材和管件的内外表面应光滑平整，无气泡、裂口、裂纹、脱皮、缺损、变形和明显的横纹、凹陷，且色泽基本一致；管材的端面应垂直于管件的轴线；必须消除管材及管件内外的污垢和杂物。施工单位施工人员应经过培训且熟悉PE水管的一般性能，掌握管道的连接技术及操作要点，严禁盲目施工。

4.1.4.2 聚乙烯（PE）给水管道的连接

聚乙烯管道连接常采取电熔连接（电熔承插连接）和热熔连接（热熔对接连接、热熔承插连接、热熔鞍形连接），不得采用螺纹连接和粘接。聚乙烯管道与金属管道、阀门连接必须采用钢塑过渡接头连接。聚乙烯管道不同连接形式应采用对应的专用连接工具，连接时，不得使用明火加热。聚乙烯管道连接采用热熔焊接时宜采用同种牌号、材质相同的管材和管件。对性能相似的不同牌号、材质的管材与管材或管件与管件之间的连接，应通过试验，判定连接质量能得到保证后，方可进行。

电熔连接、热熔连接应采用专用电器设备、焊接设备和工具进行施工；管道连接时必须对连接部位、密封件、套筒等配件清理干净；套筒（带或套）连接、法兰连接、卡箍连接用的钢制套筒、法兰、卡箍、螺栓等金属制品应根据现场土质并参照相关标准采取防腐措施。

采用电熔连接、热熔连接、套筒（带或套）连接、法兰连接、卡箍连接时，应在当日温度较低或接近最低时进行；电熔连接、热熔连接时电热设备的温度控制、时间控制，焊接时对焊接设备的操作等，必须严格按接头的技术指标和设备的操作程序进行；接头处应有沿管节圆周平滑对称的外翻边，内翻边应铲平。

4.1.4.3 玻璃钢夹砂管

玻璃钢夹砂管是在纯玻璃钢管的中间，引入树脂砂浆层，形成新的层合结构体，从而在保留原玻璃钢管道所有优点的基础上，既提高了刚度，又降低了工程造价。它的主要特点是耐腐蚀性好，对水质无影响；耐热性、抗冻性好；自重轻、强度高，运输安装方便。对玻璃钢夹砂管道而言，更多的是在市政、城市输配管网方面的应用，由于其具有无毒、无锈、无味、对水质无二次污染、无需防腐、使用寿命大大延长、安装简便等优点，因此，受到了给排水行业的欢迎。

1. 管道安装准备

在装配管道之前，首先应对土方施工的基础尺寸进行检查，以确认是否符合设计要求。验收全部管子的规格尺寸，压力等级要求，应与设计图纸相吻合；管子的存放地点应选择较为平坦的地方；备好组装机具，对于不同的规格所使用的设备不同。

2. 管道接口

玻璃钢夹砂管道与管之间的接口型式，采用的是承插式双O形密封圈连接（图4.14），其组装方式类同于承插口式的铸铁管安装。布管时应将每根管沿管沟摆放，摆放时应非常注意的是将每根管的承口方向与设计水流方向相反放置，如图4.15所示。

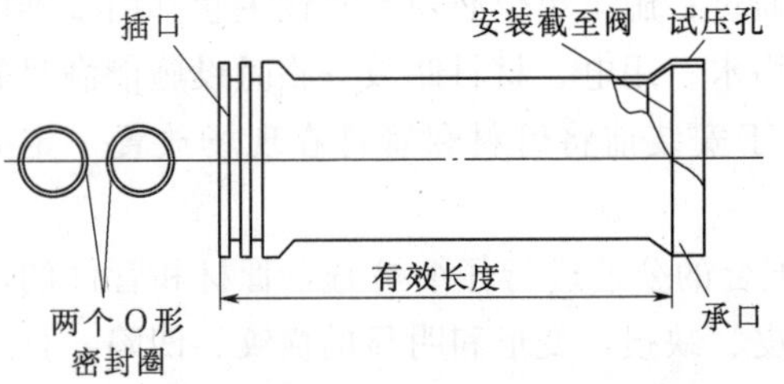

图4.14 双O形密封圈接口

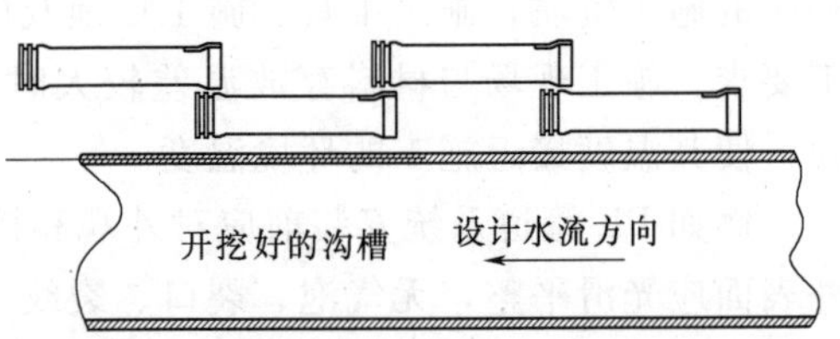

图4.15 布管示意图（每根管搭接约300mm）

连接时一般应逆水流方向连接，连接前在基础上对应承插口的位置要挖一个凹槽，承插安装后，用砂子填实。连接时再检查一遍承口和插口，在承口上安装上打压嘴，在承口内表面均匀涂上液体润滑剂，然后把两个O形橡胶圈分别套装在插口上，并涂上液体润滑剂。管道连接时采用合适的机械辅助设备，一般来说，对于大口径管，其插口端的管子要用吊力将其轻离地面，以减少管子与地面的摩擦，减少安装力。

4.1.4.4 硬聚氯乙烯（UPVC）、硬聚氯乙烯加筋管

UPVC管道具有抗腐蚀力强、易于黏合、价廉、质地坚硬的优点。同时该管道机械强度低，大气中紫外线与氧气的影响会加速其老化，气温的变化及油烟或其他化学剂的侵蚀对管道有很大影响，因此在操作时应根据其特点进行操作。

UPVC加筋管是由硬聚氯乙烯为主要原料加工生产的内壁光滑、外壁带有垂直加强筋的新型UPVC管，结构合理、强度高，是一种新型的柔性排水管材，适用于管径DN600以下的下水道工程施工。

1. 安装前的质量检查

管材要求外观颜色一致，内壁光滑平整，管身不得有裂缝，筋的链接缺损不得超过2条，管口不得有破损、裂口、变型等缺陷。管材的端面应平整，与管中心轴线垂直，轴向不得有明显的弯曲。管材插口外径、承口内径的尺寸及圆度必须符合产品标准的规定。管道接口用的橡胶圈性能、尺寸应符合设计要求。橡胶圈外观应光滑平整，不得有气孔、裂缝、卷皱、破损、重皮和接缝现象。

2. 橡胶圈接口

橡胶圈应放置在管道插口第二至第三根筋之间的槽内。接口时，先将承口的内壁清理干净，并在承口内壁及插口橡胶圈上涂上润滑剂，然后将承插口端的中心轴线对齐。

接口方法：一人用棉纱绳吊住B管的插口，另一人用长撬棒斜插入基础，并抵住管端中心位置的横挡板，然后用力将B管插口缓缓插入A管的承口至预定位置。

接口橡胶圈到位有两种检验方法：一是在插口端一定位置（一般长约23cm）划出标志线，安装时检查该标志线是否到位；二是听声音，一般到位时，插口与承口接触会发出撞击的声音。

4.1.5 钢筋混凝土管安装技术

钢筋混凝土管道多用于大口径给水管道和污水、雨水管道。给水管道多采用预应力混凝土管、预应力钢筒混凝土管；雨、污水管道多采用普通混凝土管、钢筋混凝土管以及预应力钢筋混凝土管。

4.1.5.1 安装准备工作

钢筋混凝土管道安装前检验管道成品，质量要求内外表面无露筋、空鼓、蜂窝、裂纹及碰伤等缺陷。管节安装前应将管内外清扫干净，避免受钉子及其他尖锐物的碰剐，安装时应使管道中心及内底高程符合设计要求，不可沿地面拖拉管道和配件，稳管时必须采取措施防止管道发生滚动。管道在运输、装卸、堆放过程中，严禁抛扔或激烈碰撞。

4.1.5.2 管道的连接

给水管道多采用预应力混凝土管、预应力钢筒混凝土管，其接口形式与铸铁管相同；雨、污水排水管道多采用普通混凝土管、钢筋混凝土管以及预应力钢筋混凝土管，其接口形式多为刚性接口，有时也用柔性接口或半柔性接口。

刚性接口有水泥砂浆抹带接口、钢丝网水泥砂浆抹带接口。这种刚性接口抗震性能差，用在地基比较良好，有带形基础的无压管道上。

1. 刚性接口

(1) 水泥砂浆抹带接口。在管道接口处采用1∶2.5～1∶3水泥砂浆抹成半椭圆形状的砂浆带，带宽120～150mm，属于刚性接口。一般适用于地基土质较好的雨水管道，或用于地下水位以上的污水支线上。企口管、平口管、承插管均可采用此种接口，如图4.16所示。

(2) 钢丝网水泥砂浆抹带接口。在管道接口处将宽200mm抹带范围的管外壁凿毛，抹一层厚15mm的水泥砂浆，然后包一层钢丝网，并将两端插入管座混凝土中，上面再抹一层厚10mm水泥砂浆。钢丝网水泥砂浆抹带接口材料应符合下列规定：选用粒径0.5～1.5mm，含泥量不大于3%的洁净砂；选用网格10mm×10mm、丝径为20号的钢丝网；水泥砂浆配比满足设计要求。适用于地基土质较好的具有带形基础的雨水、污水管道上，如图4.17所示。

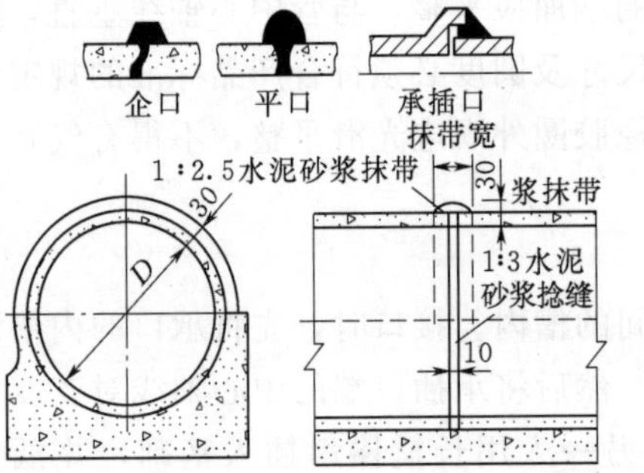

图4.16 水泥砂浆抹带接口（单位：mm）

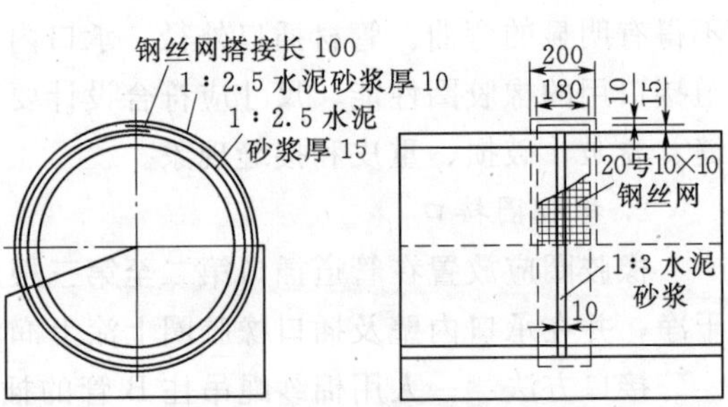

图4.17 钢丝网水泥砂浆抹带接口（单位：mm）

刚性接口的钢筋混凝土管道施工应符合下列规定：抹带前应将管口的外壁凿毛、洗净；钢丝网端头应在浇筑混凝土管座时插入混凝土内，在混凝土初凝前，分层抹压钢丝网水泥砂浆抹带；管道中心、高程复验合格后，应按混凝土基础施工的规定及时浇筑管座混凝土；抹带完成后应立即用吸水性强的材料覆盖，3～4h后洒水养护；水泥砂浆填缝及抹带接口作业时落入管道内的接口材料应清除；管径大于或等于700mm时，应采用水泥砂浆将管道内接口部位抹平、压光；管径小于700mm时，填缝后应立即拖平。

2. 柔性接口

常用的柔性接口有沥青麻布接口、沥青石棉卷材接口及橡胶圈接口。沥青石棉麻布接口、沥青石棉卷材接口，用在无地下水，地基强度不一，沿管道轴向沉陷不均匀的无压管道上。橡胶圈接口使用范围更加广泛，特别是在地震区，对管道抗震有显著作用。

(1) 沥青麻布接口。沥青麻布是由普通麻布在冷底子油（4号沥青∶汽油＝3∶7，重量比）中浸泡，待泡透后晾干而制成的。接口时，先将管口表面清洗干净并晾干，涂一层冷底子油，再涂一层4号热沥青，然后包一层沥青麻布，并用铅丝将麻布与两端管口绑牢；在沥青麻布上涂4号沥青后包第二层沥青麻布并绑牢；同样，再包第三层沥青麻布并绑牢；最后再涂一层热沥青，这种接口方法称为“四油三布”。沥青麻布的宽度：当管径不大于900mm时，分别为159mm、200mm、250mm；当管径不小于1000mm时，分别为200mm、250mm、300mm，麻布的搭接长度为250mm，如图4.18所示。

(2) 沥青石棉卷材接口。沥青石棉卷材为工厂加工，沥青砂重量配比为沥青：石棉：细砂=7.5：1：1.5。接口时，先将接口处管壁刷净烤干，涂上冷底子油一层，再刷沥青玛琋脂厚3mm，然后包上沥青石棉卷材，涂3mm厚的沥青砂，这叫"三层做法"。若再加卷材和沥青砂各一层，便叫"五层做法"。一般适用于地基沿管道轴向沉陷不均匀地区，如图4.19所示。

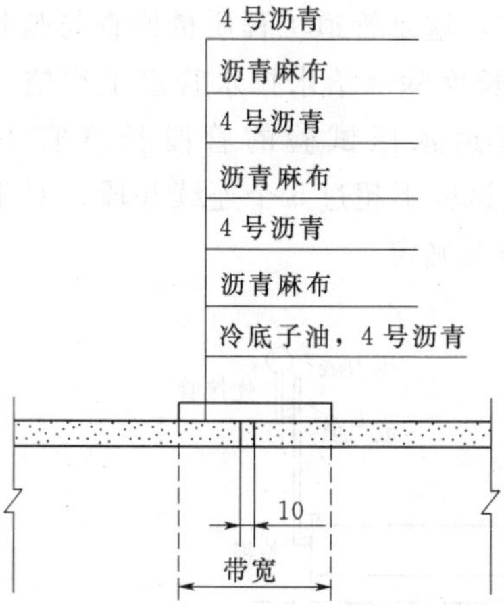

图4.18 沥青麻布接口（单位：mm）

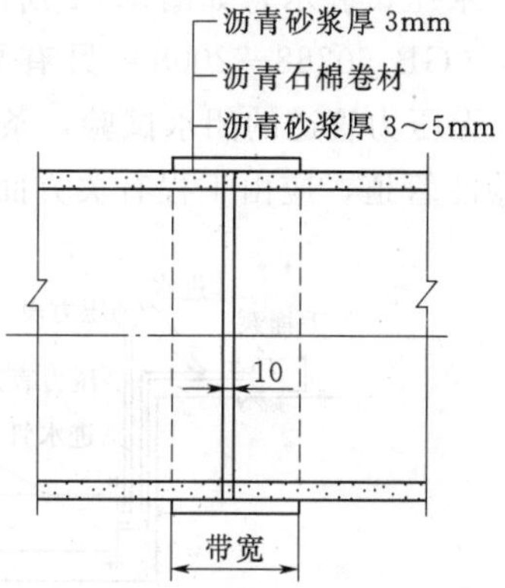

图4.19 石棉沥青卷材接口（单位：mm）

(3) 橡胶圈接口。橡胶圈柔性接口的钢筋混凝土管、预（自）应力混凝土管安装前，承口内工作面、插口外工作面应清洗干净；套在插口上的橡胶圈应平直、无扭曲，正确就位；橡胶圈表面和承口工作面应涂刷无腐蚀性的润滑剂，安装后放松外力，管节回弹不得大于10mm，且橡胶圈应在承、插口工作面上，在插口上按要求做好安装标记，以便检查插入是否到位，接口安装时，将插口一次插入承口内，达到安装标记为止；安装时接头和管端应保持清洁。该接口结构简单，施工方便，适用于施工地段土质较差，地基硬度不均匀或地震地区，如图4.20所示。

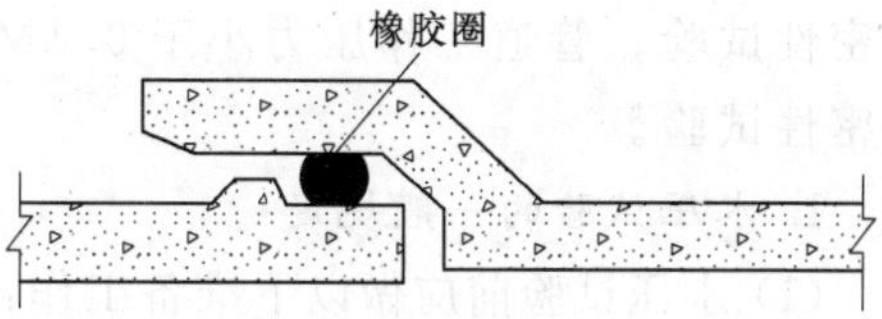

图4.20 橡胶圈接口

3. 半柔性接口

半柔性接口介于柔性和刚性两种形式之间，使用条件与柔性接口类似。常用的是预制套环石棉水泥接口、沥青砂接口。

预制套环石棉水泥（或沥青砂）接口属于半刚半柔接口。石棉水泥重量比为水：石棉：水泥=1：3：7（沥青砂配比为沥青：石棉：砂=1：0.67：0.67）。适用于地基不均匀地段，或地基经过处理后管道可能产生不均匀沉陷且位于地下水位以下，内压低于10m的管道上，如图4.21所示。

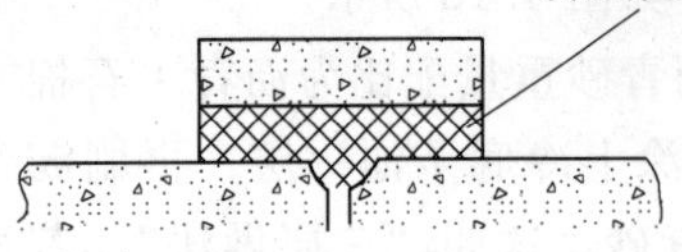

图 4.21　预制套环石棉水泥（或沥青砂）接口

4.1.6　管道的功能性试验

给排水管道安装完成后应按要求进行管道功能性试验。给水管道必须水压试验合格，并网运行前进行冲洗与消毒，经检验水质达到标准后，方可允许并网通水投入运行。污水、雨污水合流管道及湿陷土、膨胀土、流沙地区的雨水管道，必须经严密性试验合格后方可投入运行。

4.1.6.1　给水管道的水压试验

给水管道铺设完毕后要进行管道系统的试压工作，这是管道工程质量检查与验收的重要环节，水压试验示意如图 4.22 所示。管道的试验长度除《给水排水管道工程施工及验收规范》（GB 50268—2008）另有要求外，压力管道水压试验的管段长度宜不大于 1.0km；无压力管道的闭水试验，条件允许时可一次试验不超过 5 个连续井段；对于无法分段试验的管道，应由工程有关方面根据工程具体情况确定。

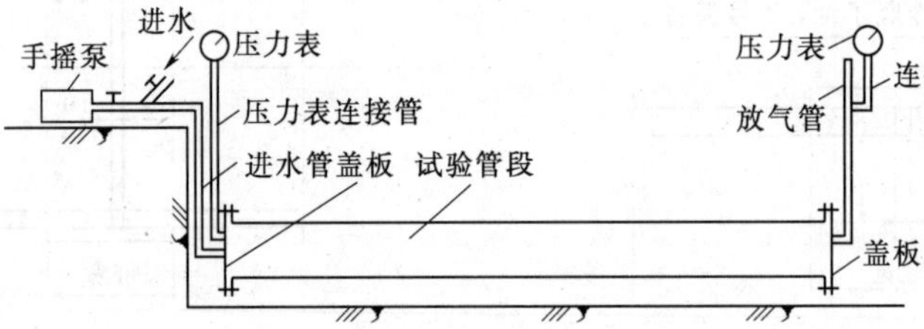

图 4.22　水压试验示意图

给水管道的试压按使用介质分为水压试验和气压试验，地下钢管或铸铁管在冬季或缺水情况下，可用空气进行压力试验，但均须有防护措施；按试压目的分为强度试验和严密性试验。压力管道工作压力不小于 0.1MPa 时，应进行压力管道的强度及严密性试验；管道工作压力小于 0.1MPa 时，除设计另有规定时，应进行无压力管道严密性试验。

1. 水压试验的一般规定

（1）水压试验前应做以下准备工作：试验管段所有敞口应封闭，不得有渗漏水现象；水压试验前应清除管道内的杂物；试验管段不得用闸阀做堵板，不得含有消火栓、水锤消除器、安全阀等附件。

（2）压力管道水压试验前，除接口外，管道两侧及管顶以上回填高度应不小于 0.5m；水压试验合格后，应及时回填沟槽的其余部分；无压管道在闭水或闭气试验合格后应及时回填。

（3）水压试验管道内径大于或等于 600mm 时，试验管段端部的第一个接口应采用柔性接口，或采用特制的柔性接口堵板。

（4）试验管段注满水后，宜在不大于工作压力条件下充分浸泡后再进行水压试验，浸泡时间应符合表 4.4 的规定。

（5）压力管道水压试验或闭水试验前，应做好水源的引接、排水的疏导等方案。

表 4.4 压力管道水压试验前浸泡时间

管材种类	管道内径 D_i/mm	浸泡时间/h
球墨铸铁管（有水泥砂浆衬里）	D_i	≥24
钢管（有水泥砂浆衬里）	D_i	≥24
化学建材管	D_i	≥24
现浇钢筋混凝土管渠	$D_i \leqslant 1000$	≥48
	$D_i > 1000$	≥72
预（自）应力混凝土管、预应力钢筒混凝土管	$D_i \leqslant 1000$	≥48
	$D_i > 1000$	≥72

(6) 管道升压时，管道的气体应排除；升压过程中，发现弹簧压力计表针摆动、不稳，且升压较慢时，应重新排气后再升压。

(7) 水压试验过程中，后背顶撑、管道两端严禁站人。

(8) 水压试验时，严禁修补缺陷；遇有缺陷时，应做出标记，卸压后修补。

(9) 冬季进行水压试验应采取防冻措施，试压完毕后及时放水。

(10) 管道灌水应从下游缓慢灌入，灌入时，在试验管段的上游管顶及管段中的应设排气阀将管道内的气体排除。

2. 水压试验方法

压力管道按规定进行压力管道水压试验，试验分为预试验和主试验阶段。

(1) 预试验阶段：将管道内水压缓缓地升至试验压力并稳压 30min。期间如有压力下降可注水补压，但不得高于表 4.5 中允许的试验压力；检查管道接口、配件等处有无漏水、损坏现象；有漏水、损坏现象时应及时停止试压，查明原因并采取相应措施后重新试压。

(2) 主试验阶段：停止注水补压，稳定 15min。当 15min 后压力下降不超过表 4.6 中所列允许压力降数值时，将试验压力降至工作压力并保持恒压 30min，进行外观检查若无漏水现象，则水压试验合格。

表 4.5 压力管道水压试验的试验压力

管材种类	工作压力 P/MPa	试验压力/MPa
钢管	P	$P+0.5$，且不小于 0.9
球墨铸铁管	≤0.5	$2P$
	>0.5	$P+0.5$
预（自）应力混凝土管、预应力钢筒混凝土管	≤0.6	$1.5P$
	>0.6	$P+0.3$
现浇钢筋混凝土管渠	≥0.1	$1.5P$
化学建材管	≥0.1	$1.5P$，且不小于 0.8

试验合格的判定依据分为允许压力降值和允许渗水量值，按设计要求确定；设计无要求时，应根据工程实际情况，选用其中一项值或同时采用两项值作为试验合格的最终判定

表 4.6 压力管道水压试验的允许压力降

管材种类	试验压力/MPa	允许压力降/MPa
钢管	$P+0.5$，且不小于 0.9	0
球墨铸铁管	$2P$	0.03
	$P+0.5$	
预（自）应力钢筋混凝土管预应力钢筒混凝土管	$1.5P$	
	$P+0.2$	
现浇钢筋混凝土管渠	$1.5P$	
化学建材管	$1.5P$，且不小于 0.8	0.02

依据。无压管道按规定进行管道的严密性试验，严密性试验分为闭水试验和闭气试验，按设计要求确定；设计无要求时，应根据实际情况选择闭水试验或闭气试验进行管道功能性试验。

4.1.6.2 排水管道的严密性试验

污水、雨污水合流及湿陷土、膨胀土地区的雨水管道，回填土前应采用闭水法进行严密性试验。

1. 管道闭水试验时试验管段应具备的条件

(1) 管道及检查井外观质量已检查合格。

(2) 管道未还土且沟槽内无积水。

(3) 全部预留孔洞应封堵不得漏水。

(4) 管道两端堵板承载力经核算并大于水压力的合力；除预留进出水管外，应封葺不得漏水。

(5) 顶管施工，其注浆口封堵且管口按设计要求处理完毕，地下水位于管底以下。

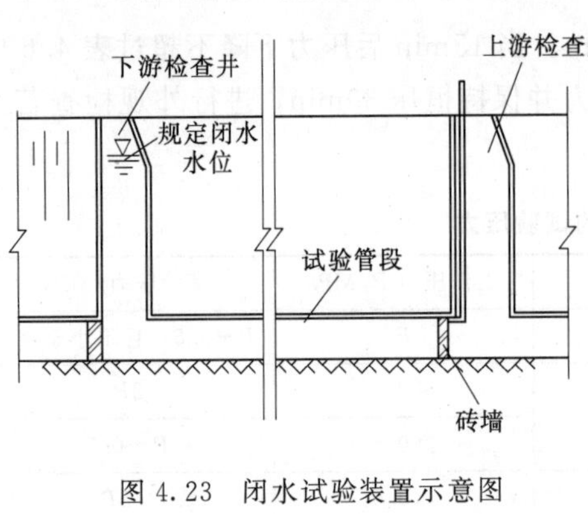

图 4.23 闭水试验装置示意图

2. 闭水试验的方法

排水管道做闭水试验，宜从上游往下游进行分段，上游段试验完毕，可往下游段倒水，以节约用水。排水管道闭水试验装置参见图 4.23。

(1) 试验管段应按井距分离，长度应不大于 1km，带井试验。

(2) 试验段上游设计水头不超过管顶内壁时，试验水头以试验段上游管顶内壁加 2m 计；试验段上游设计水头超过管顶内壁时，试验水头以试验段上游设计水头加 2m 计；当计算出的试验水头小于 10m，但已超过上游井井口时，试验水头以上游检查井井口高度为准。

3. 试验步骤

(1) 将试验段管道两端的管口封堵，管堵如用砖砌，需要养护 3～4 天达到一定强度后，再向闭水段的检查井内注水。

（2）试验管段灌满水后浸泡时间不少于24h，使管道充分浸透。

（3）当试验水头达规定水头开始计时，观察管道的渗水量，直至观测结束时，应不断向试验管段内补水，保持试验水头恒定。渗水量的观测时间不得小于30min。

（4）实测渗水量计算公式为

$$q=W/TL$$

式中 q——实测渗水量，L/(min·m)；

W——补水量，L；

T——实测渗水量观测时间，min；

L——试验管段长度，m。

（5）实测渗水量应小于或等于表4.7规定的允许渗水量。

表4.7 无压管道闭水试验允许渗水量

管材	管道内径 D_i/mm	允许渗水量/[m^3/(24h·km)]	管道内径 D_i/mm	允许渗水量/[m^3/(24h·km)]
钢筋混凝土管	200	17.60	1200	43.30
	300	21.62	1300	45.00
	400	25.00	1400	46.70
	500	27.95	1500	48.40
	600	30.60	1600	50.00
	700	33.00	1700	51.50
	800	35.35	1800	53.00
	900	37.50	1900	54.48
	1000	39.52	2000	55.90
	1100	41.45		

（6）管道内径大于表4.7规定时，实测渗水量应小于或等于按下式计算的允许渗水量。

$$q=1.25\sqrt{D_i}$$

（7）化学建材管道的实测渗水量应小于或等于按下式计算的允许渗水量。

$$q=0.0046D_i$$

式中 q——允许渗水量，m^3/(24h·km)；

D_i——管道内径，mm。

（8）异型截面管道的允许渗水量可按周长折算为圆形管道计。

（9）管道内径大于700mm时，可按管道井段数量抽样选取1/3进行试验；试验不合格时，抽样井段数量应在原抽样基础上加倍进行试验。

4.1.6.3 给水管道冲洗消毒

给水管道严禁取用污染水源进行水压试验、冲洗，施工管段处于污染水水域较近时，必须严格控制污染水进入管道；如不慎污染管道，应由水质检测部门对管道污染水进行化验，并按其要求在管道并网运行前进行冲洗与消毒；冲洗时，应避开用水高峰，冲洗流速不小于1.0m/s，连续冲洗。管道第一次冲洗应用清洁水冲洗至出水口水样浊度小于

3NTU 为止，冲洗流速应大于 1.0m/s。管道第二次冲洗应在第一次冲洗后，用有效氯离子含量不低于 20mg/L 的清洁水浸泡 24h 后，再用清洁水进行第二次冲洗，直至水质检测、管理部门取样化验合格为止。

4.1.7 管道安装质量检查与验收

管道工程中大部分是地下工程，在施工过程中需要进行隐蔽工程的中间验收和完工后的竣工验收。根据管道工程工作面分散的特点，中间验收是分段进行的，竣工验收可分段验收，也可整体验收。

管道工程验收的内容包括外观验收、断面验收、严密性验收和水质检查验收。外观验收是对管道基础、管材及接口、节点及附属构筑物进行验收；断面验收是对管道的高程、中线和坡度进行验收；严密性验收是对管道进行水密性试验或气密性试验；水质检查验收是对给水管道进行细菌等项目的检查验收。

4.1.7.1 中间验收

中间验收包括对管基、管接口、排管、土方回填、节点组合、井室砌筑等外观验收和严密性验收。隐蔽工程应经过中间验收合格后，才能进行下一工程的施工。隐蔽工程的以下工程项目应进行中间验收，如管道及附属构筑物的地基和基础；管道的位置及高程；管道的结构和断面尺寸；管道的接口、变形缝及防腐层；管道及附属构筑物的防腐层；地下管道的交叉处理；土方回填的质量。

4.1.7.2 竣工验收

竣工验收时，应核实竣工验收资料，并进行必要的复验和外观检查。对一些相关项目应做出鉴定，并填写竣工验收鉴定书。给水排水管道工程竣工验收后，建设单位应将有关设计、施工及验收的文件和技术资料立卷归档。

竣工验收时，应提供的文件及资料如下：施工设计图纸及工程预算；施工执照、土地征借函件及开工通知单；原地面高程、地形测量记录、纵横剖面图；地上、地下障碍拆迁平面图和重要记录；设计变更文件；竣工图、竣工说明及工程决算；主要材料和制品的合格证及验收记录；管道位置及高程测量记录；预埋件、预留孔位置、高程；各种堵头位置与做法；混凝土、砂浆、防腐、防水及检验记录；管道的水压试验或闭水试验记录；中间验收记录及有关资料；回填土压实度的检验记录；预留工程观测设施实测记录；工程质量检验评定记录；给水管道的冲洗及消毒记录；工程质量事故处理记录；工程全面验收的凭证等。

竣工验收鉴定包括：管道的位置及高程；管道及附属构筑物的断面尺寸；给水管道配件安装的位置和数量；给水管道的冲洗及消毒；外观等。

4.1.8 引例分析

1. 雨水管道铺设施工方案

为收集 1 号道路附近的雨水，本工程雨水管主要沿道路两侧敷设，主要管径为 DN400、DN600、DN800 和 DN1200，其中 DN400 管径的雨水管管材为 UPVC 管，其余管径管材为钢筋混凝土管道，以自流方式汇入附近河道。管道埋深一般为 1.0～2.5m，管道坡度 1.5‰～2.0‰。局部深度在 3.0～4.5m（3 号大道与 1 号大道交叉口处）。

雨水管道施工工艺流程：测量放线→沟槽挖土和支护（局部先进行浅层井点降水）→

管道基础施工→铺设管道→砖砌窨井→管道坞膀→沟槽回填。

本工程管道安装采用吊机下管、稳管，雨水管管径为 DN400～DN1800，在施工时以逆流方向进行铺设，承口应对向上游，插口对向下游，铺设前承口和插口用清水刷净。管节铺设采用起吊设备在垂直方向吊管，采用两组手扳葫芦在管的左右两侧水平方向拉管。

稳管时，相邻两管底部应齐平。为避免因紧密相接使管口破损，并使柔性接口能承受少量弯曲，管子两端面之间应预留约 1cm 的间隙。

排管前需检查混凝土基础的标高、轴线，清除基础表面的污泥、杂物及积水，在基础上弹出排管中心线。

标高经复核后方可排管，排管时以控制管内底标高为准。管道铺设要严格按照操作规程进行，管道接口需严密，管道间隙要符合设计要求，管枕、垫尖、管道不得左右晃动。

排管铺设结束后，必须进行一次综合检查，当线形、标高、接口、管枕等符合质量要求时，方可进行下道工序的施工。

管道铺设质量验收标准应符合《市政排水管道工程施工及验收规程》(DBJ 08—220—96) 的有关要求，具体指标如下：管道中心线允许偏差 20mm；管内底标高允许偏差 －10～＋20mm；承口、插口之间外表隙量允许偏差小于 9mm。

2. 污水管道管材选择和接口方式施工方案

该段设计规划布置一根污水管，布置于道路东侧。污水管管径为 DN400～DN1800，其中主线污水管管径为 DN1800、DN400，其他处的污水管管径为 DN600、DN800、DN1500、DN1650 四种，埋深 6.0～8.0m，管材为 DN400 管径采用硬聚氯乙烯 UPVC 加筋管；DN600、DN800 管径采用玻璃钢夹砂管；DN1500、DN1650、DN1800 管径的采用企口式钢筋混凝土管，倒虹管管材采用 F 型接口钢筋混凝土管。

所有管道接口处在管道就位后，覆土前包裹两层土工布，宽度为 800mm，土工布接缝搭接宽度为 200mm。

本工程的管道接口：企口式钢筋混凝土管采用 q 形橡胶圈接口；玻璃钢夹砂管采用双 O 形橡胶圈接口；钢筋混凝土管采用橡胶圈接口；硬聚氯乙烯（UPVC）加筋管采用橡胶圈接口。钢筋混凝土管 O 形橡胶圈接口采用防水涂料施工工艺；q 形橡胶圈接口采用硅油润滑剂，不可用“牛油”，即黄油。

任务 4.2　室外管道不开槽施工

【引例 4.2】 本工程位于××市，由连接三个水库和一个水厂的三段输水管线组成，主要包括两段穿山隧洞和洞口至水库深水区的管（渠）以及连接水厂、水库的管（渠）、取水口等。本工程顶管施工总长度为 346.5m，分为两个顶进段，顶管的规格为 DN2400，设计管底纵向坡度为 0.1% 和 0.74%。顶管工程位于两个水库段，由两段穿坝顶管组成，里程分别为 B0＋000～B0＋280 和 B1＋575～B1＋641.5，长度分别为 280m 和 66.5m，管道的材质为钢管，直径为 2400mm，管道壁厚为 24mm。顶管施工有 ϕ8500 的工作井 2 座，6000mm×5000mm（长×宽）的矩形接收井 2 座，顶管施工完成后接收井改为闸井。

根据勘察结果，初步判定顶管穿越的地层主要为第四系坡积粉质黏土、残积砾质黏性土、全风化花岗岩，未发现砂层、淤泥等松散软弱地层，便于顶管法施工。但应注意，勘察时钻孔中虽未揭露到花岗岩球状风化体（孤石），根据该地区勘察经验及场地地表调查结果，第四系残积砾质黏性土层中一般发育有花岗岩球状风化体（孤石），给施工带来不利影响。除穿越坝基可能遇见地下水外，其他地段未见导水性好的断裂，一般不会产生大的突水事故。

【思考】

（1）简述市政管道不开槽施工方法的优缺点。常见的不开槽施工方法的类型。

（2）简述常见的几种不开槽施工方法的基本原理，使用范围。

（3）顶管施工中，按顶管机的类型分为哪几类？比较各类型的使用特点。

（4）触变泥浆在顶管施工中的作用？常见的压注方法有哪些？

（5）在水平定向钻施工中，对导向孔、预扩孔、拖管施工的注意事项。

（6）简述盾构施工和顶管施工的主要异同点。

4.2.1 不开槽施工法

当管道的敷设遇到公路、铁路、河流以及城市道路等障碍物时，既可以采用穿越的形式敷设，也可以采用跨越的形式敷设。当采用穿越的形式敷设时，为保证穿越对象的正常使用，可以采用不开槽施工（非开挖施工）。非开挖技术是近几年才开始频繁使用的一个术语，它涉及的是利用少开挖（即工作井与接收井要开挖），以及不开挖（即管道不开挖）技术来进行地下管线的铺设或更换。非开挖工程技术彻底解决了管道埋设施工中对城市建筑物的破坏和道路交通的堵塞等难题，在稳定土层和环境保护方面凸显其优势。这对交通繁忙、人口密集、地面建筑物众多、地下管线复杂的城市是非常重要的，它将为城市创造一个洁净、舒适和美好的环境。非开挖施工包括顶管施工、盾构施工、浅埋暗挖施工、水平定向钻进施工。

4.2.1.1 顶管施工概述

顶管施工是一种地下管道施工方法，它不需要开挖面层，并且能够穿越公路、铁道、地面建筑物以及地下管线等。它起始于1986年美国的北太平洋铁路铺设工程施工中。我国较早的顶管施工约在20世纪50年代，初期主要是手掘式顶管，设备也较简陋，真正较大的发展是从20世纪80年代中期开始。1988年上海研制成功我国第一台土压平衡掘进机。随着时间的推移，顶管技术也与时俱进地得到迅速发展。主要体现在以下方面：一次连续顶进的距离越来越长；顶管直径，向大管径和小管径两个方向发展；管材有钢筋混凝土管、钢管、玻璃钢顶管；挖掘技术的机械化程度越来越高；顶管线路的曲线形状越来越复杂，曲率半径越来越小。

目前，顶管施工技术已作为一种常规的施工方法被采用，自来水管、煤气管、动力电缆、通信电缆和发电厂循环系统等许多管道也采用了顶管施工技术，尤其是污水治理工程中顶管施工技术得到了普遍使用。长距离大口径顶管、小口径微型顶管、曲线顶管也得到了长足的发展，成为顶管家族中的骄傲。

1. 顶管施工原理

施工时，先制作顶管工作井及接收井，作为一段顶管的起点和终点，在工作坑内设置支座和安装液压千斤顶。工作井中有一面或两面井壁设有预留孔，作为顶管出口，其对面井壁是承压壁，承压壁前侧安装有顶管的千斤顶和承压垫板（即钢后靠），千斤顶将工具管顶出工作井预留孔，而后以工具管为先导，逐节将预制管节按设计轴线顶入土层中，直至工具管后第一节管节进入接收井预留孔，施工完成一段管道。为进行较长距离的顶管施工，可在管道中间设置一至几个中继间作为接力顶进，并在管道外周压注润滑泥浆。顶管施工可用于直线管道，也可用于曲线等管道，是边顶进，边开挖地层，边将管段接长的管道埋设方法。顶管施工示意图如图 4.24、图 4.25 所示。

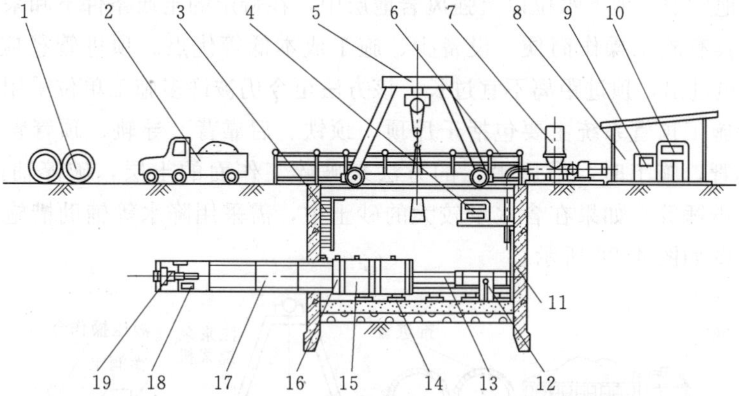

图 4.24　顶管施工示意图（一）

1—预制的混凝土管；2—运输车；3—扶梯；4—主顶油泵；5—行车；6—安全护栏；7—润滑注浆系统；8—操纵房；9—配电系统；10—操纵系统；11—后座；12—测量系统；13—主顶油缸；14—导轨；15—弧形顶铁；16—环形顶铁；17—已顶入的混凝土管；18—运土车；19—机头

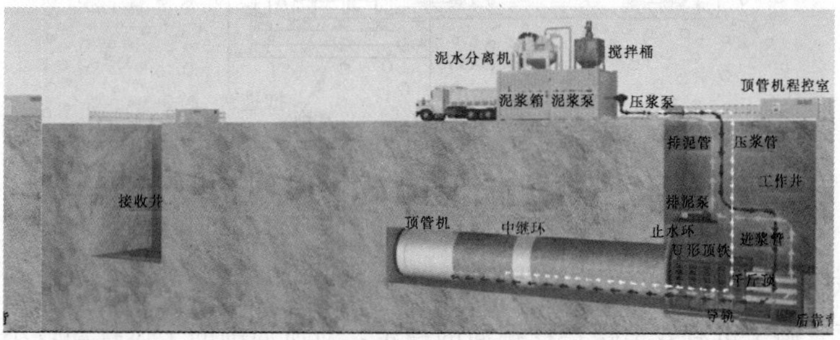

图 4.25　顶管施工示意图（二）

2. 顶管施工分类

（1）按管口径大小分为大口径、中口径、小口径和微型顶管四种。大口径多指直径 2m 以上的顶管，人可以在其中直立行走。中口径顶管的管径多为 1.2～1.8m，人在其中需弯腰行走，大多数顶管为中口径顶管。小口径顶管直径为 0.5～1m，人只能在其中爬行，有时甚至爬行都比较困难。微型顶管的直径通常在 400mm 以下，最小的只有 75mm。

（2）按一次顶进的长度（顶进长度指顶进工作坑和接收工作坑的距离）分为普通距离顶管和长距离顶管。顶进距离长短的划分目前尚无明确规定，过去多指 100m 左右的顶管。目前，1000m 以上的顶管已屡见不鲜，可把 500m 以上的顶管称为长距离顶管。

（3）按顶管机的类型分为手掘式人工顶管和机械顶管。机械顶管按照土体平衡方式不同经常采用泥水平衡式顶管施工和土压平衡式顶管施工。

(4) 按管材分为钢筋混凝土顶管、钢管顶管以及其他管材的顶管。

(5) 按管子轨迹的曲直分为直线顶管和曲线顶管。

4.2.1.2 顶管施工形式

1. 手掘式人工顶管

手掘式人工顶管是最早发展起来的一种顶管施工方式。此方法适用于软土地层中、地下水位以上黄土地层中、地下水位以上强风岩地层中，在特定的土质条件下和采用一定的辅助施工措施后便具有施工操作简便、设备少、施工成本低等优点。顶进管径应大于 800mm，否则不便于人员进出，顶进距离不宜过长。该方法至今仍被许多施工单位采用。

人工顶管施工顶管系统主要包括千斤顶、顶铁、后靠背、导轨、顶管管节。在顶管的前端装有工具管，施工时，采用手工的方法来破碎工作面的土层，破碎辅助工具主要有镐、锹以及冲击锤等。如果在含水量较大的砂土中，需采用降水等辅助措施。手掘式人工顶管施工示意图如图 4.26 所示。

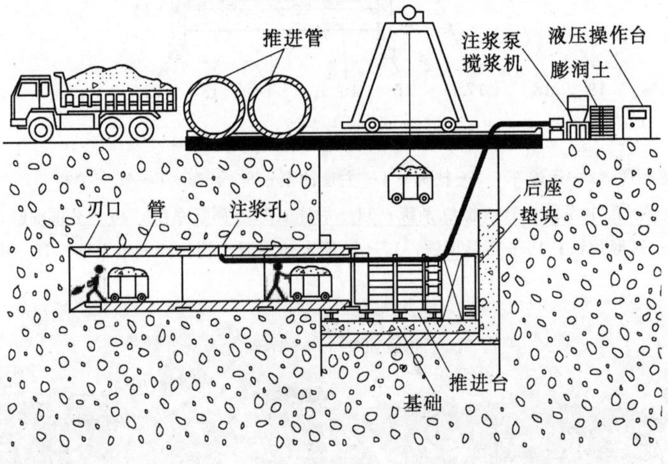

图 4.26 手掘式人工顶管施工示意图

2. 机械式顶管施工

机械式顶管施工可有效地保持挖掘面的稳定，对所周围的土体扰动较小，引起地面沉降较小。泥水平衡式顶管施工和土压平衡式顶管施工是常用的机械顶管施工。

(1) 泥水平衡式顶管施工。泥水平衡式顶管施工是机械顶管施工最常用的一种，施工示意图如图 4.27 所示。该施工方法的优缺点有：工作井内作业环境好且安全；可连续出土，施工进度快，外径 4140 的管道顶进一天可达 15m，最快的一天顶进 30m；可保持挖掘面的稳定，对周围土层的影响小，地面变形小，较适宜于长距离顶管施工；但施工场地大，设备费用高，需在地面设置泥水处理、输送装置；机械设备复杂，且各系统间相互连锁，一旦某一系统故障，必须全面停止施工。

泥水平衡式顶管适应的土质范围更广，如高地下水软弱地层，淤泥质土、黏土层、粉土层、中粗砂层以及软岩地层，尤其适用于施工难度极大的粉砂质土层中。

泥水平衡顶管施工的完整系统由顶管机、进排泥系统、泥水处理系统、主顶系统、测量系统、起吊系统、供电系统等组成。泥水平衡顶管施工与其他形式的顶管相比，增加了进排泥和泥水处理系统。顶管施工时，在主顶千斤顶推动管道向前进。推进过程中通过顶管机的刀盘切削土体，切削下来的土体挤压在泥土仓内，通过刀盘的转动搅拌均匀进入泥水仓与进浆管送入的泥浆搅拌成浓的泥浆，再通过排浆管道将浓泥浆排出机头。

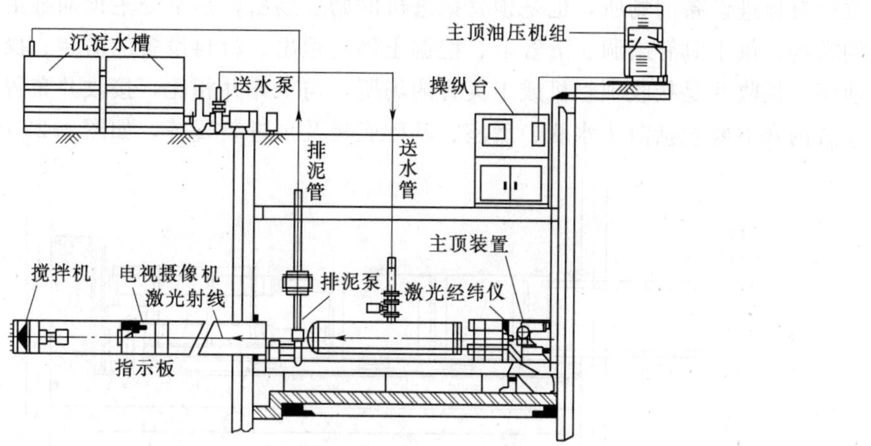

图 4.27　泥水平衡式顶管施工示意图

(2) 土压平衡式顶管施工。土压平衡式顶管机是利用安装在顶管机最前面的全断面切削刀盘，将正面土体切削下来进入刀盘后面的贮留密封舱内，并使舱内具有适当压力与开挖面水土压力平衡，以减少顶管推进对地层土体的扰动，从而控制地表沉降，在出土时由安装在密封舱下部的螺旋运输机连续地将土渣排出，如图 4.28 所示。它利用带面板的刀盘切削、支承土体，对土体的扰动小，能使地表的沉降或隆起减小到最低限度；采用干式排土，废弃泥土处理方便，对环境影响和污染小；施工设备投入较少，施工方法简单，技术先进，经济合理；施工安全，速度快，工期短，质量好。主要适用于饱和含水地层中的淤泥质黏土、黏土、粉砂土或砂性土，尤其适用于闹市区或在建筑群、地下管线下进行顶管施工，也可进行穿越公路、铁路、河流特殊地段的地下管道的施工。

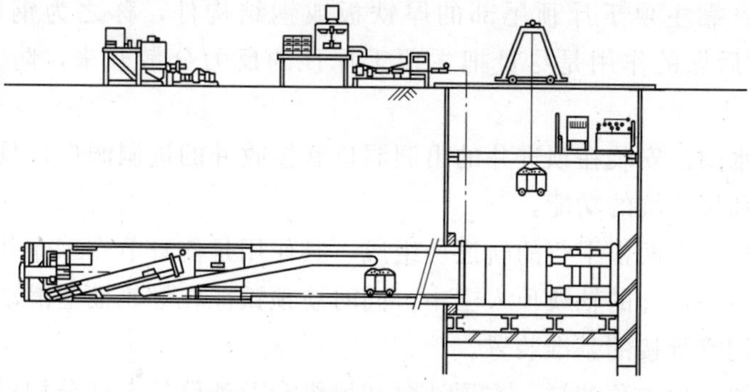

图 4.28　土压平衡式顶管施工示意图

4.2.1.3　施工工艺

顶管施工工艺流程为：施工工作井→安装导轨→设置后背→安装设备（千斤顶组合）→

工作井出洞→掘进挖土→顶进→出土→运土→测量→纠偏→接受井进洞→竣工测量→收尾。

1. 工作井及其布置

工作井（工作坑或基坑）按其作用分为顶进井（始发井）和接收井两种。顶进井是安放所有顶进设备的场所，也是顶管掘进机的始发场所，是承受主顶油缸推力的反作用力的构筑物，供工具管出洞、下管节、挖掘土砂的运出、材料设备的吊装、操纵人员的上下等使用。接收井是接收顶管机或工具管的场所，与工作井相比，接收井布置比较简单。井内布置内容主要包括前止水墙、后座、基础底板及顶进装置等，如图 4.29 所示。

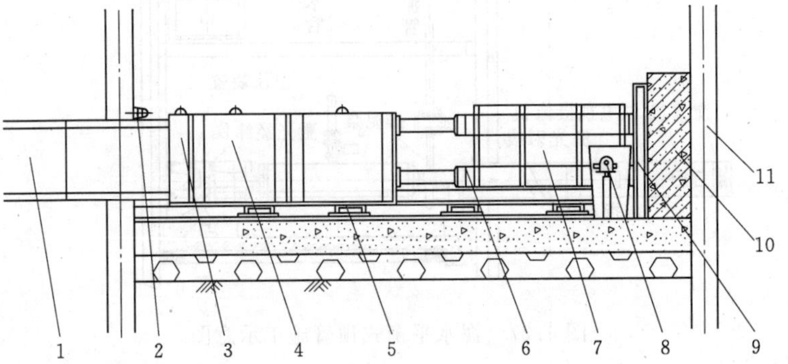

图 4.29 顶进工作井内布置图

1—管节；2—洞口止水系统；3—环形顶铁；4—弧形顶铁；5—顶进导轨；6—主顶油缸；7—主顶油缸架；8—测量系统；9—后靠背；10—后座墙；11—井壁

(1) 后座墙。把主顶油缸推力的反力传递到工作坑后部土体中去的墙体，是主推千斤顶的支承结构。它的构造会因工作坑的构筑方式不同而不同。在沉井工作坑中，后座墙一般就是工作井的后方井壁。在钢板桩工作坑中，必须在工作坑内的后方与钢板桩之间浇筑一座与工作坑宽度相等、厚度为 0.5～1.0m、其下部最好能插入到工作井底板以下 0.5～1.0m 的钢筋混凝土墙，目的是使推力的反力能比较均匀地作用到土体中去。后座墙的平面需与顶进轴线垂直。

(2) 后靠背。靠主顶千斤顶尾部的厚铁板或钢结构件，称之为钢后靠，其厚度在 300mm 左右。钢后靠的作用是尽量把主顶千斤顶的反力分散开来，防止将混凝土后座压坏。

(3) 洞口止水圈。安装在顶进井的出洞洞口和接收井的进洞洞口，具有制止地下水和泥沙流到工作坑和接收坑的功能。

(4) 顶进导轨。由两根平行的轨道所组成，其作用是使管节在工作井内有一个较稳定的导向，引导管节按设计的轴线顶入土中，同时使顶铁能在导轨面上滑动。在钢管顶进过程中，导轨也是钢管焊接的基准装置。

(5) 主顶装置。由主顶油缸、主顶油泵和操纵台及油管等四部分构成。主顶千斤顶沿管道中心按左右对称布置。主顶进装置除了主顶千斤顶以外，还有千斤顶架，以支承主顶千斤顶；供给主顶千斤顶压力油的是主顶油泵；控制主顶千斤顶伸缩的是换向阀。油泵、换向阀和千斤顶之间均用高压软管连接。主顶油缸的压力油由主顶油泵通过高压油管供给。常用的压力在 32～42MPa 之间，高的可达 50MPa。在管径比较大的情况下，主顶油缸的合力中心应比管节中心低 5%的管内径左右。

(6) 垫块或顶铁。若采用的主顶千斤顶的行程长短不能一次将管节顶到位时，必须在千斤顶缩回后在中间加垫块或几块顶铁。顶铁有环形顶铁和 U 形顶铁或马蹄形顶铁之分，如图 4.30 所示。环形顶铁的内外径与混凝土管的内外径相同，作用是把主顶油缸的推力均匀地分布在顶管的端面上；U 形和马蹄形顶铁的作用有两个：一是用于调节油缸行程与管节长度的不一致，二是把主顶油缸各点的推力较均匀地传递到环形顶铁上去。

U 形顶铁用于手掘式、土压平衡式等许多方式的顶管中，它的开口是向上的，便于管道内出土。

马蹄形顶铁适用于于泥水平衡式顶管和土压式中采用土砂泵出土的顶管施工，它的开口方向与 U 形顶铁相反，是倒扣在基坑导轨上的。只有这样，在主顶油缸回缩以后加顶铁时才不需要拆除输土管道。

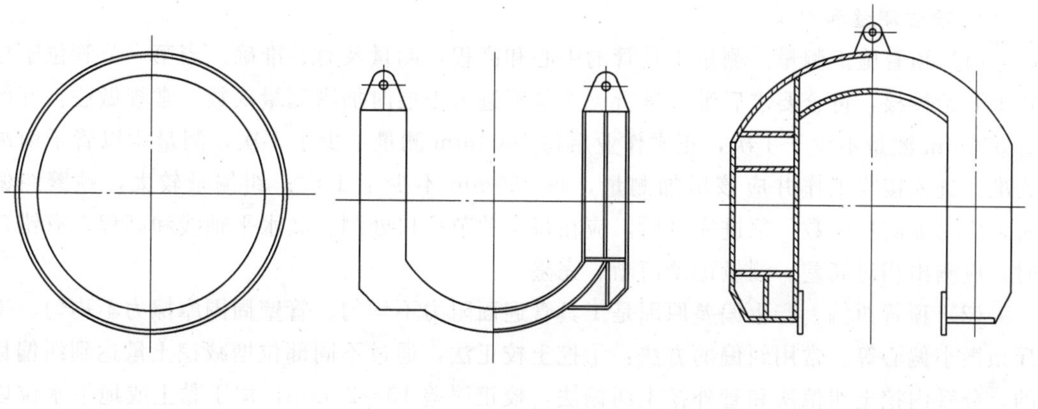
(a)　(b)　(c)

图 4.30　顶铁的断面形状

(a) 环形顶铁；(b) U 形顶铁；(c) 马蹄形顶铁

2. 中继环

在市政工程建设中，长距离管道的敷设是其重要的工作内容。长距离管道的困难是，设置在顶进坑内的主千斤顶的推顶力有限，不足以克服管道长距离顶进时遇到的总阻力。

为了适应长距离顶进管道的需要，研制了中继环（又称中继间、中间站）。即在管道顶进的中途设置辅助千斤顶，靠辅助千斤顶提供的动力继续顶进管段，延长顶管的顶进长度，满足敷设长距离管道的需要。

采用中继环时，管道沿全长分成若干段，在段与段之间设置中继环。中继环是一个由钢材制成的圆环，内壁上设置有一定数量的短行程千斤顶，产生的推顶力可用于推进中继环前方的管道。中继间的布置要满足顶力的要求，同时使其操作方便、合理，提高顶进速度。中继环在安放时，第一只中继环应放在比较前面一些。因为掘进机在推进过程中推力的变化会因土质条件的变化而有较大的变化。所以，当总推力达到中继环总推力 40%～60%时，就应安放第一只中继环，以后，每当达到中继环总推力的 70%～80%时，安放一只中继环。而当主顶油缸达到中继环总推力的 90%时，就必须启用中继环。

3. 触变泥浆施工

触变泥浆施工是挤压式顶管区别于手掘式顶管的核心之处。为了减小管道外壁的摩阻力，一是必须在钢承口管外壁打蜡（减小管道外壁的摩阻力和防吸水增加压力）；二是管道外围压注触变泥浆。

触变泥浆的压注方法是采用在顶管工具管压浆、中继环补浆的方法，对工具管压浆要与顶进同步，以迅速在管道外围空隙形成黏度高、稳定性好的膨润土泥浆层。

中继站补浆是在已有泥浆层的基础上改善泥浆层，补充其损失量。工具管尾部第一压浆孔后的10m处设置第一道补浆孔，此后每隔6m通过管节上的补浆孔补浆，以保证管道处围空隙充满触变泥浆，补浆始终要坚持从后向前补压和及时补浆的原则。对于各层土质，特别在夹砂土层施工时根据其渗透系数充分考虑泥浆的损失，调整注浆压力和注浆量。触变泥浆的压注力应与注入土层的土体压基本相当或略大，而触变泥浆的耗量亦应略大于或等于地层土体的损失量。

4. 顶管测量和纠偏

（1）顶管施工测量。测量工具管的中心和高程，测量及时、准确。当第一节管位于导轨上开始校核，符合要求后继续进行。工具管进入土层时加密测量次数。常规做法：开始每300mm测量不少于1次，正常作业后每1000mm测量不少于1次，测量均以管子前端为准。进入接收工作井应该增加测量，每300mm不少于1次；纠偏量较大，频繁纠偏时，应增加测量次数。顶进完之后，应在每个关节接口处测量其水平轴线和高程，有错口时，应测出相对高差，测量记录清晰、完整。

（2）顶管纠偏。产生偏差原因是工具管迎面阻力不均匀、管壁周围摩擦力不均匀、千斤顶微小偏心等。常用纠偏的方法：①挖土校正法，通过不同部位增减挖土量达到纠偏目的，分管内挖土纠偏法和管外挖土纠偏法，校正误差10～20mm，用于黏土或地下水位以上的沙土；②强制校正法，通过圆木支托或斜撑对管端使力，强行校正，校正误差大于20mm；③衬垫校正法是管壁一侧加木楔，使管道沿正确方向顶进，校正管子低头现象，用于淤泥流沙地段，地基承载力较弱。

5. 管节接缝的防水

（1）钢筋混凝土管节接缝的防水。钢筋混凝土管节的接口有平口、企口和承口三种类型。管节类型不同，止水方式也不同。

1）平口管接口及止水。平口管用T形钢套环接口，把两只管子连接在一起，在混凝土管和钢套环中间安装有2根齿形橡胶圈止水，如图4.31所示。

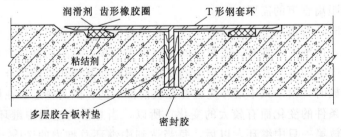

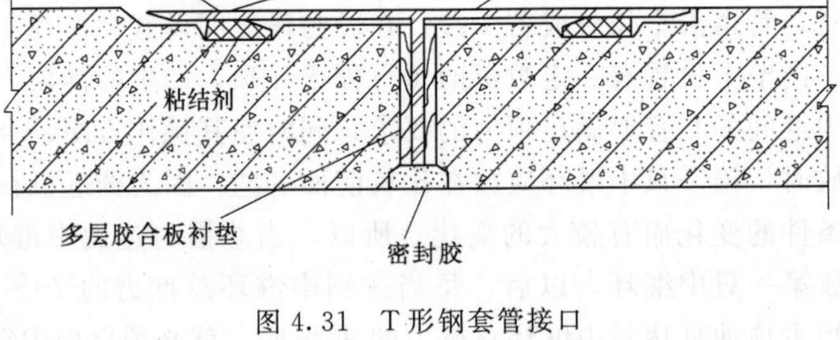

图4.31 T形钢套管接口

2）企口接口及防水。企口管用企口式接口（图 4.32），用 1 根 q 形橡胶止水圈（图 4.33）。止水圈右边腔内有硅油，在两管节对接连接过程中，充有硅油的一腔会翻转到橡胶体的上方及左边，增强了止水效果。

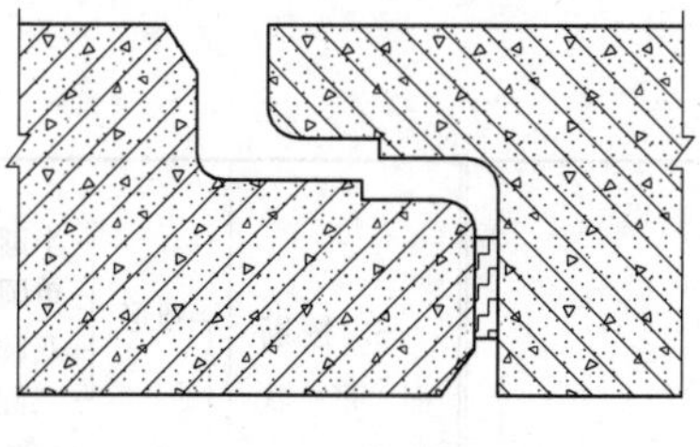

图 4.32　企口管及其接口

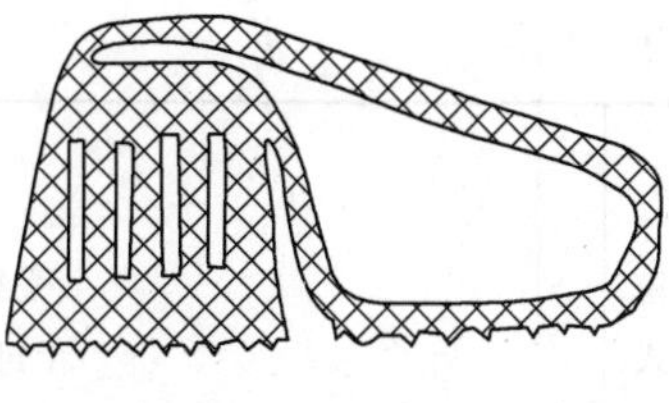

图 4.33　q 形橡胶止水圈

3）承口接口及防水。承口管用 F 形套环接口（图.4.34），接口处用 1 根齿形橡胶圈止水。F 形接口管是最为常用的一种管节。它把 T 形钢套环的前面一半埋入混凝土管中就变成了 F 形接口。为防止钢套环与混凝土结合面渗漏，在该处设了一个遇水膨胀的橡胶止水圈。

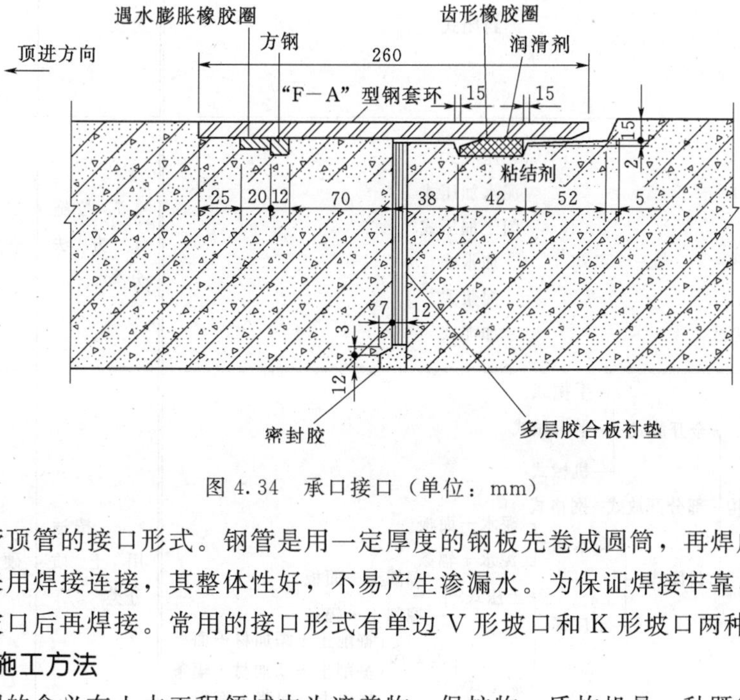

图 4.34　承口接口（单位：mm）

（2）钢管顶管的接口形式。钢管是用一定厚度的钢板先卷成圆筒，再焊成竹节，钢管两管节之间采用焊接连接，其整体性好，不易产生渗漏水。为保证焊接牢靠，将管节端口按一定角度坡口后再焊接。常用的接口形式有单边 V 形坡口和 K 形坡口两种。

4.2.2　盾构施工方法

盾构一词的含义在土木工程领域中为遮盖物、保护物。盾构机是一种既能支承地层压力，又能在地层中推进的施工机具。盾构施工的范围很广泛，有公路隧道、地下铁道、上下水道以及其他市政公用设施管道等。

4.2.2.1　盾构的类型及选择

盾构的分类方式很多，可按盾构切削断面的形状，盾构自身构造的特征，尺寸的大小、功能，挖掘土体的方式，掘削面的挡土形式，稳定掘削面的加压方式，施工方法，适用土质的状况等多种方式分类。按切削断面的形状分类，有圆形和非圆形盾构；按稳定掘削面的加压方式分类，有压气式、泥水加压式、削土加压式、加水式、泥浆式和加泥式；按盾构前方的构造分类，有敞开式、半敞开式和封闭式；按盾构正面对土体开挖与支护的方法分类，有手掘式盾构、挤压式盾构、半机械式盾构、机械式盾构四大类。盾构分类见表4.8。

表4.8　　　　盾构分类表

1. 按挖掘方式分类	手掘式 半机械式 机械式	5. 按断面形状分类	圆形—半圆形、单圆形、双圆搭接形、三圆搭接形 非圆形—矩形、马蹄形、椭圆形
2. 按挡土方式分类	开放式 部分开放式 封闭式	6. 按尺寸大小分类	超小型盾构 小型盾构 中型盾构 大型盾构 特大型盾构 超特大型盾构
3. 按稳定掘削面的加压方式分类	压气式 泥水加压式 削土加压式 加水式 泥浆式 加泥式	7. 按施工方法分类	二次衬砌盾构工法 一次衬砌盾构工法（ECL工法）
4. 组合命名分类	盾构—全开放式—手掘式、半机械式、机械式 盾构—部分开放式—网格式 盾构—封闭式—泥水式—泥水＋面板、泥水＋辐条 盾构—封闭式—土压式—土压式—掘削土＋面板、掘削土＋辐条 盾构—封闭式—土压式—泥土式—泥土式—掘削土＋添加材＋面板、掘削土＋添加材＋辐条 盾构—封闭式—土压式—泥土式—泥浆式—掘削土＋泥浆＋面板、掘削土＋泥浆＋辐条	8. 按适用土质分类	软土盾构 硬土层、岩层盾构 复合盾构

4.2.2.2　盾构的结构

盾构是一个钢质的筒状壳体，是在软岩和土体中进行隧道施工的专门机具。盾构的基本构造主要由壳体、切削系统、推进系统、排土系统、拼装系统等组成。简单的手掘式盾构施工如图4.35所示。

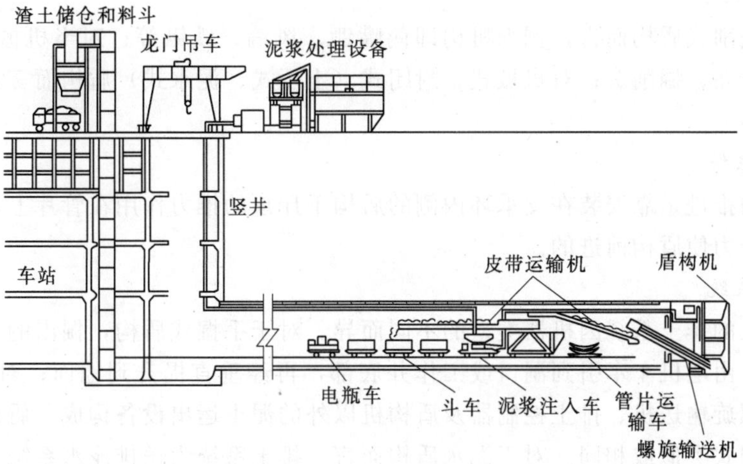

图 4.35　简单手掘式盾构施工示意图

盾构法施工先在隧道（管道）某段的一端建造竖井或基坑，以供盾构安装就位。盾构从竖井或基坑的墙壁预留孔处出发，在地层中沿着设计轴线，向另一端竖井或基坑的设计预留孔洞推进。盾构推进中所受到的地层阻力，通过盾构千斤顶传至盾构尾部已拼装的预制管片上。盾构机大多为圆形，外壳由钢筒组成，钢筒直径稍大于隧道衬砌的外径。在钢筒的前面设置各种类型的支撑和开挖土体的装置，在钢筒中段内沿周边安装顶进所需的千斤顶，钢筒尾部是具有一定空间的壳体，在盾尾内可以安置数环拼成的隧道衬砌环。在盾构推进过程中不断从开挖面排出适量的土方。盾构每推进一环距离，就在盾尾支护下拼装一环衬砌，并及时向盾尾后面的衬砌环外周的空隙中压注浆体，以防止隧道及地面下沉。

1. 壳体

设置盾构外壳的目的是保护掘削、排土、推进、施工衬砌等所有作业设备、装置的安全，故整个外壳用钢板制作，并用环形梁加固支承。盾构壳体从工作面开始可分为切口环、支承环和盾尾三部分，如图 4.36 所示。切口环位于盾构的最前端，装有掘削机械和挡土设备，起开挖和挡土作用，施工时最先切入地层并掩护开挖作业。支承环紧接于切口环，是一个刚性很好的圆形结构，是盾构的主体构造部位；因要承受作用于盾构上的全部荷载，所以该部分的前方和后方均设有环状梁和支柱；在支承环外沿布置有盾构千斤顶，中间布置拼装机及部分液压设备、动力设备、操纵控制台。盾尾主要用于掩护管片的安装工作，盾尾末端设有密封装置，以防止水、土及压注材料从盾尾与衬砌间隙进入盾构内。

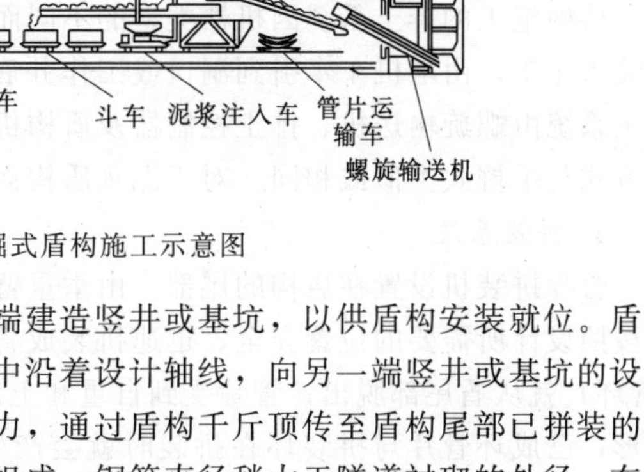

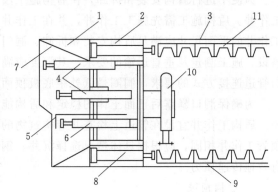

图 4.36　盾构基本构造示意图

1—切口环；2—支承环；3—盾尾；4—支撑千斤顶；5—活动平台；6—平台千斤顶；7—切口；8—盾构千斤顶；9—盾尾空隙；10—管片拼装机；11—管片

2. 切削系统

对人工掘削式盾构而言，掘削机构即鹤嘴锄、风镐、铁锹等；对半机械式盾构而言，掘削机构即铲斗、掘削头；对机械式、封闭式（土压式、泥水式）盾构而言，掘削机构即切削刀盘。

3. 推进系统

盾构机的推进是靠安装在支承环内侧的盾构千斤顶的推力作用在管片上，进而通过管片产生的反推力使盾构前进的。

4. 排土系统

盾构施工的排土系统因机器类型的不同而异。对于手掘式盾构，掘出的土经胶带输送机装入斗车，由电机车牵引到洞口或工作井底部，再经垂直提升到地面；对于土压盾构，排土系统由螺旋输送机、排土控制器及盾构机以外的泥土运出设备构成。盾构机后方的运输方式与手掘式类似或相同。对于泥水盾构而言，排土系统为送排泥水系统。

5. 拼装系统

管片拼装机设置在盾构的尾部，由举重臂和真圆保持器构成。举重臂是在盾尾内把管片按照设计所需要的位置安全、迅速拼装成管环的装置。当盾构向前推进时，管片拼装环（管环）就从盾尾部脱出，管片受到自重和土压的作用会产生横向变形，使横断面成为椭圆形，已成环管片与拼装环在拼装时就会产生高低不平，给安装纵向螺栓带来困难。因此，就需要使用真圆保持器，使拼装后管环保持正确（真圆）位置。

4.2.2.3 盾构法施工

盾构施工工艺包括开挖工作井、盾构顶进、衬砌和灌浆、二次衬砌。

1. 开挖工作井

为便于进行盾构安装和拆卸，在盾构施工段的始端和终端，要建造竖井或基坑，又叫工作井。盾构施工需先施工工作井，并在工作井施工的同时将管道口预留出来。盾构起点工作井的平面尺寸应满足盾构安装和拆卸、洞门拆除、后背墙设置、施工车架或临时平台搭设、施工测量及垂直运输的要求，其深度应满足盾构基座安装、洞口防水处理、工作井与管道连接方式的要求，洞圈最低处距底板顶面距离宜大于600mm。

为确保洞口暴露后正面土体的稳定和盾构能够准确进、出洞，必须设置洞门并临时封闭。盾构工作井宜设在管道上检查井等构筑物的位置，工作井的形式及尺寸的确定方法与顶管工作井相同，应根据具体情况选择沉井、钢板桩等方法修建。后背墙应坚实平整，能有效地传递顶力。

2. 盾构顶进

盾构设置在工作坑的导轨上顶进。盾构自起点井开始至其完全进入土中的这一段距离是借另外的液压千斤顶顶进的，如图4.37所示。盾构正常顶进时，千斤顶是以砌好的砌块为后背推进的。只有当砌块达到一定长度后，才足以支撑千斤顶。在此之前，应临时支撑进行顶进。为此，在起点井后背前与盾构衬砌环内，各设置一个直径与衬砌环相等的圆形木环，两个木环之间用圆木支撑。第一圈衬砌材料紧贴木环砌筑。当衬砌环的长度达到30～50m时，才能起到后背作用，方可拆除圆木。再以衬砌环为后背，启动千斤顶，重复上述操作，盾构便不断前进。

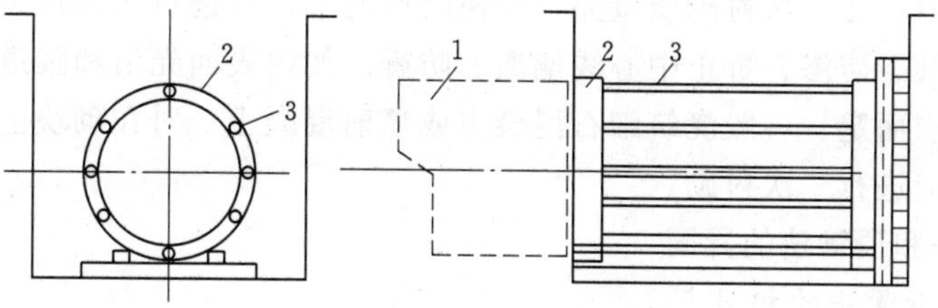

图 4.37　盾构顶进

1—盾构；2—木环；3—撑杠

盾构掘进至一定距离、管片外壁与土体的摩擦力能够平衡盾构掘进反力时，为提高施工速度可拆除盾构后座，安装施工平台和水平运输装置。盾构进接收工作井前 100 环时应进行轴线、洞门中心位置测量，根据测量情况及时调整盾构推进姿态和方向。进接受工作井阶段，应降低正面图压力，拆除封门时应停止顶进，以确保封门的拆除安全；封门拆除后应尽快推进盾构和拼装管片，缩短进接收工作井的时间；盾构到达接收工作井后应及时对洞圈间隙进行封闭。

3. 衬砌和灌浆

盾构砌块（管片）一般有墨铸铁管片、钢管片、复合管片和钢筋混凝土管片等。但钢筋混凝土或预应力钢筋混凝土应用较多，其形状有矩形、梯形和中缺形等，如图 4.38 所示。

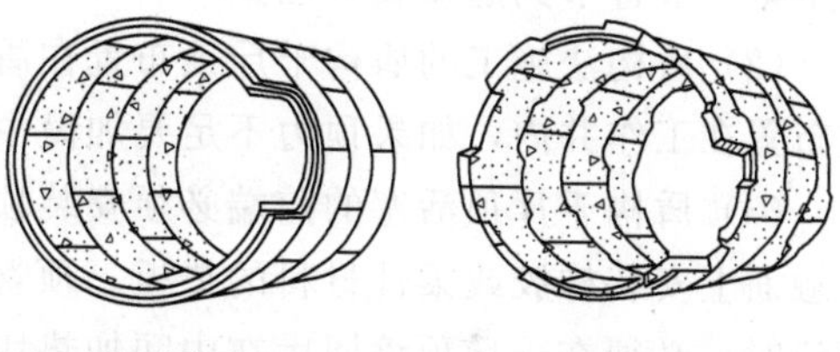

图 4.38　盾构砌块

矩形砌块形状简单，容易砌筑，产生误差时易纠正，但整体性差；梯形砌块整体性比矩形砌块好。为了提高砌块环的整体性，也可采用中缺形砌块，但安装技术水平要求较高，且产生误差后不易调整。砌块的边缘有平口和企口两种，连接方式有用黏结剂黏结及螺栓连接。常用的黏结剂有沥青玛琋脂、环氧胶泥等。

衬砌时，先由操作人员砌筑下部两侧砌块，然后用圆弧形衬砌托架砌筑上部砌块，最后用砌块封圆。各砌块间的黏结材料应厚度均匀，以免各千斤顶的顶程不一，造成盾构位置误差。对于砌块接缝应进行表面防水处理。螺栓和螺栓孔之间应加防水垫圈，并拧紧螺栓。

衬砌完毕后应进行注浆。注浆的目的在于使土层压力均匀分布在砌块环上，提高砌块的整体性和防水性，减少变形，防止管道上方土层沉降，以保证建筑物和路面的稳定。常用的注浆材料有水泥砂浆、细石混凝土等。

为了在衬砌后便于注浆，有一部分砌块带有注浆孔，通常每隔 3～5 个环有一注浆孔环，该环上设有 4～10 个注浆孔，注浆孔直径应不小于 36mm。注浆前应对注浆孔、注浆管路和设备进行检查；注浆结束及时清洗管路及注浆设备。注浆应多点同时进行，按要求注入相应的注浆量，使孔隙全部填实。

4. 二次衬砌

盾构施工时，在盾尾内组装的管片或现浇的混凝土叫一次衬砌，而把其后施工的衬砌称二次衬砌或内衬。在一次衬砌质量完全合格的情况下，可进行二次衬砌，二次衬砌多用于管片补强、防蚀、防渗、矫正中心线偏离、防震、使内表面光洁和隧道内部装饰等，二次衬砌随使用要求而定。一般浇筑细石混凝土或喷射混凝土，对在砌块上留有螺栓孔的螺栓连接砌块，也应进行二次衬砌。

4.2.2.4　盾构法和顶管法的异同

1. 盾构法和顶管法的相同点

（1）两者都属于暗挖法施工大口径（>900mm）地下工程的主要施工方法。

（2）两者都要开挖工作基坑（工作井和接收井）。

（3）两者工作面的开挖方法，出、进洞施工技术基本相似。

（4）两者都要注意接缝防水处理、地表沉降控制、周边环境保护等问题，都要进行注压浆。

2. 盾构法和顶管法的不同点

（1）盾构法的衬砌为管片，且每环管片要在盾构机的盾尾进行拼装，拼装好后一般不会再移动；顶管法的衬砌为管节，且每环管节是一次预制成功的，由顶进装置依次顶进，直至第一节管节到达接收井位置。

（2）盾构法施工的盾构千斤顶布置在盾构机的支撑环外沿，而顶管法施工的主顶进装置布置在工作井内，如果顶力不足要加设中继间。

（3）盾构千斤顶活塞的前端必须安装顶块，顶块必须采用球面接头，在顶块与管片的接触面上安装橡胶或柔性材料的垫板。顶管法的主顶千斤顶的行程长短不能一次将管节顶到位时，必须在千斤顶缩回后在中间加垫块或几块顶铁。

（4）盾构机内有拼装管片的拼装机，而顶管机内没有。

（5）盾构法主要用于大断面城市地下隧道、水工隧道、公路隧道的施工；顶管法主要适用于断面稍小一些的城市地下管线的铺设。

4.2.3　浅埋暗挖施工方法

4.2.3.1　概述

浅埋暗挖法是近十几年发展起来的在距离地表较近的地下进行各种类型地下洞室暗挖施工的一种新方法。它是借鉴外国成功经验，以及在我国山岭隧道硬岩新奥法施工经验的基础上，结合中国国情和地质水文情况，由王梦恕先生主持创造的一种地下工程施工技术。该方法目前已经在城市地铁、市政地下热力和电力管网及地下空间的其他浅埋地下结构物的工程设计与施工中广泛应用。

浅埋暗挖法主要用于不宜明挖施工的土质或软弱无胶结的砂、卵石等第四纪地层，修建覆跨比大于0.2的浅埋地下洞室。对于高水位的类似地层，采取堵水和降水等措施后也适用。尤其对于结构埋置浅、地面建筑物密集、交通运输繁忙、地下管线密布，且对地面沉降要求严格的都市城区，如修建地下铁道、地下停车场、热力与电力管线，这项技术方法更为适用。

4.2.3.2　施工原理和步骤

1. 施工原理

浅埋暗挖法沿用新奥法（New Austrian Tunneling Method）基本原理，创建了信息化量测设计和施工的新理念；采用先柔后刚复合式衬砌新型支护结构体系，初次支护按承担全部基本荷载设计，二次衬砌作为安全储备；初次支护和二次衬砌共同承担特殊荷载。应用浅埋暗挖法设计和施工时，采用多种辅助施工工法，超前支护，改善加固围岩，调动部分围岩的自承能力；初期支护和围岩为暗洞隧道的主要受力结构，“保护围岩”是浅埋暗挖施工的关键技术，一定要高度重视。在施工过程中应用监控量测、信息反馈和优化设计，实现不塌方、少沉降、安全施工等，并形成多种综合配套技术。

2. 施工步骤

浅埋暗挖法施工步骤是首先将钢管打入地层，然后注入水泥或化学浆液，使地层加固。开挖面土体稳定是采用浅埋暗挖法的基本条件。第二步，地层加固后，进行短进尺开挖。一般每循环在 0.5～1.0m 左右，随后即做初期支护。第三步，施工防水层。开挖面的稳定性时刻受到水的威胁，严重时可导致塌方，处理好地下水是非常关键的环节。最后，完成二次支护。一般情况下，可注入混凝土，特殊情况下要进行钢筋设计。当然，浅埋暗挖法的施工需利用监控测量获得的信息进行指导，这对施工的安全与质量都是重要的。

浅埋暗挖法施工坚持十八字方针“管超前、严注浆、短进尺、强支护、早封闭、勤量测”。①管超前：采用超前预加固支护的各种手段，提高工作面的稳定性，缓解开挖引起的工作面前方和正上方土柱的压力，缓解围岩松弛和预防坍塌；②严注浆：在超前预支护后，立即进行压注水泥砂浆或其他化学浆液，填充围岩空隙，使隧道周围形成一个具有一定强度的结构体，以增强围岩的自稳能力；③短进尺：即限制一次进尺的长度，减少对围岩的松弛；④强支护：在浅埋的松软地层中施工，初期支护必须十分牢固，具有较大的刚度，以控制开挖初期的变形；⑤早封闭：为及时控制围岩松弛，必须采用临时仰拱封闭，开挖一环，封闭一环，提高初期支护的承载能力；⑥勤量测：进行经常性的量测，掌握施工动态，及时反馈，是浅埋暗挖法施工成败的关键。

4.2.3.3　施工方法

采用浅埋暗挖法施工时，根据地表沉降要求、地层条件及开挖断面大小，常见的典型方法是全断面开挖法、单侧壁导坑超前正台阶法、中隔墙法（CD 工法）、交叉中隔墙法（CRD 工法）、双侧壁导坑超前正台阶法（眼镜工法）等。

1. 全断面开挖法施工

地下断面采用一次开挖成型（主要是爆破或机械开挖）的施工方法叫全断面开挖法。全断面开挖法操作比较简单，主要工序是使用移动式钻孔台机，首先全断面一次钻孔，并进行装药连线，然后将钻孔台车后退到 50m 以外的安全地点，再起爆，一次爆破成型，出渣后钻孔台车再推移至开挖面就位，开始下一个钻爆作业循环。同时施工初期支护，铺设防水隔离层或不铺设，进行二次模筑衬砌。开挖顺序如图 4.39 所示。全断面开挖法主要适用于Ⅳ～Ⅵ级围岩。当断面在 $50m^2$ 以下，隧道又处于Ⅲ级围岩地层时，为了减少对地层的扰动次数，在采取局部注浆等辅助施工措施加

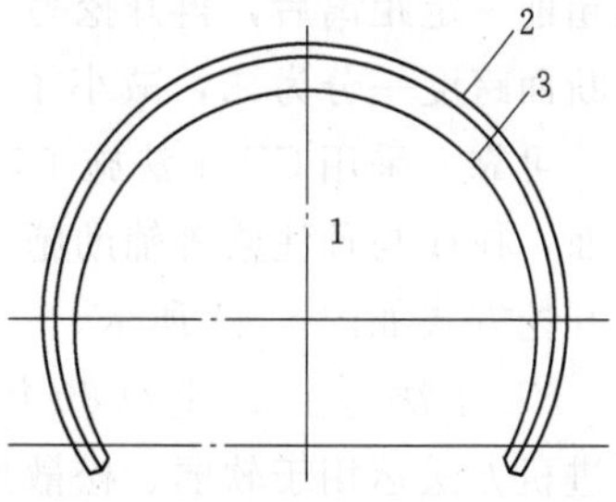

图 4.39　全断面开挖法施工顺序
1—全断面开挖；2—喷锚支护；
3—灌注衬砌

固地层后，也可采用全断面法施工。但是第四纪地层中采用此施工方法时，断面一般均为 $20m^2$ 以下，且施工中仍需特别注意。山岭隧道及小断面城市地下电力、热力、电信管道施工多用此法。

2. 单侧壁导坑超前正台阶法

单侧壁导坑超前正台阶法是指在隧道断面一侧先开挖一导坑，并始终超前一定距离，再开挖隧道断面剩余部分的隧道。采用该法开挖时，单侧壁导坑超前的距离一般在 2 倍洞径以上。为了稳定工作面，须采取超前锚杆、超前小导管、超前预注浆等辅助施工措施进行超前加固。一般采用人工开挖、人工和机械配合开挖、人工和机械配合出碴。断面剩余部分开挖时，可适当采用控制爆破以免破坏已完成导坑的临时支护。侧壁导坑尺寸通常根据机械设备和施工条件来确定，而侧壁导坑的正台阶高度，一般规定为台阶底部至拱线的位置，这主要是为施工方便而规定的，范围在 2.5～3.5m。下台阶落底、封闭要及时，以减少地面沉降。单侧壁导坑超前正台阶法开挖示意图如图 4.40 所示。

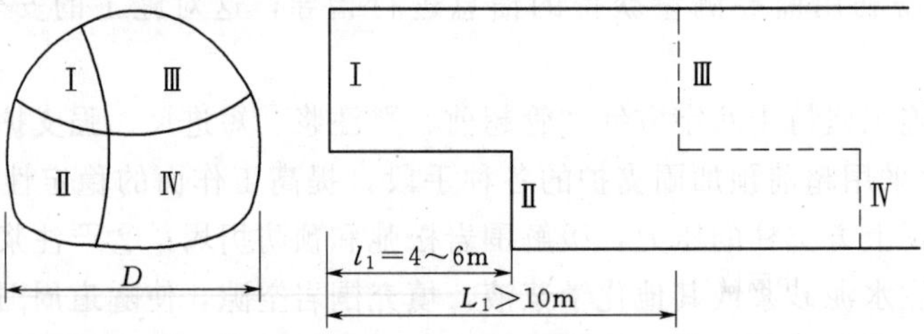

图 4.40　单侧壁导坑超前正台阶法开挖示意图

单侧壁导坑超前正台阶法主要适用于地层较差、断面较大，采用台阶法开挖有困难的地层。采用该法可变大跨断面为小跨断面。大跨断面一般不小于 10m，可采用单侧壁导坑法，将导坑跨度定为 3～4m，这样就可将大跨度变为 3～4m 跨和 6～10m 跨，这种施工方法简单可靠。

3. 中隔墙法（CD 工法）

中隔墙法又称 CD 工法（Center Diaphragm），是指在软弱围岩大跨度隧道中，将隧道断面左右一分为二，先开挖一侧，并在隧道断面中部架设一临时支撑隔，待先开挖的一侧超前一定距离后，再开挖另一侧隧道的施工方法。通过隧道断面中部的临时支撑隔墙，将断面跨度一分为二，减小了开挖断面跨度，使断面受力更合理，从而使隧道开挖更安全、可靠。采用 CD 工法施工时，每步的台阶长度都应控制，一般为 5～7m。为了稳定工作面，往往与预注浆等辅助施工措施配合使用，采用人工开挖、人工出碴方式。CD 工法的开挖方式如图 4.41 所示。

CD 工法是在 20 世纪 80 年代以来，随着修建城市地下工程实例日益增多，尤其是非掘进机方法运用于软弱、松散地层中浅埋暗挖隧道工程后，在原正台阶法的基础上发展起来的一种工法。它更有效地解决了将大跨、中跨的洞室开挖转变为中、小跨洞室开挖问题。CD 工法首次在德国慕尼黑地铁工程的实践中获得了成功，并在技术和经济上去的突破。CD 工法主要适用于地层较差的、可采用人工或人工配合机械开挖的Ⅳ、Ⅴ级围岩地层、不稳定岩体和浅埋段、偏压段、洞口段，且地面沉降要求严格的地下工程施工。

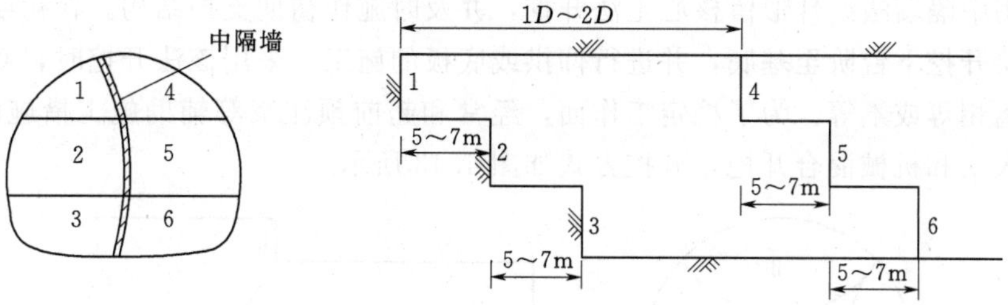

图 4.41　CD 工法开挖方式

4. 交叉中隔墙法（CRD 工法）

当 CD 工法仍不能保证围岩稳定和隧道施工安全要求时，可在 CD 工法的基础上对各分部加设临时仰拱，即 CRD 工法（Center Cross Diaphragm）。CRD 工法是在软弱围岩大跨度隧道中，先开挖隧道一侧的一或二部分，施工部分中隔壁和横隔板，再开挖隧道另一侧的一或二部分，完成横隔板施工的施工方法。CRD 工法以台阶法为基础，将隧道断面从中间分成 4～6 部分，使上下台阶左右各分成 2～3 部分，每一部分开挖并支护后形成独立闭合单元。各部分开挖时，纵向间隔的距离可根据具体情况按台阶法确定。CRD 工法的开挖方式如图 4.42 所示。

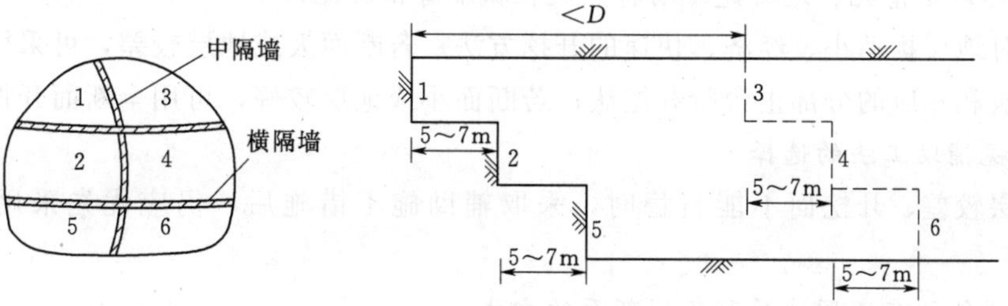

图 4.42　CRD 工法开挖方式

CRD 工法是将原 CD 工法先开挖中壁一侧改为两侧交叉开挖、步步封闭成环、改进发展的一种工法。其最大特点是将大断面施工化成小段面施工，各个局部封闭成环的时间短，控制早期沉降好，每个步序受力体系完整。因此结构受力均匀，形变小。另外，由于支护刚度大，施工时随到整体下沉微弱，地层沉降量不大，而且容易控制。CRD 工法适用于特别破碎的岩石、碎石土、卵石土、圆砾土、角砾土及黄土组成的Ⅴ级围岩和软塑状黏性土、潮湿的粉细砂组成的Ⅵ级围岩及较差围岩中的洞口段、偏压段、浅埋段等。

5. 双侧壁导坑超前正台阶法（眼镜工法）

双侧壁导坑超前正台阶法也称眼镜工法，也是变大跨度为小跨度的施工方法，其实质是将大跨度（>20m）分成三个小跨度进行作业。该法工序较复杂，导坑的支护拆除困难，有可能由于测量误差而引起钢架连接困难，从而加大了下沉值，而且成本较高，进度较慢。20 世纪 70 年代至 80 年代初国内外多用此法，目前使用较少。

双侧壁导坑超前正台阶法以台阶为基础，将隧道断面分成三部分，即双侧壁导洞和中部导洞，其双侧壁导洞尺寸以满足机械设备和施工条件为标准加以确定。施工时，应先开挖两侧的侧壁导洞，在导洞内按正台阶法施工，当隧道跨度较大且地质情况较差时，上台阶也可采用中隔墙法或环形留核心土法开挖，并及时施作初期支护结构。在初期支护的保护下，逐层开挖下台阶至基底，并进行仰拱或底板的施工。采用该法开挖时，双侧壁导坑超前的距离相等或不等。为了稳定工作面，经常和超前预注浆等辅助施工措施配合使用。一般采用人工和机械混合开挖，开挖方式如图 4.43 所示。

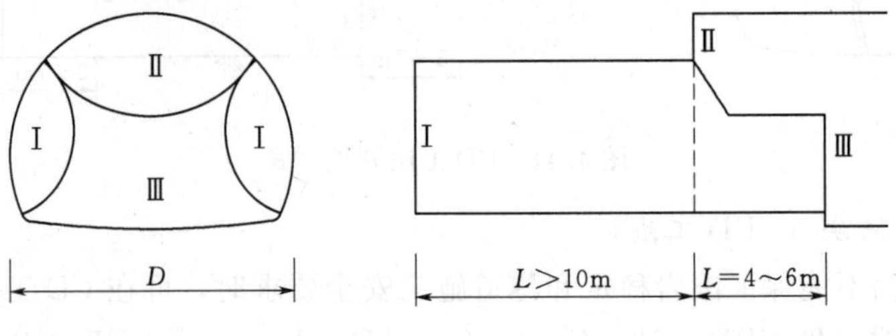

图 4.43 双侧壁导坑超前正台阶法开挖方式

该工法主要适用于地层较差、可采用人工或人工配合机械开挖的Ⅳ、Ⅴ级围岩地层、不稳定岩体和浅埋段、偏压段、洞口段，以及断面很大、单侧壁导坑超前台阶法无法满足要求的三线或多线大断面铁路隧道及地铁工程。

4.2.3.4 浅埋暗挖法施工原则

1. 根据地层情况、地面建筑物特点及机械配备情况施工

选择对地层扰动小、经济、快速的开挖方法。若断面大或地层较差，可采用经济合理的辅助工法和相应的分部正台阶开挖法；若断面小或地层较好，可用全断面开挖法。

2. 重视辅助工法的选择

当地层较差、开挖面不能自稳时，采取辅助施工措施后，仍应优先采用大断面开挖法。

3. 选择能适应不同地层和不同断面的方法

开挖、通风、喷锚、装运、防水、二次模筑衬砌作业的配套机具，使施工程序化，为快速施工创造条件。设备投入量一般不少于工程造价的 10%，否则难以满足工程质量和进度的要求。

4. 现场施工过程的监控量测与反馈

在浅埋暗挖法施工中非常重要，必须在施工组织设计中作为重要的工序进行规划和实施。必须采用先进的量测设备、方法和相应的处理量测资料的软件。

5. 工序安排

要突出及时性，尤其在开挖后要认真做到及时喷射混凝土、及时量测、及时反馈、及时修正。地层较差时，应严格执行“管超前、严注浆、短进尺、强支护、早封闭、勤量测”十八字方针。

6. 提高职工素质

组织综合工班进行作业，以提高施工质量和速度。当前，许多施工队伍严重缺乏管理，施工质量差，极易造成塌方和大幅度沉降。

7. 文明施工，协调施工、人员、环境三者的关系

开挖、喷锚、装渣运输等工序将产生大量粉尘、噪音和有害气体，应加强通风、防尘

措施及管理，并指定专人负责，做到文明施工，在洞内外都要处理好施工、人员、环境三者的关系。

8. 采用网络技术进行工序时间调整

进行进度管理、安全技术组织措施管理、机械配套和维修管理、监控量测与反馈管理、质量检验管理、材料消耗管理、环境工程管理等，应配套容量较大的计算机进行存储和分析。

4.2.4　水平定向钻施工法

水平定向钻进技术又称 HDD 技术（Horizontal Directional Drilling），是近年发展起来的一项高新技术，是石油钻探技术的延伸。主要用于穿越道路、河流、建筑物等障碍物，它与传统大开挖埋管施工方式相比，具有施工速度快、精度高、成本低等优点，广泛应用于供水、煤气、电力、电信、天然气、石油等管线铺设工程中。但采用定向钻技术完成的工程项目无法维修和维护，如何保证工程施工质量就成为穿越施工过程中的重中之重，馈电检测和穿越完成后的管道测径、试压工作就成为检验穿越施工质量的最后关卡。

4.2.4.1　水平定向钻的组成

水平定向钻的基本结构包括钻进系统、动力系统、泥浆系统、导向系统、钻具以及智能辅助系统，如图 4.44 所示。钻进系统包含钻机、钻杆、钻头和扩孔器。钻头上通常有喷嘴，泥浆从喷嘴高速喷出对土层进行冲刷，其动力系统一般为柴油发动机。泥浆系统是保证扩孔以及顺利回拖管道的重要设备。无线导向系统由手持式地表探测器和装在钻头里的发射器组成。探测器通过接收钻头发射的电磁波信号判断钻头的深度、楔面倾角等参数，并同步将信号发射到钻机的操作台显示器上，以便操作人员及时调整钻进参数控制钻进方向。钻机的智能辅助系统即钻机的自动控制系统，在预先输入地下管线的走向及障碍物位置、钻杆类型、钻进深度、进出口位置、管道允许弯曲半径等参数后，钻进软件可以自动设计出一条最理想的路径包括入土角、出土角、每根钻杆的具体位置等，并可进行实时调整。

图 4.44　水平定向钻机

4.2.4.2　水平定向钻的施工

水平定向钻机在施工时，按照设计的钻孔轨迹（一般为弧形），采用可从地表钻进的钻机先钻一个近似水平的导向孔，然后在定向钻头后换上大直径的扩孔钻头和直径小于扩孔钻头的待铺设工作管线，然后进行反向扩孔，同时将待铺管线回拉入钻孔内，当全部钻杆被拖回时，铺管工作同时也就完成了。此工程根据地质情况计划采用分级扩孔（共分 2 级扩孔），再回拖管线的方法，进行穿越施工。使用水平定向钻机进行管线穿越施工，一般分为两个阶段：第一阶段是按照设计曲线尽可能准确地钻一个导向孔；第二阶段是将导向孔进行扩孔，并将产品管线（一般为钢管、PE 管道、光缆套管）沿着扩大了的导向孔回拖到导向孔中，完成管线穿越工作。

水平定向钻穿越施工需要两个分离的工作场地：钻机设备场地（钻进入土点工作区）和管线预制场地（钻孔出土点工作区）。每个场地的主要施工工序如图 4.45 所示。

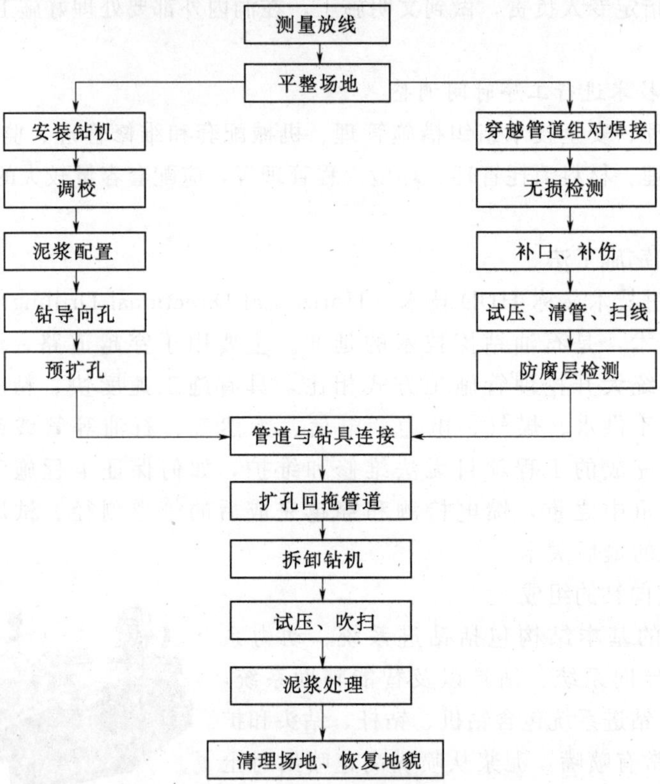

图 4.45 水平定向钻施工工序

1. 设备就位、安装、调试

钻机就位前对机施工场地进行平整（20m×30m），保证设备通行及进出场。设备及材料存放场地须高出自然地面不小于 15cm，推平、碾压，并设断面不小于 0.3m×0.3m 的边沟。打好轴线后，根据入土点、入土角度结合现场实际情况使钻机准确就位。钻机设备、泥浆设备、固控设备安装完成后，对设备进行调试、检查、测试，确保设备安全运行。控向设备仪器安装完成后，对其进行调试，确保导向孔的精度。入土端泥浆储运坑及出土端泥浆储运坑大小分别为 2m×4m×2m 和 2m×3m×2m，多余泥浆由吸污车集中清运。

2. 导向孔

导向孔是在水平方向按预定角度并沿预定截面钻进的孔，包括一段直斜线和一段大半径弧线，如图 4.46 所示。钻进过程中钻杆是不旋转的，导向孔的方向控制由位于钻头后端的钻杆内的控制器（称为弯外壳）完成。钻孔曲线由放置在钻头后端钻杆内的电子测向仪进行测量并将测量结果传导到地面的接收仪，这些数据经过处理和计算后，以数字的形式显示在显示屏上。该电子装置主要用来监测钻杆与地球磁场的关系和倾角（钻头在地下的三维坐标），将测量到的数据与设计的数据进行对比，以便确定钻头的实际位置与设计位置的偏差，并将偏差值控制在允许的范围之内，如此循环直到钻头按照预定的导向孔曲线在预定位置出土。

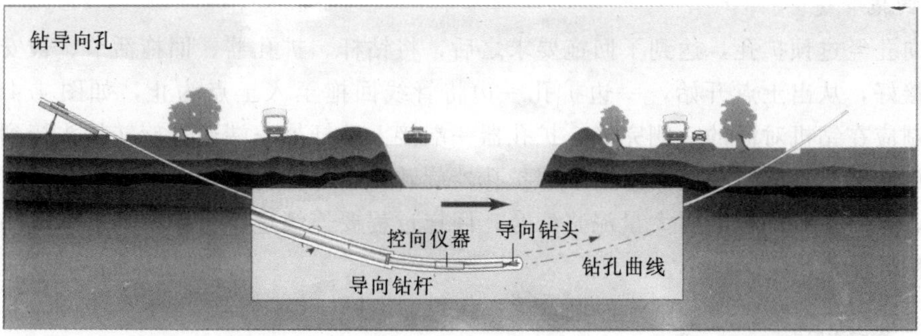

图 4.46　钻导向孔

导向孔钻进应符合下列规定：①钻机必须先进行试运转，确定各部分运转正常后方可钻进；②第一根钻杆入土钻进时，应采取轻压慢转的方式，稳定钻进导入位置和保证入土角，且入土段和出土段应为直线钻进，其直线长度宜控制在 20m 左右；③钻孔时应匀速钻进，并严格控制钻进给进力和钻进方向；④每进一根钻杆应进行钻进距离、深度、侧向位移等的导向探测，曲线段和有相邻管线段应加密探测；⑤保持钻头正确姿态，发生偏差应及时纠正，且采用小角度逐步纠偏，钻孔的轨迹偏差不得大于终孔直径，超出误差允许范围宜退回进行纠偏；⑥绘制钻孔轨迹平面、剖面图。

3. 预扩孔

在钻导向孔阶段，钻出的孔往往小于回拖管线的直径，为了使钻出的孔径达到回拖管线直径的 1.5 倍，需要用扩孔器从出土点向入土点将导向孔扩大至要求的直径，此过程称为预扩孔，如图 4.47 所示。通常，在钻机对岸将扩孔器连接到钻杆上，然后由钻机旋转回拖入导向孔，将导向孔扩大，同时要将大量的泥浆泵入钻孔，以保证钻孔的完整性和不塌方，并将切削下的岩屑带回到地面。

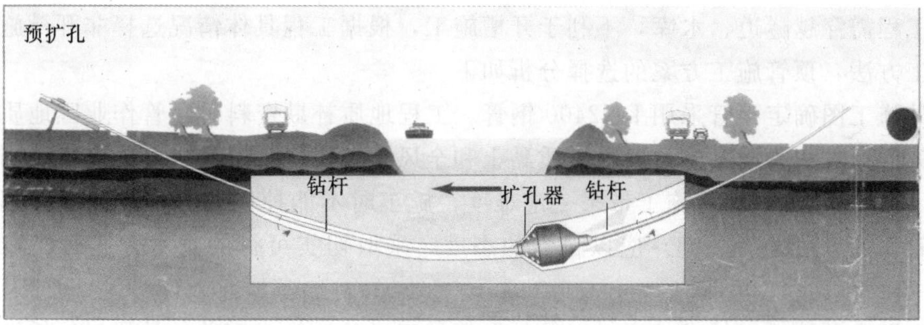

图 4.47　预扩孔

扩孔应符合下列规定：①从出土点向入土点回扩，扩孔器与钻杆连接应牢固；②根据管径、管道曲率半径、地层条件、扩孔器类型等确定一次或分次扩孔方式，分次扩孔时每次回扩的级差宜控制在 100～150mm，终孔孔径宜控制在回拖管节外径的 1.2～1.5 倍；③严格控制回拉力、转速、泥浆流量等技术参数，确保成孔稳定和线形要求，无坍孔、缩孔等现象；④扩大孔径达到终孔要求后应及时进行回拖管道施工。

4. 回拖管道

导向孔经过预扩孔，达到了回拖要求之后，将钻杆、扩孔器、回拖活节、被安装管线依次连接好，从出土点开始，一边扩孔一边将管线回拖至入土点为止，如图 4.48 所示。管道预制应在钻机对面的一侧完成。扩孔器一端接上钻杆另一端通过旋转接头接到成品管道上。旋转接头可以避免成品管道跟着扩孔器旋转，以保证将其顺利拖入钻孔。回拖由钻机完成，这一过程同样需要大量泥浆配合，回拖过程要连续进行直到扩孔器和成品管道自钻机一侧破土而出。

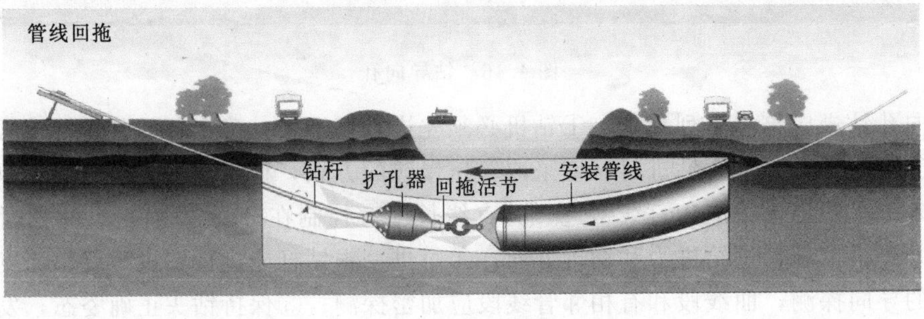

图 4.48　回拖管道

回拖应符合下列规定：①从出土点向入土点回拖；②回拖管段的质量、拖拉装置安装及其与管段连接等经检验合格后，方可进行拖管；③严格控制钻机回拖力、扭矩、泥浆流量、回拖速率等技术参数，严禁硬拉硬拖；④回拖过程中应有发送装置，避免管段与地面直接接触和减小摩擦力，发送装置可采用水力发送沟、滚筒管架发送道等形式，并确保进入地层前的管段曲率半径在允许范围内。

5. 地形地貌的恢复

工作管回拖完毕后，清理现场并撤出所用施工设备，恢复场地的地形地貌。

4.2.5　引例分析

本工程需穿越隧道、水库，不利于开槽施工，根据工程具体情况选择非开槽施工中的顶管施工方法，顶管施工方案的选择分析如下。

设计施工图确定顶管采用 DN2400 钢管。工程地质补勘资料对顶管作业区地质情况表明属于第四系坡积粉质黏土、残积砾质黏土和全风化花岗岩，但是也可能遇到花岗岩球状风化体（孤石），这给顶管施工带来一定难度，施工时不能掉以轻心，应慎之又慎。为此选择顶管作业方法尤为关键。应以科学的态度，采取切实可行的技术方案确保施工顺利进行。

根据国内顶管施工技术的资料以及与顶管施工经验较为丰富单位的研讨，结合本工程地质情况对下列几种顶管施工法进行分析。

(1) 气压平衡管施工法。是利用气压平衡的作用在顶进过程中采用工具管切前土体时，利用气压平衡地下水的作用，保证挖掘面土体稳定，此种方法多用于地下水位高、渗透系数大的砂性土地基。现施工区地质结构属于卵砾石层，其抗压强度为 220kPa，在顶推过程时工具管的钻头同步运动，而切削头又无法将坚硬卵砾石切削成细颗粒排出，形成阻隔带段使顶管无法顶进。此类事故在施工中多次出现，还因气体管道故障产生失压给作业人身安全带来危险，不得不采用其他方法施工。借鉴工程经验，面对目前施工地质情况，不宜采用气压顶管法施工。

(2) 泥水法顶管施工。可用于大口径顶管施工，对坚硬的土质有良好的切削顶推作用，泥水顶管工具间可采用H形盾构式旋转刀架，安装合金组合切削刀排，对均质坚硬的土质和风化岩层具有切削硬层形成粉土状能力，经过排浆管将切削物抽吸到工作坑外。但对卵砾石这种非均质地基会产生大颗粒卵石进入排浆管，堵塞管道的情况，同时部分坚硬卵砾石在没有被切削损坏后则紧紧围绕在切削盘面随刀排同步旋转，给施工带来困难，造成顶进缓慢，机械故障频频发生，使顶管施工周期延长，企业社会效益和经济效益受损。

(3) 手掘式顶管法施工。是目前采用的较为普通的施工方法，其特点是利用机械和人工共同作业的方式来完成顶管施工，对一些复杂地质结构的地基可以利用人工开掘式直观处理。相比于气压式、泥水式顶管法，虽然其施工设备简单，但适应性较强，在对顶管掘进过程中随时可根据发生地质情况采取应急处理措施。顶进过程中的故障率较小，但对作业人身安全要求要比气压式、泥水式施工高得多。在卵砾石层施工时只要采取预防土体失稳措施，就能克服顶进过程中的问题。

综上三种顶管施工法分析，综合本工程实际情况，选择手掘法顶管是适宜的施工方法。

任务4.3 管道水下施工

4.3.1 水下铺设的方式

给水排水的室外管道有时会遇到必须通过江河的问题，如给水排水的干管过江河、江心取水头部分与岸井连接管、污水向水系排放管等。通过江河的方式有两大类：一是空中跨越；二是水下铺设。如何选择合适的施工方法，应根据水下管道长度、水系深度、水系流速、水底土质、航运要求、管道使用年限、潮汐和风浪情况、河两岸地形和地质条件、施工条件及施工机具等因素，并考虑工程造价及维修管理费来综合确定。

空中跨越方式有空中架设、借桥通过两种方式。借桥通过方式，就是从已通或在建的交通桥梁的底面以下或人行道敷设通过，这是一种最经济、最快捷、最方便的方案。但必须有过河桥梁，且仅适用于较小口径的管道。而另一种空中架设方式，就是大型管道从江河水面以上新建的管桥（或缆索管架、桁架、拱管）通过的方式。这种方式施工难度大，投资巨大，且维修管理费较大，现在一般较少采用。

那么管道过江河大部分采用水下铺设的方式，具体的施工方法有四种：一是水底裸露敷设；二是水下沟埋敷设；三是定向钻孔法——顶管法、定向钻进法；四是江河底部隧道穿越法——盾构法、钻爆法。水下沟埋法实质上是陆地上开槽施工法在江河水下的延伸，这是对于江面不宽、水也较浅的江河采用较多的方案。定向钻孔法和隧道穿越法实质就是不开槽施工法在江河水下的延伸，近年来随着技术的发展也逐渐在管道穿越大江大河的工程中较多采用，尤其具有施工不断航，不受江河影响等优点。下面具体介绍这四种施工方法。

4.3.1.1 水底裸露敷设

裸露敷设是管道直接铺设于稳定河床上，为稳定管道可适当配重或用桩基架空敷设。适用于水较深，不影响航运，水底平坦，无船只抛锚，无液化土，不会因液体动力、床底土运动、河床冲刷等原因引起破坏的河段道。管道铺设采取水底拖曳铺管法及铺管船水下铺管法。施工特点是：①作业安全，托运时受风浪、潮汐影响较小，不需牵制船，但拖运功率较大；②管道防腐可能破坏，但抗震性能好；③水底有凸起障碍物时，管子拖曳不易。如果河床发生较大冲刷深度，或软弱的地基，水下管道用桩基（钢筋混凝土或钢制桩架）支承，这样就成为水下架空管道。

水下挖槽铺管法，就是采用水下挖沟设备和机具，在水下河床上挖出一条水下管沟，将管线埋设在管沟内。分为先挖后埋、挖槽与铺管同时进行和先铺管后挖沟三种方法，详见4.3.2水下沟槽开挖施工作业。

4.3.1.2 水下沟埋敷设

沟埋敷设是把管道埋置于河床稳定层内。管道水下沟槽埋设时，槽内管顶覆土深度一般为管径的3～4倍，以避免船只抛锚，河床冲刷等影响。在海底沟埋管道还应防止风暴时管道可能浮漂或下沉的情况，管道应埋设更深些。这种方法可分为围堰法和水下挖槽铺管法两种。

围堰法（也称为施工导流法），就是指在河流上修建水利水电工程时，为了避免河水对施工的不利影响，需要围堰以围护基坑，并将河水引向预定的泄水建筑物往下游宣泄，以确保水工建筑物在干地上进行施工的方法。若水浅、流量小、航运不频繁，就地能取到筑堰材料，筑堰对水系的污染能控制在允许范围内，则围堰法是水下铺管的可行方案之一。其施工特点是：①堰顶高出施工期最高水位0.7m；②平面尺寸以压缩流水断面不超过30%为好，并确保开挖沟槽时，围堰是稳定的；③防止渗漏与冲刷，做好河床的防护。

4.3.1.3 定向钻孔法

定向钻孔穿越，实际上是利用顶管机钻头（或掘进机头）或定向钻机钻头，在需要敷设管道轴线上的设计高度，钻凿出敷设管径的孔而安设管道的施工方法。根据其管道敷设的先后顺序是否开挖工作井、接收井等方式，可分顶管法穿越和定向钻进法穿越两种。顶管法前面章节已有介绍。定向钻进法是通过计算机控制钻头，先钻一个与设计曲线相同的导向孔，然后再将导向孔扩大，把拟穿越管道回拖至扩大了的导向孔内，完成管道穿越过程。这种方法对于中、小型河流，以及铁路、高速公路、繁华街道等地势开阔的砂卵石、软土层、软岩段等地方效果较好。其优点为：①此法穿越一般埋深可在9～18m以下，能够避免因船只抛锚造成管道破坏和因流水冲刷发生管道裸露现象，确保所敷设管道运行的安全；②对河床表面没有扰动，不影响河床底部的状况和结构；③施工时不影响江河通航，不损坏江河两侧堤坝，施工不受季节限制；④施工周期短、成功率高；⑤由于管道埋设的深度大，不必采取其他防护措施；⑥施工占地少、造价低。但对江（河）面宽，两岸地势较陡，特别对基岩、流沙及卵石含量超过25%的地层定向钻进穿越就很困难，甚至无能为力。

4.3.1.4 隧道穿越法

在江河床底下稳定的岩土层中开挖一条隧道，以便管道在隧道中明管敷设穿越江河，这种方法就是隧道穿越法。它的优点是：①施工时不影响地面交通与设施、穿越河道时不影响航运；②施工中不受季节、风雨等气候条件影响；③对外实行共建或租赁，一隧多用，节约投资或收取租用资金回收投资；④维护管理费用低。在隧道施工方面，世界上主要有两种施工手段：一种为盾构（掘进）法施工；另一种为钻爆法施工，即传统的打眼、放炮、化整为零的掘进方法。近年来，随着定向勘察、地质超前预报、超前探水、预注浆防水、管棚及小导管注浆加固、光面弱控制爆破等技术的发展，在我国出现了具有世界领先技术的隧道钻爆快速施工法。两种施工手段相比较，钻爆法施工具有资金、设备投入低，成本低廉，适应于各种自然环境和地质结构，快速、机动、灵活和适应力强等特点，更适合我国国情。

4.3.2　水下沟槽开挖施工作业

穿越河底的管道应避开锚地，管内流速应大于不淤流速。管道应有检修和防止冲刷破坏的保护设施。管道的埋设深度还应根据管道等级确定防洪标准和在其相应洪水的冲刷深度以下，一般不得小于0.5m，但在航运范围内不得小于1m。管道埋设在通航河道时，应符合航运管理部门的技术规定，并应在河两岸设立标志。

4.3.2.1　先挖后埋法

该方法先进行水下开挖沟槽并整平，河床地质为土层时高程偏差不得超过＋0、－300mm，为石层时高程偏差不得超过＋0、－300mm。水下开挖沟槽整平或基础施工完成后，经验收合格后应及时下管，下管完毕，立即将管底两侧有孔洞的部分用砂石材料及时回填，并应保证一定的密实度。优点是施工设备简单；缺点是管线定位不易准确，槽底平整度差，沟槽准直度低，而且易回淤。水下沟槽开挖的施工方法选择取决于水底土质、水系宽度和深度等因素。

沟槽底宽应根据管道结构的宽度、开挖方法和水底泥土流动性确定。开挖槽宽 B 应满足式（4.1）的要求。

$$b/2 > D/2 + b + 500 \tag{4.1}$$

式中　D——管外径，mm；

　　b——管道保护层及沉管附加物的宽度，mm。

开挖槽深 H：在非船行河道上 $H>D+0.5\text{m}$；在船行河道上 $H>D+1.0\text{m}$。

开挖的槽底加宽、槽深加深均由沟槽的垂直度及回淤情况而确定。底宽一般为管外径加上0.8～1m。开挖深度根据回淤情况而定，边坡为1∶4～1∶2，黏土河床回淤并不严重，砂土回淤迅速，则需增加开挖深度。注意边挖边测水深及沟槽中心线（以两岸设立固定中心标志），测、挖紧密配合。常用的水下沟槽开挖方法和设备有爆破开挖法、岸式索铲开挖法、挖泥船开挖法等。

1. 爆破开挖法

水下的爆破点，采用钢管桩装药，在钢管下端焊上一个圆锥形尖头，用打桩机把钢管打入河床土层中，并保持钢管内壁干燥。当炸药装入管内后，用黄土封口，各管桩内设一个电雷管，用电线串联，以电瓶或起爆器引爆。同时起爆数十个点时，应采取一系列安全措施，包括人员转移至安全地带和防止冲击波对建筑物的危害等。这种方法适用于岩石河床，优点是省工、省力、省设备、省投资，施工进度也快，缺点是管线定位不易准确，槽底平整度差，沟槽准直度低，槽底易被拓宽、加深，由于流水和牵引过程中的扰动，常使管沟的斜坡坍塌回淤，另外爆震效应对堤防和两岸建（构）筑物有不良影响。

2. *岸式索铲开挖法*

岸式索铲的工作原理及设备如图 4.49 所示，岸式索铲头部构造如图 4.50 所示。该方法是岸上设卷扬机拖曳铲斗，铲斗顺滑道上拉，随着挖深增加而下放滑道，进行水下挖土，铲斗拉至岸边后自动倾翻卸土。这种方法的特点是不受河道水深的影响，且可以比较准确地控制沟槽的平面位置和准直度，但它仅适用于狭窄的水系。

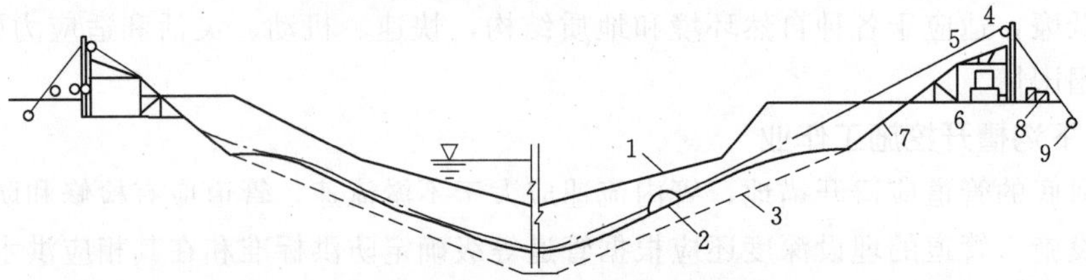

图 4.49　岸式索铲的工作原理及设备

1—原河床；2—铲斗；3—计划沟槽底；4—滑轮；5—卸土台；
6—手推车；7—滑道；8—卷扬机；9—地锚

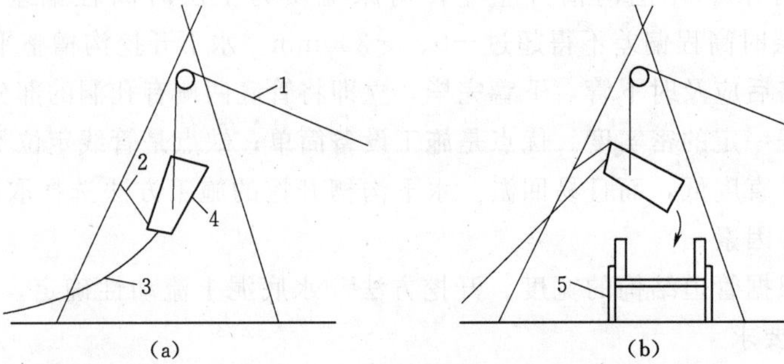

图 4.50　岸式索铲头部构造

(a) 挖土；(b) 卸土

1—牵引索；2—固定绳；3—空回绳；4—铲斗；5—小车

3. *挖泥船开挖法*

该方法就是利用专用挖泥船水下挖掘土壤，通过不同方式将土壤运送到指定地点，开挖的土方卸在沟槽水流下游一侧或驳船运走。这种方法适用于宽阔水系，但不适用于回流很快的河流，而且施工时用的船只多，造价较高，挖出的泥沙也需运到远处妥善处理。用于水下挖沟槽的挖泥船主要有以下三种。

(1) 抓斗式挖泥船。其工作原理是利用抓斗重力抓取土壤。优点是：挖掘土质适应性强，能抓取较大的石块；挖深适应性强；抓斗机配起重吊钩或配碎石重锤，可兼起重船或作水下岩石预处理的凿岩船使用；可适用于相对狭小的水域，地质条件为砂土、黏土或卵石土壤的河床。缺点是：不连续作业，生产率低；产量取决于斗容和循环时间，经济性较差。开挖过程中注意挖至一段长度后，由潜水员进行水下检查，直到沟槽符合设计要求为止。

(2) 绞吸式挖泥船。绞吸式挖泥船是利用铰刀的旋转切削土壤，通过吸泥泵将泥浆吸入排泥管，再泵送到指定地点。其优点为：连续作业，生产率高，经济性好；对土壤的适应范围较大，可挖掘较硬的土壤、软岩。缺点是：非自航船其机动能力差，影响水上交通；疏泥距离短、辅助作业费时；挖深受到限制，功率消耗大；对水流和波浪比较敏感。

（3）吸扬式挖泥船。采用传统的水力冲刷原理，用高压水枪切削水底土壤，同时用泥泵将泥浆吸出水面，排到岸边堰池中，沉淀后让澄清水回流于河中。冲槽工作由潜水员在水下操作，岸上、水下用步话机联系。沟槽开挖位置由经纬仪通过岸标测量校正水力喷头和泥浆吸头位置，控制操作方位，以保持沟槽位置的准确；其深度由标杆测量控制。水冲沟槽、吸排泥工作分层逐次（多次）进行，直到达到预定要求。主要优点是：结构简单，容易获得较大挖掘深度；除吸泥管外无磨损部件，维修方便。缺点是：土壤适用范围小，只局限于河床为非黏性疏松砂质土，水流速度小、回淤量小的河流；对致密的黏土层或固结的砂夹层效率较低；冲刷面不规则。

挖泥船开沟槽的校中较难，可用激光导向仪引导河面上的挖泥船施工作业，即于河道岸边安设激光发射器及电源，河道对岸设自动报信器。作业前调试好方法，使激光束与管中线平面上重合，对岸自动报信器的硒光片正好对准激光束。施工时，挖泥船上的光靶轴线对准激光光斑。光靶宽度为中线校正精度的控制值，若船位偏离管中线，光束脱靶，射到对岸自动报信器上，自动报信器就在0.1s内报警，纠正航向后继续作业。若在激光准直导向系统里加进超声波测深技术和红外光测距技术，施工水下过河管的开挖则更好。

4.3.2.2 挖槽与铺管同时进行法

铺管采用逐段敷设，边铺管边挖槽，需要使用综合作业的铺管船或多种作业船配合，挖沟采用水喷射式挖沟（水喷射式挖沟机骑在管线上边，行进冲沟埋管）、犁沟机挖沟（开沟犁）、挖泥船挖沟、海底管线自埋法（阻流器技术）等方式。这种方法逐段进行挖沟埋管，挖出的土送到后部回填沟槽，使沟槽晾槽时间减少至最短，而且取消了回填土的远距离搬运，沟槽不发生回淤，适用于长距离的海底管道敷设。

4.3.2.3 先铺管后挖沟法

先将管道全部敷设于河床上，然后再挖沟将管道埋入河床底下。方法有气举法和液化法，这两种方法基本相似。气举法是使用气举船上的排气举泵，把管段两侧的泥沙吸出排走，使管段逐渐下沉直至达到设计埋深为止。液化法是用高压泵船上的射水泵喷射高压水流，从管段两侧将泥沙冲开，但并不吸出排走，使之成为泥砂浆液化状态，管段随之下沉。因此穿越管段应用足够的配重，使其密度大于液化砂浆的密度。其工作原理及设备，如图4.51所示。这两种方法的特点是不怕回淤、工期短、省投资；埋深浅时，不宜用于黏土或较硬的河床。

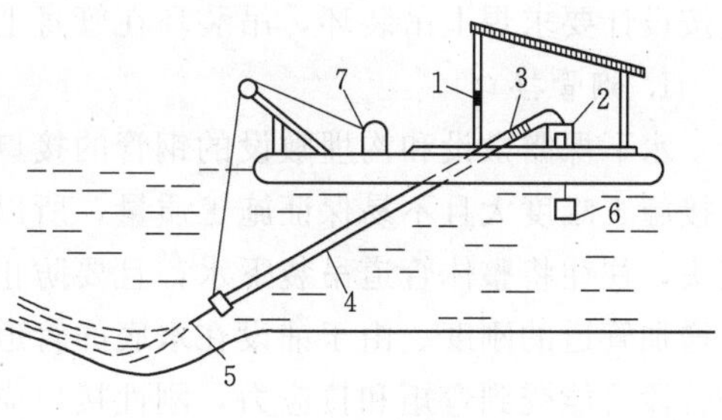

图4.51 高压泵船

1—浮船；2—水泵；3—软管；4—直管；5—喷嘴；6—吸水门；7—卷扬机

施工船舶的停靠、锚泊、作业及管道浮运、沉放等，必须符合航政、航道等部门的有关规定。拖运、浮运铺管必须避开洪水季节施工。

用船或其他浮动设备开挖时，挖泥船等应该临时锚泊，以保证沟槽中心位置准确。水下沟槽中心线用岸标或浮标显示，并用经纬仪或激光准直仪测量。条件允许时，可在两岸标之间拉设管道中心线，或者由固定位置的挖泥船与岸标之间拉设管道中心线，以中心线为准，用标尺或锤球可测水下沟槽的位置与槽底高程。

4.3.3 水下管道接口施工作业

水底裸露敷设法和水下沟埋敷设法在敷设管道时，管道都必须下水，有水下作业，安装施工难度大，并且管道以后一直在水中运行，对管材防腐要求高。选择管材，要考虑管材须有足够的强度，可以承受内压和外荷载，接口可靠，且使用年限长，性能可靠，施工方便，价格较低。一直以来，我国的水下管道一般采用钢管，小直径、短距离的也可采用柔性接口的铸铁管，重力输水管线上的管道可以采用预应力钢筋混凝土管。采用钢管，要加强防腐措施，选用管壁厚度须考虑腐蚀因素。现阶段，我国有些工程也在尝试采用其他管材，难点是要解决好水上运输吊装和水下安装存在的接头问题。成功的例子有：上海市石洞口城市污水处理厂码头出水排放口工程，采用直径2200mm的玻璃钢夹砂管作为排放管伸入长江；大连长兴岛镇跨海供水工程采用玻璃钢夹砂管作为海下敷设的管道；湄洲岛跨海供水工程海底输水管道应用离心浇铸玻璃钢管新型管材。

管段的制作一般在岸上制作，而管段的连接有岸上连接、水上铺管船连接和水下连接等方法。

4.3.3.1 钢管接口和管道基础

水下安装的钢管一般采用焊接钢管，焊接钢管成型作业包括钢管焊接、制作防腐层、分段试压等内容。钢管成型场地应选择靠近沟槽所在河岸附近，钢管成型按照过河管长短、形状可分为整体式成型和分段成型。整体式成型即一次加工成需要的尺寸和形状，经过防腐处理后，采用吊装设备，将成型后的过河管沉入水，再浮运至铺设管沟位置上。若过河管较长，管径较大，可分段成型，运至河面上，再用法兰盘、球形接头等形式组装成整体；或将各管段放入水中就位，依靠潜水员将各管段连接起来；或将岸边制作的管段运至水上的铺管船，在船上进行焊接，连接好一段就敷设一段。采用需吊装的管段焊制时，应按设计要求焊上吊装环，吊装环在管身上呈一直线，以免在吊装时管身产生扭矩。

1. 钢管接口

水下裸露敷设和沟埋敷设的钢管的接口分为刚性接口和柔性接口。由于水下进行管道连接施工难度大且不易保证施工质量，所以应尽量减少水下管道接头的数量。为减少水下接头，往往将整体管道吊装下水，且要防止吊装中接口松动，并应加强管道连接的整体性及增加管道的刚度。由于铺设在水底的管道长期受到风浪、潮汐、冲刷等作用以及吊装过程管段可能受到弯矩和拉应力，刚性接口应具有一定的强度，柔性接口也应具有必要的强度和柔性。

（1）刚性接口。

1）焊接接口：钢管焊接一般在岸边、水面上或船上进行。为了提高管段整体强度，电焊钢管焊接时相邻两管的纵向焊缝至少错开45°，或错开距离沿管壁弧长方向不小于500mm。管壁较厚时，采用V形坡口焊接。水下安装前需对焊缝质量做外观检查，还应进行水压、气密性试验。管道的椭圆度应不超过0.01DN，在管节的安装端部不得超过0.005DN，对接管切口的不吻合值，不应超过管壁厚度的1/4，要求管道在搬运中严防碰撞变形。大口径管道的搬运，管内要用型钢临时支撑加固。当无法将管口提到水面时，则需在水下焊接。水下焊接一般依据焊接所处的环境大体上分为三类：湿法水下焊接、干法水下焊接和局部干法水下焊接。干法水下焊接根据压力舱或工作室内压力不同，又可分为高压干法水下焊接和常压干法水下焊接。水下焊接缺点是焊接难度大，费用高，焊接质量不易保证。

2）法兰接口：主要用于岸边成型的较长管段之间的连接。负责把两段（或三段）连接起来的各条吊装船，应在河面上同时作业。以钢丝绳扣紧管身上各个吊环，把两段（或三段）管吊离水面 0.8～1.0m。由小艇载人到管段待连接的管端，拆除管端法兰堵板，协调各吊装船的作业，使管端法兰盘逐渐靠拢，直到把管端的接头连接紧密。接口处的两个法兰中一个为活动法兰，便于水下对齐螺栓孔。而且螺栓帽为卵形，用一个扳手就可以拧紧螺栓。其接口形式如图 4.52 所示。

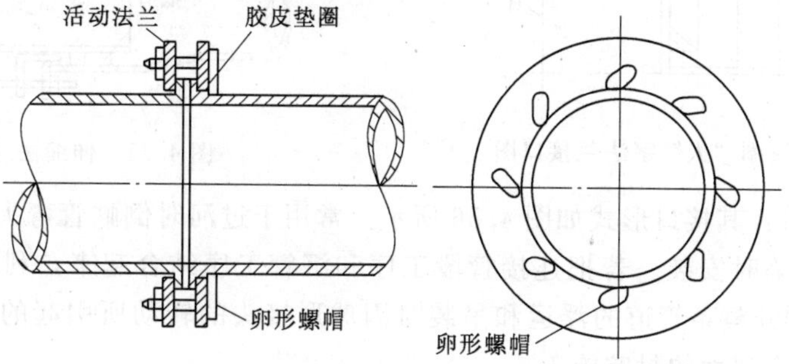

图 4.52　水底管道法兰接口

3）卡箍接头：卡箍接头配件制作简单，水下安装方便，调整余地大，采用较普遍。其接口形式如图 4.53 所示。若采用半圆箍连接时，应先在陆上或船上试接并校正，合格后方可下管和水下连接。

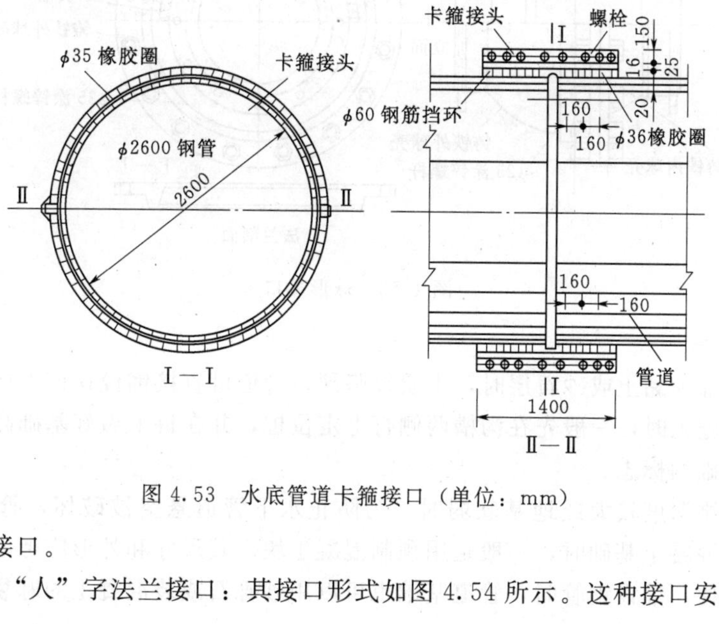

图 4.53　水底管道卡箍接口（单位：mm）

（2）柔性接口。

1）橡胶圈"人"字法兰接口：其接口形式如图 4.54 所示。这种接口安装时依靠支承环套与法兰之间压缩的橡胶圈密封，效果好。过河时倒虹管弯头处适合安装该柔性接口。如果地震时，倒虹管因为两岸滑移而被破坏，破坏的位置都在倒虹吸管水下与岸边连接的部位。即使在非地震情况下，为防止地基不均匀沉陷的影响，也应安装该柔性接口。

2）伸缩法兰接口：其接口形式如图4.55所示。这种接口用法兰挤紧填料，保持接口的水密性。填料可采用油麻绳或铅粉油浸石棉绳。

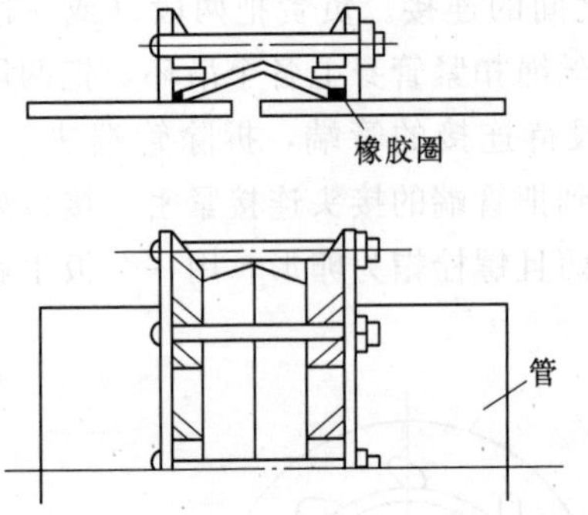

图4.54 橡胶圈“人”字法兰接口图

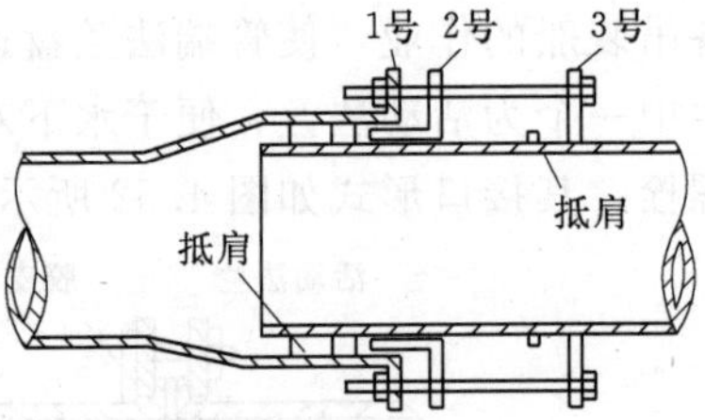

图4.55 伸缩法兰接口

3）球形接口：其接口形式如图4.56所示。常用于过河时倒虹管弯头处接口或为防止地基有不均匀沉陷时安装。若把连接管段工序和沉管工序结合起来，利用球形接头可做15°的转角，可避开整条管道的浮运和吊装时因球形接头的转动所引起的困难，也减少吊装船数和避免整个河面的封航施工。

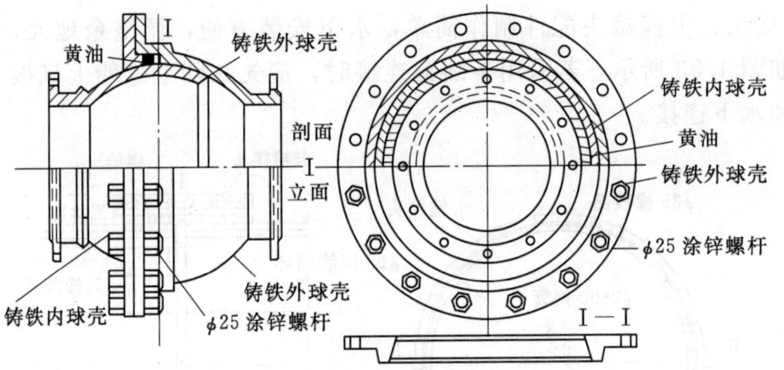

图4.56 球形接口

2. 管道基础

若河床下部为黏土或砂石层时，土质较坚硬，管道可直接铺设在该土层管沟里，再回填。水下基础施工时，一般先在沟槽两侧打上定位桩，并在桩上做好基础高程记号，作为铺设和平整基础的标志。

河床的冲刷深度较大或地基软弱时，为防止水下管道悬空被破坏，管道要用桩基支承。管道采用混凝土基础时，一般是用预制混凝土块。其尺寸和外形应考虑潜水员水下安装的可能与方便。铺设钢管时，管道基础也可以用砂砾石或装混凝土的麻袋，由潜水员垫入管底。

4.3.3.2　铸铁管道接口

铸铁管水上连接常用承插口刚性连接或插口刚性连接，如图 4.57 所示。承插口和插口连接往往在接口处配两块法兰，用螺栓把管道连成整体，以防把从陆地上接好的管段在吊装入水时接口松动，也可在水下采用机械柔性接口，由潜水员在水下操作完成。

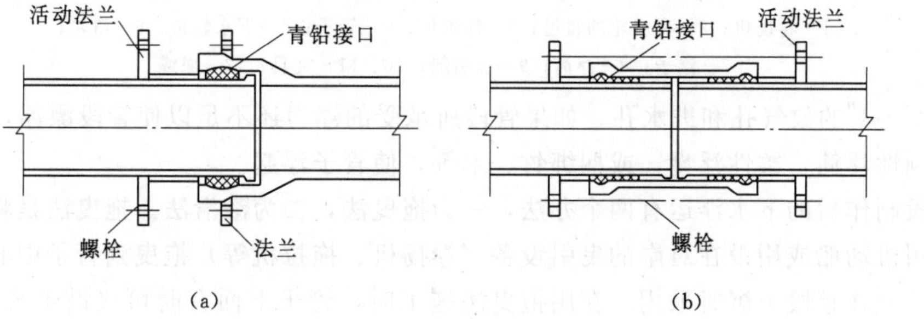

图 4.57　水下铸铁管接口

(a) 承口刚性连接；(b) 插口刚性连接

4.3.4　水下管道敷设施工作业

水下管道敷设包括水上运送、管段连接、管道下沉就位、水下稳管或回填等工作。水上管段运送方法有水面浮拖法、水底拖曳法、浮吊运送法和船舶运送法。管道下沉就位方法有：管道注水下沉，定位起重船或浮船上绞车牵引配合就位；用起重船或浮吊船吊放管道下水就位；用铺管船的滑道或托管架托住管道，移动铺管船，将管道沿着滑道或托管架沉入水中。下面介绍几种水下管道敷设方法。

4.3.4.1　浮漂拖运铺管

一般适宜铺设钢管，以减少管道接口数量。有时亦可用该法铺设小口径铸铁管，但铸铁管每间隔一定距离就要采用一球形接口。它的施工过程是先在岸边把管子连接成一定长度的管段，管段两端装设堵板，浮漂拖运到铺管位置，慢慢灌水入管，下沉到水底或沟槽内。优点是施工难度较小，岸边制备管段场地不受太大限制，管段拖力较小。缺点是浮运、下沉时要临时封港，影响航行，易受河面风浪影响。

1. 制备管段场地的选择

当水系较窄，有足够纵深，岸边与水面高差不大，可在过河管中心延长线的岸边原地面制备管段；或者岸边与水面高差较大，就需开挖岸边做发送道，减少与水面高差，并在开挖区内降低地下水位后再制备管段。预制管段用船只或用设在对岸的曳引设备（卷扬机、拖拉机等）浮拖，如图 4.58 所示。

当水系较宽、河岸无足够场地垂直排列管子时，则在岸边预制与水系平行的管段，管段制备后装上浮筒推入水中，在水面上由船浮漂拖船，管段也可用浮筒系住在水面下浮漂拖船。水面或水面下浮船所需拖力较小，但易受水面风浪和其他情况的影响。这种方法预制场不必有较大的纵深，与铺管地点的距离不受限制，能制备 100～200m 或更长的管段。

2. 下水浮运

浮运管段一般均要先进行浮力计算。管的两端采用法兰堵板或焊接堵板。堵板上设有

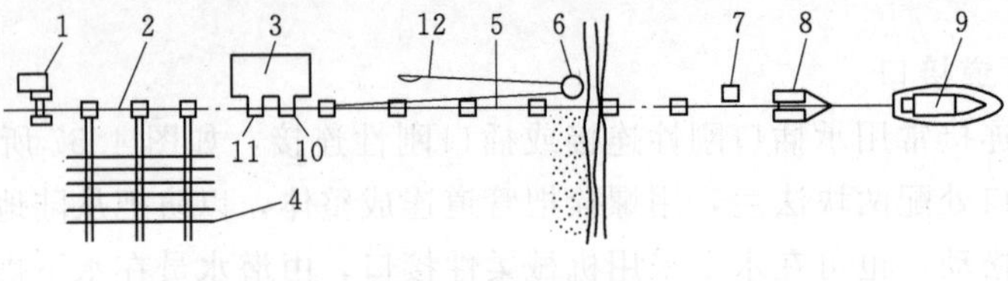

图 4.58 拖运铺管

1—卷扬机；2—有滑轮的轨道；3—焊管机；4—管子；5—下水轨道；6—滑轮；7—浮子；8—浮筒；9—曳引船；10、11—夹具；12—绳缆

直径 1/2″～1″的放气孔和进水孔。如果管段所承受的浮力还不足以使管段漂浮，可在管两旁系结刚性浮筒，柔性浮囊，或捆绑竹、木等，使管子浮起。

管段制作后的下水浮运有两个办法，一为拖曳法，二为滚滑法。拖曳法是将制作好的管段，用机动船或用设在对岸的曳引设备（卷扬机、拖拉机等）拖曳到管子中心线上。这种方法一般在整段下沉时采用。在用拖曳法施工时，管子下面有时可垫设带滚轮的小车，以保护管段的保护层，同时便于管段的下滑。小车随管段移动，在到达河道水边线时即脱离管段，并把小车推到管段一侧，使管段下水浮运。滚滑法是将管段滚下水或推滑下水，然后，将管段用机动船或利用水流浮运至需要下沉的地点。

浮漂拖船的方法很多，可以根据浮船的基本特点来设计具体的施工设备和方法。如图 4.59、图 4.60 所示为某浮运施工的过程。

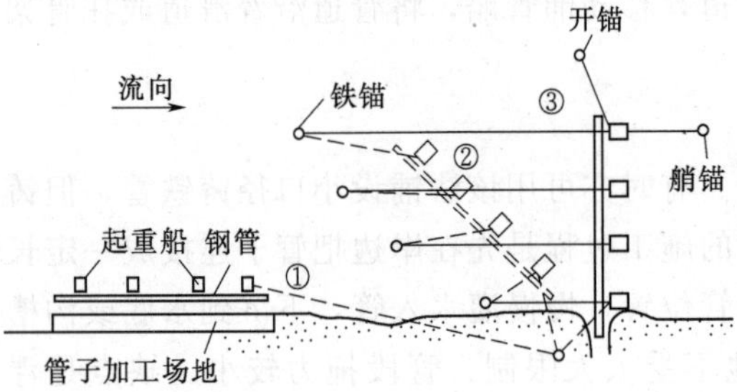

图 4.59 第一段钢管浮运示意图

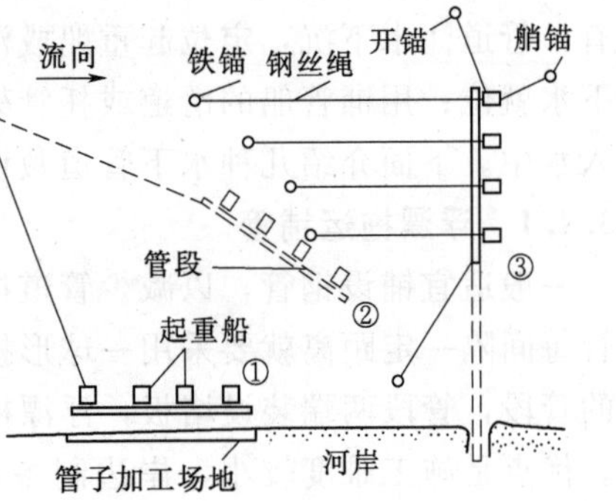

图 4.60 第二、三段钢管浮运示意图

第一段钢管出 4 艘起重船一起顺水向下浮运，待钢管的下水端快到沟槽时，其上水端才撑出，同时各起重船分别抛下领水锚，然后各船先后放松锚链，顺流下放，边放边控制调整，一直运放到下沉的位置。

第二、三段钢管的浮运，一开始就将管道的上水端尽量拉开，不沿着河边向下运。

3. 管段注水下沉

在管段浮运到管子中心线后，即可注水下沉。为了使管段下沉均匀和便于校正位置，有时特备定位起重船，吊住管子慢慢下沉（在分段下沉时，起重船最需要），如图 4.61 所示。起重船锚舶在事先经过校正的地点，由若干船锚定位。自堵板上预留孔向管内注水和解脱浮筒后，管段下沉到沟槽或水底。管段水下定位和接口均由潜水工操作。潜水工可由定位桩控制下管位置，用通信工具与定位起重船联系，调整定位船锚位置和船上起重臂操作，使下沉管段与已铺管段对口。浅水中管道的铺设高程可用标尺测量。如果沟槽回淤或深度超过允许范围，可以从堵板的预留孔压入空气，使管段重新浮起，进行整槽工作。定位正确后，潜水工解脱堵板，进行水下焊接或法兰接口或顶推接管前已铺好的管节承口中。

为了减少水下工作应尽量整段下沉。该法主要关键工序有以下几点。

(1) 浮运到位。管道在浮运过程中，在水流、风力、船舶的作用下，会弯曲变形成弓形或S形，应控制变形在允许范围之内。

(2) 吊点设置。根据管道长度、重量和工程船舶起吊能力，通过计算，配备船舶数量和设置吊点位置，校核吊点位置、管道的应力。

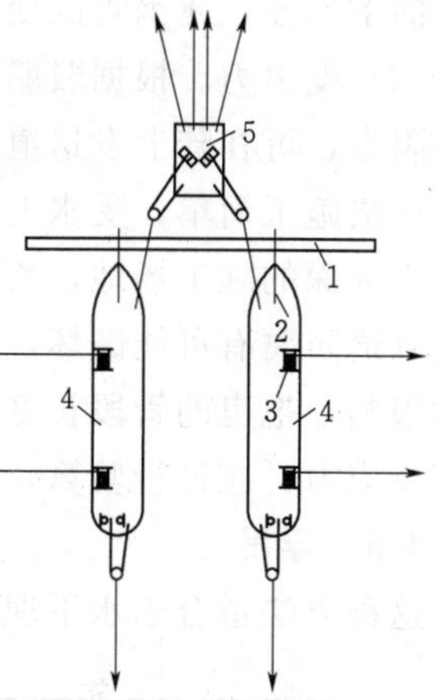

图4.61　定位起重船下管
1—管子；2—起重扒杆；3—卷扬机；4—驳船；5—平驳船

(3) 注水下沉。管道在工程船舶的起吊下，逐渐注水下沉，通过计算、调整，控制各吊点的下沉量及下沉速度，使管道在允许变形范围之内。

如需要分段下沉时，也应尽量加长浮沉管段的长度。在确定每段管段长度时，应考虑下面几个因素。

(1) 河道流速。流速大，管段则受力越大，控制定位越难，因此管段不宜太长。

(2) 河道泥沙情况。河道含泥沙量大、底砂多，则沟槽回淤不好处理，因此管段也不宜太长。

(3) 施工技术力量。

(4) 其他如河道通航情况等。

根据各地经验，在流速不大，河道泥沙含量不严重，管径不大的情况下，浮运钢管每段长度保持在100～150m之间比较适当。

4. 水下回填

潜水员在水下用水枪进行回填。为防管道损坏，管顶以上填一层土，再填一层块石予以保护，块石上再填砂石。沉管施工应严格把好管顶回填这一关，力求恢复原河床断面。

4.3.4.2　底拖法

沿管线轴线的陆上场地，开辟一个发送道和钢管拼接、检验、涂装工厂。根据场地的大小和设备条件，预先把钢管接长，然后移入发送道与已敷设管线对接，接好一段曳引一段。曳引由水上驳船大型绞车完成，曳引后驳船重新移位至新的曳引点抛锚定位，重复上述工序，直至全长，如图4.62所示。

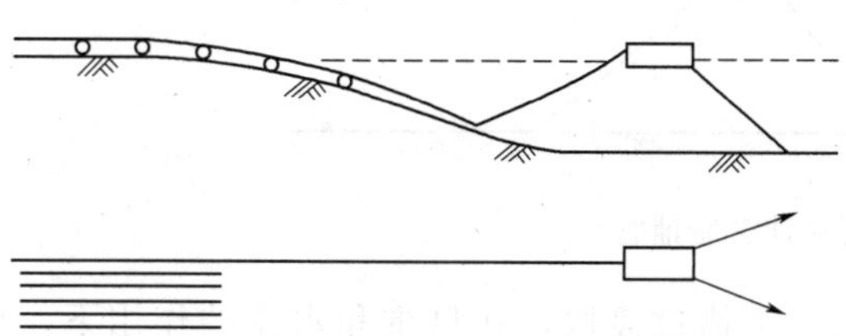
图4.62　底拖法敷管

该法的关键工序有以下几点。

(1) 过渡底坡开挖。过渡底坡是陆上发送道口和水下管槽的过渡段，应控制底坡的曲率半径，使钢管的变形在应力允许范围之内。

(2) 曳引力。根据驳船曳引能力和钢管的允许拉应力，调节钢管的水下重量。为减少摩擦阻力，可在陆上发送道设置滚动滑道。

该法施工简单，受水上风浪影响较小，作业安全，不需牵制船。适用于陆上有较开阔和一定纵深的施工场地，长距离深水铺管，如向海中排污干管的铺设。缺点是拖运功率较大，管道防腐有可能破坏，而且遇到水底凸起障碍物时管子不易拖曳，此外，由于拖运能力的限制，拖曳的管段长度也受到限制，一般管道一次拖曳长度可达数十米。管段因拖曳而产生应力，应进行验算，以保证管段不受损坏。

4.3.4.3 浮吊法

这种方法适合于水下埋设铸铁管或混凝土管。

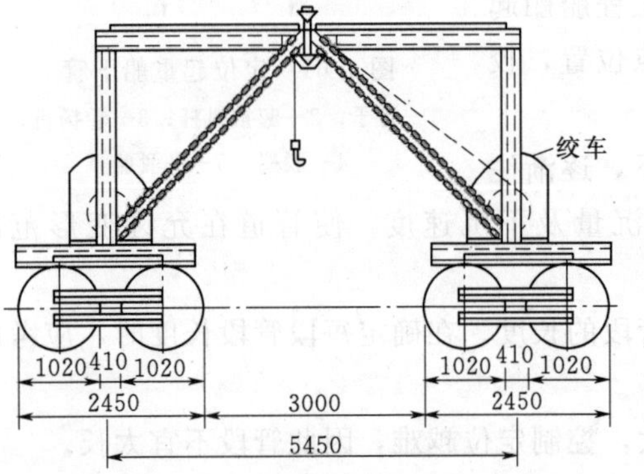

图 4.63 双体船（单位：mm）

浮运前，将管内安设浮筒，浮运时用拖船将管子拖运至施工现场双体船端部，再用双体船吊装起来；或将管道用双体船在岸边吊装好后，用拖船牵引浮运管道。双体船浮运至下管位置后，抛锚固定双体船后下管，如图 4.63 所示。

管道也可用起重船或另外设置的驳船运至水上施工现场，将管道用起重船吊起下水。有时，也可将几根管子连成管段后吊装下水，以减少水下接口。

吊装前应正确选定吊点，并进行吊装应力与变形试验，当管道产生的应力和变形过度时，应采取临时加固措施。

4.3.4.4 铺管船铺管

1. 简易铺管船法

简易铺管船法特点是利用钢管单端弹性下沉法敷管。施工过程是将岸边预先拼焊好的管段，用拖轮浮运至对接现场，浮在水面上，将其一端拉到简易铺管船（用货驳等改装）上夹紧，并与早先夹紧在简易铺管船上管线末端进行定位、对接、检验、涂装。待这些工序完成后，把简易铺管船移到新的位置，管线一端逐渐注水下沉到位，并使一定长度的管线仍浮在水面上便于下次对接，重复上述工序，直至全长，如图 4.64 所示。该法的关键工艺有以下几点。

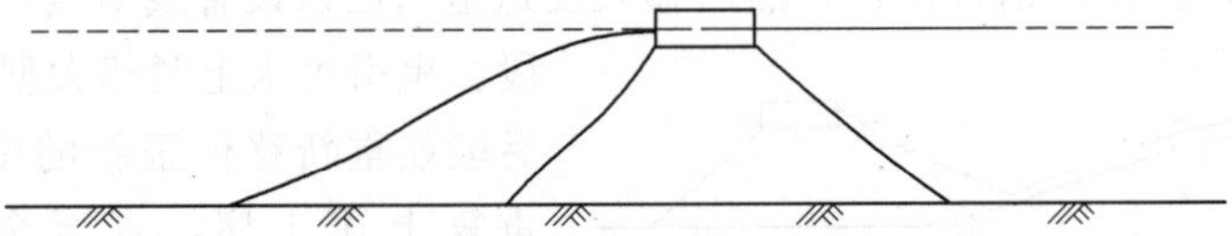

图 4.64 简易铺管船铺管

(1) 过渡段应力控制。钢管从水面到水下基槽过渡段，在自重和水流的作用下，呈“∽”状，应控制钢管的变形在允许范围之内。

(2) 过渡段长度控制。水面拼接后，管线克服自身的刚度、自然挠曲安全下沉到位需要一定的长度。过渡段长度应综合考虑敷设水深、钢管应力、刚度、调节重量等因素确定，否则即使水面拼接成功，也不能下沉到位，若强行下沉势必损及管道。

该法设备相对简单，可敷设大口径钢管道，敷设长度不受限制，敷设速度主要与预制管段长度有关，预制管段越长，速度越快。该法受天气、风浪、潮流影响较大，应避开施工不良季节。

2. 铺管船铺管

自 1937 年美国在墨西哥湾开发海上油田以来，采用海底管线作为输送手段已有近 70 年历史。海底管线敷设技术取得进展，此时出现了排水量 2000～5700t 的大型浮式敷管船、半潜式敷管船、J 型敷管船和转盘式敷管船。近代敷管船上设有全自动焊接装置、液压自行定芯装置；360°自动跟踪放射检查装置、大拉力张紧器、曲线和关节式托管架、可控张紧锚泊绞车等设备。而且对于敷管时船的运动和位置控制，敷管中管线的应力分析，张紧器张紧拉力控制，托管架的运动和控制都应用计算机操作。这种敷管船最深敷设深度达 3000m 以上。

与简易铺管法不同，由陆上工厂制管并防腐后的管节（一般 12m），用运管船运抵敷管船，而钢管组焊、检验、涂装防腐涂料等作业均在船上进行。已接长管段与已敷设的管线用夹持装置夹持在船上，进行定位、对中、焊接、检验、涂装后，位移敷管船，使管段沿着托管架进入水中。托管架可限制管线入水角度并起支撑作用，张紧器使管线一直受张紧力作用，两者均起控制管线曲率和弯曲应力作用。必要时，还可在管线上进行适当的重调节。

这种方法适用于长距离管段远离岸边的铺管工作。铺管船水下铺管法如图 4.65 所示。

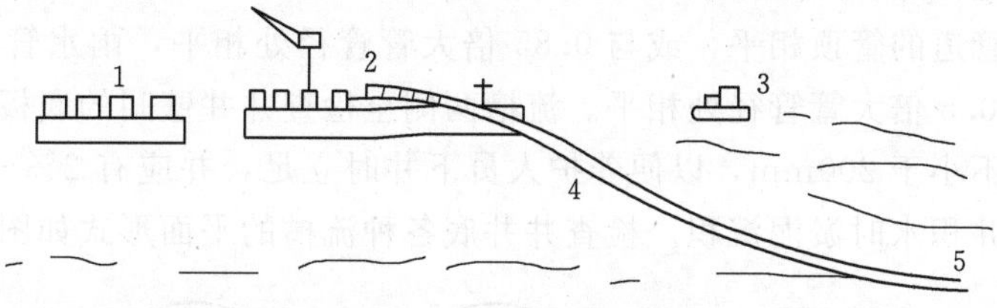

图 4.65　铺管船水下铺管法

1—运管船；2—管船；3—拖船；4—托管架；5—管子

任务 4.4　管道附属构筑物

4.4.1　井室施工作业

4.4.1.1　检查井施工

1. 检查井的位置和间距

检查井通常设在管渠交汇、转弯、管渠尺寸或坡度改变、跃水等处以及相隔一定距离的直线管渠段上。检查井在直线管渠段上的最大间距，一般按表 4.9 采用。

2. 检查井的构造

检查井一般采用圆形，由井底（包括基础）、井身和井盖（包括盖座）三部分组成，

表 4.9　　检查井的最大间距

管径或暗渠净高/mm	最大间距/m		管径或暗渠净高/mm	最大间距/m	
	污水管道	雨水（合流）管道		污水管道	雨水（合流）管道
200～400	40	50	1100～1500	100	120
500～700	60	70	1600～2000	120	120
800～1000	80	90	＞2000	可适当增大	

如图 4.66 所示。井底一般采用低标号混凝土，基础采用碎石、卵石、碎砖夯实或 C15 混凝土。

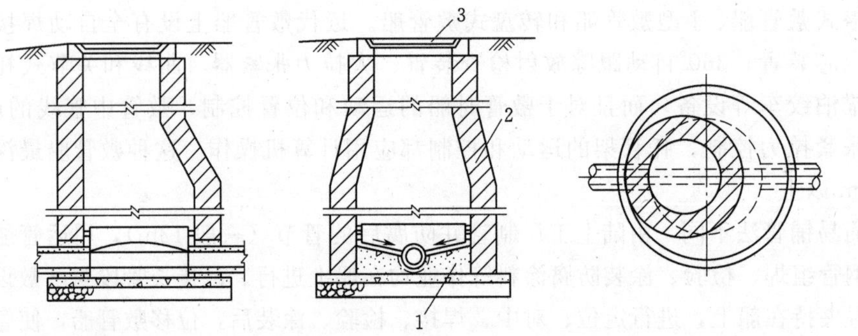

图 4.66　检查井
1—井底；2—井身；3—井盖

为使水流通过检查井时阻力较小，井底宜设半圆形或弧形流槽。污水管道的检查井流槽顶与上、下游管道的管顶相平，或与 0.85 倍大管管径处相平，雨水管渠和合流管渠的检查井槽顶可与 0.5 倍大管管径处相平。流槽两侧至检查井井壁间的底板（称沟肩）应有一定宽度，一般不小于 200mm，以便养护人员下井时立足，并应有 2%～5%的坡度坡向流槽，以防检查井积水时淤泥沉积。检查井井底各种流槽的平面形式如图 4.67 所示。

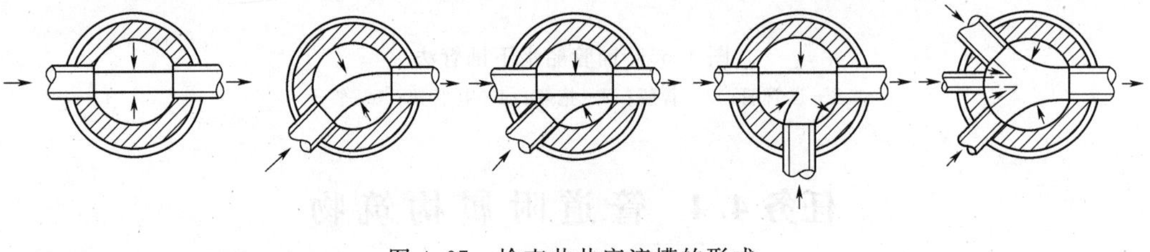

图 4.67　检查井井底流槽的形式

检查井井身的材料可采用砖、石、混凝土或钢筋混凝土。井身的平面形状一般为圆形，但在大直径管道的连接处或交汇处，可做成方形、矩形或其他各种不同的形状。

井身的构造与是否需要工人下井有密切关系。不需要下人的浅井井身构造简单，为直壁圆筒形；需要下人的井在构造上分为工作室、渐缩部和井筒三部分。

井盖可采用铸铁或钢筋混凝土材料，在车行道上一般采用铸铁。为防止雨水流入，盖顶可略高出地面。盖座采用铸铁、钢筋混凝土或混凝土材料制作。现在一般都是厂家预制，图 4.68 为轻型铸铁井盖及盖座，图 4.69 为轻型钢筋混凝土井盖及盖座。

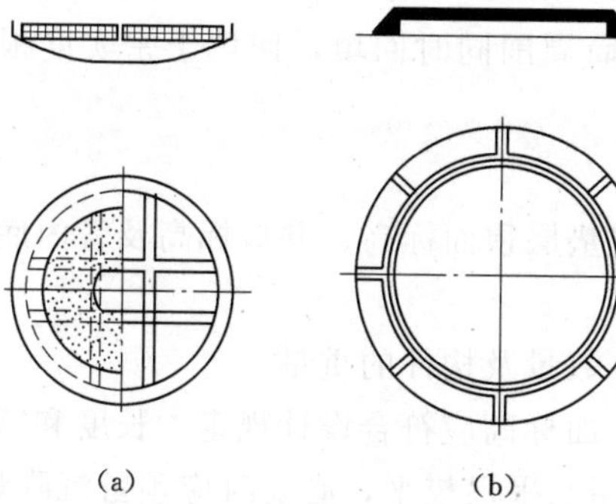

(a)　　(b)

图 4.68 轻型铸铁井盖及盖座

(a) 井盖；(b) 盖座

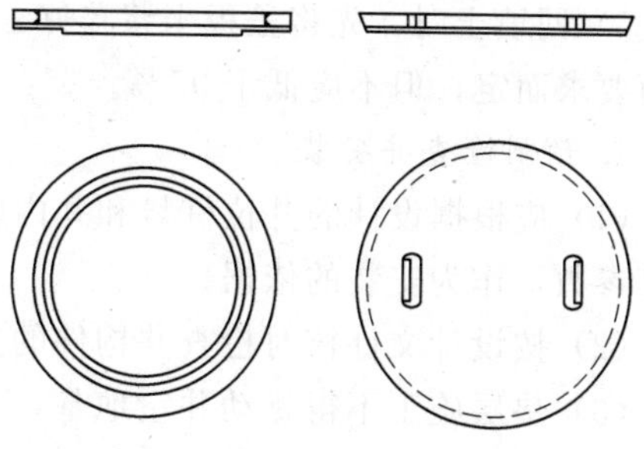

(a)　　(b)

图 4.69 轻型钢筋混凝土井盖及盖座

(a) 井盖；(b) 盖座

3. *砖砌检查井的施工*

检查井一般分为现浇钢筋混凝土、砖砌、石砌、混凝土或钢筋混凝土预制拼装等结构型式，以砖（或石）砌检查井居多。

(1) 常用的检查井形式。常用的砖砌检查井有圆形及矩形。圆形井适用于管径 $D=200\sim800$mm 的雨、污水管道上；矩形井适用于 $D=800\sim2000$mm 的污水管道上。

(2) 采用材料。

1) 砖砌体：采用 MU10 砖，M7.5 水泥砂浆；井基采用 C10 混凝土。

2) 抹面：采用 1∶2（体积比）防水水泥砂浆，抹面厚 20mm，砖砌检查井井壁内外均用防水水泥砂浆抹面，抹至检查井顶部。

3) 浇槽：采用土井墙一次砌筑的砖砌流槽，如采用 C10 混凝土时，浇筑前应先将检查井之井基、井墙洗刷干净，以保证共同受力。

(3) 施工要点。

1) 在已安装好的混凝土管检查井位置处，放出检查井中心位置，按检查井半径摆出井壁砖墙位置。

2) 一般检查井用 24 墙砌筑，采用内缝小外缝大的摆砖方法，满足井室弧形要求。外灰缝填碎砖，以减少砂浆用量。每层竖灰缝应错开。

3) 对接入的支管随砌随安装，管口伸入井室 30mm，当支管管径大于 300mm 时，支管顶与井室墙交接处用砌拱形式，以减轻管顶受力。

4) 砌筑圆形井室应随时检查井径尺寸。当井筒砌筑距地面有一定高度时，井筒量边收口，每层每边最大收口 3cm；当偏心三面收口每层砖可收口 4～5cm。

5) 井室内踏步，除锈后，在砌砖时用砂浆填塞牢固。

6) 井筒砌完后，及时稳好井圈、盖好井盖，井盖面与路面平齐。

(4) 施工注意事项。

1) 砌筑体必须砂浆饱满、灰浆均匀。

2) 预制和现浇混凝土构件必须保证表面平整、光滑、无蜂窝麻面。

3) 壁面处理前必须清除表面污物、浮灰等。

4）盖板、井盖安装时加1：2防水水泥砂浆及抹三角灰，井盖顶面要求与路面平。

5）回填土时，先将盖板坐浆盖好，在井墙和井筒周围同时回填，回填土密实度根据路面要求而定，但不应低于95%。

4. 预制检查井安装

（1）应根据设计的井位桩号和井内底标高，确定垫层顶面标高、井口标高及管内底标高等参数，作为安装的依据。

（2）按设计文件核对检查井构件的类型、编号、数量及构件的重量。

（3）垫层施工不得扰动井室地基，垫层厚度和顶面标高应符合设计规定，长度和宽度要比预制混凝土底板的长、宽各大100mm，夯实后用水平尺校平，必要时应预留沉降量。

（4）标示出预制底板、井筒等构件的吊装轴线，先用专用吊具将底板水平就位，并复核轴线及高程，底板轴线允许偏差±20mm，高程允许偏差为±10mm。底板安装合格后再安装井筒，安装前应清除底板上的灰尘和杂物，并按标示的轴线进行安装。井筒安装合格后再安装盖板。

（5）当底板、井筒与盖板安装就位后，再连接预埋连接件，并做好防腐。然后将边缝润湿，用1：2水泥砂浆填充密实，做成45°抹角。当检查井预制件全部就位后，用1：2水泥砂浆对所有接缝进行里、外勾平缝。

（6）最后将底板与井筒、井筒与盖板的拼缝，用1：2水泥砂浆填满密实，抹角应光滑平整，水泥砂浆标号应符合设计要求。当检查井与刚性管道连接时，其环形间隙要均匀、砂浆应填满密实；与柔性管道连接时，胶圈应就位准确、压缩均匀。

5. 现浇检查井施工

（1）按设计要求确定井位、井底标高、井顶标高、预留管的位置与尺寸。

（2）按要求支设模板。

（3）按要求拌制并浇筑混凝土。先浇底板混凝土，再浇井壁混凝土，最后浇顶板混凝土。混凝土应振捣密实，表面平整、光滑，不得有漏振、裂缝、蜂窝和麻面等缺陷；振捣完毕后进行养护，达到规定的强度后方可拆模。

（4）井壁与管道连接处应预留孔洞，不得现场开凿。

（5）井底基础应与管道基础同时浇筑。

6. 检查井施工质量要求

砌筑检查井时，不得有通缝，砂浆要饱满，灰缝平整，抹面压光，不得有空鼓、裂缝等现象。井内流槽应平顺，踏步安装应牢固准确，井内不得有建筑垃圾等杂物。井盖要完整无损，安装平稳，位置正确。检查井施工的允许偏差见表4.10。

4.4.1.2 阀门井施工

1. 阀门井概述

管网中的附件一般应安装在阀门井内。为了降低造价，配件和附件应布置紧凑。阀门井的平面尺寸取决于水管直径以及附件的种类和数量，但应满足阀门操作和安装拆卸各种附件所需的最小尺寸。井的深度由水管埋设深度确定。但是，井底到水管承口或法兰盘底的距离至少为0.1m，法兰盘和井壁的距离宜大于0.15m，从承口外缘到井壁的距离应在0.3m，以便于接口施工。

表 4.10　　井施工的允许偏差

序号	检查项目			允许偏差/mm	检查数量		检查方法
					范围	点数	
1	平面轴线位置（轴向、垂直轴向）			15	每座	2	用钢尺量测、经纬仪测量
2	结构断面尺寸			+10，0		2	用钢尺量测
3	井室尺寸	长、宽		±20		2	用钢尺量测
		直径					
4	井口高程	农田或绿地		+20		1	用水准仪测量
		路面		与道路规定一致			
5	井底高程	开槽法管道铺设	$D_i \leqslant 1000$	±10		2	
			$D_i > 1000$	±15			
		不开槽法管道铺设	$D_i < 1500$	+10，−20			
			$D_i \geqslant 1500$	+20，−40			
6	踏步安装	水平及垂直间距、外露长度		±10		1	用尺量测偏差较大值
7	脚窝	高、宽、深		±10			
8	流槽宽度			+10			

注　表中 D 为管径（mm）。

砌筑材料：阀门井一般用砖砌，也可用石砌或钢筋混凝土建造。无地下水时，可选用砖砌立式闸阀井；但有地下水时应用钢筋混凝土立式闸阀井。

阀门井的形式根据所安装的附件类型、大小和路面材料而定。例如直径较小、位于人行道上或简易路面以下的阀门，可采用阀门套筒（图 4.70），但在寒冷地区，因阀杆易被渗漏的水冻住影响开启，所以一般不采用阀门套筒。安装在道路下的大阀门，可采用图 4.71 所示的阀门井。位于地下水位较高处的阀门井，井底和井壁应不透水，在水管穿越井壁处应保持足够的水密性，并且应具有抗浮的稳定性。

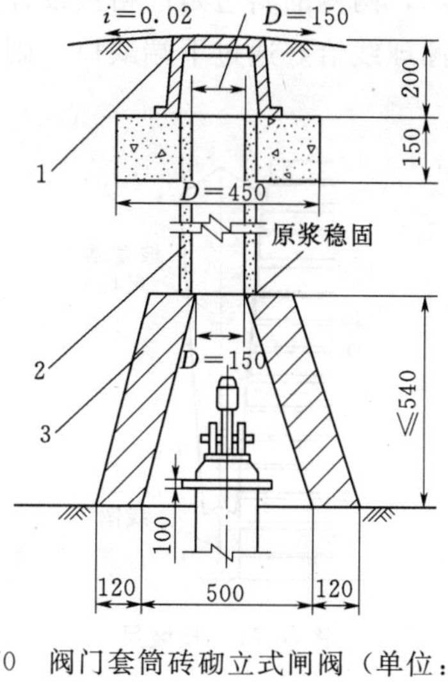

图 4.70　阀门套筒砖砌立式闸阀（单位：mm）

1—铸铁阀门套筒；2—混凝土管；3—砖砌井

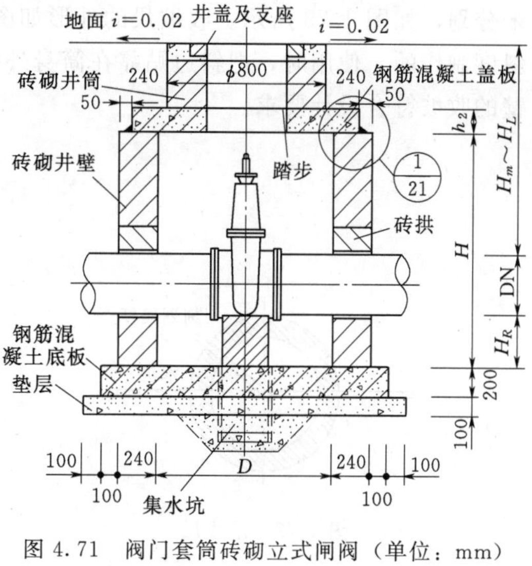

图 4.71　阀门套筒砖砌立式闸阀（单位：mm）

2. 阀门井施工放样

矩形阀门井的放样技术与建筑物的放样技术相同，主要是放出四个角的位置及各个部位的高程。这里重点介绍圆形阀门井的放样技术。

圆形阀门井的特点是基础小，其对称轴通过基础圆心。在施工过程中，测量工作的主要目的是严格控制它们的中心位置，保证主体竖直。其放样方法和步骤如下。

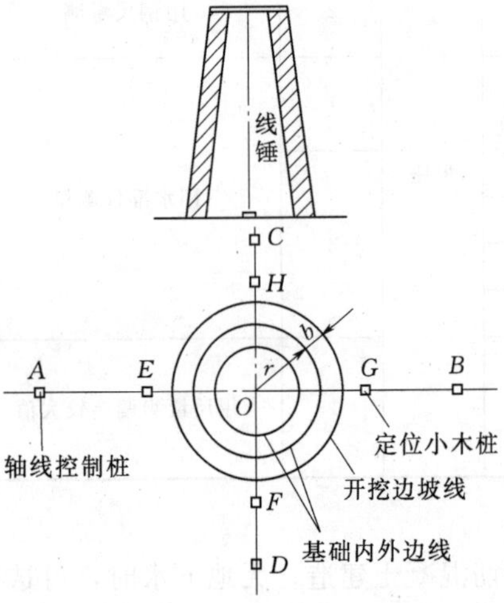

图 4.72 阀门井基础中心定位

(1) 基础中心定位。首先按设计要求，利用与已有控制点或建筑物的尺寸关系，在实地定出基础中心的位置，如图 4.72 所示。在 O 点安置经纬仪，定出两条相互垂直的直线 AB、CD，使 A、B、C、D 各点至 O 点的距离为构筑物直径的 1.5 倍左右。另外，在离开基础开挖线外 2m 左右标定 E、G、F、H 四个定位小桩，使它们分别位于相应的 AB、CD 直线上。以中心 O 点为圆心，以基础设计半径与基坑开挖时放坡宽度之和为半径，在地面画圆，撒上灰线，作为开挖的边界线。

(2) 基础施工放样。当基坑开挖到一定深度时，应在坑壁上放样整分米水平桩，控制开挖深度。当开挖到基底时，向基底投测中心点，检查基底大小是否符合设计要求。浇筑混凝土基础时，在中心面上埋设铁桩，然后根据轴线控制桩用经纬仪将中心点投设到铁桩顶面，用钢锯锯刻"十"字形中心标记，作为施工时控制垂直度和半径的依据。

(3) 井身施工放样。为了保证筒身竖直和收坡符合设计要求，施工前要制作吊线尺和收坡尺。吊线尺用长度约等于烟囱筒脚直径的木枋子制成，以中间为零点，向两头刻注厘米分划，如图 4.73 所示。收坡尺的外形如图 4.74 所示，两侧的斜边是严格按设计的筒壁斜度制作的。使用时，把斜边贴靠在筒身外壁上，如锤球线恰好通过下端缺口，则说明筒壁的收坡符合设计要求。

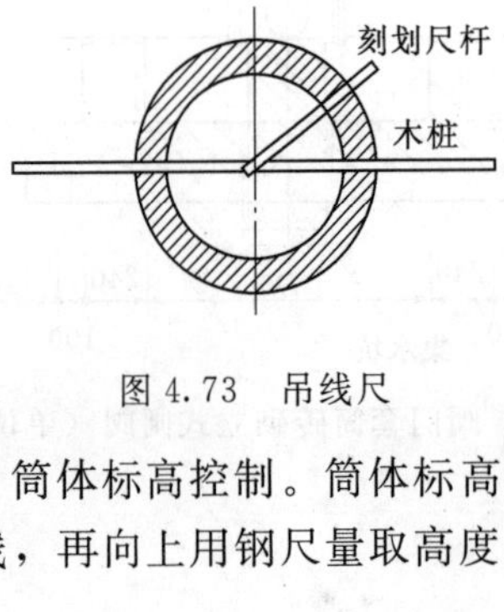

图 4.73 吊线尺

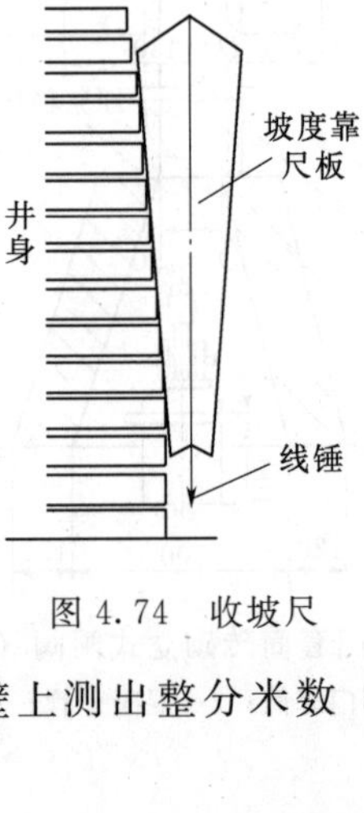

图 4.74 收坡尺

(4) 筒体标高控制。筒体标高控制是用水准仪在井壁上测出整分米数（如＋50cm）的标高线，再向上用钢尺量取高度。

3. 阀门井施工要求

（1）材料要求。用于井室浇筑的钢筋、水泥、粗细骨料及混凝土外加剂等材料，应有出厂合格证，并经取样试验合格，其规格、型号符合要求。各种材料在施工现场的储存和防护应满足要求。

（2）基坑开挖。基坑开挖坡度可根据土壤性质进行适当调整，一般不应大于45°。基坑开挖至标高时，若地基土是很软的淤泥土，应相应挖深，挖至老土或一般的淤泥土为止，然后以中粗砂回填至设计标高。

（3）井身砌筑和混凝土浇筑施工要求。阀门井砌筑及井室浇筑井室除底板外应在铺好管道、装好阀门之后着手修筑，接口和法兰不得砌筑井外，且与井壁、井底的距离不得小于0.25m。雨天砌浇筑井室，须在铺筑管道时一并砌好，以防雨水汇入井室而堵塞管道。当盖板顶面在路面时，盖板顶面标高与路面标高应一致，误差不超过25mm，当为非路面时，井口略高于地面，且做0.02的比降护坡。

施工中应严格执行有关规范和操作规程，并应符合设计图纸要求。砖砌圆形检查井的施工应在管线安装之后，首先按设计要求浇筑混凝土底板，待底板混凝土强度不小于5MPa后方可进行井身砌筑。用水冲净基础后，先铺一层砂浆，再压砖砌筑，必须做到满铺满挤，砖与砖之间灰缝保持1cm，砖缝应砂浆饱满，砌筑平整。在井室砌筑时，应同时安装踏步，位置应准确，踏步安装后，在浇筑混凝土未达到规定抗压强度前不得踩踏。

砌筑时认真操作，管理人员严格检查，选用同厂同规格的合格砖，砌体上下错缝，内外搭砌、灰缝均匀一致，水平灰缝凹面灰缝，宜取5～8mm，井里口竖向灰缝宽度不小于5mm，边铺浆边上砖，一揉一挤，使竖缝进浆，收口时，层层用尺测量，每层收进尺寸，四面收口时不大于3cm，偏心收口时不大于5cm，保证收口质量。井筒内壁应用原浆勾缝，井室内壁抹面应分层压实，盖板下的井室最上一层砖砌丁砖。

井盖须验筋合格方可浇筑，现浇筑混凝土施工应严格遵守常规混凝土浇筑和养护的要求，保证拆模后没有露筋、蜂窝和麻面等现象，留出试块进行强度试验。井室完工后，及时清除聚积在井内的淤泥、砂浆、垃圾等物。

（4）土方回填。回填工作在管道安装完成，并经验收合格后进行，槽底杂物要清除干净。井室等附属构筑物回填要求四周对称同时进行，分层夯实，压实系数不小于0.95；无法夯实之处必要时可回填低标号混凝土。与本管线交叉的其他管线或构筑物，回填时要妥善处理。

（5）质量要求。阀门井施工允许误差应符合表4.11的规定。

表4.11 阀门井施工允许误差

项目		允许误差/mm	检验频率		检验方法
			范围	点数	
井身尺寸	长、宽	±20	每座	2	用尺量，长宽各计1点
	直径	±20	每座	2	用尺量
井盖高程	非路面	±20	每座	1	用水准仪测量
	路面	与道路规定一致	每座	1	用水准仪测量
底高程	$D<1000$mm	±10	每座	1	用水准仪测量
	$D>1000$mm	±15	每座	1	用水准仪测量

注 表中D为直径。

4.4.2 支墩施工作业

1. 材料要求

支墩通常采用砖、石砌筑或用混凝土、钢筋混凝土现场浇筑，其材质要求如下。

(1) 砖的强度等级应不低于 MU7.5。

(2) 片石的强度等级应不低于 MU20。

(3) 混凝土或钢筋混凝土的强度等级应不低于 C10。

(4) 砌筑用水泥砂浆的强度等级应不低于 M5。

2. 支墩的施工

(1) 平整夯实地基后，用 MU7.5 砖、M10 水泥砂浆进行砌筑。遇到地下水时，支墩底部应铺 100mm 厚的卵石或碎石垫层。

(2) 横墩后背土的最小厚度应不小于墩底到设计地面深度的 3 倍。

(3) 支墩与后背的原状土应紧密靠紧，若采用砖砌支墩，原状土与支墩间的缝隙，应用砂浆填实。

(4) 对横墩，为防止管件与支墩发生不均匀沉陷，应在支墩与管件间设置沉降缝，缝间垫一层油毡。

(5) 为保证弯管与支墩的整体性，向下弯管的支墩，可将管件上箍连接，钢箍用钢筋引出，与支墩浇筑在一起，钢箍的钢筋应指向弯管的弯曲中心，钢筋露在支墩外面部分应有不小于 50mm 厚的 1：3 水泥砂浆做保护层；向上弯管应嵌入支墩内，嵌进部分中心角不宜小于 135°。

(6) 垂直向下弯管支墩内的直管段，应包玻璃布一层，缠草绳两层，再包玻璃布一层。

3. 支墩施工注意事项

(1) 位置设置要准确，锚定要牢固。

(2) 支墩应修筑在密实的土基或坚固的基础上。

(3) 支墩应在管道接口做完、位置固定后再修筑。

(4) 支墩修筑后，应加强养护、保证支墩的质量。

(5) 在管径大于 700mm 的管线上选用弯管，水平设置时，应避免使用 90°弯管，垂直设置时，应避免使用 45°弯管。

(6) 支墩的尺寸一般随管道覆土厚度的增加而减小。

(7) 必须在支墩达到设计强度后，才能进行管道水压试验，试压前，管顶的覆土厚度应大于 0.5m。

(8) 经试压支墩符合要求后，方可分层回填土，并夯实。

4. 支墩施工质量要求

(1) 支墩地基承载力、位置符合设计要求；支墩无位移、沉降。

(2) 砌筑水泥砂浆强度、结构混凝土强度符合设计要求。

(3) 混凝土支墩应表面平整、密实；砖砌支墩应灰缝饱满，无通缝现象，其表面抹灰应平整、密实。

(4) 支墩支承面与管道外壁接触紧密，无松动、滑移现象。

（5）管道支墩的允许偏差应符合表4.12的规定。

表4.12 管道支墩的允许偏差

<table>
<tr><th rowspan="2">序号</th><th rowspan="2">检 查 项 目</th><th rowspan="2">允许偏差/mm</th><th colspan="2">检 查 数 量</th><th rowspan="2">检 查 方 法</th></tr>
<tr><th>范围</th><th>点数</th></tr>
<tr><td>1</td><td>平面轴线位置（轴向、垂直轴向）</td><td>15</td><td rowspan="3">每座</td><td>2</td><td>用钢尺量测或经纬仪测量</td></tr>
<tr><td>2</td><td>支撑面中心高程</td><td>±15</td><td rowspan="2">3</td><td>用水准仪测量</td></tr>
<tr><td>3</td><td>结构断面尺寸（长、宽、厚）</td><td>+10，0</td><td>用钢尺量测</td></tr>
</table>

5. 安全与防护措施

在砌筑操作前，必须检查施工现场各项准备工作是否符合安全要求，如道路是否畅通、机具是否完好牢固，安全设施和防护用品是否齐全，经检查符合要求后才可施工。

施工人员进入现场必须戴好安全帽。砌基础时，应检查和注意基坑土质的变化情况，堆放砖石材料应离开坑边1m以上，砌墙高度超过地坪1.2m以上时，应搭设脚手架。架上堆放材料不得超过规定荷载值，堆砖高度不得超过三皮侧砖，同一块脚手板上的操作人员不应超过两人，按规定搭设安全网。

不准站在墙顶上做画线、刮缝及清扫墙面或检查大角垂直等工作，不准用不稳固的工具或物体在脚手板上垫高操作。

砍砖时应面向墙面，工作完毕应将脚手板和砖墙上的碎砖、灰浆清扫干净，防止掉落伤人，正在砌筑的墙上不准走人，不准站在墙上做画线、刮缝、吊线等工作。

雨天或每日下班时，应做好防雨准备，以防雨水冲走砂浆，致使砌体倒塌。冬期施工时，脚手板上如有冰霜、积雪，应先清除后才能上架子进行操作。

砌筑墙体高度超过2m时，必须搭设操作平台，并做好防护措施，经专人验收合格后方准使用。

4.4.3 雨水口施工作业

1. 雨水口的位置、间距和数量

雨水口的设置位置应能保证迅速有效地收集地面雨水。一般应在道路交叉口、路侧边沟的一定距离处以及低洼处设置，以防雨水浸过道路或造成道路及低洼地区积水而妨碍交通。雨水口在交叉口处的布置如图4.75所示。

在直线道路上的间距一般为25～50m（视汇水面积的大小而定），在低洼和易积水的地段，应根据需要适当缩小雨水口的间距、增加雨水口的数量。在确定雨水口的间距和数量时，还要考虑道路的纵坡和路边石的高度，尽量保证雨水不漫过道路。

2. 雨水口的构造

如图4.76所示，雨水口包括进水箅、井筒和连接管三部分。

进水箅可用铸铁、钢筋混凝土或石料制成。实践证明，采用钢筋混凝土或石料进水箅虽可节约钢材降低造价，但其进水能力远不如铸铁进水箅。为了加大进水能力，也可设置成纵横交错式或联合式的雨水口（图4.77）。

雨水口的井筒可用砖砌或用钢筋混凝土预制，也可采用预制的混凝土管。井筒深度一般不大于1m。在有冻胀影响的地区，可根据经验适当加大。雨水口由连接管与道路雨水

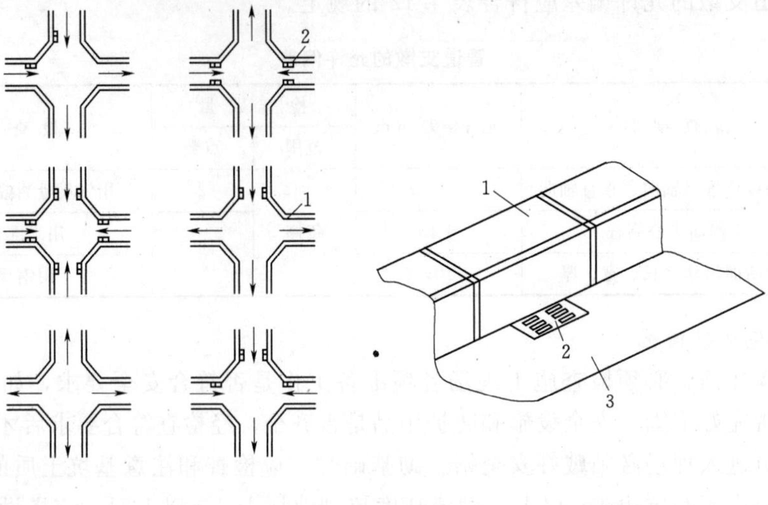

图 4.75 雨水口布置

(a) 道路交叉路口雨水口布置；(b) 雨水口布置

1—路边石；2—雨水口；3—道路路面

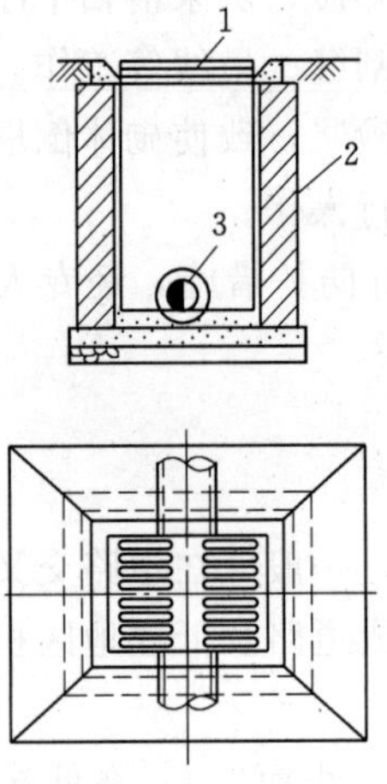

图 4.76 平箅雨水口

1—进水箅；2—井筒；3—连接管

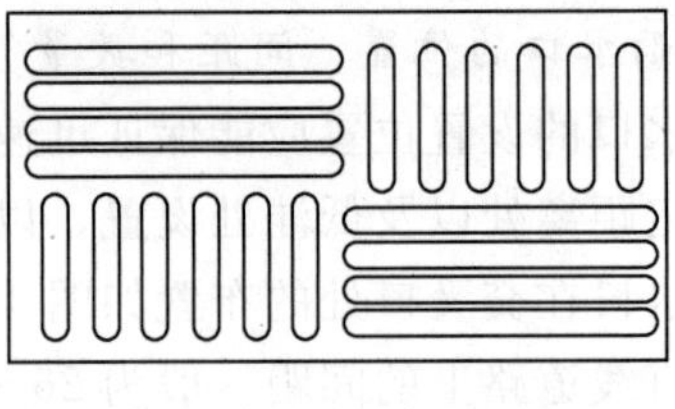

图 4.77 纵横交错排列的进水箅

管渠或合流管渠的检查井相连接。连接管的最小管径为 200mm，坡度一般为 0.01，长度不宜超过 25m，接在同一连接管上的雨水口一般不宜超过 3 个。

3. 雨水口的施工要点

以砖砌井筒的雨水口为例介绍雨水口的施工。砌筑前按道路设计边线和支管位置，定出雨水口的中心线桩，使雨水口一条长边必须与道路边线重合。按雨水口中心线桩开槽，注意留出足够的施工宽度，开挖至设计深度。槽底要仔细夯实，遇有地下水时应排除地下水并浇筑 C15 混凝土基础。如槽底为松软土时，应夯筑 3∶7 灰土基础，然后砌筑井墙。

砌井墙时，应按如下工艺进行。

(1) 按井墙位置挂线，先砌筑井墙一层，然后核对方正。一般井墙内口尺寸为680mm×380mm时，对角线长779mm；内口尺寸为680mm×410mm时，对角线长794mm；内口尺寸为680mm×415mm时，对角线长797mm。

(2) 井墙厚240mm，采用MU10砖和M10水泥砂浆按一顺一丁的形式砌筑。砌筑时随砌随刮平缝，每砌高300mm应将墙外井槽及时回填夯实。砌至雨水连接管或支管处应满卧砂浆，砌砖已包满管道时应将管口周围用砂浆抹严抹平，不能有缝隙，管顶砌半圆砖圈，管口应与井墙面齐平。当支管与井墙必须斜交时，允许管口入墙20mm，另一侧凸出20mm，超过此限值时，必须调整雨水口位置。井口应与路面施工配合同时升高，井底用C15细石混凝土抹出向雨水连接管集水的泛水坡。

(3) 井墙砌筑完毕后安装井圈。井圈安装时，内侧应与边石或路边成一直线，满铺砂浆，找平坐稳。井圈顶与路面齐平或稍低，但不得凸出。井圈安装好后，应用木板或铁板盖住，以防止在道路面层施工时被压坏。

4. 雨水口施工质量要求

(1) 位置正确，深度符合设计要求，安装不得歪扭。

(2) 井框、井箅应完整、无损，安装平稳、牢固；支、连管应直顺，无倒坡、错口及破损现象。

(3) 井内、连接管道内无线漏、滴漏现象。

(4) 砌筑勾缝应直顺、坚实，不得漏勾、脱落；内、外壁抹面平整光洁。

(5) 支、连管内清洁、流水通畅，无明显渗水现象。

(6) 雨水口、支管的允许偏差应符合表4.13的规定。

表4.13　雨水口、支管的允许偏差

序号	检查项目	允许偏差/mm	检查数量		检查方法
			范围	点数	
1	井框、井箅吻合	≤10	每座	1	用钢尺量测较大值（高度、深度亦可用水准仪测量）
2	井口与路面高差	−5，0			
3	雨水口位置与道路边线平行	≤10			
4	井内尺寸	长、宽：+20，0			
		深：0，−20			
5	井内支、连管管口底高度	0，−20			

项目5 室内管道工程施工

项目概述 以室内建筑给排水工程施工要求为切入点，介绍了工程建设中的室内建筑给排水管道、卫生器具的施工工序及安装要求，以及在施工中如何与土建工程相配合的内容。重点讲述了室内给水、排水管道加工、连接的施工工艺，卫生器具的安装要求。

知识目标 了解预埋孔洞的要求，掌握管道施工方法，熟悉卫生器具的安装要求。

能力目标 能根据施工图正确下料，并能确定施工方案，进行管道连接及卫生器具的安装。

学时建议 2～4 学时。

任务 5.1 施工准备与管道预埋

5.1.1 施工准备要求

建筑内部给水排水管道及卫生器具的施工一般在土建主体工程完成后，内外墙装饰前进行。为了保证施工质量，加快施工进度，施工前应熟悉和会审施工图纸及制订各种施工计划。要密切配合土建部门，做好预留各种孔洞，支架预埋、管道预埋等施工准备工作。

5.1.1.1 施工准备

建筑给水排水管道工程施工的主要依据是施工图纸及全国通用给水排水标准图集，在施工中还必须严格执行现行国家标准《采暖与卫生工程施工及验收规范》(GBJ 242—82)的操作规程和质量标准。施工前必须熟悉施工图纸，由设计人员向施工技术人员进行技术交底，说明设计意图、设计内容和对施工质量要求等。应使施工人员了解建筑结构及特点、生产工艺流程、生产工艺对给水排水工程的要求，管道及设备布置要求以及有关加工件和特殊材料等。

设计图纸包括给水排水管道平面图、剖面图、给排水系统图、施工详图及节点大样图等。熟悉图纸的过程中，必须弄清室内给水排水管道与室外给水排水管道连接情况，包括室外给水排水管道走向、给水引入管和排水排出管的具体位置、相互关系、管道连接标高，水表井、阀门井和检查井等的具体位置以及管道穿越建筑物基础的具体做法；弄清室内给水排水管道的布置，包括管道的走向、管径、标高、坡度、位置及管道与卫生器具或生产设备的连接方式；弄清室内给水排水管道所用管材、配件、支架的材料和形式，卫生器具、消防设备、加热设备、供水设备、局部污水处理设施的型号、规格、数量和施工要求；还要弄清建筑的结构、楼层标高、管井、门窗洞槽的位置等。

施工前，要根据工程特点，材料设备到货情况，劳动力机具和技术状况，制定切实可行的施工组织设计，用以指导施工。

施工班组根据施工图纸设计的要求，做好材料、机具、现场临时设施及技术上的准备，必要时到现场根据施工图纸进行实地测绘，画出管道预制加工草图。管道加工草图一般采用轴测图形式，在图上标注管道中心线间距、各管配件间的距离、管径、标高、阀门位置、设备接口位置、连接方法，同时画出墙、柱、梁等的位置。根据管道加工草图可以在管道预制场或施工现场进行预制加工。

5.1.1.2　配合土建施工

建筑给水排水管道施工与土建关系非常密切，尤其是高层建筑给水排水管道的施工，配合土建施工更为重要。为了保证整个工程质量，加快施工进度，减少安装工程打洞及土建单位补洞工作量，防止破坏建筑结构，确保建筑物安全，在土建施工过程中，宜密切配合土建施工进行预埋支架和预留孔洞，减少现场穿孔打洞工作。

1. 现场预埋法

现场预埋法的优点是可以减少留洞、留槽或打洞的工作量，但对施工技术要求较高，施工时必须弄清楚建筑物各部尺寸，预埋要准确。适合于建筑物地下管道、各种现浇钢筋混凝土水池或水箱等的管道施工。

2. 现场预留法

现场预留施工方法的优点是避免了土建与安装施工的交叉作业以及安装工程面狭窄所造成的窝工现象。它是建筑给水排水管道工程施工常用的一种方法。

为了保证预留孔洞的正确，在土建施工开始时，安装单位应派专人根据设计图纸的要求，配合土建预留孔洞，土建在砌筑基础时，可以按设计给出的尺寸预留孔洞，也可以按表5.1给出的尺寸预留孔洞。土建浇筑楼板之前，较大孔洞的预留应用模板围出；较小的孔洞一般用短圆木或竹筒牢牢固定在楼板上；预埋的铁件可用电焊固定在图纸所设计的位置上。无论采用何种方式预留预埋，均须固定牢靠，以防浇捣混凝土时移动错位，确保孔洞大小和平面位置的正确。立管穿楼板预留孔洞尺寸可按有关规定进行预留。给水排水立管距墙的距离可根据卫生器具样本以及管道施工规范确定。

表5.1　安装施工预留孔洞尺寸

项次	管道名称	管径/mm	明装 留孔尺寸（长×宽）/(mm×mm)	暗装 墙槽尺寸（宽度×深度）/(mm×mm)
1	给水或采暖立管	≤25	100×100	130×130
		32～50	150×150	150×150
		70～100	200×200	200×200
2	一根排水立管	≤50	150×150	200×130
		70～100	200×200	250×200
3	两根给水或采暖立管	≤25	150×100	200×130
4	一根给水立管和一根排水立管	≤50	200×150	200×130
		70～100	250×200	250×200

续表

项次	管道名称	管径/mm	明装	暗装
			留孔尺寸（长×宽）/(mm×mm)	墙槽尺寸（宽度×深度）/(mm×mm)
5	采暖支管和散热器立管	≤50	100×100	60×60
		70～100	150×130	150×100
6	排水支管	≤80	250×200	
		100	300×250	
7	采暖或排水主干管	≤80	300×250	
		100～125	350×300	
8	给水引入管	≤100	300×200	
9	排水排出管穿基础	≤80	300×300	
		100～150	(管径+300)×(管径+200)	

注 1. 给水引入管管顶上净空一般不小于100mm。
2. 排水排出管管顶上净空一般不小于150mm。

3. 现场打洞法

现场打洞这种施工方法的优点是方便管道工程的全面施工，避免了与土建施工交叉作业，通过运用先进的打洞机具，如冲击电钻（电锤），使得打洞工作既快又准确。它是建筑给水排水管道施工的常用方法。

施工现场是采取管道预埋法、孔洞预留法还是现场打洞法，一般根据建筑结构要求、土建施工进度、工期、安装机具配置、施工技术水平等来确定。施工时，可视具体情况，决定采用何种方式。

5.1.2 管道预埋（预留）施工作业

管道安装工程中要使用各种类型的管材，以满足输送介质的需要。管材按材料属性可分为金属管、非金属管和复合管。各类管子加工与连接是管道安装工程的主要环节。

5.1.2.1 金属管加工与连接

金属管加工主要指管子的调直、切断、套丝、煨弯及制作特殊管件等过程。以前金属管加工以人工操作为主，劳动强度大，生产效率低。现在推行机械加工，大大提高了生产效率，减轻了劳动强度，降低了生产成本。

1. 管子切断

管子安装前应根据设计的尺寸要求将管子切断。切断是管道加工的一道工序，切断过程常称为下料。

管道的切断方法可分为手工切断和机械切断两类。施工时常根据管材、管径、经济等因素和现场条件选用合适的切断方法。

对管子切口的质量要求为：管道切口要平正，即断面与管子轴心线要垂直，切口不会影响套丝、焊接、粘接等；管口内外无毛刺和铁渣，以免影响介质流动，切口不应产生变形，以免减小管子的有限断面面积从而减少流量。

（1）手工切断。手工切断分为钢锯切断、割刀切断、錾断和气割等切断方法。

1）钢锯切断。钢锯切断是一种常用方法。钢管、铜管、塑料管都可采用，尤其适合于DN50以下钢管、铜管、塑料管的切断。钢锯由锯架和锯条组成，钢锯条长度有200mm、250mm、300mm三种规格，锯架可根据选用的锯条长度调整。钢锯最常用的锯条规格是12″(300mm)×24牙和12″(300mm)×18牙两种。薄壁管子（如铜管）锯切时采用牙数多的锯条。壁厚不同的管子锯切时应选用不同规格的锯条。

锯管时，左手在前握锯架，右手在后握锯柄，用力均匀，锯条向前时适当加力，向后拉时不宜加力。快要切断时，可减慢切割速度，切口必须一锯到底，不能采用未锯完就掰断的方法，因为这样会造成切口残缺不齐，影响套丝或焊接质量。

手工钢锯切断的优点是设备简单，灵活方便，节省电能，切口不收缩、不氧化。缺点是速度慢，劳动强度大，较难达到切口平正。

2）割刀切断。管子割刀是用带有刃口的圆盘形刀片，在压力作用下边进刀边沿管壁旋转，将管子切断。采用管子割刀切管时，必须使滚刀垂直于管子，否则易损坏刀刃。选用滚刀规格要与被切割管径相匹配，刀割时每次进刀量不宜过大，以免损坏刀刃或使切口明显缩小，应随着旋转，逐渐进刀。管子割刀适用于切断管径15～100mm的焊接钢管。此方法具有切管速度快、切口平正的优点，但产生缩口，必须用纹刀刮平缩口部分。

采用钢锯切断或管子割刀切断均需要用压力钳将管子夹紧。

3）錾断。錾断主要用于铸铁管、混凝土管、钢筋混凝土管、陶管。所用工具为手锤和扁錾。为了防止将管口錾偏，可在管子上预先划出垂直于轴线的錾断线，方法是用整齐的厚纸板或油毡纸圈在管子上，用磨薄的石笔在管子上沿样板边划一圈切断线。操作时，在管子的切断线处垫上厚木板，用錾子沿切断线錾1～3遍到有明显凿痕，然后用手锤沿凿痕连续敲打，并不断转动管子，直至管子折断。

錾切效率较低，切口不够整齐，管壁厚薄不均匀时，极易损坏管子（錾破或管身出现裂纹）。通常用于缺乏机具或管径较大的情况。

4）气割。气割是利用氧气和乙炔气的混合气体燃烧时所产生的高温（1100～1150℃），使被切割的金属熔化而生成四氧化三铁熔渣，熔渣松脆易被高压氧气吹开，使管子或型材切断。手工气割采用射吸式割炬也称为气割枪或割刀。气割的速度较快，但刀口不整齐，有铁渣，需要用钢锉或砂轮打磨和除去铁渣。

气割常用于DN100（DN为管子的公称直径）以上的焊接钢管、无缝钢管的切断。此外，各种型钢、钢板也常可用气割切断。此法不适合铜管、不锈钢管、镀锌钢管的切断。

（2）机械切断。机械切断分为砂轮切割机切断、套丝机切管、专用管子切割机切断、自爬式电动割管机切断等切断方法。

1）砂轮切割机切断。砂轮切割机的原理是高速旋转的砂轮片与管壁接触摩擦切削，将管壁磨透切断。使用砂轮切割时注意用力不要过猛，以免砂轮破碎伤人。砂轮切割速度快，适合于切割DN150以下的金属管材，它既可切直口也可切斜口，也可用于切割塑料管和各种型钢。砂轮切割机是目前施工现场使用最广泛的小型切割机具，但切割噪声较大。

2）套丝机切管。套丝机切管适合施工现场的套丝机均配有切管器，因此它同时具有切断管子、坡口（倒角）、套丝等功能。套丝机适用于 DN≤100 焊接钢管的切断和套丝，是施工现场常用的机具。

3）专用管子切割机切断。国内外用于不同管材、不同口径和壁厚的切割机很多。国内已开发生产了一些产品，如用于大直径钢管切断机，可以切断 DN75～600、壁厚 12～20mm 的钢管，这种切断机较为轻便，对埋在地下的管道或其他管网的长管中间切断尤为方便。

4）自爬式电动割管机切断。自爬式电动割管机可以切割 33～1200mm、壁厚小于等于 39mm 的钢管、铸铁管。在自来水、煤气、供热及其他管道工程中广泛应用。该割管机具有在完成切管的同时进行坡口加工的特点。

电动割管机由电动机、爬行进给离合器、进刀机构、爬行夹紧机构及切割刀具等组成。割管机装在被切割的管口处，用夹紧机构把它牢牢地夹紧在管子上。切割由两个动作来实现，其一是切割刀具对管子进行铣削，其二是爬轮带动整个割管机沿管子爬行进给，刀具切入或退出是操作人员通过进刀机构的手柄来完成。进行切割时，先用铣刀沿割线把管壁铣通，然后边爬行，边切割。自爬式电动割管机体积小、重量轻、通用性强、使用维修方便、切割效率高、切口面平整。

2. 管子调直

钢管具有塑性，在运输装卸过程中容易产生弯曲，弯曲的管子在安装前必须调直。调直的方法有冷调直和热调直两种，冷调直用于管径较小且弯曲程度不大的情况，否则宜采用热调直。

（1）冷调直。管径小于 50mm，弯曲度不大时，可用两把手锤进行冷调直，一把手锤垫在管子的起弯点处作支点，另一把手锤则用力敲击凸起面，两个手锤不移位对着敲，直至敲平为止。在敲击部位垫上硬木头，以免将管子击扁。

（2）热调直。管径大于 50mm 或弯曲度大于 20°时可用热调直。热调直是将弯曲的管子放在炉子上，加热至 600～800℃，然后抬出放在平台上反复滚动，在重力作用下，达到调直目的，调直后的管子应放平存放，避免产生新的弯曲。

3. 管子煨弯

在给水排水管道安装中，遇到管线交叉或某些障碍时，需要改变管线走向，应采用各种角度的弯管来解决，如 90°和 45°弯、乙字弯（来回弯）、抱弯（弧形弯）等。这些弯管以前均在现场制作，费工费时，质量难以保证。现在弯管的加工日益工厂化，尤其是各种模压弯管（压制弯）广泛地用于管道安装，使得管道安装进度加快，安装质量提高。但是，由于管道安装的特殊性，因此，在管道安装现场仍然有少量的弯管需要加工。

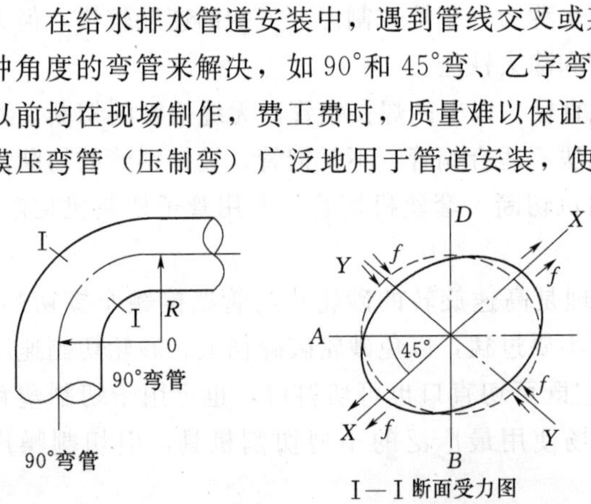

图 5.1 弯管受力与变形示意图

（1）弯管断面质量要求与受力分析。钢管弯曲后其弯曲段的强度及圆形断面不应受到明显影响，因此就必须对圆断面的变形、焊缝处、弯曲长度以及弯管工艺等方面进行分析、计算和制定标准。

弯管受力与变形如图 5.1 所示。管子

在弯曲过程中，其内侧管壁各点均受压力，由于挤压作用，管壁增厚，且由于压缩而变短；外侧管壁受拉力，在拉力作用下，管壁厚度减薄，管壁减薄会使强度降低。为保证一定的强度，要求管壁有一定的厚度，在弯曲段管壁减薄应均匀，减薄量不应超过壁厚的15%。此外，管壁上不得产生裂纹、鼓包，且弯度要均匀。

弯曲半径 R 是影响弯管壁厚的主要因素。同一管径的管子弯曲时，R 大，弯曲断面的减薄（外侧）量小；R 小，弯曲断面外侧减薄量大。如果从强度方面和减小管道阻力考虑，R 值越大越好。但在工程上 R 大的弯头所占空间大且不美观，因此弯曲半径 R'应有一个选用范围，根据管径及使用场所不同采用不同的 R 值，一般常用 R 值为1.5～4DN。采用机械弯管时 R 为：冷弯 $R=4\mathrm{DN}$；热弯 $R=3.5\mathrm{DN}$；压制弯、焊接弯头 $R=1.5\mathrm{DN}$。

(2) 管子弯曲长度确定。管子弯曲长度即指弯头展开长度，其计算公式为：

$$L=\frac{\alpha}{360}\cdot 2\pi R=\frac{\pi R\alpha}{180} \tag{5.1}$$

式中 α——弯管角度，(°)；

R——弯曲半径。

在给水排水管道施工中如设计无特殊要求，采用手工冷弯时，90°弯头的弯曲半径取4DN，则弯曲长度可近似取6.5DN，45°弯头的弯曲长度取2.5～3DN，乙字弯（来回弯）一般可近似按两个45°弯头计算。

(3) 冷弯弯管。制作冷弯弯头，通常用手工弯管器或电动弯管机等机具进行，可以弯制DN≤150的弯头。由于弯管时不用加热，常用于钢管、不锈钢管、铜管、铝管的弯管。冷弯弯头的弯曲半径 R 不应小于管子公称直径的4倍。由于管子具有一定的弹性，当弯曲时施加的外力撤除后，因管子弹性变形的结果，弯头会弹回一个角度。弹回角度的大小与管材、壁厚以及弯头的弯曲半径有关。一般钢管弯曲半径为4倍管子公称直径的弯头，弹回角度约3°～5°。因此，在弯管时，应增加这一弹回角度。

手工弯管器的种类较多。弯管板是一种最简单的手动弯管器，它由长1.2m，宽300mm、厚340mm左右的硬质钢板制成。板中按需弯管的管子外径开若干圆孔，弯管子插入孔中，管端加上套管作为杠杆，以人工加手动弯管法效率较低，劳动强度大，且质量难以保证。专用手工弯管器是施工现场常用的一种弯管器。这种弯管器需要用螺栓固定在工作台上使用，可以弯曲公称直径不超过25mm的管子。它由定胎轮、动胎轮、管子夹持杠杆组成。把要弯曲的管子放在与管子外径相符合的定胎轮和动胎轮之间，一端固定在夹持器内，然后推动手柄（可接加套管），绕定胎轮旋转，直到弯成所需弯管。弯管器弯管质量要优于弯管板，但它的每一对胎轮只能弯曲一种外径的管子，管外径改变，胎轮也必须更换，因此，弯管器常备有几套与常用规格管子的外径相符的胎轮。

手动弯管法效率较低，劳动强度大，且质量难以保证。一般DN25以上的管子都可以采用电动弯管机进行弯管。采用机械进行冷弯弯管具有工效高、质量好的优点。

冷弯适宜于中小管径和较大弯曲半径（$R\geqslant 2\mathrm{DN}$）的管子，对于大直径及弯曲半径较小的管子需很大的动力，这会使冷弯机机身复杂庞大，使用不便，因此常采用热弯弯管。

(4) 热弯弯管。热弯弯管是将管子加热到一定温度后进行弯曲加工的方法。加热的方式有焦炭燃烧加热、电加热、氧-乙炔焰加热等。焦炭燃烧加热弯管由于劳动强度大、弯管质量不易保证，目前施工现场已极少采用。

中频弯管机采用中频电能感应对管子进行局部环状加热，同时用机械拖动管喷水冷却，使弯管工作连续进行。可弯制325mm×10mm的弯头，弯曲半径为管外径的1.5倍。

火焰弯管机由加热和冷却装置、煨弯机构、传动机构、操作机构四部分组成。管子加热采用环形火焰圈，边加热边煨弯直至达到所需要的角度为止。加热带经过煨弯后立刻采取喷水冷却，以保证煨弯控制在加热带内。火焰弯管机的特点：弯管质量好，弯管曲率均匀，弯曲半径可以调节，体积小，重量轻，移动方便，比手动弯管效率高。火焰弯管机能弯制钢管范围：直径76～426mm，壁厚4.5～20mm、弯曲半径R为2.5～5DN的钢管。

(5) 模压弯管（压制弯）。模压弯管又称为压制弯。它是根据一定的弯曲半径先制成模具，然后将下好料的钢板或管段放入加热炉中加热至900℃左右，取出放在模具中用锻压机压制成型。用板材压制的为有缝弯管，用管段压制的为无缝弯管。目前，模压弯管已实现了工厂化生产，不同规格、不同材质、不同弯曲半径的模压弯管都有产品，它具有成本低、质量好等优点，已逐渐取代了现场各种弯管方法，广泛地用于管道安装工程中。

(6) 焊接弯管。当管径较大、弯曲半径R较小时，可采用焊接弯管。首先，在管子上按图5.2(b)所示，用石笔画出切割线，用钢锯、砂轮机或氧-乙炔焰等沿切割线进行切割，注意切割时留足一定的割口宽度，然后将割下的管节按图5.2(a)所示进行试对接，注意对接时各管段的中心线应对准，否则弯管焊好后会出现扭曲现象，最后将对接好的各管段进行加焊。焊接弯管的各管段在打坡口时，弯管外侧的坡口角度应小一些，弯管内侧的坡口角度应大一些。

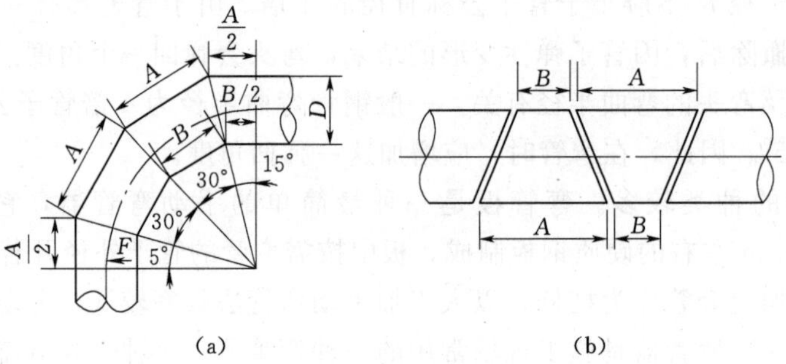

图5.2 弯管焊接示意图

(a) 弯管切割；(b) 切割管试对接

4. 管螺纹加工

管螺纹加工，即在管子的连接端加工螺纹，这种螺纹加工习惯上称为套丝。套丝分为手工和电动机械加工两种方法。手工套丝就是用管子铰板在管子上套出螺纹。一般DN15～20的管子，可以1～2次套成，稍大的管子，可分几次套出。手工套丝加工速度慢、劳动强度大，一般用于缺乏电源或小管径（DN15～32）的管子套丝。电动套丝机不但能套丝，还有切断、扩口、坡口功能，尤其用于大管径（DN50～100）套丝更显示出套丝速度快的优点，是施工现场常用的一种施工机械。无论是人工纹板套丝，还是电动套丝机套丝，其套丝结构基本相同。都是采用装在铰板上的四块板牙切削管外壁从而产生螺纹。从质量方面要求：管节的切口断面应平整，偏差不得超过一扣，管子螺纹必须清楚、完整，光滑无毛刺、无断丝缺扣，拧上相应管件，松紧度应适宜，以保证螺纹连接的严密性，接口紧固后宜露出 2～3 扣螺纹。

如图 5.3 (a) 是手工套丝用的管子铰板的构造，在铰板的板牙架上有 4 个板牙孔，用于安装板牙，板牙的伸、缩调节靠转动带有滑轨的活动标盘进行。铰板的后部设有 4 个可调节松紧的卡爪，用于在管子上固定铰板。

如图 5.3 (b) 是板牙的构造，套丝时板牙必须依 1、2、3、4 的顺序装入板牙孔，不可将顺序装乱，配乱了板牙就套不出合格的螺纹。一般在板牙尾部和铰板板牙孔处均印有 1、2、3、4 序号字码，以便对应装入板牙。板牙每组 4 块能套两种管径的螺纹，使用时应按管子规格选用对应的板牙，不可乱用。

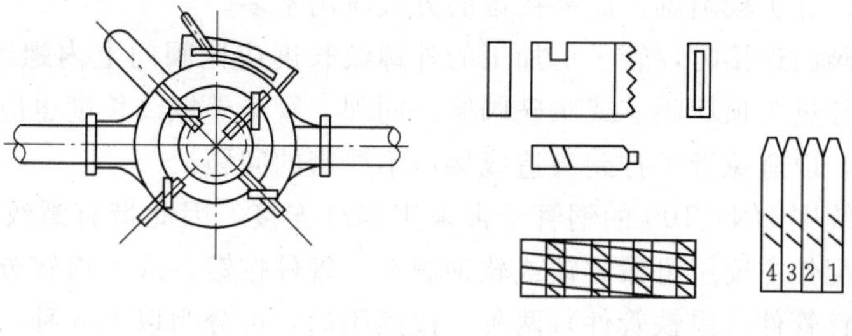

(a) (b)

图 5.3 铰板与板牙

(a) 管子铰板构造；(b) 板牙构造

手工套丝步骤如下。

(1) 根据需套丝管子的直径，选取相应规格的板牙头的板牙，将板牙装入铰板中，板牙上的 1、2、3、4 号码应与板牙头的号码相对应。

(2) 把要加工的管子固定在管子压力钳上，加工的一端伸出钳口 150mm 左右。

(3) 将管子铰板套在管口上，拨动铰板后部卡爪滑盘把管子固定，注意不宜太紧，根据管径的大小调整进刀的深浅。

(4) 人先站在管端方向，左手用掌部扶住铰板机身向前推进，右手以顺时针方针转动手把，使铰板入扣；铰板入扣后，人可站在面对铰板的左、右侧，继续用力旋转板把徐徐而进，扳动板把时用力要均匀平稳，在切削过程中，要不断在切削部位加注机油以润滑螺纹及冷却板牙。

(5) 当螺纹加工达到规定深度及长度时，应边旋转边逐渐松开标盘上的固定把，这样既能满足螺纹的锥度要求，又能保证螺纹的光滑。

5. 管道连接

在管道安装工程中，管材、管径不同，连接方式也不同。焊接钢管常采用螺纹、焊接及法兰连接；无缝钢管、不锈钢管常采用焊接和法兰连接。在施工中，应按照设计及不同的工艺要求，选用合适的连接方式。

(1) 螺纹连接。螺纹连接也称为丝扣连接。常用于 DN≤100，PN≤1MPa 的冷、热水管道，即镀锌钢管（白铁管）的连接；也可用于 DN≤50，PN≤0.2MPa 的饱和蒸汽管道，即焊接钢管（黑铁管）的连接。此外，对于带有螺纹的阀件和设备，也采用螺纹连接。螺纹连接的优点是拆卸安装方便。

管螺纹有圆柱形和圆锥形两种。圆柱形管螺纹其螺纹深度及每圈螺纹的直径都相等，只是螺尾部分较粗一些。管子配件（三通、弯头等）及丝扣阀门的内螺纹均采用圆柱形螺纹（内丝）。圆锥形管螺纹其各圈螺纹的直径皆不相等，从螺纹的端头到根部成锥台形钢管采用圆锥形螺纹（外）。管螺纹的连接有圆柱形管螺纹与圆柱形管螺纹连接（柱接柱）、圆锥形外螺纹与圆柱形内螺纹连接（锥接柱）、圆锥形外螺纹与圆锥形内螺纹连接（锥接锥）。螺栓与螺帽的螺纹连接是柱接柱，它们的连接在于压紧而不要求严密。钢管的螺纹连接一般采用锥接柱这种连接方法接口较严密。连接最严密的是锥接锥，一般用于严密性要求高的管螺纹连接，如制冷管道与设备的螺纹连接。但这种圆锥形内螺纹加工需要专门的设备（如车床）加工较困难，故锥接锥的方式应用不多。

管子与丝扣阀门连接时，管子上加工的外螺纹长度应比阀门上内螺纹长度短1～2扣丝，以防止管子拧过头顶坏阀芯或胀破阀体。同理，管子外螺纹长度也应比所连接的配件的内螺纹略短些，以避免管子拧到头造成接口不严密的问题。

建筑给水系统中DN≤100的钢管子常采用螺纹连接，因此带有螺纹的管子配件是必不可少的。管道配件主要用可锻铸铁或软钢制造。管件按镀锌或不镀锌分为镀锌管件（白铁管件）和不镀锌管件（黑铁管件）两种。按照用途，可分为以下6种，如图5.4所示。

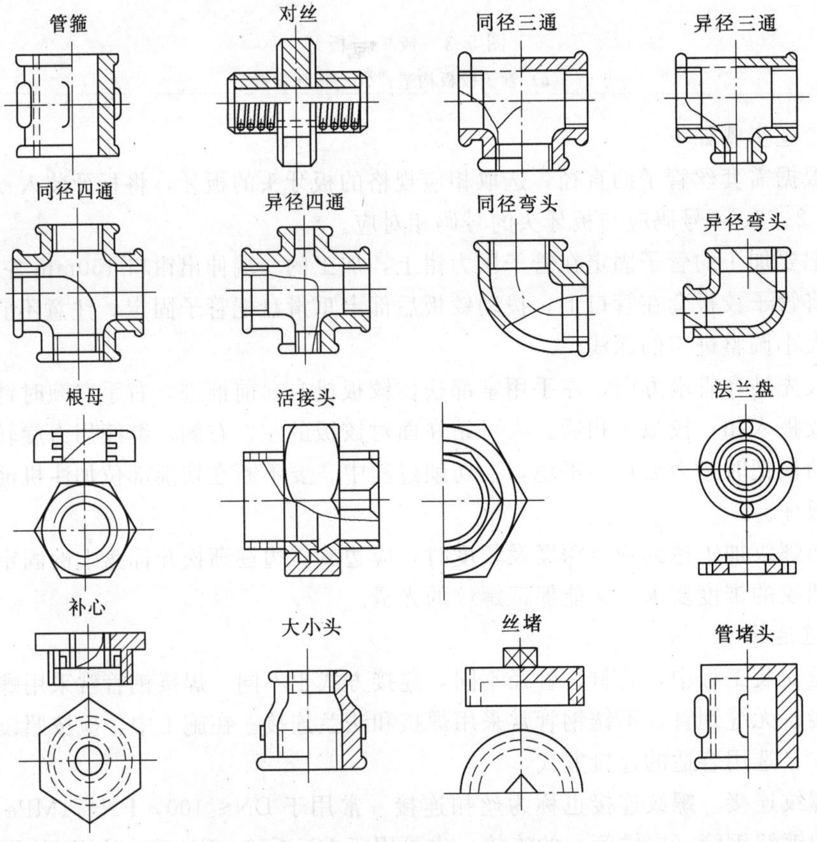

图5.4 管道配件示意图

1）管路延长连接用配件：管箍（套筒）、外丝（内接头）、外螺及接头（短外螺）。

2）管路分支连接用配件：三通、四通。

3）管路转弯用配件：90°弯头、45°弯头。

4）节点碰头连接用配件：根母（六方内丝）、活接头、带螺纹法兰盘。

5）管子变径用配件：补心（内外丝）、异径管箍（大小头）。

6）管子堵口用配件：丝堵、管堵头。

在管路连接中，一种管件不止一个用途。如异径三通，既是分支件，又是转弯件。因此在管路连接中，应以最少的管件，达到最多重目的，以保证管路简捷、降低安装费用。管子配件的试压标准为：可锻铸铁配件承压不小于 0.8MPa；软钢配件承压不小于 1.6MPa。管配件的圆柱形内螺纹应端正整齐无断丝，壁厚均匀一致，外形规整，镀锌件应均匀光亮，材质严密无砂眼。

管钳是螺纹接口拧紧常用的工具，有张开式和链条式两种，张开式管钳应用较广泛。管钳的规格以它的全长尺寸划分，每种规格能在一定范围内调节钳口的宽度，以适应不同直径的管子。安装不同管径的管子应选用对应号数的管钳，小直径管子若用大号管钳，易因用力过大而胀破管件或阀门；大直径管子若用小号管钳，费力且不容易拧紧，还易损坏管钳。使用管钳时，不准用管子套在管钳手柄上加力，以免损坏管钳或引发安全事故。

（2）焊接。焊接是钢管连接的主要形式。焊接的方法有手工电弧焊、气焊、手工氩弧焊、埋弧自动焊、埋弧半自动焊、接触焊和气压焊等。在现场焊接碳素钢管，常用的是手工电弧焊和气焊。手工氢弧焊由于成本较高，一般用于不锈钢管的焊接。埋弧自动焊、埋弧半自动焊、接触焊和气压焊等方法由于设备较复杂，施工现场采用较少，一般在管道预制加工厂采用。

电焊焊缝的强度比气焊焊缝强度高，并且比气焊经济，因此应优先采用电焊焊接。只有 DN＜80mm、壁厚小于 4mm 的管子才用气焊焊接。但有时因条件限制，不能采用电焊施焊的地方，也可以用气焊焊接 DN＞80mm 的管子。

1）管子坡口。管子坡口的目的是保证焊接的质量，因为焊接必须达到一定熔深，才能保证焊缝的抗拉强度。管子需不需要坡口，与管子的壁厚有关。管壁厚度在 6mm 以内，采用平焊缝，管壁厚度为 6～12mm，采用 V 形焊缝；管壁厚度大于 12mm，而且管径尺寸允许工人进入管内焊接时，应采用 X 形焊缝，如图 5.5 所示。后两种焊缝必须进行管子坡口加工。

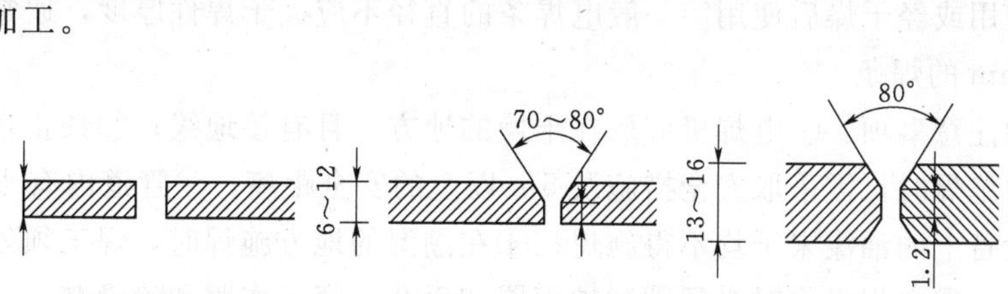

图 5.5　焊缝（单位：mm）

(a) 平口；(b) V 形焊缝；(c) X 形焊缝

管子坡口前，应将焊接端的坡口面及内外壁 10～15mm 范围内的铁锈、泥土、油脂等脏物清除干净，不圆的管口应进行修整。

管子坡口加工可分为手工及电动机械加工两种方法。手工加工坡口方法有大平钢锉锉坡口、风铲（压缩空气）打坡口以及用氧割割坡口等几种方法。其中以氧割割坡口用得较广泛，但氧割的坡口必须将氧化铁渣清除干净，并将凸凹不平处打磨平整。电动机械有手提砂轮磨口机和管子切坡口机。前者体积小、重量轻、使用方便，适合现场使用；后者坡口速度快、质量好，适宜于大直径管道坡口，一般在预制管加工厂使用。

2）管子对口。钢管焊接前，应进行管子对口。对口应使两管中心线在一条直线上，也就是被施焊的两个管口必须对准，允许的错口量及两管端的间隙（图5.6）应在表5.2规定允许范围内。

表5.2 管子焊接允许错口量、两管端间隙值

管壁厚 s /mm	4～6	7～9	10
允许错口量 δ /mm	0.4～0.6	0.7～0.8	0.9
间隙值 a /mm	1.5	2	2.5

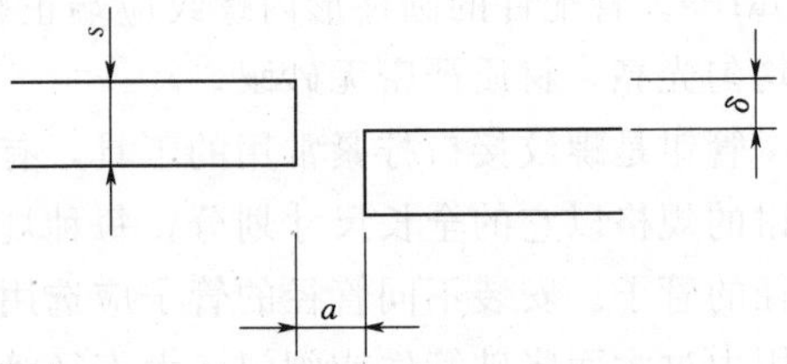

图5.6 管端对口的错口量及两管口间缝隙（单位：mm）

s—管壁厚；δ—错口量；a—间隙值

3）电焊。电焊分为自动焊接和手工焊接两种。大直径管道及钢制给排水容器采用自动焊接既节省劳动力又可提高焊接质量和速度。手工电弧焊常用于施工现场钢管的焊接。手工电弧焊可采用直流电焊机或交流电焊机。用直流电焊接时电流稳定、焊接质量好，但施工现场往往只有交流电源，为使用方便，施工现场一般采用交流焊机焊接。

电焊机由变压器、电流调节器及振荡器等部件组成，各部件的作用是：变压器，当电源的电压为220V或380V时，经变压器后输出安全电压55～65V（点火电压），供焊接使用；振荡器，用以提高电流的频率，将电源54Hz的频率提高到250000Hz，使交流电的交变间隔趋于无限小，增加电弧的稳定性，以利提高焊接质量。

电焊条由金属焊条芯和焊药层两部分组成。焊药层易受潮，受潮的焊条在使用时不易点火起弧，且电弧不稳定易断弧，因此电焊条一般用塑料袋密封存放在干燥通风处，受潮的焊条不能使用或经干燥后使用。一般电焊条的直径不应大于焊件厚度，通常钢管焊接采用直径3～4mm的焊条。

焊接时的注意事项：①电焊机应放在干燥的地方，且有接地线；②禁止在易燃材料附近施焊，必须施焊时，需采取安全措施及5m以上的安全距离；③管道内有水或有压力气体或管道和设备上的油漆未干均不得施焊；④在潮湿的地方施焊时，焊工须处在干燥的木板或橡胶垫上；⑤电焊操作时必须戴防护面罩和手套，穿工作服和绝缘鞋。

焊接方法：根据焊条与管子的相对位置，焊接的方法分为平焊、横焊、立焊、仰焊四种。平焊焊接质量易于保障，横焊、立焊、仰焊操作困难，焊接质量不易于保障，故焊接时尽可能采用平焊焊法。或采用分段焊法，即将管周分成四段，按照间隔次序焊接。焊接口在熔融金属冷却过程中，会产生收缩应力，为了减少收缩应力，施焊前应将管口预热

15～20cm的宽度，或采用分段焊法。焊接口的强度一般不低于管材本身的强度，为此，采用多层焊接法保证质量。

焊接的质量检查：焊接完成后，应进行焊缝检查。检查项目包括外观检查和内部检查。外观检查项目有焊缝是否偏斜，有无咬边、焊瘤、弧坑、焊疤、焊缝裂缝、焊穿等现象；内部检查包括是否焊透、有无夹渣、气孔、裂纹等现象。焊缝内部缺陷可采用X或γ射线检查和超声波检查等。

4）气焊。气焊是用氧-乙炔进行焊接。由于氧和乙炔的混合气体燃烧温度达3100～3300℃，工艺上借助此高温熔化金属进行焊接。气焊材料与设备及使用的注意事项分述如下：

a. 氧气。焊接用氧气要求纯度达到98%以上。氧气厂生产的氧气以15MPa的压力注入专用钢瓶（氧气瓶）内，送至施工现场或用户使用。

b. 乙炔气。以前施工现场常用乙炔发生器生产乙炔气，既不安全，电石渣还污染环境。现在，乙炔气生产厂将乙炔气装入钢瓶，运送至施工现场或用户，既安全又经济，还不会产生环境污染。

c. 高压胶管。用于输送氧气及乙炔气至焊炬，应有足够的耐压强度。气焊胶管长度一般不小于30m，质料要柔软便于操作。

d. 焊枪。气焊的主要工具，有大、中、小三种型号。在施焊时，一般根据管壁厚度来选择适当的焊嘴和焊条。

e. 焊条。气焊条又称焊丝。焊接普通碳素钢管道可用H08气焊条；焊接10号和20号优质碳素结构钢管道（PN≤6MPa）可用H08A或H15气焊条。

f. 气焊操作要求。为了保证焊接质量，对要焊接的管口应坡口和钝边，同电焊一样，施焊时两管口间要留一定的间距。气焊的焊接方法及质量要求基本上与电焊相同。

g. 气焊操作方法。气焊操作方法有左向焊法和右向焊法两种，一般应采用右向焊法。右向焊时焊枪在前面移动，焊条紧随在后，自左向右运动。施焊时，焊条末端不得脱离焊缝金属熔化处，以免氧深入焊缝金属，降低焊口机械性能，各道焊缝应一次焊毕，以减少接头。

h. 气焊操作注意事项：①氧气瓶及压力调节器严禁沾油污，不可在烈日下曝晒，应置阴凉处注意防火；②乙炔气为易燃易爆气体，施工场地周围严禁烟火，特别要防止焊枪回火造成事故；③在焊接过程中，若乙炔胶管脱落、破裂或着火时，应首先熄灭焊枪火焰，然后停止供气，若氧气管着火应迅速关闭氧气瓶上阀门；④施焊过程中，操作人员应戴口罩、防护眼镜和手套；⑤焊枪点火时，应先开氧气阀，再开乙炔阀，灭火、回火或发生多次鸣爆时，应先关乙炔阀再关氧气阀；⑥对水管进行气割前，应先放掉管内水，禁止对承压管道进行切割。

（3）法兰连接。法兰是固定在管口上的带螺栓孔的圆盘。凡经常需要检修或定期清理的阀门、管路附属设备与管子的连接常采取法兰连接。由于法兰盘连接是依靠螺栓的拉紧作用将两个法兰盘紧固在一起，所以法兰连接接合强度高、严密性好、拆卸安装方便。但法兰连接比其他接口耗费钢材多，造价高。

1）法兰的种类。根据法兰与管子的连接方式，钢制法兰分为以下几种。

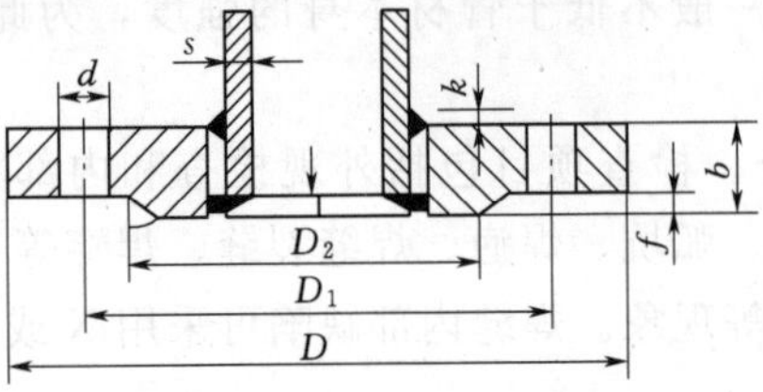

图 5.7 平焊法兰示意图

a. 平焊法兰。给水排水管道工程中常用平焊法兰。这种法兰制造简单、成本低，施工现场既可采用成品，又可按国家标准在现场用钢板加工。平焊法兰可用于公称压力不超过 2.5MPa，工作温度不超过 300℃的管道上。平焊法兰示意图如图 5.7 所示。

b. 对焊法兰。这种法兰本体带一段短管，法兰与管子的连接实质上是短管与管子的对口焊接。对焊法兰一般用于公称压力大于 4MPa 或温度大于 300℃的管道上，多采用锻造法制作，成本较高，施工现场大多采用成品。对焊法兰可制成光滑面、凸凹面、榫槽面、梯形槽等几种密封面，其中以前两种形式应用最为普遍。

c. 铸钢法兰与铸铁螺纹法兰。铸钢法兰与铸铁螺纹法兰适用于水煤气输送钢管上，其密封面为光滑面。它们的特点是一面为螺纹连接，另一面为法兰连接，属低压螺纹法兰。

d. 翻边松套法兰。翻边松套法兰属活动法兰，分为平焊钢环松套、翻边松套和对焊松套三种。翻边松套法兰由于不与介质接触，常用于有色金属管（铜管、铝管）、不锈钢管以及塑料管的法兰连接上。

e. 法兰盖。法兰盖是中间不带管孔的法兰，供管道封口用，俗称盲板。法兰盖的密封面应与其相配的另一个法兰对应，压力等级与法兰相等。

2）法兰与管子的连接方法。平焊法兰、对焊法兰与管子的连接，均采用焊接。焊接时要保持管子和法兰垂直，管口不得与法兰连接面平齐，应凹进 1.3～1.5 倍管壁厚度或加工成管台。

法兰的螺纹连接，适用于镀锌钢管与铸铁法兰的连接，或镀锌钢管与铸钢法兰的连接。在加工螺纹时，管子的螺纹长度应略短于法兰的内螺纹长度，螺纹拧紧时应注意两块法兰的螺栓孔对正。若孔未对正，只能拆卸后重装，不能将法兰回松对孔，以保证接口严密不漏。

翻边松套法兰安装时，先将法兰套在管子上，再将管子端头翻边，翻边要平正成直焦无裂口损伤，不挡螺栓孔。

3）接口质量检查。法兰的密封面（即法兰台）无论是成品还是自行加工，应符合标准无损伤。所用垫圈、螺栓规格要合适，上螺栓时必须对称分 2～3 次拧紧，使接口压合严密。两个法兰的连接面应平正且互相平行。法兰接口平行度允许偏差应为法兰外径的 1.5%，且不应大于 2mm，螺孔中心允许偏差应为孔径的 5%。应使用相同规格的螺栓，安装方向应一致，螺栓应对称紧固，紧固好的螺栓应露出螺母之外，但法兰连接用的螺栓紧后露出的螺纹长度不应大于螺栓直径的一半（约露出 2～3 扣螺纹）。与法兰接口两侧相邻的第一至第二个刚性接口或焊接接口，待法兰螺栓紧固后方可施工。

4）法兰垫圈。法兰连接必须加垫圈，其作用为保证接口严密，不渗不漏。法兰垫圈厚度选择一般为 3～5mm，垫圈材质根据管内流体介质的性质或同一介质在不同温度和压力的条件下选用，给排水管道工程常采用以下几种垫圈。

a. 橡胶板。橡胶板具有较高的弹性，所以密封性能良好。橡胶板按其性能可分为普通橡胶板、耐热橡胶板、夹布橡胶板、耐酸碱橡胶板等。在给排水管道工程中，常用含胶量为 30%左右的普通橡胶板和耐酸碱橡胶板作垫圈。这类橡胶板，属中等硬度，既具有一定的弹性、又具有一定的硬度，适用于温度不超过 600℃、公称压力小于或等于 1MPa 的水、酸、碱及真空管路的法兰上。

b. 石棉橡胶板。石棉橡胶板是用橡胶、石棉及其他填料经过压缩制成的优良垫圈材料，广泛地用于热水、蒸汽、煤气、液化气以及酸、碱等介质的管路上。石棉橡胶板分为普通石棉橡胶板和耐油石棉橡胶板两种。普通石棉橡胶板按其性能又分为低、中、高压三种。低压石棉橡胶板适用于温度不超过 200℃、公称压力小于或等于 1.6MPa 的给排水管路上，中、高压石棉橡胶板一般用于工业管路上。

法兰垫圈的使用要求：法兰垫圈的内径略大于法兰的孔径，外径应小于相对应的两个螺栓孔内边缘的距离，使垫圈不妨碍上螺栓；为便于安装，用橡胶板垫圈时，在制作垫圈时，应留一呈尖三角形伸出法兰外的手把；一个接口只能设置一个垫圈，严禁用双层或多层垫圈来解决垫圈厚度不够或法兰连接面不平整的问题。

5.1.2.2　非金属管的连接

1. 管材与管件

建筑给排水非金属管常用塑料管。塑料管按制造原料的不同，分为硬聚氯乙烯管（UPVC 管）、聚乙烯管（PE 管）、聚丙烯管（PP 管）、聚丁烯管（PB 管）和工程塑料管（ABS 管）等。塑料管的共同特点是质轻、耐腐蚀好、管内壁光滑，流体摩擦阻力小、使用寿命长，可替代金属管用于建筑给水排水、城市给水排水、工业给水排水和环境工程。

（1）硬聚氯乙烯管（UPVC 管）。按采用的生产设备及其配方工艺，UPVC 管分为给水用 UPVC 管和排水用 UPVC 管。

给水用 UPVC 管的质量要求是用于制造 UPVC 管的树脂中，含有已被国际医学界普遍公认的对人体致癌物质氯乙烯单体不得超过 5mg/L；对生产工艺上所要求添加的重金属稳定剂等，应符合《给水用硬聚氯乙烯管材》(GB/T 10002.1—2006）的要求。给水用 UPVC 管材分三种形式：①平头管材；②粘接承口端管材；③弹性密封圈承口端管材。给水用 UPVC 管件按不同用途和制作工艺分为六类：①注塑成型的 UPVC 粘接管件；②注塑成型的 UPVC 粘接变径接头管件；③转换接头；④注塑成型的 UPVC 弹性密封圈承口连接件；⑤注塑成型 UPVC 弹性密封圈与法兰连接转换接头；⑥用 UPVC 管材二次加工成型的管件。

（2）排水硬聚氯乙烯（UPVC）管。常用于室内排水管，具有重量轻、价格低、阻力小、排水量大、表面光滑美观、耐腐蚀、不易堵塞、安装维修方便等优点。

排水硬聚氯乙烯管件，主要有带承插口的 T 形三通和 90°肘形弯头，带承插口的三通、四通和弯头。除此之外，还有 45°弯头、异径管和管接头（管箍）等。

（3）聚乙烯管（PE 管）。聚乙烯管也叫铝塑复合管，多用于压力在 0.6MPa 以下的给水管道，以代替金属管主要用于建筑内部给水管，多采用热熔连接和螺纹连接。

聚乙烯夹铝复合管是目前国内外都在大力发展和推广应用的新型塑料金属复合管，现在常常用于“一户一表”城市建筑给水管道改造工程。该管由中间层纵焊铝管、内外层聚乙烯以及其间的热熔胶共挤复合而成，具有无毒、耐腐蚀、质轻、机械强度高、耐热性能好、脆化温度低、使用寿命较长等特点。

明装的管道，外层颜色宜为黑色，一般用于建筑内部工作压力不大于1.0MPa的冷热水、空调、采暖和燃气等管道，是镀锌钢管和铜管的替代产品。这种管材属小管径材料，呈卷盘供应，每卷长度一般为50～200mm。用途代号为“L”、外层颜色为白色者用于冷水管；用途代号为“R”、外层颜色为橙红色者用于热水管。热水管管材可用于冷水管，而冷水管管材不得用于热水管。

铝塑复合管不宜在室外明装，当需要在室外明装时，管道应布置在不受阳光直射处或有遮光措施。结冻地区室外明装的管道，应采取防冻措施。

铝塑复合管在室内敷设时，宜采用暗敷。暗敷方式包括直埋和非直埋两种：直埋敷设指嵌墙敷设和在楼面的找平层内敷设，不得将管道直接埋设在结构层中；非直埋敷设指管道在管道井内、吊顶内、装饰板后以及地坪的架空层内敷设。

(4) 聚丙烯管（PP管）。聚丙烯管是以石油炼制厂的丙烯气体为原料聚合而成的聚烃族热塑料管材。由于原料来源丰富，因此价格便宜。聚丙烯管是热塑性管材中材质最轻的一种管材，呈白色蜡状，比聚乙烯透明度高，强度、刚度和热稳定性也高于聚乙烯管。

聚丙烯管多用作化学废料排放管、化验室排水管、盐水处理管及盐水管道。由于材质轻、吸水性差及耐腐蚀，常用于灌溉、水处理及农村给水系统。

(5) 聚丁烯管（PB管）。聚丁烯管重量很轻。该管具有独特的抗冷变形性能，故机械密封接头能保持紧密，抗拉强度在屈服极限以上时，能阻止变形，使之能反复绞缠而不折断。

聚丁烯管材在温度低于80℃时，对皂类、洗涤剂及很多酸类、碱类有良好的稳定性，室温时对醇类、醛类、酮类、醚类和醋类有良好的稳定性，但易受某些芳香烃类和氯化溶剂侵蚀，温度愈高越显著。聚丁烯管不污染，抗细菌、藻类和霉菌，因此可用作地下管道，其正常使用寿命一般为50年。

聚丁烯管主要用于给水管、热水管及燃气管道。在化工厂、造纸厂、发电厂、食品加工厂、矿区等也广泛采用聚丁烯管作为工艺管道。

(6) 工程塑料管（ABS管）。工程塑料管是丙烯腈-丁二烯-苯乙烯的共混物，属热塑性管材。ABS管质轻，具有较高的耐冲击强度和表面硬度在−40～100℃范围内仍能保持韧性、坚固性和刚度，并不受电腐蚀和土壤腐蚀，因此宜作地埋管线。ABS管表面光滑，具有优良的抗沉积性，能保持热量，不使油污固化、结渣、堵塞管道，因此被认为是在高层建筑内取代排水铸铁管较理想的管材。

ABS管适用于室内外给水、排水、纯水、高纯水、水处理用管。尤其适合输送腐蚀性强的工业废水、污水等。它是一种能取代不锈钢管、铜管的理想管材。

2. 连接方法

(1) 热熔连接。采用热熔器将管端部加热至熔融状态（管材及管件的表面和内壁呈现一层翻膜），然后迅速将两连接件用外力紧压在一起，冷却后即连接牢固。热熔连接常用于聚乙烯、聚丙烯、聚丁烯等热塑性管材的连接。

1) 热熔连接步骤：

a. 使用专用剪刀垂直切割管材，切口应平滑，无毛刺，如有必须进行清理，焊接前清洁管材与管件的焊接部件，避免沙子、灰尘等损害接头的质量。

b. 用记号笔在管材末端做熔接深度标记。

c. 用与被焊接管材尺寸相配套的加热头装配熔接器，连接电源，等待加热头达到最适工作温度（260℃±10℃）。

d. 同时将管材与管件插入熔接器内，按规定时间进行加热（加热时间见表5.3）。

表5.3　PP－R管热熔连接工艺参数

管材外径/mm	熔接深度/mm	加热时间/s	连接时间/s	冷却时间/min
20	14	5	4	2
25	15	7	4	2
32	16.5	8	6	4
40	18	12	6	4
50	20	18	6	4
63	24	24	8	6
75	26	30	8	8
90	29	40	8	8
110	32.5	50	10	8

e. 加热完毕，取出管材与管件，立即连接（不要把管子推进管件太深，因为这有可能会减小内径甚至堵塞管材）。

f. 连接完毕，必须双手紧握管子与管件，保持足够的冷却时间，冷却到一定程度后方可松手，继续安装下一段管子。

2）施工操作时应注意以下几点：

a. 准确掌握加热时间，加热时间过短，易发生管件加热不均匀，从而导致对口困难；加热时间过长，则管件容易熔化，出现过多胶状物质而流失。

b. 对接时应无旋转，到加热时间后，立即把管材和管件从加热套与加热头上同时取下，迅速无旋转地直线均匀插入到所标深度，使接头处形成均匀凸缘。在管材与管件连接配合时，如果两者位置不对，可以做少量调整，但扭转角度不得超过5°。

（2）承插连接。是将管子或管件的插口（小头）插入管道承口（喇叭口），并在其插接的环形间隙内填以接口材料的连接。一般排水硬聚氯乙烯管、ABS管、铸铁管、混凝土管通常采取承插连接。

承插连接分为刚性承插连接和柔性承插连接两种。刚性承插连接是用管道插口插入管道的承口内，对正后，先用嵌缝材料嵌缝，然后用密封材料密封，使之成为一个牢固的封闭管道接头，如图5.8所示。柔性承插连接接头在管道承插口的止封口上放入富有弹性的橡胶固，然后施力将管子插端插入，形成一个能适应一定范围内的位移和振动的封闭管接头，如图5.9所示。

承插连接常用的填料有：油麻、胶圈、水泥、石棉水泥、石膏、青铅等，通常把油麻、胶圈等称为嵌缝材料，水泥、石棉水泥、石膏、青铅等称为密封材料。

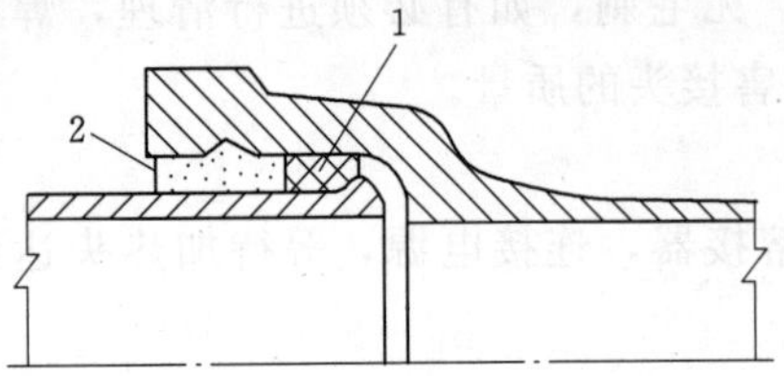

图 5.8 刚性承插连接图

1—嵌缝材料；2—密封材料

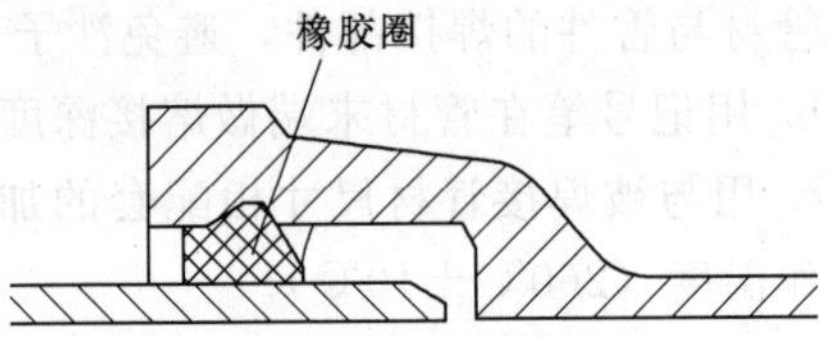

图 5.9 柔性承插连接图

嵌缝材料的作用是：①固定承插口之间的间隙；②防止密封材料塞入管道；③防止介质渗漏。

密封材料的作用是：①支承、固定嵌缝材料性能。使之承插口各处的间隙相等，调整管线防止嵌缝材料滑动、脱落、松散而失去防渗；②密封嵌缝材料，防止嵌缝材料与空气接触而加速老化。

(3) 粘接。粘接是借助胶粘剂在固体表面上所产生的粘合力，将同种或不同种材料牢固地连接在一起的方法。给水用 UPVC 管连接方法采用粘接和弹性密封圈连接两种。

粘接适用于管外径不大于 160mm 的管道连接。粘接前，管端必须倒角，倒角坡度为 30°，倒角尖端厚约为管材壁厚的 1/3，但不宜小于 3mm。承口和管端套接部分必须用清洗剂擦拭干净，用 400 目以下的砂纸将承口和管端套接部分打毛，均匀涂敷胶粘剂。插入时快速插到底部，同时适当进行旋转，以便胶粘剂能均匀分布，但旋转角度不宜超过 90°，保持 30s 之后方可移动。多余的溶剂及时擦干净，以免使用过程中发生“溶剂破裂”现象。

弹性密封圈连接适用于 63mm 以上规格的管材间的连接。管端倒角坡度为 15°，尖端厚度为管材壁厚的 1/3。敷适量润滑剂（通常使用肥皂水）于凹槽、密封圈表面及管端。套接深度应比承口深度短 10～20mm。对于大口径管材，可用厚木板垫于管端，以木槌或铁棒击入，或以拉紧器拉紧。

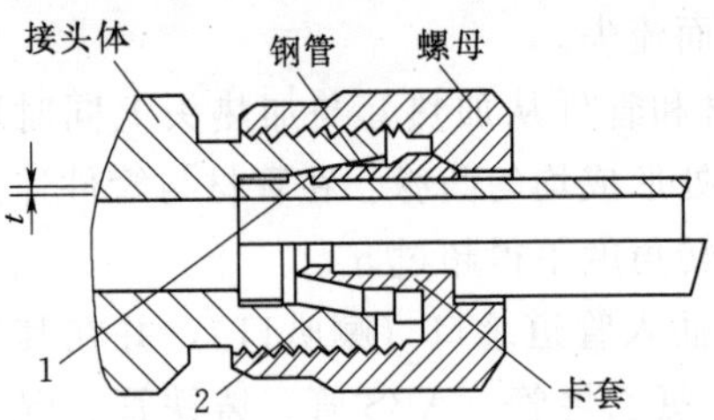

图 5.10 卡套式管接头的结构图

1—环形凹槽；2—密封带

(4) 卡套式连接。卡套式管接头是依靠卡套的切割刀口，紧紧咬住钢管管壁，使管内流体得到密封。这种结构具有防松、耐冲击、抗振动、接口简便、迅速、便于检修维护等特点，适用于小管径的管道系统。如图 5.10 所示的卡套式管接头，它由接头体、卡套及螺母三部分组成。

聚乙烯夹铝复合管常采取卡套式连接或扣压式连接形式。卡套式适合于规格小于或等于 DN25×2.5 的管子；扣压式适合于规格大于或等于 DN32×3 的管子。卡套式连接应按下列程序进行：①按设计要求的管径和现场复核后的管道长度截断管道；②检查管口，如发现管口有毛刺、不平整或端面不垂直管轴线时，应修正；③用专用刮刀将管口处的聚乙烯内层削坡口，坡角为 20°～30°，深度为1.0～1.5mm，且应用清洁的纸或布将坡口残屑擦干净；④用整圆器将管口整圆；⑤将锁紧螺帽、C 形紧箍环套在管上，用力将管芯插入管内直至管口达管芯根部；⑥将C形紧箍环移至距管口0.5～1.5mm处，再将锁紧螺帽与管件体拧紧。

(5) 卡箍连接。卡箍连接也称沟槽连接，是由锁紧螺母和带螺纹管件组成的专用接头而进行的管道连接。广泛应用于复合管、塑料管和DN≥100mm的镀锌钢管的连接。

上述塑料管材在与其他管道连接时，可采取螺纹、法兰等过渡接口。

任务5.2　室内管道安装

5.2.1　室内生活给水管道施工作业

5.2.1.1　引入管安装

(1) 给水引入管与排出管的水平净距不小于1.0m。

室内给水管与排水管平行敷设时，管间最小水平净距为0.5m，交叉时垂直净距0.15m，给水管应铺设在排水管的上方。当地下管较多，敷设有困难时，可在给水管上加钢套管，其长度不应小于排水管管径的3倍，且其净距不得小于0.15m。

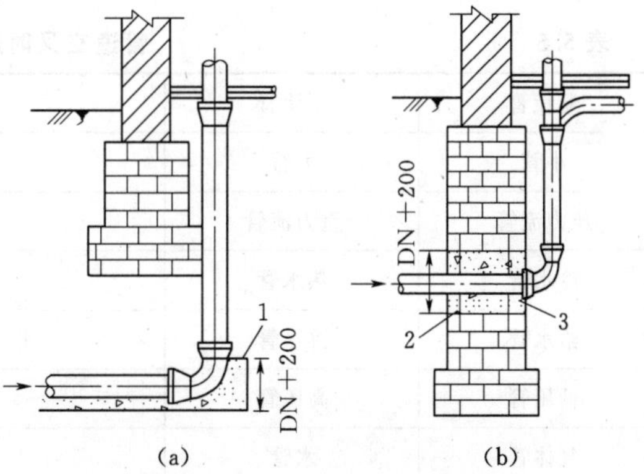

图5.11　引入管进入建筑

(a) 从浅基础下通过；(b) 穿基础引入管进入建筑

1—混凝土支座；2—黏土；3—水泥砂浆封口

(2) 引入管穿过承重墙或基础时，应配合土建预留孔洞，如图5.11所示。留洞尺寸见表5.4。

(3) 引入管及其他管道穿越地下构筑物外墙时应采取防水措施，加设防水套管。

(4) 引入管应有不小于0.003的坡度坡向室内给水管网，并在每条引入管上装设阀门，必要时还应装设泄水装置。

表5.4　给水引入管穿过基础预留孔洞尺寸规格

管径/mm	<50	50～100	125～150
留洞尺寸/(mm×mm)	200×200	300×300	400×400

5.2.1.2　水表节点安装

水表节点的形式，有不设旁通管和设旁通管两种，如图5.12和图5.13所示。安装水表时，在水表前后应有阀门及放水阀。阀门的作用是关闭管段，以便修理或拆换水表。放水阀主要用于检修室内管路时，将系统内的水放空与检验水表的灵敏度。水表与管道的连接方式，有螺纹连接和法兰连接两种。

5.2.1.3　干管安装

干管安装通常分为埋地式干管安装和上供架空式干管安装两种。对于上行下给式系统，干管可明装于顶层楼板下或暗装于屋顶、吊顶及技术层中；对于下行上给式系统，干管可敷设于底层地面上、地下室楼板下及地沟内。

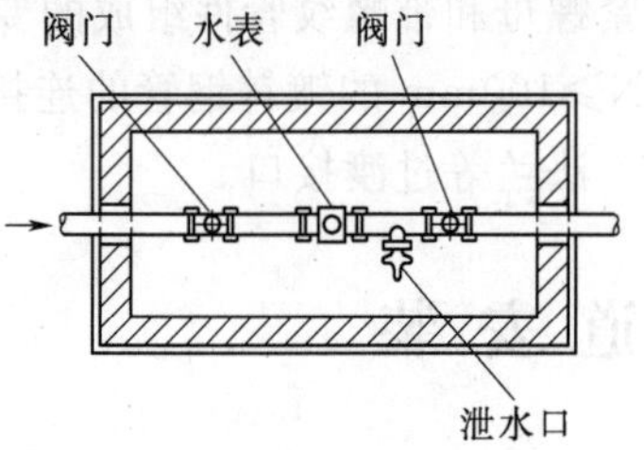

图5.12 不设旁通管的水表节点安装

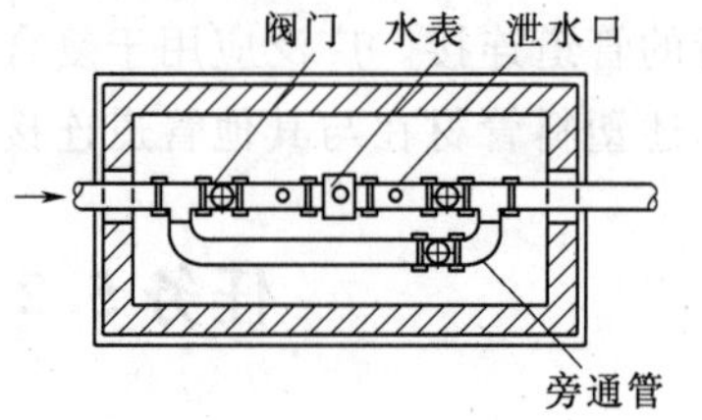

图5.13 设旁通管的水表节点安装

管道安装应结合具体条件，合理安排顺序。一般先地下、后地上；先大管、后小管；先主管、后支管。当管道交叉中发生矛盾时，避让原则见表5.5。

表5.5　管道交叉时避让原则

避让管	不让管	原　因
小管	大管	小管绕弯容易，且造价低
压力流管	重力流管	重力流管改变坡度和流向对流动影响较大
冷水管	热水管	热水管绕弯要考虑排气、泄水等
给水管	排水管	排水管管径大、且水中杂质多，受坡度限制严格
低压管	高压管	高压管造价高，且强度要求也高
气体管	水管	水流动的动力消耗大
阀门少的管	阀门多管	考虑安装操作与维护等多种因素
金属管	非金属管	金属管易绕弯、切割和连接
一般管道	通风管	通风管体积大、绕弯困难

木平干管应铺设在支架上，安装时先装支架，然后上管安装。

1. *支架安装*

给水管道支架形式有钩钉、管卡、吊架、托架，管径不大于32mm的管子多用管卡或钩钉，管径大于32mm的管子采用吊架或托架。支架安装首先根据干管的标高、位置、坡度、管径，确定支架的形式、安装位置及数量，按尺寸打洞埋好支架。安装支架的孔洞不宜过大，且深度不宜小于120mm，也可以采用膨胀螺栓或射钉枪固定支架。

支架安装应牢固可靠，成排支架的安装应保证其支架台面处在同一直线上，且垂直于墙面。

(1) 管道支架的放线定位。首先根据设计要求定出固定支架和补偿器的位置；根据管道设计标高，把同一水平面直管段的两端支架位置画在墙上或柱上；根据两点间的距离和坡度大小，算出两点间的高度差，标在末端支架位置上；在两高差点拉一根直线，按照支架的间距在墙上或柱上标出每个支架位置。如果土建施工时，在墙上已预留有支架孔洞或在钢筋混凝土构件上预埋了焊接支架的钢板，应采用上述方法进行拉线校正，然后标出支架实际安装位置。

(2) 支吊架安装的一般要求。支架横梁应牢固地固定在墙、柱或其他结构物上，横梁长度方向应水平，顶面应与管中心线平行；固定支架必须严格地安装在设计规定位置，并使管子牢固地固定在支架上；在无补偿器、有位移的直管段上，不得安装一个以上的固定支架；活动支架不应妨碍管道由于热膨胀所引起的移动，其安装位置应从支承面中心向位移反向偏移，偏移值应为位移之半；无热位移的管道吊架的吊杆应垂直安装，吊杆的长度应能调节；有热位移的管道吊杆宜斜向位移相反的方向，按位移值之半倾斜安装；补偿器两侧应安装1～2个多向支架，使管道在支架上伸缩时不至偏移中心线；管道支架上管道离墙、柱及管子与管子中间的距离应按设计图纸要求敷设；铸铁管道上的阀门应使用专用支架，不得让管道承重；在墙上预留孔洞埋设支架时，埋设前应检查校正孔洞标高位置是否正确，深度是否符合设计和有关标准图的规定要求，无误后，清除孔洞内的杂物及灰尘，并用水将洞周围浇湿，将支架埋入填实，用1∶3水泥砂浆填充饱满；在钢筋混凝土构件预埋钢板上焊接支架时，先校正支架焊接的标高位置，消除预埋钢板上的杂物，校正后施焊，焊缝必须满焊，焊缝高度不得少于焊接件最小厚度。

2. 干管安装

待支架安装完毕后，即可进行干管安装。

给水干管安装前应先画出各给水立管的安装位置十字线。其做法是：先在主干管中心线上定出各分支干管的位置，标出主干管的中心线，然后将各管段长度测量记录并在地面进行预制和预组装，预制的同一方向的干管管头应保证在同一直线上，且管道的变径应在分出支管之后进行。组装好的管子，应在地面上进行检查，若有歪斜扭曲，则应进行调直。上管时，应将管道滚落在支架上，随即用预先准备好的U形管卡将管子固定，防止管道滚落。采用螺纹连接的管子，则吊上后即可上紧。

给水干管的安装坡度不宜小于0.003，以有利于管道冲洗及放空。给水干管的中部应设固定支架，以保证管道系统的整体稳定性。

干管安装后，还应进行最后的校正调直，保证整根管子水平和垂直都在同一直线上并最后固定。用水平尺在管段上复核，防止局部管段出现“塌腰”或“拱起”的现象。

当给水管道穿越建筑物的沉降缝时，有可能在墙体沉陷时折剪管道而发生漏水或断裂等，此时需做防剪切破坏处理。

原则上尽量避免通过沉降缝，当必须通过时，有以下几种处理方法。

(1) 丝扣弯头法。在管道穿越沉降缝时，利用丝扣弯头把管道做成门形管，利用丝扣弯头的可移动性缓解墙体沉降不均的剪切力。这样，在建筑物沉降过程中，两边的沉降差就可用由丝扣弯头的旋转来补偿。这种方法用于小管径的管道，如图5.14所示。

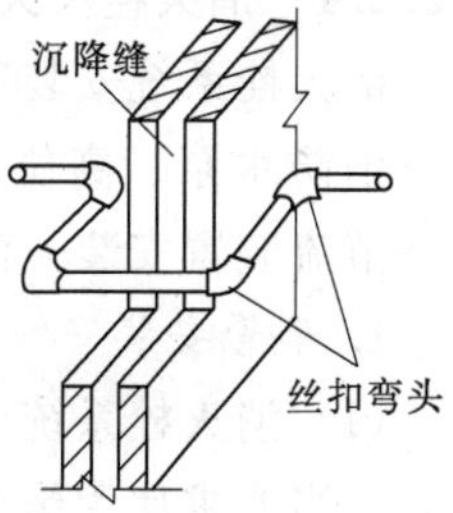

图5.14　丝扣弯头法

(2) 橡胶软管法。用橡胶软管连接沉降缝两端的管道，这种做法只适用于冷水管道（$t \leqslant 20℃$），如图5.15所示。

(3) 活动支架法。把沉降缝两侧的支架做成使管道能垂直位移而不能水平横向位移，如图5.16所示。

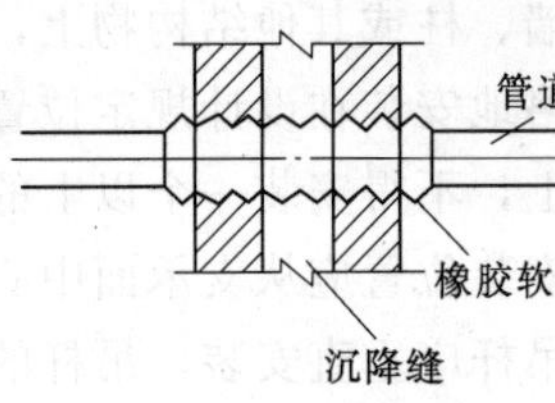

图 5.15 橡胶软管法

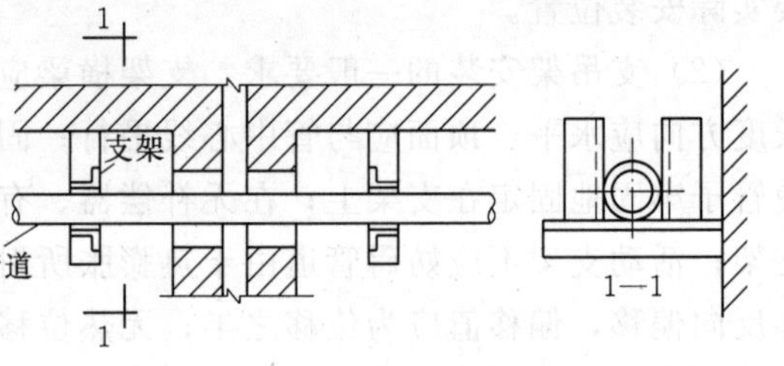

图 5.16 活动支架法

5.2.1.4 立管安装

干管安装后即可安装立管。给水立管可分为明装和管道竖井或墙槽内的安装。

(1) 根据地下给水干管各立管甩头位置，配合土建施工，按设计要求及时准确地逐层预留孔洞或埋设套管。

(2) 用线垂挂在立管的位置上，用“粉囊”在墙面上弹出垂直线，立管就可以根据该线来安装。立管长度较长，如采用螺纹连接时，可按图纸上所确定的立管管件，量出实际尺寸记录在图纸上，先进行预组装。安装后经过调直，将立管的管段做好编号，再拆开到现场重新组装。

(3) 根据立管卡的高度，在垂直中心线上画横线确定管卡的安装位置并打洞埋好立管卡。每安装一层立管，用立管卡件予以固定，管卡距地面 1.5～1.8m，两个以上的管卡应均匀安装，成排管道或同一房间的管卡和阀门等安装高度应保持一致。

5.2.1.5 立管安装

立管安装后，就可以安装支管，方法也是先在墙面上弹出位置线，但是必须在所接的设备定位后才可以连接，安装方法与立管相同。

安装支管前，先按立管上预留的管口在墙面上画出（或弹出）水平支管安装位置的横线，并在横线上按图纸要求画出各分支线或给水配件的位置中心线，再根据横线中心线测出各支管的实际尺寸进行编号记录，根据记录尺寸进行预制和组装（组装长度以方便上管为宜），检查调直后进行安装。

横支管管架间距依要求而设，支管宜采用管卡做支架。支架安装时，宜有 0.002～0.005 的坡度，坡向立管或配水点。

5.2.2 室内消防管道施工作业

5.2.2.1 消火栓灭火系统管道安装

消火栓系统安装工艺流程：安装准备→干管安装→立管安装→消火栓（箱）及支管安装→消防水泵、高位水箱、水泵结合器安装→管道试压→管道冲洗→系统综合试压及冲洗→节流装置安装→消火栓配件安装→管道试压。

1. 干管安装

(1) 消火栓系统干管安装应根据设计要求使用管材，按压力要求选用碳素钢管或无缝钢管。当要求使用镀锌管件时（干管直径在 100mm 以上，无镀锌管件时采用焊法兰连接，试完压后做好标记拆下来加工镀锌），在镀锌加工前不得刷油和污染管道。需要拆装镀锌的管道应先安排施工。

(2) 干管用法兰连接每根配管长度不宜超过6m，直管段可把几根连接一起，使用倒链安装，但不宜过长，也可调直后，编号依次顺序吊装，吊装时，应先吊起管道一端，待稳定后再吊起另一端。

(3) 管道连接紧固法兰时，检查法兰端面是否干净，采用3～5mm的橡胶垫片，法兰螺栓的规格应符合规定。紧固螺栓应先紧最不利点，然后依次对称紧固。法兰接口应安装在易拆装的位置。

(4) 配水干管、配水管应做红色或红色环圈标志。

(5) 管网在安装中断时，应将管道的敞口封闭。

(6) 管道在焊接前应清除接口处的浮锈、污垢及油脂。

(7) 不同管径的管道焊接，连接时如两管径相差不超过小管径的15%，可将大管端部缩口与小管对焊。如果两管相差超过小管径15%，应加工异径短管焊接。

(8) 管道对口焊笺上不得开口焊接支管，焊口不得安装在支吊架位置上。

(9) 管道穿墙处不得有接口（丝接或焊接）；管道穿过伸缩缝处应有防冻措施。

(10) 碳素钢管开口焊接时要错开焊缝，并使焊缝朝向易观察和维修的方向上。

(11) 管道焊接时先焊三点以上，然后检查预留口位置、方向、变径等无误后，找直、找正再焊接，紧固卡件、拆掉临时固定件。

管道的安装位置应符合设计要求，当设计无要求时，应符合表5.6的要求。

表5.6 管道的中心线与梁、柱、楼板等的最小距离

管道公称直径/mm	50	70	80	100	125	150	200
距离/mm	60	70	80	100	125	150	200

2. 消火栓系统立管安装

(1) 立管暗装在竖井内时，在管井预埋铁件上安装卡件固定，立管底部的支吊架要牢固，防止立管下坠。

(2) 立管明装时每层楼板要预留孔洞。立管可随结构穿入，以减少立管接口。

3. 消火栓及支管安装

(1) 消火栓箱体要符合设计要求（其材质有木、铁和铝合金等），栓阀有单出口和双出口双控等。产品均应有消防部门的制造许可证及合格证方可使用。

(2) 消火栓支管要以栓阀的坐标、标高定位栓口，核定后再稳固消火栓箱，箱体找正稳固后再把栓阀安装好，栓阀侧装在箱内时应在箱门开启的一侧，箱门开启应灵活。

(3) 消火栓箱体安装在轻质隔墙上时，应有加固措施。

(4) 安装消火栓水龙带，水龙带与水枪和快速接头绑扎好后，应根据箱内构造将水龙带挂放在箱内的挂钉、托盘或支架上。

(5) 室内消火栓系统安装完成后应取屋顶层（或水箱间内）试验消火栓和首层取两处消火栓做试射试验，达到设计要求为合格。

5.2.2.2 自动喷水灭火系统管道安装

自动喷水灭火系统施工工艺流程：安装准备→干管安装→报警阀安装→立管安装→喷洒分层干支管→水流指示器、消防水泵安装→管道试压→管道冲洗→喷洒头支管安装（系统综合试压及冲洗）→节流装置安装→报警阀配件、喷洒头安装→系统通水试压→管道冲洗。

1. 固定支架安装

（1）支吊架的位置以不妨碍喷头喷水效果为原则。一般吊架距喷头应大于300mm，对圆钢吊架可小到70mm。

（2）为防止喷头喷水时管道产生大幅度晃动，干管、立管均应加防晃固定支架。干管或分层干管可设在直管段中间，距立管及末端不宜超过12m，单杆吊架长度小于150mm时，可不加防晃固定支架。

（3）防晃固定支架应能承受管道、零件、阀门及管内水的总重量和50%水平方向推动力而不损坏或产生永久变形。立管要设两个方向的防晃固定支架。

（4）吊架与喷头的距离，应不小于300mm，距末端喷头的距离不大于750mm。吊架应设在相邻喷头间的管段上，当相邻喷头间距不大于3.6m时，可设一个；小于1.8m时，允许隔段设置。

2. 干管、立管安装

（1）喷洒管道一般要求使用镀锌管件（干管直径在100mm以上，无镀锌管件时采用焊接法兰连接，试完压后做好标记拆下来加工镀锌）。需要镀锌加工的管道应选用碳素钢管或无缝钢管，在镀锌加工前不允许刷油和污染管道。需要拆装镀锌的管道应先安排施工。

（2）喷洒干管用法兰连接每根配管长度不宜超过6m，直管段可把几根干管连接一起，使用倒链安装，但不宜过长。也可调直后，编号依次顺序吊装，吊装时，应先吊起管道一端，待稳定后再吊起另一端。

（3）管道连接紧固法兰时，检查法兰端面是否干净，采用3～5mm的橡胶垫片，法兰螺栓的规格应符合规定。紧固螺栓应先紧最不利点，然后依次对称紧固。法兰接口应安装在易拆装的位置。

（4）自动喷洒和水幕消防系统的管道应有坡度，充水系统管道坡度应不小于0.002，充气系统和分支管管道坡度应不小于0.004。

（5）立管暗装在竖井内时，在管井内埋设铁件上安装卡件固定，立管底部的支吊架要牢固，防止立管下坠。立管明装时每层楼板要预留孔洞，立管可随结构穿入，以减少立管接口。

5.2.3 室内排水管道施工作业

5.2.3.1 铸铁排水管道安装

铸铁排水管施工的工艺流程：施工准备→埋地管安装→干管安装→立管安装→支管安装→器具支管安装→封口堵洞→灌水试验→通水通球试验。

1. 排出管的安装

排水管道穿墙、穿基础时应按图5.17安装。排水管穿过承重墙或基础处应预留孔洞，使管顶上部净空不得小于建筑物的沉降量，一般不小于0.15m。

2. 污水干管安装

（1）管道铺设安装。在挖好的管沟或房心土回填到管底标高处铺设管道时，应将预制

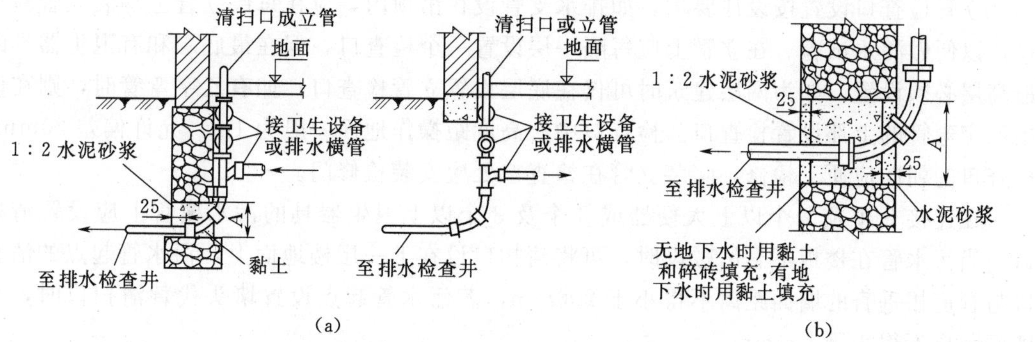

图5.17　排出管的安装示意图（单位：mm）

(a) 排出管穿基础；(b) 穿过地下室墙壁排出管

说明：用于有地下水地区时，基础面的防水措施与构筑物的墙面防水措施相同。

好的管段按照承口朝向来水方向，由出水口处向室内顺序排列。挖好捻灰口用的工作坑，将预制好的管段徐徐放入管沟内，封闭堵严总出水口，做好临时支撑，按施工图纸的坐标、标高找好位置和坡度，以及各预留管口的方向和中心线，将管段承插口相连。

在管沟内捻灰口前，先将管道调直、找正，用麻钎将承插口缝隙找均匀，把麻打实，校直、校正，管道两侧用土培好，以防捻灰口时管道移位。

将水灰比为1∶9的水泥捻口灰拌好后，装在灰盘内放在承插口下部，人跨在管道上，一手填灰，一手用捻凿捣实，先填下部，由下而上，边填边捣实，填满后用手锤打实，再填再打，将灰口打满打平为止。捻好的灰口，用湿麻绳缠好养护或回填湿润细土掩盖养护。

管道铺设捻好灰口后，再将立管及首层卫生洁具的排水预留管口，按室内地平线、坐标位置及轴线找好尺寸，接至规定高度，将预留管口装上临时丝堵。

按照施工图对铺设好的管道坐标、标高及预留管口尺寸进行自检，确认准确无误后即可从预留管口处灌水做闭水试验，水满后观察水位不下降，各接口及管道无渗漏，经有关人员进行检查，并填写隐蔽工程验收记录，办理隐蔽工程验收手续。

管道系统经隐蔽验收合格后，临时封堵各预留管口，配合土建填培孔、洞，按规定回填土。

(2) 托、吊管道安装。安装在管道设备层内的铸铁排水干管可根据设计要求做托、吊或砌砖墩架设。

安装托、吊管要先搭设架子，将托架按设计坡度栽好或栽好吊卡，量准吊棍尺寸，将预制好的管道托、吊牢固，并将立管预留口位置及首层卫生洁具的排水预留管口，按室内地平线、坐标位置及轴线找好尺寸，接至规定高度，将预留管口装上临时丝堵。托、吊排水干管在吊顶内者，需做闭水试验，按隐蔽工程项目办理隐检手续。

3. *污水立管安装*

根据施工图校对预留管洞尺寸有无差错，如系预制混凝土楼板则需剔凿楼板洞，应按位置画好标记，对准标记剔凿。如需断筋，必须征得土建施工队有关人员同意，按规定要求处理。

立管检查口设置按设计要求，如排水支管设在吊顶内，应在每层立管上均装立管检查口，以便做灌水试验。在立管上应每隔一层设置一个检查口，但在最底层和有卫生器具的最高层必须设置。如为两层建筑时可仅在底层设置立管检查口；如有乙字弯管时，则在该层乙字弯管的上部设置检查口。检查口中心高度距操作地面一般为1m，允许偏差20mm；检查口的朝向应便于检修，暗装立管在检查口处应安装检修门。

在连接2个及2个以上大便器或3个及3个以上卫生器具的污水横管上应设置清扫口。当污水管在楼板下悬吊敷设时，可将清扫口设在上一层楼地面上，污水管起点的清扫口与管道相垂直的墙面距离不得小于200mm，若污水管起点设置堵头代替清扫口时，与墙面距离不得小于400mm。

在转角小于135°的污水横管上应设置检查口或清扫口。污水横管的直线管段，应按设计要求的距离设置检查口或清扫口。

安装立管应两人上下配合，一人在上一层楼板上，由管洞内投下一个绳头，下面一人将预制好的立管上半部拴牢，上拉下托将立管下部插口插入下层管承口内。

立管插入承口后，下层的人把甩口及立管检查口方向找正，上层的人用木楔将管在楼板洞处临时卡牢、打麻、吊直、捻灰。复查立管垂直度，将立管临时固定牢固。

立管安装完毕后，配合土建用不低于楼板标号的混凝土将洞灌满堵实，并拆除临时支架。如系高层建筑或管道井内，应按照设计要求用型钢做固定支架。

4. 污水支管安装

支管安装应先搭好架子，并将托架按坡度栽好或栽好吊卡，量准吊棍尺寸，将预制好的管道托到架子上，再将支管插入立管预留口的承口内，将支管预留口尺寸找准，并固定好支管，然后打麻、捻灰口。

支管设在吊顶内，末端有清扫口者，应将管接至上层地面上，便于清掏。支管安装完后，可将卫生洁具或设备的预留管安装到位，找准尺寸并配合土建将楼板孔洞堵严，预留管口装上临时丝堵。

排水管道坡度过小或倒坡，均影响使用效果，各种管道坡度必须按设计要求找准。

5.2.3.2 UPVC排水管道安装

UPVC排水管道施工工艺流程：安装准备→预制加工→干管安装→立管安装→支管安装→卡件固定→封口堵洞→闭水试验→通水试验。

1. 干管安装

首先根据设计图纸要求的坐标、标高预留槽洞或预埋套管。埋入地下时，按设计坐标、标高、坡向、坡度开挖槽沟并夯实。采用托吊管安装时应按设计坐标、标高，现场拉线确定排水方向坡度做好托、吊架。

施工条件具备时，将预制加工好的管段，按编号运至安装部位进行安装。各管段粘连时也必须按粘接工艺依次进行。全部粘连后，管道要直，坡度均匀，各预留口位置准确。

立管和横管应按设计要求设置伸缩节。横管伸缩节应采用锁紧式橡胶圈管件；当管径大于或等于160mm时，横干管宜采用弹性橡胶密封圈连接形式。当设计对伸缩量无规定时，管端插入伸缩节处预留的间隙应为：夏季5～10mm；冬季15～20mm。

干管安装完后应做闭水试验，出口用充气橡胶堵封闭，达到不渗潜漏，水位不下降为合格。地下埋设管道应先用细砂回填至管上皮 100mm，上覆过筛土，夯实时勿碰损管道。

托吊管粘牢后再按水流方向找坡度。最后将预留口封严和堵洞。生活污水塑料管道的坡度必须符合设计要求。

管道支承件的间距：立管管径为 50mm 的，不得大于 1.2m；管径不小于 70mm 的，不得大于 2m。

2. 立管安装

首先按设计坐标要求，将洞口预留或后剔，洞口尺寸不得过大，更不可损伤受力钢筋。安装前清理场地，根据需要支搭操作平台。

立管安装前先从高处拉一根垂直线至首层，以确保垂直；安装时按设计要求安装伸缩节，伸缩节安装要求如下。

(1) 当层高小于或等于 4m 时，污水立管和通气立管应每层设一伸缩节；当层高大于 4m 时，其数量应根据管道设计伸缩量和伸缩节允许伸缩量计算确定。

(2) 污水横支管、横干管、器具通气管、环形通气管和汇合通气管上无汇合管件的直线管段大于 2m 时，应设伸缩节，但伸缩节之间最大间距不得大于 4m。

(3) 管道设计伸缩量不应大于表 5.7 中伸缩节的最大允许伸缩量。

表 5.7　　伸缩节最大允许伸缩量

管径/mm	50	75	90	110	125	160
最大允许伸缩量/mm	12	15	20	20	20	25

5.2.4 室内管道质量检验

5.2.4.1 给水管道质量验收标准

1. 保证项目

(1) 隐蔽管道和给水系统的水压试验结果必须符合设计要求和施工规范规定。

检验方法：检查系统或分区（段）试验记录。

(2) 管道及管道支座（墩）严禁铺设在冻土和未经处理的松土上。

检查方法：观察或检查隐蔽工程记录。

(3) 给水系统竣工后或交付使用前，必须进行吹洗。

检查方法：检查吹洗记录。

2. 基本项目

(1) 管道坡度的正负偏差符合设计要求。

检验方法：用水准仪（水平尺）拉线和尺量检查或检查隐蔽工程记录。

(2) 碳素钢管的螺纹加工精度符合国际上管螺纹规定，螺纹清洁规整，无断丝或缺丝，连接牢固，管螺纹根部有外露螺纹，镀锌碳素钢管无焊接口，螺纹无断丝。镀锌碳素钢管和管件的镀锌层无破损，螺纹露出部分防腐蚀良好，接口处无外露油麻等缺陷。

检验方法：观察或解体检查。

(3) 碳素钢管的法兰连接应对接平行、紧密，与管子中心线垂直。螺杆露出螺母长度一致，且不大于撑杆直径的 1/2，螺母在同侧，衬垫材质符合设计要求和施工规范规定。

检查方法：观察检查。

(4) 非镀锌碳素钢管的焊接焊口平直，焊波均匀一致，焊缝表面无结瘤、夹渣和气孔。焊缝加强面符合施工规范规定。

检查方法：观察或用焊接检测尺检查。

(5) 金属管道的承插和套箍接口结构及所有填料符合设计要求和施工规范规定，灰口密实饱满，胶圈接口平直无扭曲，对口间隙准确，环缝间隙均匀，灰口平整、光滑，养护良好，胶圈接口回弹间隙符合施工规范规定。

检查方法：观察和尺量检查。

(6) 管道支（吊、托）架及管座（墩）的安装应构造正确，埋设平正牢固，排列整齐，支架与管道接触紧密。

检验方法：观察或用手扳检查。

(7) 阀门安装的型号、规格、耐压和严密性试验符合设计要求和施工规范规定，位置、进出口方向正确，连接牢固、紧密，启闭灵活，朝向合理，表面洁净。

检查方法：手扳检查和检查出厂合格证、试验单。

(8) 埋地管道的防腐层材质和结构符合设计要求和施工规范规定，卷材与管道以及各层卷材间粘贴牢固，表面平整，无皱折、空鼓、滑移和封口不严等缺陷。

检查方法：观察或切开防腐层检查。

(9) 管道、箱类和金属支架的油漆种类和涂刷遍数符合设计要求，附着良好，无脱皮、起泡和漏涂，漆膜厚度均匀，色泽一致，无流淌及污染现象。

检验方法：观察检查。

3. 允许偏差项目

水平管道的纵、横方向的弯曲，立管垂直度，平行管道和成排阀门的安装应符合规定。

5.2.4.2 建筑消防安装工程质量验收标准

1. 保证项目

自动喷洒和水幕消防装置。

(1) 质量标准。其喷头位置、间距和方向必须符合设计要求和施工规范规定。

(2) 检验方法。观察和对照图纸及规范检查。

(3) 检查数量。全数检查。

2. 基本项目

箱式消火栓的安装。

(1) 质量标准。

合格：栓口朝外，阀门中心距地面、箱壁的尺寸符合施工规范规定。

优良：在合格的基础上，水龙带与消火栓和快速接头的绑扎紧密，并卷折、挂在托盘或支架上。

(2) 检验方法。观察和尺量检查。

(3) 检查数量。系统的总组数少于5组全检，大于5组抽查1/2，但不少于5组。

3. 允许偏差项目

该分项工程质量检验评定程序及填写要求，可参照给水管道质量验收标准。

5.2.4.3 排水管道质量验收标准

1. 保证项目

(1) 灌水试验。

1) 质量标准。隐蔽的排水和雨水管道的灌水试验结果，必须符合设计要求和施工规范规定。

2) 检验方法。检查区(段)灌水试验记录。

3) 检查数量。全数检查。

(2) 管道坡度。

1) 质量标准。排水和雨水管道必须有一定的坡度，坡度必须符合设计要求或施工规范规定。

2) 检验方法。检查隐蔽工程记录或用水准仪(水平尺)、拉线和尺量检查。

3) 检查数量。按系统内直线管段长度每30m抽查2段，不足30m不少于1段。

(3) 管道铺设。

1) 质量标准。管道及管道支座(墩)，严禁铺设在冻土和未经处理的松土上。

2) 检验方法。观察检查或检查隐蔽工程记录。

3) 检查数量。全数检查。

(4) 排水塑料管。

1) 质量标准。必须按设计要求装设伸缩节，如设计无要求，伸缩节按间距不大于4m设置。

2) 检验方法。观察和尺量检查。

3) 检查数量。不少于5个伸缩节区间。

(5) 通水试验。

1) 质量标准。排水系统竣工后的通水试验结果，必须符合设计要求和施工规范规定。

2) 检验方法。通水检查或检查通水试验记录。

3) 检查数量。全数检查。

2. 基本项目

(1) 承插和套箍接口(金属和非金属管道)。

1) 质量标准。

合格：接口结构和所用的填料符合设计要求和施工规范规定；捻口密实、饱满，填料凹入承口边缘不大于5mm，且无抹口。

优良：在合格的基础上，环缝间隙均匀，灰口平整、光滑，养护良好。

2) 检验方法。尺量和用锤轻击检查。

3) 检查数量。不少于10个接口。

(2) 镀锌碳素钢管或非镀锌碳素钢管的螺纹连接。

1) 质量标准。

合格：管螺纹加工精度符合国家标准中有关管螺纹的规定；螺纹清洁、规整，断丝或缺丝不大于螺纹全扣数的10%，连接牢固；管螺纹根部有外露螺纹；镀锌碳素钢管无焊接口。

优良：在合格的基础上，螺纹无断丝，镀锌碳素钢管和管件的镀锌层无破损，螺纹露出部分防腐蚀良好，接口处无外露填料等缺陷。

2）检验方法。观察或解体检查。

3）检查数量。不少于10个接口。

(3) 碳素钢管法兰连接或非碳素钢管法兰连接。

1）质量标准。

合格：对接平行、紧密，与管子中心线垂直，螺杆露出螺母；衬垫材料符合设计要求和施工规范规定，且无双层。

优良：在合格的基础上，螺母在同侧，螺杆露出螺母，长度一致，且不大于螺杆直径的1/2。

2）检验方法。观察检查。

3）检查数量。不少于5副。

(4) 非镀锌碳素钢管焊接。

1）质量标准。

合格：焊口平直度、焊缝加强面符合施工规范规定，焊口表面无烧穿、裂纹和明显的结瘤、夹渣及气孔等缺陷。

优良：在合格的基础上，焊波均匀一致，焊缝表面无结瘤、夹渣和气孔。

2）检验方法。观察或用焊接检测尺检查。

3）检查数量。不少于10个焊口。

(5) 管道支架及管座（墩）。

1）质量标准。

合格：结构正确，埋设平正牢固。

优良：在合格的基础上，排列整齐，支架与管子接触紧密。

2）检验方法。观察或用手扳检查。

3）检查数量。各抽查5%，但均不少于5件（个）。

(6) 管道、箱类、金属支架涂漆。

1）质量标准。

合格：油漆种类和涂刷遍数符合设计要求，附着良好，无脱皮、起泡和漏涂。

优良：在合格的基础上，漆膜厚度均匀，色泽一致，无流淌及污染现象。

2）检验方法。观察检查。

3）检查数量。各抽查不少于5处。

3. 允许偏差项目

该分项工程质量检验评定程序及填写要求，可参照给水管道质量验收标准。

任务5.3 卫生器具安装

卫生器具一般在土建内粉刷工作基本完工，建筑内部给水排水管道敷设完毕后进行安装，安装前应熟悉施工图纸和国家颁发的《全国通用给水排水标准图集》（S342）。做到所有卫生器具的安装尺寸符合国家标准及施工图纸的要求。

卫生器具安装基本要求：平、稳、牢、准、不漏、使用方便、性能良好。

平：所有卫生器具的上口边沿要水平，同一房间成排的卫生器具标高应一致。

稳：卫生器具安装后无晃动现象。

牢：安装牢固，无松动脱落现象。

准：卫生器具的平面位置和高度尺寸准确。

不漏：卫生器具上、下水管口连接处严密不漏。

使用方便：零部件布局合理，阀门及手柄的位置朝向合理。

性能良好：阀门、水嘴使用灵活，管内畅通，卫生器具的排出口应设置存水弯。

安装前，应对卫生器具及其附件（如配水嘴、存水弯等）进行质量检查，卫生器具及其附件有产品出厂合格证，卫生器具外观应规矩、表面光滑、造型美观、无破损无裂纹、边沿平滑、色泽一致、排水孔通畅。不符合质量要求的卫生器具不能安装。

卫生器具的安装顺序：首先是卫生器具排水管的安装，然后是卫生器具落位安装，最后是进水管和排水管与卫生器具的连接。

卫生器具落位安装前，应根据卫生器具的位置进行支、托架的安装。卫生器具的支、托架应防腐良好。支、托架的安装宜采用膨胀螺栓或预埋螺栓固定，安装须正确、牢固，与卫生器具接触应紧密、平稳，与管道的接触应平整。卫生器具安装位置应正确、平直。卫生器具的排水管管径选择和安装最小坡度应符合设计要求。若无设计要求，应符合表5.8有关规定。

表5.8　连接卫生器具的排水管管径和管道最小坡度

项次	卫生器具名称		排水管管径/mm	管道最小坡度
1	污水盆（池）		50	0.025
2	单、双槽洗涤盆（池）		50	0.025
3	洗脸盆、洗手盆		32～50	0.020
4	浴盆		50	0.020
5	淋浴器		50	0.020
6	大便器	高、低水箱	100	0.012
		自闭式冲洗阀	100	0.012
		拉管式冲洗阀	100	0.012
7	小便器	手动式冲洗阀	40～50	0.020
		自动式冲洗箱	40～50	0.020
8	化验盆（无塞）		40～50	0.025
9	净身器		40～50	0.020
10	饮水器		20～50	0.01～0.02
11	家用洗衣机		50（软管为30）	

注　成组洗脸盆接至共用水封的排水管的坡度为0.01。

卫生器具的安装高度，如无设计要求，应符合表5.9的规定。

表 5.9　　卫生器具的安装高度

项次	卫生器具名称			卫生器具安装高度/mm		备注
				居住和公共建筑	幼儿园	
1	污水盆（池）	架空式		800	800	自地面至器具上边缘
		落地式		500	500	
2	洗涤盆（池）			800	800	
3	洗脸盆、洗手盆（有塞、无塞）			800	500	
4	盥洗槽			800	500	
5	浴盆			≤520		
6	蹲式大便器	高水箱		1800	1800	自台阶面至高水箱底
		低水箱		900	900	自台阶面至低水箱底
7	坐式大便器	高水箱		1800	1800	自地面至高水箱底
		低水箱	外露排水管式	510	370	自地面至低水箱底
			虹吸喷射式	470		
8	小便器	挂式		600	450	自地面至下边缘
9	小便器			200	150	自地面至台阶面
10	大便器冲洗水箱			≥2000		自台阶面至水箱底
11	妇女卫生盆			360		自地面至器具上边缘
12	化验盆			800		自地面至器具上边缘

卫生器具的给水配件应完好无损伤，接口严密，启闭灵活。卫生器具的给水配件（水嘴、阀门等）安装高度要求，应符合表 5.10 的规定。装配镀铬配件时，不得使用管钳，不得已时应在管钳上衬垫软布，方口配件应使用活扳手，以免破坏镀铬层，影响美观及使用寿命。

表 5.10　　卫生器具给水配件的安装高度

项次	给水配件名称		配件中心距地面高度/mm	冷热水嘴距离/mm	器具与配件间间距/mm
1	架空式污水盆（池）水嘴		1000	—	200
2	落地式污水盆（池）水嘴		800	—	300
3	洗涤盆（池）水嘴		1000	150	200
4	住宅集中给水水嘴		1000	—	—
5	洗手盆水嘴		1000	—	200
6	洗脸盆	水嘴（上配水）	1000	150	200
		水嘴（下配水）	800	150	—
		角阀（下配水）	450	—	—
7	盥洗槽	水嘴	1000	150	200
		冷热水管其中热水嘴上下并行	1100	150	300

续表

项次	给水配件名称		配件中心距地面高度/mm	冷热水嘴距离/mm	器具与配件间间距/mm
8	浴盆	水嘴（上配水）	670	150	≥150
9	淋浴器	截止阀	1150	95	—
		混合阀	1150	—	—
		淋浴喷头下沿	2100	—	—
10	蹲式大便器（从台阶面算起）	高水箱角阀及截止阀	2040	—	—
		低水箱角阀	250	—	—
		手动式自闭冲洗阀	600	—	—
		脚踏式自闭冲洗阀	150	—	—
		拉管式冲洗阀（从地面算起）	1600	—	—
		带防污助冲器阀门（从地面算起）	900	—	—
11	坐式大便器	高水箱角阀及截止阀	2040	—	—
		低水箱角阀	150	—	—
12	大便器冲洗水箱截止阀（从台阶面算起）		≥2040	—	—
13	立式小便器角阀		1130	—	—
14	挂式小便器角阀及截止阀		1050	—	—
15	小便器多孔冲洗管		1100	—	—
16	实验室化验水嘴		1000	—	—
17	妇女卫生盆混合阀		360	—	—

注 1. 装设在幼儿园内的洗手盆、洗脸盆和盥洗槽水嘴中心离地面安装高度应为700mm，其他卫生器具给水配件的安装高度，应按卫生器具实际尺寸相应减少。

2. 特制卫生器具给水配件的安装高度，应根据器具构造确定。

5.3.1 大便器安装方法

大便器分为蹲式大便器和坐式大便器两种。

5.3.1.1 蹲式大便器的安装

蹲式大便器本身不带存水弯，安装时需另加存水弯。存水弯有P形和S形两种，P形比S形的高度要低一些。所以，S形仅用于底层，P形既可用于底层又能用于楼层，这样可使支管（横管）的悬吊高度要低一些。

蹲式大便器一般安装在地坪的台阶上，一个台阶高度为200mm，最多为两个台阶，高度为400mm。住宅式大便器一般安装在卫生间现浇楼板凹坑内低于楼板不少于240mm内，这样，就省去了台阶，方便人们使用。

1. 高水箱安装

先将水箱内的附件装配好，保证使用灵活。按水箱的高度、位置，在墙上划出钻孔中心线，用电钻钻孔，然后用膨胀螺栓加垫圈将水箱固定。

2. 水箱浮球阀和冲洗管安装

将浮球阀加橡胶垫从水箱中穿出来，再加橡皮垫，用螺母紧固；然后将冲洗管加橡胶垫从水箱中穿出，再套上橡胶垫和铁制垫圈后用螺母紧固。注意用力适当，以免损坏水箱。

3. 安装大便器

大便器出水口套进存水弯之前，须先将麻丝白灰（或油灰）涂在大便器出水口外面及存水弯承口内。然后用水平尺找平摆正，待大便器安装定位后，将手伸入大便器出水口内，把挤出的白灰（或油灰）抹光。

4. 冲洗管安装

冲洗水管（一般为DN32塑料管）与大便器进水口连接时，应涂上少许食用油，把胶皮碗套上，要套正套实，然后用14号钢丝分别绑扎两道，钢丝拧扣要错位不许压结在一条线上。

5. 水箱进水管安装

将预制好的塑料管（或铜管）一端用螺母固定在角阀上，另一端套上螺母，管端缠聚四氟乙烯生料带或铅油麻丝后，用锁母锁在浮球阀上。

6. 大便器的最后稳装

大便器安装后，立即用砖垫牢固，再以混凝土做底座。胶皮碗周围应用干燥细砂填充，便于日后维修。最后配合土建单位在上面做卫生间地面。

5.3.1.2 坐式大便器的安装

坐式大便器按冲洗方式，分为低水箱冲洗和延时自闭式冲洗阀冲洗，按低水箱所处位置，坐便器又分为分体式或连体式两种。分体式低水箱坐便器的安装顺序如下。

1. 低水箱安装

先在地面将水箱内的附件组装好；然后根据水箱的安装高度和水箱背部孔眼的实际尺寸，在墙上标出螺栓孔的位置，采用膨胀螺栓或预埋螺栓等将水箱固定在墙上。就位固定后的低水箱应横平竖直，稳固贴墙。

2. 大便器安装

大便器安装前，应先将大便器的排出口插入预先安装的DN100污水管口内，再将大便器底座孔眼的位置用笔在地坪上标记，移开大便器用冲击电钻打（不打穿地坪），然后将大便器用膨胀螺栓固定。固定时，用力要均匀，防止瓷质便器底部破碎。

3. 水箱与大便器连接管安装

水箱和大便器安装时，应保证水箱出水口和大便器进水口中心对正，连接管一般为90°铜质冲水管。安装时，先将水箱出水口与大便器进水口上的螺母卸下，然后在弯头两端缠生料带或铅油麻丝，一端插入低水箱出水口，另一端插入大便器进水口，将卸下的螺母分别锁紧两端，注意松紧要适度。

4. 水箱进水管上角阀与水箱进水口处连接

通常采用外包金属软管，能有效地满足角阀与低水箱管口不在同一垂直线上的安装要求。该软管两端为活接，安装十分方便。

5. 大便器排出口安装

大便器排出口应与大便器安装同步进行。其做法与蹲便器口安装相同，只是坐便器不需存水弯。

连体式大便器是由于水箱与大便器连为一体，造型美观，整体性好，已成为当今高档坐便器的主流，其安装比分式大便器简单得多，仅需连接水箱进水管和大便器排出管及安装大便器即可。

此外，采用延时自闭式冲洗阀冲洗的坐便器及蹲便器具有所占空间小、美观、安装方便的特点，因而得到广泛应用，其安装可参照设计施工图及产品使用说明进行。

5.3.2 洗脸盆、洗涤盆、小便器安装方法

5.3.2.1 洗脸盆安装

洗脸盆有墙架式、立式、台式三种形式。

墙架式洗脸盆是一种低档洗脸盆，如图5.18所示，墙架式洗脸盆其安装顺序如下。

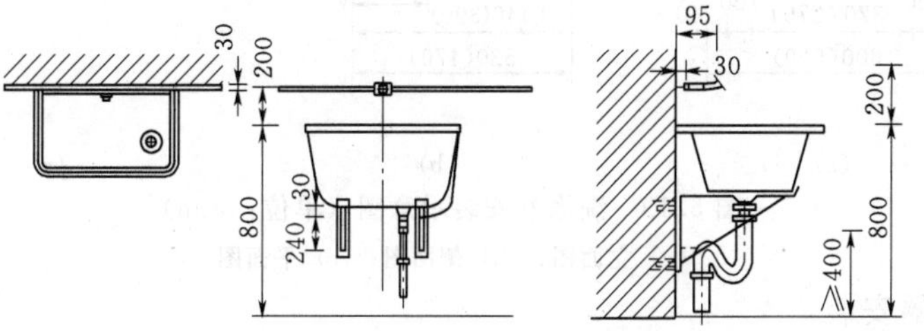

图5.18 墙架式洗脸盆安装示意图（单位：mm）

1. 托架安装

根据洗脸盆的位置和安装高度，划出托架在墙上固定的位置。用冲击电钻钻孔，采用膨胀螺栓或预埋螺栓将托架平直地固定在墙上。

2. 进水管及水嘴安装

将脸盆稳装在托架上，脸盆上水嘴垫胶皮垫后穿入脸盆的进水孔，然后加垫并用根母紧固。水嘴安装时应注意热水嘴装在脸盆左边，冷水嘴装在右边，并保证水嘴位置端正稳固。水嘴装好后，接着将角阀的入口端与预留的给水口相连接，另一端配短管（宜采用金属软管）与脸盆水嘴连接，并用锁母紧固。

3. 出水口安装

将存水弯锁母卸开，上端套在缠油麻丝或生料带的排水栓上，下端套上护口盘插入预留的排水管管口内，然后把存水弯锁母加胶皮垫找正紧固，最后把存水弯下端与预留的排水管口间的缝隙用铅油麻丝或防水油膏塞紧，盖好护口盘。

立式及台式洗脸盆属中高档洗脸盆。其附件通常是镀铬件，安装时应注意不要损坏镀铬层。安装立式及台式洗脸盆可参见国标图及产品安装要求，也可参照墙架式洗脸盆安装顺序进行。

5.3.2.2 洗涤盆安装

住宅厨房、公共食堂中设洗涤盆，用作洗涤食品、蔬菜、碗碟等。医院的诊室、治疗室等也需设置。洗涤盆材质有陶瓷、砖砌后瓷砖贴面、水磨石、不锈钢等。水磨石洗涤盆安装如图5.19所示。首先按图纸所示，确定洗涤盆安装位置，安装托架或砌筑支撑墙，然后装上洗涤盆，找平找正，与排水管道进行连接。在洗涤盆排水口丝扣下端涂铅油，缠少许麻丝，然后与P形存水弯的立节或S形存水弯的上节丝扣连接，将存水弯横节或存

水弯下节的端头缠好油盘根绳，与排水管口连接，用油灰将下水管口塞严、抹平。最后按图纸所示安装、连接给水管道及水嘴。

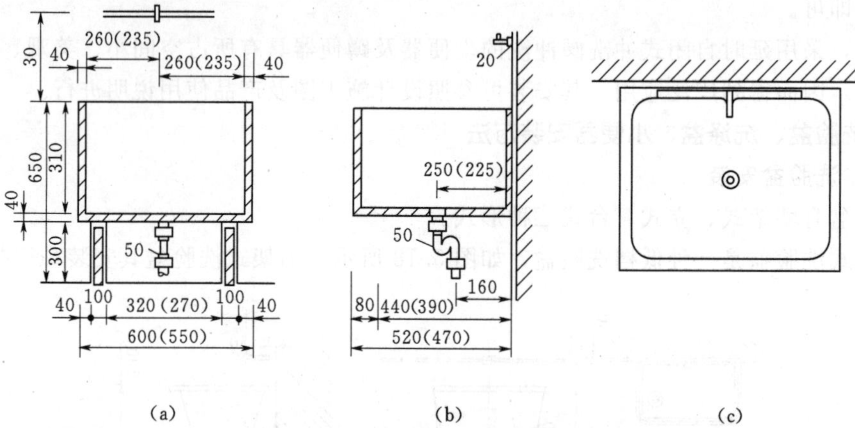

图 5.19 洗涤盆安装示意图（单位：mm）

（a）立面图；（b）侧面图；（c）平面图

5.3.2.3 小便器安装

小便器是设于公共建筑的男厕所内的便溺设施，有挂式、立式和小便槽三种。挂式小便器安装，如图 5.20 所示。

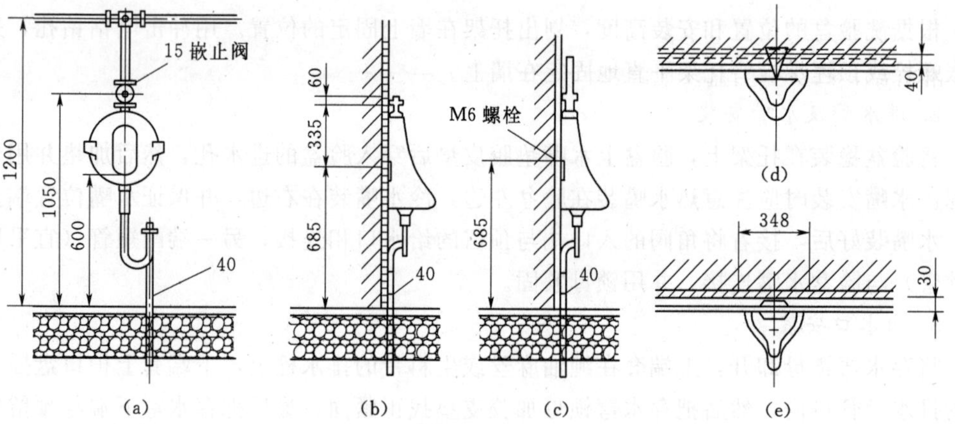

图 5.20 挂式小便器安装示意图（单位：mm）

（a）立面图；（b）侧面图；（c）螺栓高度示意图；（d）上平面图；（e）下平面图

挂式小便器安装：对准给水管中心划一条垂线，由地面向上量出规定的高度画一水平线，根据产品规格尺寸由中心向两侧量出孔眼的距离，确定孔眼位置，钻孔，栽入螺栓，将小便器挂在螺栓上。小便器与墙面的缝隙可嵌入白水泥涂抹。挂式小便器安装时应检查给水、排水预留管口是否在一条垂线上，间距是否一致。然后分别与给水管道、排水管道进行连接。挂式小便器给水管道、排水管道分别可以采用明装或暗装施工。

5.3.2.4 浴盆安装方法

浴盆一般为长方形，也有方形的，长方形浴盆有带腿和不带腿之分。按配水附件的不同，浴盆可分为冷热水龙头、固定式淋浴器、混合龙头、软管淋浴器、移动式软管淋浴器浴盆。冷热水龙头浴盆是一种普通浴盆。

1. 浴盆稳装

浴盆安装应在土建内粉刷完毕后才能进行。如浴盆带腿的，应将腿上的螺栓卸下，将拔锁母插入浴盆底卧槽内，把腿扣在浴盆上，带好螺母，拧紧找平，不得有松动现象。不带腿的浴盆底部平稳地放在用水泥砖块砌成的两条墩子上，从光地坪至浴盆上口边缘为520mm，浴盆向排水口一侧稍倾斜，以利排水。浴盆四周用水平尺找正，不得歪斜。

2. 配水龙头安装

配水龙头高于浴盆面150mm，热左冷右，两龙头中心距150mm。

3. 排水管路安装

排水管安装时先将溢水弯头、三通等组装好，准确地量好各段长度，再下料，排水横管坡度为0.02。先把浴盆排水栓涂上白灰或油灰，垫上胶皮垫圈，由盆底穿出，用根母锁紧，多余油灰抹平，再连上弯头、三通。溢水管的弯头也垫上胶皮圈，将花盖串在堵链的螺栓上。然后将溢水管插入三通内，用根母锁住。三通与存水弯连接处应配上一段短管，插入存水弯的承口内，缝隙用铅油麻丝或防水沥青填实抹平。

4. 浴盆装饰

浴盆安装完成后，由土建用砖块沿盆边砌平并贴瓷砖，在安装浴盆排水管的一端，池壁墙应开一个300mm×300mm的检查门，供维修使用。在最后铺瓷砖时，应注意浴盆边缘必须嵌进瓷砖10～15mm，以免使用时渗水。

除以上介绍的几种卫生器具的安装外，还有大便槽、小便槽、污水盆、化验盆、盥洗槽、淋浴器、妇女卫生盆及地漏等，施工时，可按设计要求及《全国通用给水排水标准图集》(S342) 要求安装。

项目6　给水排水机械设备安装与制作

项目概述　本项目结合国内给水排水设备安装与制作工程的实际，对提升设备、通风设备及非标设备的安装与制作的工序及方法进行详细介绍。重点讲述了给水排水工程中常用的离心水泵、离心鼓风机等设备的安装工艺流程及技术要求，对施工现场中常常根据需要加工的非标设备的制作方法按不同材质进行了制作工艺介绍。

知识目标　了解给排水工程中常用的机械设备种类，掌握水泵、鼓风机的安装工艺及技术要求，熟悉非标设备的制作方法。

能力目标　能根据工程现场情况确定机械设备的安装施工方案，明确非标设备的加工工法。

学时建议　4～6学时。

任务6.1　水泵的安装

【引例6.1】　某广场项目消防工程水泵安装工程项目，消防泵房位于地下二层，其中消火栓泵4台，喷淋泵2台。

【思考】　在该案例中，水泵基础如何做？水泵的安装工序如何？安装完成后的质量如何检验？试运如何进行？

6.1.1　水泵基础施工作业

熟悉图纸要求→编制技术文件→机具、工具、材料准备→桥机安装并已试车（视项目大小而定）→清理安装现场→复核预留预埋件尺寸→复核混凝土基础→设备开箱清点检查。

6.1.1.1　安装前准备工作

1. 安装前所需资料

取得设计单位的施工图纸和制造厂家的设备装配图、安装使用说明书、出厂合格证书、出厂检验记录、设备发货明细等有关技术资料，并进行核对，编制施工工艺，进行详细的技术交底工作。

2. 安装前所需工器具

根据所制定的机组安装方案，制作准备所需的工具、量具、设备和加工件如水准仪、水平仪、千分表、塞尺、钢板尺等。

3. 安装前开箱检查

做好设备开箱检查清点和接收工作，主要检查零件质量及数量等并进行妥善的保管。

6.1.1.2　基础设置

1. 基础验收检查

泵组安装前，先对泵组混凝土基础进行检查，基础一般用混凝土、钢筋混凝土浇筑而成，强度等级不低于C15。对超差的基础进行修复或采取其他措施予以处理。主要工作是检查混凝土基础的几何尺寸、位置高程，地脚螺栓孔位置、尺寸、深度、倾斜度、基础本身质量、表面质量等，基础检查允许偏差见表6.1。

表6.1 基础检查允许偏差

序号	检查项目	允许偏差/mm	序号	检查项目	允许偏差/mm
1	基础坐标位置	±20	4	预留地脚螺栓孔深度	0～+50
2	基础平面标高	−30～−20	5	地脚螺栓孔、壁倾斜度	10
3	基础中心位置	±10			

2. 在基础上放线，确定安装位置

泵组的基础放线，按泵房工艺平面设计图纸，依据建筑物基准轴线来确定泵组的纵横向基准线。安装标高以建筑物和结构标高线或标高点为标高基准点。在基础上确定安装基准线，核对与机组安装有关的基础几何尺寸，预留孔洞的相互位置及与基准轴线的位置偏差，机组本身相关尺寸是否与设计图纸相符等。水泵的中心线按出水管壁板上的套管实际中心线确定，机组轴线要放通线，中心线和轴线两端埋设标志桩并用冲孔标记。然后将安装基准线用墨线弹放于基础表面上作为修整混凝土和安装机组的依据。在附近醒目的地方，设置标高点，用红油漆圈上，标明标高值，并加以保护，作为设备安装标高检测的依据。

安装基准线和基准高程点的允许偏差见表6.2。

表6.2 安装基准线和基准高程点的允许偏差

序号	项目	允许偏差/mm	序号	项目	允许偏差/mm
1	基准高程点偏差	±0.2	3	机组轴线偏差	±1.5
2	机组中心线偏差	±1.0	4	相邻螺孔距	±1.0

3. 基础的处理

在基础验收和放线后，对基础表面应进行处理，以保证安装的精度要求，基础表面视安装精度要求，混凝土表面修整至20mm/m以内，地脚螺栓孔洞内的垂直度，应修整至地脚螺栓在设计位置放入孔洞内垂直放置无阻碍为止。基础表面要清洗地角螺孔内的碎混凝土及其他杂物。清理干净后，保护洞口。

4. 基础垫板设置

机组基础除承受机组重量外，在运行中还承受水泵的水推力。混凝土表面的平整度很难保证机座在调平过程中的要求，且机座与之接触不良也不能保证有足够的承压面积，在基础施工时应在机组基础面设计标高线以下40mm处，地脚螺栓左右位置设置基础垫板，这样就能保证每块垫板与一期混凝土完全接触。每块垫板面积理论上应按式（6.1）计算。

$$S \geqslant \frac{G}{b_0 n} \tag{6.1}$$

式中 S——每块垫板面积，cm^2；

G——基础最大荷载，kg；

b_0——基础混凝土设计标号，kg/cm^2；

n——垫板总数。

基础垫板平面平整度应符合要求，在预埋过程中用水平仪找平，其平面高程误差控制在±1mm以内，水平误差控制在0.1mm/m以内，用角钢或其他型钢支撑稳定。预埋前，按照设计位置把预埋孔口切割下来。在混凝土浇筑时，要注意垫板不要被碰撞移位。

5. 埋设地脚螺栓

泵组机座由地脚螺栓紧固，地脚螺栓埋设的质量直接影响到泵组的运行安全。固定机座或泵电机的地脚螺栓，可随浇筑混凝土同时埋入，此时要保证螺栓中心距准确，一般要依尺寸要求用木板把螺栓上部固定在基础模板上，螺栓下部用 $\phi 6$ 圆钢相互焊接固定。另一种做法是，在地脚螺栓的位置先预留埋置螺栓的深孔，待安装机座时再穿上地脚螺栓进行浇筑，此法叫二次浇筑法。由于土建施工先作基础，后进行水泵及管道安装，为了安装时更为准确，常采用二次浇筑（图6.1）。

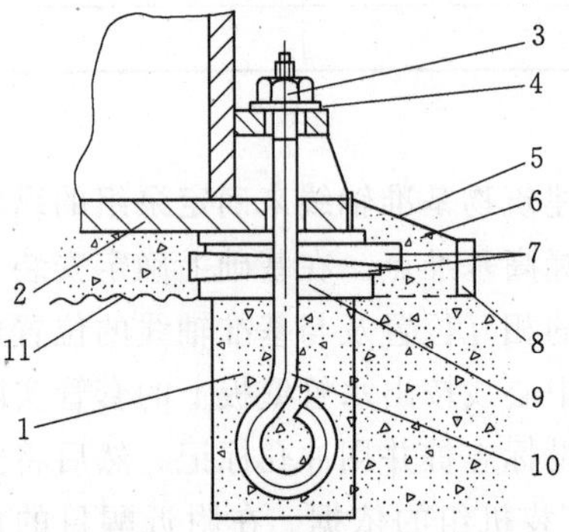

图6.1　地脚螺栓垫铁和灌浆示意图

1—基础；2—设备底座；3—螺母；4—垫圈；5—灌浆层斜面；6—灌浆层；7—成对斜垫铁；8—外模板；9—平垫铁；10—地脚螺栓；11—麻面

在埋设过程中，应使地脚螺栓位置偏差符合设计要求，放入地脚螺栓孔内保持垂直状态。螺栓顶部高程和埋深与设计标高与埋深符合，偏差不大于0～+2mm，确保螺栓不致倾斜和位置与高程的准确。待地脚螺栓埋设精度达到要求，二期混凝土强度达到要求后，就可以开始机组安装。

6. 基础板的设置

（1）基础板的设置流程。混凝土基础面修整打毛→放安装基准线→确定安装标高线→埋设机组基础垫板→埋设机组地脚螺栓→设置斜垫铁→设置基础板。

（2）基础板的设置要求。如机组到货没有底座，则应设置基础板，在基础板下，每个地脚螺栓孔两侧各放置一对反向搭叠的斜垫铁（斜度1/50），用两块垫铁搭接的长度变化来调整基础板的水平和标高。在实际调整中，斜垫铁的搭接面积应不小于总面积的70%，斜垫铁的总面积按式（6.2）计算。

$$A=\frac{c(Q_1+Q_2)}{0.7R} \tag{6.2}$$

式中　c——安全系数，取 $c=2.0$；

Q_1——设备荷载，kg；

R——基础混凝土标号，kg/cm^2；

Q_2——地脚螺栓紧固力，kg。

6.1.2　水泵安装技术方案

6.1.2.1　水泵安装

水泵吊装就位→水泵调平→水泵安装精度复核→水泵紧固。

1. 水泵吊装就位

利用起重机将水泵整体吊装就位。水泵机座地脚螺栓孔对准地脚螺栓缓慢落下，直至放在基础垫板上面已事先放好的斜垫铁上，螺栓初拧后，卸取吊装索具。

2. 水泵调平

首先找正水泵的水平位置，按照安装基准轴线和中心线对正。然后利用斜垫铁将水泵高程调整至设计高程并校核其水平度；中心线方向将进出水口法兰垂直度调整好，轴线方向使水泵轴水平。

3. 水泵安装精度复核

将地脚螺栓依次对称全部紧固，再复测所有控制数据，并做记录。如超过允许误差范围，则应对所测数据研究后，松开地脚螺栓再重新调整，直至所有控制数据在地脚螺栓紧固状态下均符合质量标准，再把地脚螺栓按要求拧紧，将最终检测记录填写表格。

4. 水泵紧固

在水泵机座与基础板上钻铰定位销孔，打入定位销，把基础垫板、斜垫铁、基础板相互之间焊接牢固。

6.1.2.2 电机安装

电机吊装就位→电机位置调整→电机水平调整→电机中心标高调整→与水泵轴同轴度调整→电机安装精度复核→机座钻铰定位销孔→打入定位销钉→连接基础垫板→拧紧地脚螺栓→空载运转。

1. 电机与基础板装配

将电机与基础板装配好，吊起后底座螺孔对准地脚螺栓落下，放在已配置好的斜垫铁上。电机位置和高程的调整，应服从于电机轴与水泵轴同轴度的调整要求。因水泵机组的安装，最关键的是水泵轴与电机轴的同轴度精度，即在找正位置后，将水平和高程调整好，还要反复地从两轴头或两半轴联轴器，四处测量调整同轴度。

2. 调整电机

根据图纸要求，精确控制两轴端或两半轴联轴器的距离，使其控制在允许偏差范围内。用专门制作的千分表卡具把千分表固定在电机轴头或联轴器上，依次紧固电机地脚螺栓后，转动电机轴，测量两轴头的同轴度。根据上述分析结果，松开地脚螺栓，调整斜垫铁高度和电机平面位置，再重新拧紧螺栓，测量同轴度。如此反复操作使电机与水泵同轴度控制在允许偏差范围内。

3. 固定电机

电机调整合格后，按要求将电机座地脚螺栓和其他装配螺栓依次对称拧紧，重新复核其精度无误后，钻铰定位销孔，打入定位销钉，最后把基础垫板、斜垫铁和基础板之间点焊牢固。

4. 连接联轴器

电机单机空载试运转合格后，连接联轴器。

5. 完成二次混凝土浇筑

机组安装完成后，清理、清洗混凝土基础表面油污等，浇筑二期混凝土至设计标高。

6.1.2.3 试运转

连接联轴器→二期混凝土浇筑→机组全面检查→冷却、润滑水油路接通，油脂按量加足→电气调试完毕。

1. 机组试运转准备工作

首先将冷却润滑等系统安装完毕。工艺管路油路和检测装置按设计图纸和机组装配图纸安装，再把机组所有安装部位重新检查一遍。所有准备工作完成后，先按照验收规范标准进行机组无负荷试运转，并做好监测数据记录。

2. 进行泵组试运转工作

首先应建立试运转工作组织系统，确定组织系统各岗位的职责范围，制定试运转的纪律及规章制度，做好试运转前的准备工作。

3. 试运转的程序

电气设备启动→辅机启动→单机空载试运→联动空载试运→单机负载试运→联动负载试运→停机。

(1) 电气设备送电启动。

(2) 辅机启动。检查辅机运行情况及各部位是否正常运行。

(3) 机组启动。开机前再次检查各部位油脂填充情况，然后空载启动，检查电机、水泵各部位是否正常，空载运转时间 20min。负荷试运转机组启动后，要随时定时检查油位是否正常，检查机组振动情况。

水泵机组在运行过程中有下列情况之一者，应紧急停机检查：①轴承温度突然增高；②机组有异常音响；③机组振动突然增大。

(4) 停机。负荷运行停机注意水泵是否倒转，切断电源后，辅机也逐一停机。安全操作注意事项及措施：①设备运行时，联轴器等转动部件应有防护装置；②辅机检修工作应在停机做好安全措施后方可进行；③做好消防工作。

6.1.3 水泵安装质量检查与试运行

6.1.3.1 水泵安装质量检查

1. 垫铁、基础螺栓及二次灌浆质量要求

(1) 泵体和主电动机下安装的垫铁规格必须符合“一类”垫铁要求。

(2) 泵体和主电机下的垫铁在基础上必须垫实、垫稳。

(3) 基础螺栓的材质、规格和数量必须符和设计或出厂技术文件的规定。

(4) 泵体和主电机安装前，混凝土基础二次灌浆处应垛成麻面，放置垫铁部位，垫铁与基础面应接触良好并在灌浆前用水冲洗干净。灌浆时，必须捣固密实，基础螺栓严禁产生歪斜。泵体和主电机的二次灌浆所用的砂浆或混凝土的强度等级应比基础的混凝土强度等级高一级。

2. 吸水管路及附件安装要求

(1) 管子及管件安装前必须以 1.5 倍的工作压力进行水压试验，持续 5min 无渗漏现象。压力 1.6MPa 以上的管道，从同规格中抽查总数的 10%，若其中有一根不合格，再抽查 20%，若仍有一根不合格，必须全部试验。

(2) 阀门的严密性试验应用洁净水进行。除蝶阀、止回阀、底阀、节流阀外的阀门，严密性试验宜以公称压力进行，在能够确定工作压力时，也可用1.25倍的工作压力试验，保证阀瓣密封面不漏。公称压力小于1MPa，且DN≥600mm的闸阀可不单独进行严密性试验，用色印等方法对闸阀密封面进行检查，接合面应连续。对焊阀门的严密性试验应单独进行。严密性试验不合格的阀门，必须解体检查，并重新试验。

(3) 管道焊接焊缝的质量必须符合设计要求，所有焊缝应经煤油渗透试验合格。

3. 泵体安装要求

(1) 泵轴的窜量必须符合设备技术文件的规定。

(2) 联轴器的安装必须符合《煤矿安装工程质量检验评定标准》(MT 5010—1995)中附录C中C.8的有关规定。

(3) 泵轴向水平度不超过1/1000。

(4) 泵与电机连接应可靠，盘动无明显阻滞，无异常声音。

(5) 泵体安装的允许偏差及测定方法应符合表6.3中的规定。

表6.3 水泵安装允许偏差及测定方法

项目		允许偏差/mm	测定方法
整体安装泵	纵向安装水平偏差	0.10/1000	用水准仪（水平仪）或吊线
	横向安装水平偏差	0.20/1000	用水平尺测量
分体安装泵	纵向安装水平偏差	0.05/1000	用水准仪（水平仪）或吊线
	横向安装水平偏差	0.05/1000	用水平尺测量
两半联轴器	两轴线倾斜	0.2/1000	用水平尺、百分表测微螺钉和塞尺检查
	两轴心径向位移	0.04～0.1	
滑动轴承	轴瓦背面与轴瓦座过盈值	0.02～0.04	

6.1.3.2 水泵安装调试的注意事项

1. 水泵不可受力

水泵前后进出口部件要支撑或吊装起来且管路的进出口轴线与水泵的轴线一致。

2. 水泵不含杂质

在水泵进口前必须安装过滤器，在水泵连接前要冲洗管路。

3. 水泵仪表安装

水泵进出口需安装压力表，便于调试及使用过程中的安全监测。

4. 水泵开机前注意事项

(1) 水泵及管路要注满水。

(2) 系统要排气彻底。

(3) 卧式离心泵要再次进行轴对中。

(4) 必须检查电机及电路，如是否绝缘、过载保护有无缺项等。

(5) 注意水泵房内室温必须控制在40℃以下。

5. 开机程序

(1) 打开进口阀门，关闭出口阀门。

(2) 点动水泵，观察水泵正反转。

(3) 开机，观察水泵进出口压力表，慢慢打开水泵出口阀门，在水泵进出口压力差为水泵的扬程时，锁紧阀门。

任务6.2 鼓风机的安装

6.2.1 离心式鼓风机安装技术

6.2.1.1 安装前的准备工作

1. 技术准备

安装前应具备下列技术资料。

(1) 设备的出厂合格证。

(2) 设备的试运转记录，压力容器的试压报告等。

(3) 随机技术图纸和安装使用说明书。

(4) 机器的装箱清单，进口设备还需商检报告。

2. 设备开箱检验

(1) 设备的开箱检验应在下列人员的共同监督下进行。

海关：商检部门（对进口设备）。

外方：制造厂代表（对进口设备）。

甲方：物资供应部门，质量监督站，甲方代表。

施工单位：物资供应部门，质监部门，技术人员，作业组。

(2) 按照装箱清单核对设备的名称、型号、规格、箱号，并检查包装箱状况。

(3) 对设备、零部件的外观质量进行检查，并核对数量。

(4) 风机型号、输送介质、进出口方向（或角度）和压力应与设计相符；叶轮旋转方向、定子导流叶片和整流叶片的角度及方向应符合随机技术文件和设计的规定。

(5) 提交签字齐全的设备开箱检验记录。

(6) 开箱后的零部件要妥善保管。暂不安装的设备应恢复包装，风机的防锈包装应完好无损；整体出厂的风机，进气口和排气口应有盖板遮盖，无尘土和杂物进入。

3. 安装现场应具备的条件

(1) 土建工程已基本结束，设备基础具备安装条件，基础周围场地平整。

(2) 施工用水、电、气已备齐。

(3) 施工用运输和消防道路畅通。

(4) 安装用的起重设备具备使用条件。

4. 基础验收及处理

(1) 基础移交时，应提交工序交接记录和基础复测记录。基础外观应标明标高、中心线等标记。

(2) 对基础外观进行检查，不得有裂纹、蜂窝、空洞、露筋等现象。

(3) 按土建交工图和设备安装图对基础尺寸进行复检（单位均为毫米）。

1) 基础纵横轴线允许偏差为±20，标高允许偏差为（0，－20）。

2）基础顶面水平度允许偏差不大于5/1000，全长允许偏差不大于10。

3）竖向允许偏差不大于5/1000，全长允许偏差不大于20。

4）预埋地脚螺栓标高允许偏差为（0，－20），中心距允许偏差为±2。

5）预留地脚螺栓孔中心位置允许偏差为±10，深度允许偏差为（0，－20），孔壁垂直度不大于10。

（4）需二次灌浆的基础表面应凿毛，毛面点深度不小于10，密度以3～5个/dm^2为宜。表面不许有油污和疏松层。放置垫铁处应铲平，水平度不大于2/1000，螺栓孔内的杂物必须清理干净。

6.2.1.2 安装方法

1．进口设备

进口风机类设备采用整体安装法，（一般不作解体）外方或甲方有特殊要求的除外。说明书中无要求者一般采用垫铁安装。

说明书中内容与本方案要求不一致的，以说明书要求为准。

2．国产设备

国产风机类设备不管供货状态如何，如果制造厂和甲方没有特殊要求，一般采用解体安装法和有垫铁安装。

驱动电机功率$P>45$kW或甲方有特殊要求或怀疑电机有问题的，电机要在电气有关人员的配合下做抽芯检查，$P\leqslant45$kW的不作解体。电机的出厂日期大于12个月的，轴承要换油。

风机和轴承箱要全部解体、清洗、检查。

6.2.1.3 安装工序

1．安装工艺流程

基础验收→开箱检查→搬运→清洗→安装找平、找正→试运转、检查验收。

2．注意事项

整体安装设备无解体、清洗、检查、组装等项目。

6.2.1.4 主要安装技术要求

1．垫铁安装

（1）垫铁应根据设备重量和地脚螺栓尺寸计算后按规范选取，垫铁表面应平整，无飞边毛刺和氧化皮，按机组的大小选用成对斜垫铁，斜度以1/20为宜。

（2）垫铁应安放在地脚螺栓两侧和其他受力集中处，地脚螺栓间距小于300mm时，可在地脚螺栓同一侧放置一组垫铁。垫铁层数一般不超过4层，高度30～70mm，相邻两组垫铁间距500mm左右。

（3）垫铁与设备底座应接触均匀，用0.05mm塞尺检查时塞入长度不得超过垫铁长（宽）度的1/3。设备找平找正后，垫铁组应露出设备底座10～30mm，垫铁层间要进行点焊。安装在钢架上的垫铁要与钢架焊牢。垫铁安装后24h内要进行二次灌浆。

（4）对转速超过3000r/min的机组，各块垫铁之间、垫铁与基础、底座之间的接触面积均不应小于接合面的70%，局部间隙不应大于0.05mm。

（5）每组垫铁选配后应成组放好，并做好标记防止错乱。

2. 地脚螺栓

(1) 地脚螺栓应垂直安装，与预留螺栓孔四周的间距不小于15mm，且不得挨住底部。

(2) 混凝土强度达到75%时，可把紧地脚螺栓。把紧后，螺栓应露出螺母1.5～3个螺距，露出部分要涂油保护。把紧地脚螺栓应均匀进行，力矩按规范要求。

3. 找平找正

(1) 标高：标高在设备底座下面或轴心线上测量，允许偏差±5mm。

(2) 中心线位移不大于5mm。

(3) 水平度：水平度在轴承箱中分面上或轴的延伸端上测量，风壳水平在出风口法兰面上或机加工面上测量，风壳水平仅作为参考，以保证风壳和转子轴的对中为准。电机不考虑水平，以保证和轴承箱的对中为准。

整体安装的轴承箱：纵、横向水平允差不大于0.10/1000。

两半安装的轴承箱：每个轴承箱的纵向水平不大于0.04/1000，横向水平不大于0.08/1000。

主轴的水平度不大于0.04/1000。

(4) 两半安装的轴承孔对主轴轴线在水平面内的对称度不大于0.06mm。可测量轴承箱与主轴两侧密封的径向间隙之差。

4. 工艺管道安装

风管与风机的连接一般都是软连接。刚性连接时，要保证风机不受外力干扰，即无应力连接。最终连接时要用百分表监视风壳的位移。

6.2.1.5　离心式鼓风机试车步骤

(1) 盘车检查，应灵活无卡涩现象。

(2) 关闭进风口，点动电动机，各部无异常现象和摩擦声响方可进行下次启动。

(3) 关闭进风口，启动电动机，转速达正常后开启进风口，在0°～5°的角度下小负荷运转30min。

(4) 小负荷运转合格后，逐渐开大风门，连续运转2h，每0.5h记录一次下列数据。

1) 电动机电流：其值不大于额定值。

2) 各部轴承温度和电动机温度：滚动轴承温升不超过环境温度40℃，最高不大于75℃；滑动轴承温度不超过环境温度35℃，最高不大于65℃；电动机温度应小于轴承温度。

3) 各轴承处振动速度有效值不大于6.3mm/s。

4) 冷却水回水温度和润滑油温度。

(5) 上述各测量值不超标，为单体试车合格。

(6) 停止电动机，关闭进风口。冷却水系统要等轴承温度降到50℃以下时才可停止。

6.2.2　罗茨式鼓风机安装技术

6.2.2.1　安装前的准备工作

同6.2.1.1离心式鼓风机安装前的准备工作。

技术准备→设备开箱检验→安装现场应具备的条件→基础验收及处理。

6.2.2.2　安装方法

同6.2.1.2离心式鼓风机安装方法。分进口设备、国产设备两种。

6.2.2.3 安装程序

（1）预留螺栓孔，同6.2.1.3离心式鼓风机安装程序。

（2）预埋螺栓，同6.2.1.3离心式鼓风机安装程序。

（3）整体安装设备无解体、清洗、检查、组装等项目。

6.2.2.4 主要安装技术要求

（1）垫铁安装，同6.2.1.4离心式鼓风机主要安装技术要求。

（2）地脚螺栓，同6.2.1.4离心式鼓风机主要安装技术要求。

（3）找平找正。

1）标高，标高在设备底座下面或轴心线上测量，允许偏差±5mm。

2）水平度：纵横向水平度在主轴和进排气法兰面上测量，应不大于0.2/1000。

（4）工艺管道安装，同6.2.1.4离心式鼓风机安装主要安装技术要求。

6.2.2.5 罗茨式鼓风机试车步骤

（1）盘车检查，应无卡涩现象。

（2）进、排气阀门全开，点动电动机，应无异常现象。

（3）连续运转30min，缓慢关闭排气阀至设计压力。调节时电流不能超过额定值。

（4）负荷试车中，不得完全关闭进排气阀，不能超负荷运行。

（5）连续运转4h，每0.5h记录一次下列数值。

1）电动机电流值：应小于额定值。

2）各轴承温度和电动机温度：轴承温度不大于95℃。

3）润滑油温度不大于65℃。

4）轴承和机壳处的振动速度有效值不大于13mm/s。

（6）上述各参数不超标时为单体试车合格。

任务6.3 非标设备制作

6.3.1 碳钢设备制作工法

6.3.1.1 压力容器简介

压力容器主要由封头、筒体、人孔、接管口等组成，如图6.2、图6.3所示。

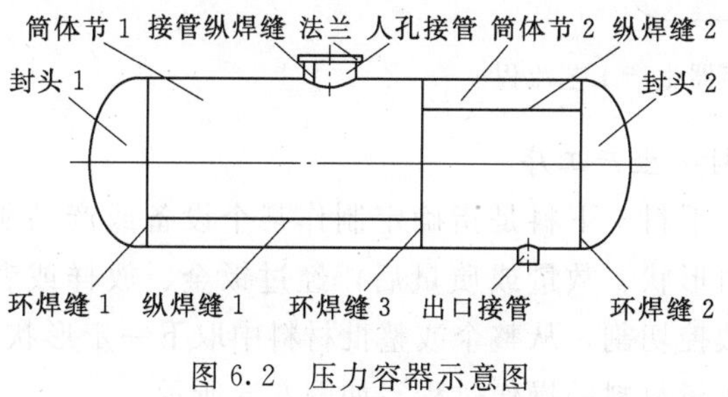

图6.2 压力容器示意图

图6.3 压力容器实物图

6.3.1.2 压力容器生产工艺过程

压力容器生产工艺流程如图6.4所示。

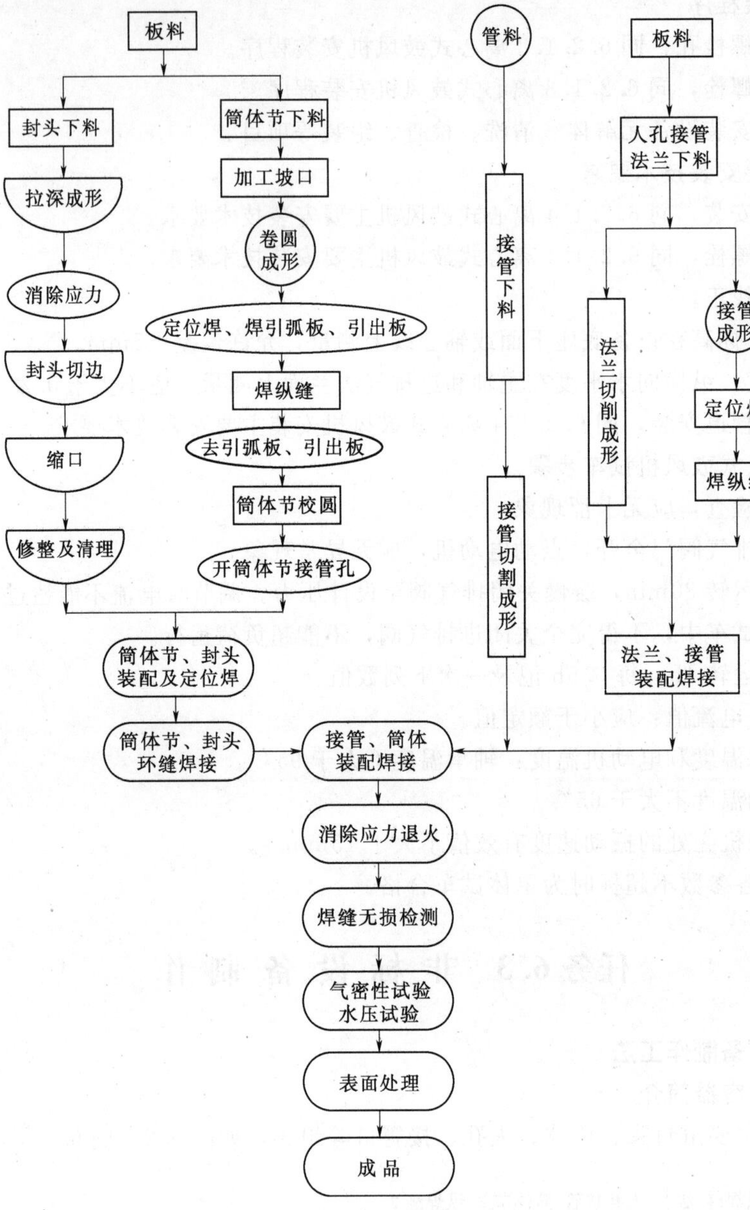

图6.4　压力容器生产工艺流程

1. 封头生产工序

(1) 下料。下料是指确定制作某个设备或产品所需的材料形状、数量或质量后，经过钣金、放样或者编程、数控切割，从整个或整批材料中取下一定形状、数量或质量材料的操作过程，如图6.5所示。

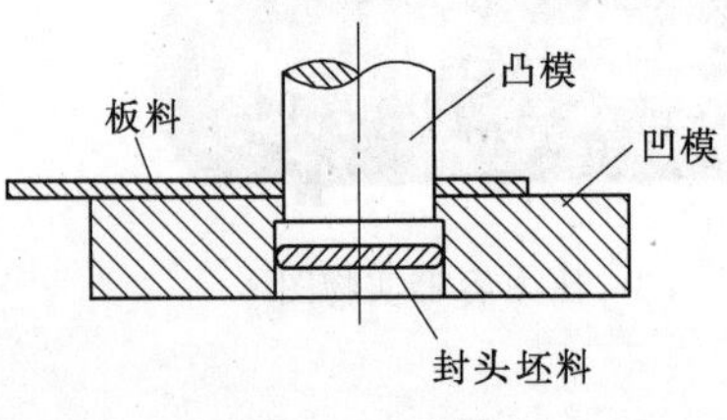

图6.5　下料

(2) 拉深。拉深也称拉延、拉伸、压延等，是指利用模具，将冲裁后得到的一定形状平板毛坯冲压成各种开口空心零件或将开口空心毛坯减小直径，增大高度的一种机械加工工艺。拉深工艺可以制造成筒形、阶梯形、锥形、球形、盒型和其他不规则形状的薄壁零件，与翻边、胀形、扩口、缩口等其他冲压成形工艺配合，还能制造形状极为复杂的零件，如图6.6所示。

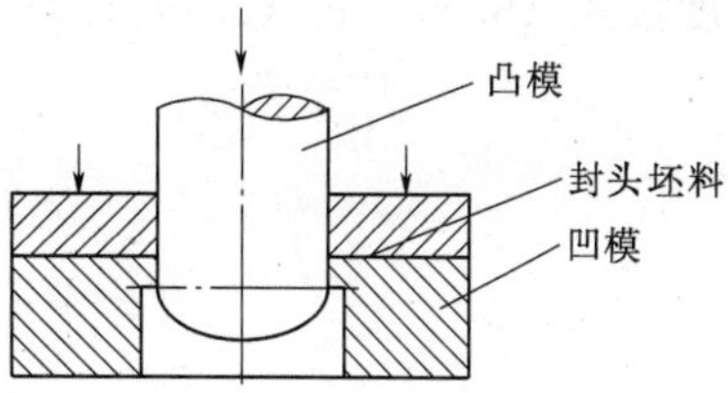

图6.6 拉深

(3) 消除应力退火。冷形变后的金属在低于再结晶温度加热，以去除内应力，但仍保留冷作硬化效果的热处理，称为去应力退火，也称低温退火。对钢材或机器零部件进行较低温度的加热，以去除（全部或部分）内应力，减小变形、开裂倾向的工艺，都可称为去应力退火。

(4) 切边。即把成形零件的边缘修切整齐，或切成所需形状，如图6.7所示。

(5) 缩口。在加工工艺中，缩口是将预先成形好的圆筒件或管件坯料，通过缩口模具将其口部缩小的一种成形工序，如图6.8所示。

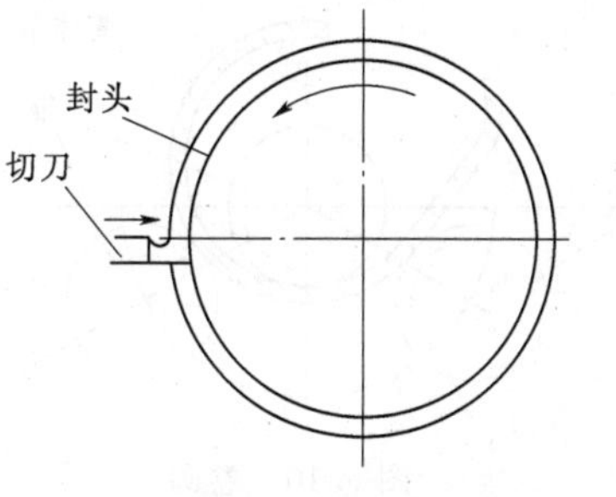

图6.7 切边

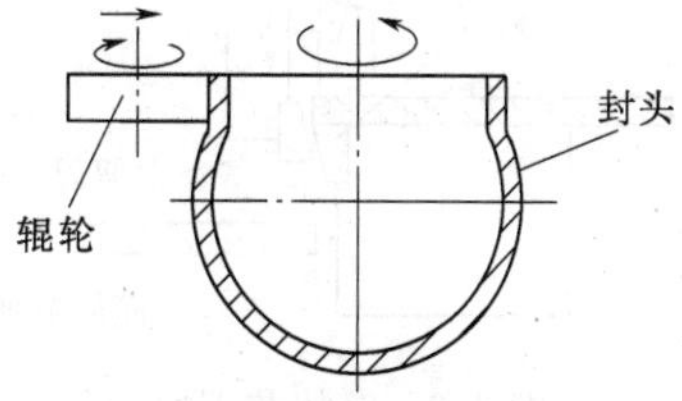

图6.8 缩口

缩口变形次数的计算：缩口前、后工件端部直径变化不宜过大，否则，端部材料会因受压缩变形剧烈而起皱（有条件时可在毛坯内插入芯棒）。因此，由较大直径缩成很小直径的颈口，往往需多次缩口。

1) 总的缩口系数，见式(6.3)。

$$K_{缩}=d_n/D \tag{6.3}$$

式中 d_n——工件开口端要求缩小的最后直径，mm；

D——空心毛坯的直径，mm。

2) 每一工序的平均缩口系数，见式(6.4)。

$$K_j=d_1/D=d_2/d_1=\cdots=d_n/d_{n-1} \tag{6.4}$$

式中 d_1、d_2、…、d_n——第1次、第2次、…、第n次缩口外径。

3) 缩口次数，见式(6.5)。

$$n=\lg K_{缩}/\lg K_j \tag{6.5}$$

缩口系数与模具结构型式关系很大，还与材料厚度和种类有关。材料厚度越小，则系数要相应增大。例如，无心柱式的模具，材料为黄铜板，其厚度在0.5mm以下者K_j取0.85，厚度在0.5～1mm时K_j取0.7～0.8，0.5mm以下的软钢K_j按0.8计算。

缩口后材料厚度的变化：缩口时颈口略有增厚，通常不予考虑。在精确计算时，颈口厚度按式（6.6）、式（6.7）计算。

$$t_1 = t_0\sqrt{\frac{D}{d_1}} \tag{6.6}$$

$$t_n = t_{n-1}\sqrt{\frac{d_{n-1}}{d_n}} \tag{6.7}$$

式中　t_0、t_1、…、t_{n-1}、t_n——原颈口厚度第1次、第2次、…、第n次缩口后颈口厚度。

2. 筒体节生产工序

（1）下料如图6.9所示。

（2）加工坡口。坡口是指焊件的待焊部位加工并装配成的一定几何形状的沟槽。坡口主要是为了焊接工件，保证焊接度，普通情况下用机加工方法加工出的型面，要求不高时也可以气割（如果是一类焊缝，需超声波探伤的，则只能用机加工方法），但需清除氧化渣。根据需要，有X形坡口、V形坡口、U形坡口等，大多要求保留一定的钝边。

（3）卷圆。指将板料弯曲成接近封闭圆筒的成形方法，如图6.10所示。

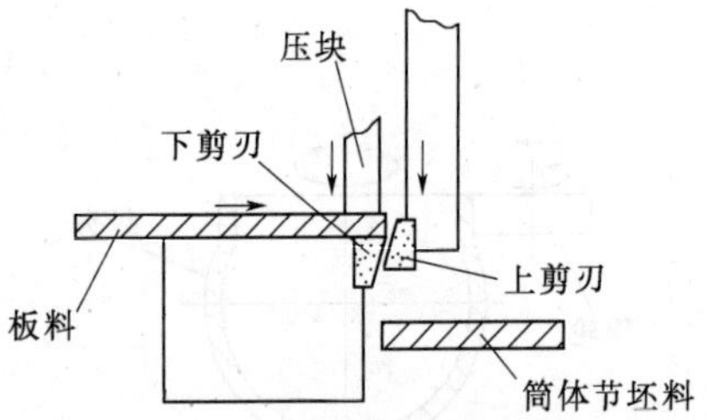

图6.9　筒体节下料

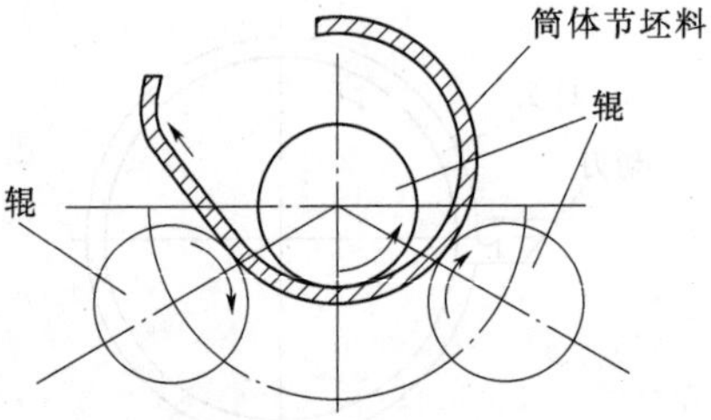

图6.10　卷圆

（4）装配及定位焊。定位焊是指为装配和固定焊件接头的位置而进行的焊接。

1）定位焊的起头和结尾处应圆滑，否则，易造成未焊透现象。

2）焊接件要求预热，则定位焊时也应进行预热，其温度应与正式焊接温度相同。

3）定位焊的电流比正常焊接的电流大10%～15%。

4）在焊缝交叉处和焊缝方向急剧变化处不要进行定位焊，确需定位焊时，宜避开该处50mm左右。

5）定位焊缝高度不超过设计规定的焊缝的2/3，以越小越好。

6）含碳量大于0.25%或厚度大于16mm的焊件，在低温环境下定位焊后应尽快进行打底焊，否则应采取后热缓冷措施。

7）定位焊应考虑焊接应力引起的变形，因此定位焊点的选定应合理，不能影响焊接的质量，并保证在焊接过程中，焊缝不致开裂。

（5）去引弧板和引出板并清理。

1）定义：引弧板用于焊缝的焊接。在焊点的起点和终点处，常因对接焊缝的焊件剖口，所以焊件对接焊缝的型式有直边缝、单边V形缝、双边V形缝、U形缝、K形缝、X形缝等。而焊缝的起点和终点处，常因不能熔透而出现凹形的焊口，为了避免受力后出现裂纹及应力集中，按《钢结构工程施工质量验收规范》（GB 50205—2017）的规定，施焊时应将两端焊至引弧板上，然后将多余部分切除，这样就不致减小焊缝处的截面。

为了在焊接接头始端和末端获得正常尺寸的焊缝截面，和焊条电弧焊一样在直的接缝始、末端焊前装配一块金属板，开始焊接用的板称引弧板，结束焊接用的板称引出板，用后再把它们割掉。如图 6.11、图 6.12 所示。

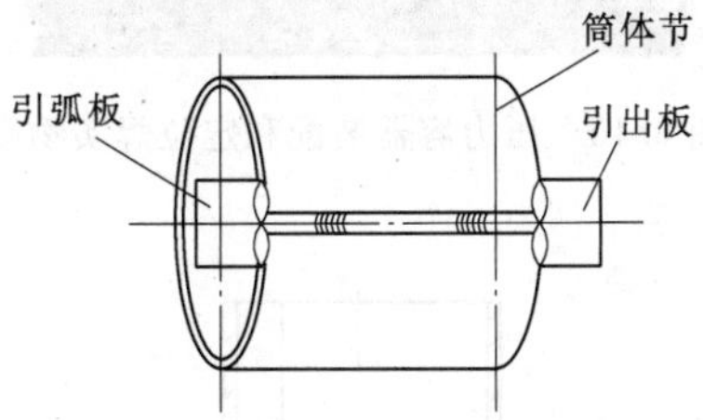

图 6.11　引弧板和引出板图

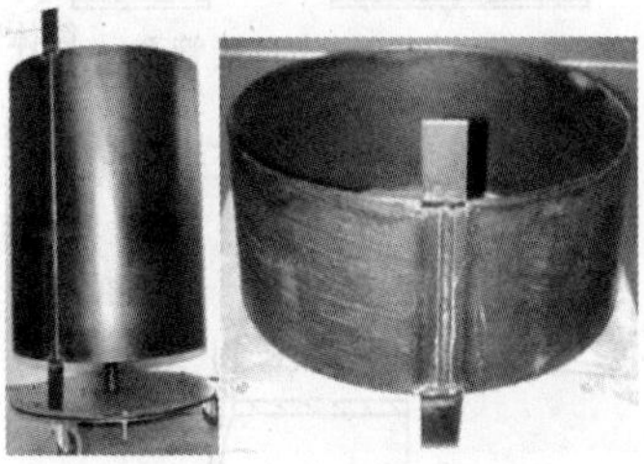

图 6.12　筒体节纵焊实物图

2）使用要求：①引弧板、引出板和钢衬垫板的钢材，其屈服强度不大于被焊钢材标称强度，且焊接性相近；②T 形接头、十字形接头、角接接头和对接接头主焊缝两端，必须配置引弧板和引出板，其材质应和被焊母材相同，坡口形式应与被焊焊缝相同；③手工电弧焊和气体保护电弧焊焊缝引出长度应大于 25mm，其引弧板和引出板宽度应大于 50mm，长度宜为板厚的 1.5 倍且不小于 30mm，厚度应不小于 6mm；非手工电弧焊焊缝引出长度应大于 80mm，其引弧板和引出板宽度应大于 80mm，长度宜为板厚的 2 倍且不小于 100mm，厚度应不小于 10mm；④引弧板、引出板、垫板的固定焊缝应焊在接头焊接坡口内和垫板上，不应在焊缝以外的母材上焊接定位焊缝，引弧板、引出板、垫板的固定焊缝位置示意图如图 6.13 所示；⑤引弧板和引出板宜采用火焰切割、碳弧气刨或机械等方法去除，不得伤及母材并将割口处修磨至焊缝端部平整，严禁锤击去除引弧板和引出板；⑥引弧板、引出板、垫板割除时，应沿柱-梁交接拐角处切割成圆弧过渡，且切割表面不得有深沟、不得伤及母材；⑦可采用金属、焊剂、纤维、陶瓷等作为衬垫；⑧当使用钢衬垫时，应符合下述要求：保证钢衬垫与焊缝金属熔合良好；钢衬垫在整个焊缝长度内应连续；钢衬垫应有足够的厚度以防止烧穿，用于焊条电弧焊、气体保护电弧焊和药芯焊丝电弧焊焊接方法，衬垫板厚度应不小于 4mm，用于埋弧焊方法的衬垫板厚度应不小于 6mm，用于电渣焊方法的衬垫板厚度应不小于 25mm；钢衬垫应与接头母材金属贴合良好，其间隙不应大于 1.5mm。

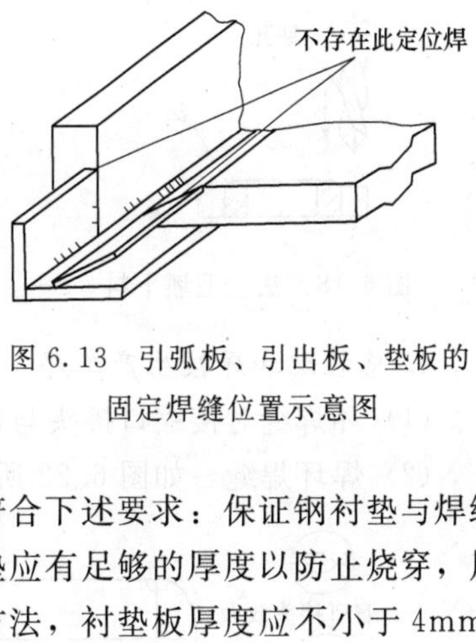

图 6.13　引弧板、引出板、垫板的固定焊缝位置示意图

（6）筒体节校圆。

（7）筒体节开接管孔，如图 6.14 所示。

（8）封头与筒体节及筒体节之间的装配和定位焊，如图 6.15 所示。

3. 接管和法兰生产工序图

（1）出口接管切割成形，如图 6.16 所示。

（2）人孔接管板材卷圆成形，如图 6.17 所示。

（3）法兰毛坯下料，如图 6.18 所示。

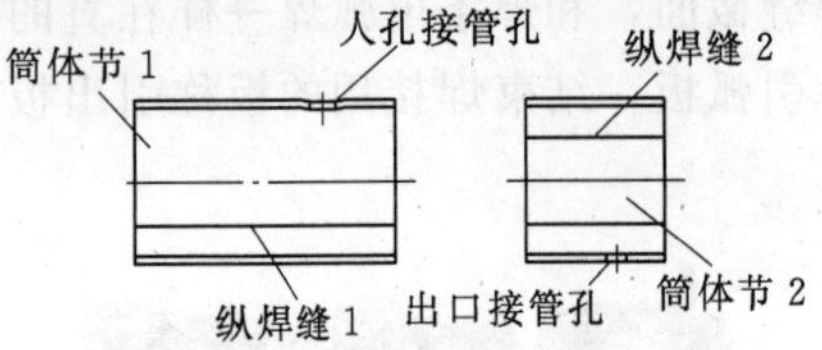

图 6.14　筒体节开接管孔

图 6.15　压力容器装配和定位焊实物图

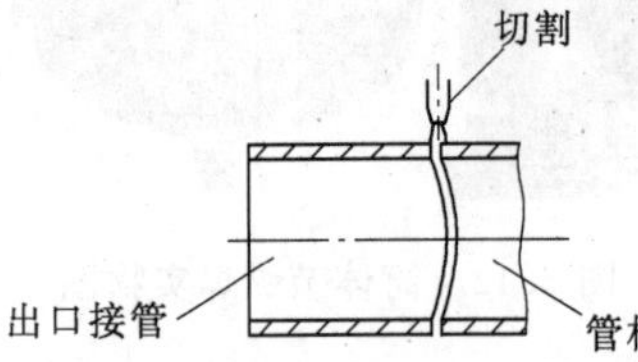

图 6.16　出口接管切割成形

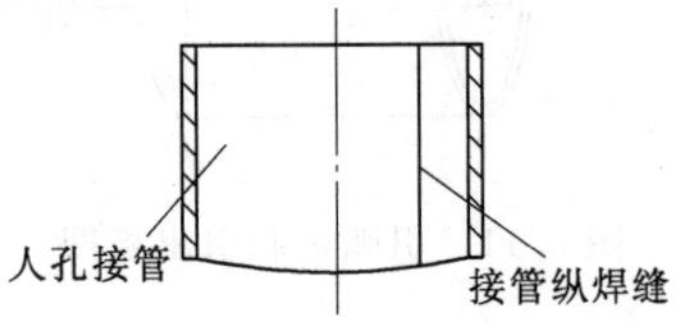

图 6.17　人孔接管板材卷圆成形

(4) 法兰切削成形，如图 6.19 所示。

(5) 人孔接管和法兰装配与焊接，如图 6.20 所示。

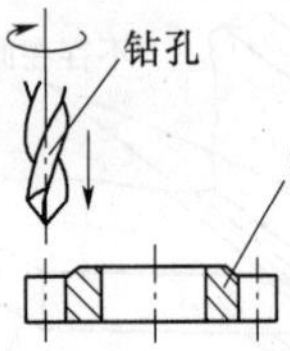

图 6.18　法兰毛坯下料

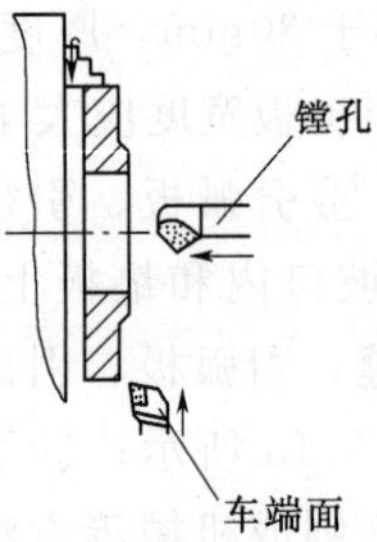

图 6.19　法兰切削成形

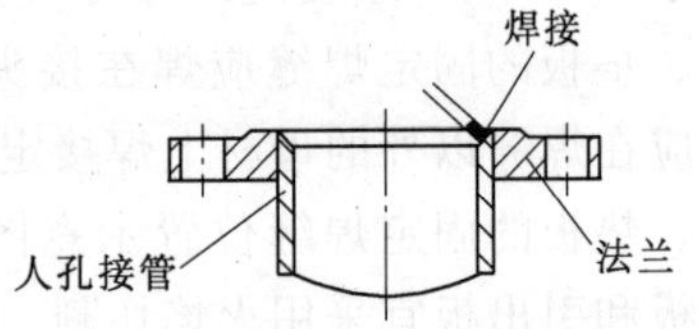

图 6.20　人孔接管和法兰装配与焊接

4. 总装配和焊接生产工序

(1) 环焊缝对接缩口接头与衬板接头，如图 6.21 所示。

(2) 焊环焊缝，如图 6.22 所示。

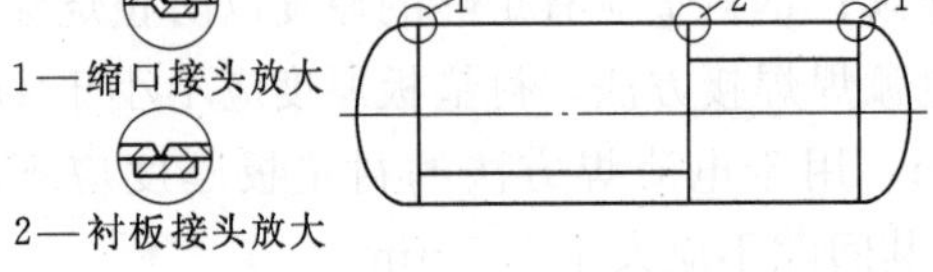

图 6.21　环焊缝对接缩口接头与衬板接头

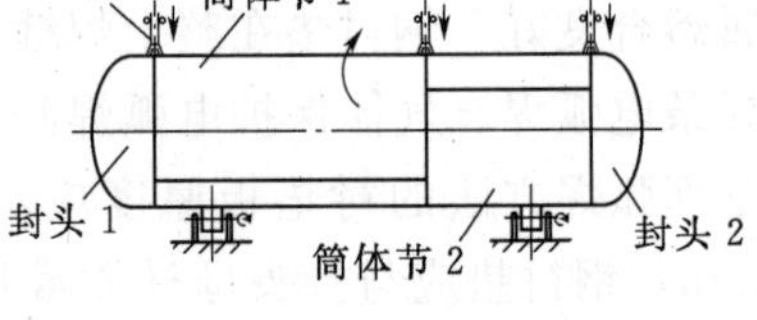

图 6.22　焊环焊缝

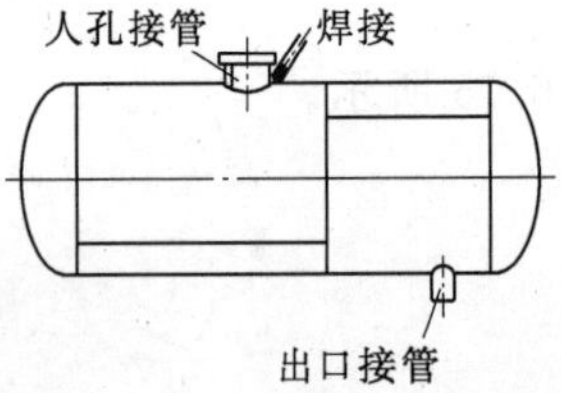

图 6.23　压力容器接管装配与焊接

(3) 压力容器接管装配与焊接，如图 6.23 所示。

(4) 压力容器消除应力退火。

5. 检验

(1) 力学性能试验。通过不同的力学试验测定金属材料的各种力学性能判据。力学性能试验一般有拉伸试验、扭转试验、压缩试验、冲击试验、硬度试验、应力松弛试验、疲劳试验等。应力松弛试验和疲劳试验不属于材料的常规力学性能检验。

(2) 金相试验。金相试验指的是一种试验方式，目的是金属材料的物理性能和机械性能与其内部之组织有相关联，因此，可以借着金相试验的宏观组织及微观组织的观察判断其的各项性能。

(3) 化学分析。化学分析（Chemical Method of Analysis）是依赖于特定的化学反应及其计量关系来对物质进行分析的方法，是分析化学的基础，又称为经典分析法。根据其利用化学反应的方式不同，分为重量分析法和滴定分析法，根据使用仪器不同，分为色谱分析法和比色分析法。

(4) 超声波检测。超声波检测（Ultrasonic Testing）缩写为UT，也叫超声检测，如图6.24所示，是利用超声波技术进行检测工作的五种常规无损检测方法之一。无损检测是在不损坏工件或原材料工作状态的前提下，对被检验部件的表面和内部质量进行检查的一种检测手段，当今国内有关的超声波检测标准为《承压设备无损检测　第3部分：超声检测》（JB/T 4730.3—2005）、《焊缝无损检测　超声检测　技术、检测等级和评定》（GB/T 11345—2013）、《船舶钢焊缝超声波检测工艺和质量分级》（CB/T 3559—2011）等，JB/T 4730.3—2005为一个比较综合性的标准，而后面两个标准为焊缝检测标准，还有其他的钢板、铸锻件等检测标准。

(5) 射线探伤。所谓射线探伤是利用某种射线来检查焊缝内部缺陷的一种方法，如图6.25所示。

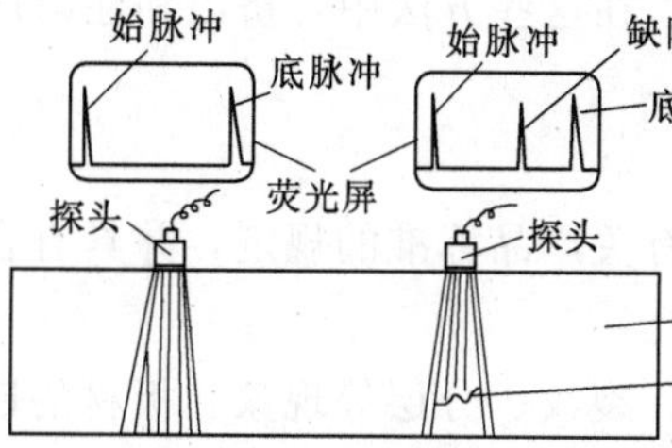

图6.24　超声波检测示意图

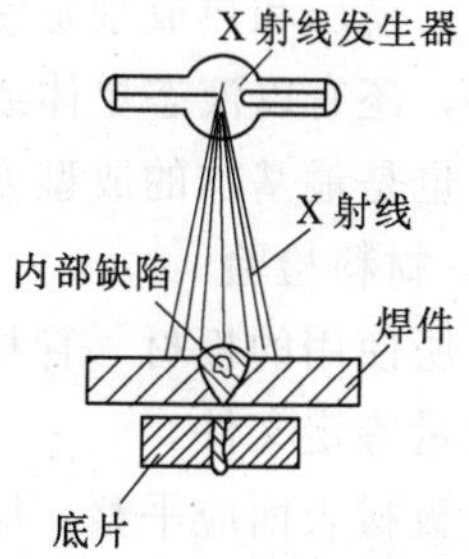

图6.25　X射线探伤示意图

常用的射线有X射线和γ射线两种。X射线和γ射线能不同程度地透过金属材料，对照相胶片产生感光作用。利用这种性能，当射线通过被检查的焊缝时，因焊缝缺陷对射线的吸收能力不同，使射线落在胶片上的强度不一样，胶片感光程度也不一样，这样就能准确、可靠、非破坏性地显示缺陷的形状、位置和大小。

X射线透照时间短、速度快，检查厚度小于30mm时，显示缺陷的灵敏度高，但设备复杂、费用大，穿透能力比γ射线小。

γ射线能透照300mm厚的钢板，透照时不需要电源，方便野外工作，环缝时可一次曝光，但透照时间长，不宜用于厚度小于50mm构件的透照。

(6) 气密性试验。主要是检验容器的各连接部位是否有泄漏现象。介质毒性程度为极度、高度危害或设计上不允许有微量泄漏的压力容器，必须进行气密性试验，如图6.26所示。

（7）水压试验。是判断水管管路连接是否可靠的常用方法之一。在试压的时候要逐个检查接头、内丝接头、堵头都不能有渗水，否则就会直接影响试压器的表针，如图6.27所示。

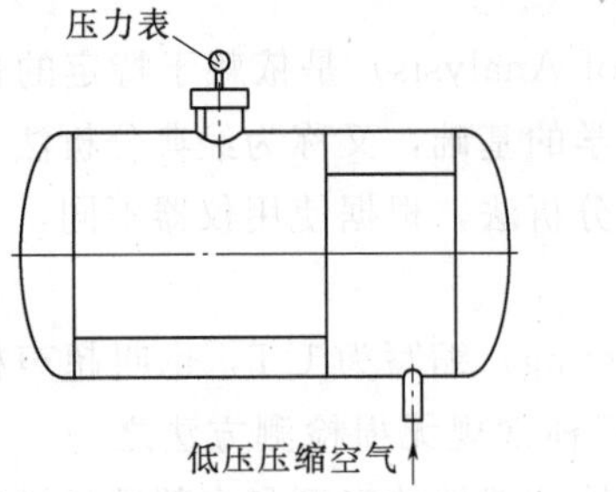

图6.26 气密性试验示意图

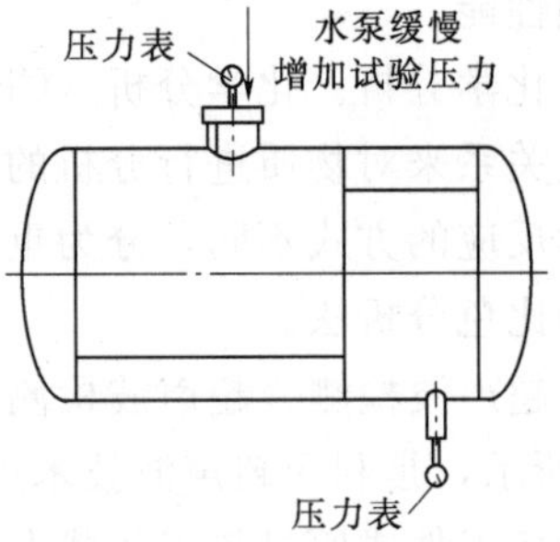

图6.27 水压试验示意图

6.3.2 塑料设备制作工法

6.3.2.1 塑料的主要成型加工方法

塑料成型是将各种形态（粉料、粒料、溶液和分散体）的塑料制成所需形状的制品或坯件的过程。成型的方法多达三十几种。塑料成型的选择主要决定于塑料的类型（热塑性还是热固性）、起始形态以及制品的外形和尺寸。加工热塑性塑料常用的方法有挤出、注射成型、压延、吹塑和热成型等，加工热固性塑料一般采用模压、传递模塑，也用注射成型。层压、模压和热成型是使塑料在平面上成型。上述塑料加工的方法，均可用于橡胶加工。此外，还有以液态单体或聚合物为原料的浇铸等。在这些方法中，挤出和注射成型用得最多，也是最基本的成型方法。

6.3.2.2 材料检验

（1）所使用的板材、管材等主要应符合现行国家有关产品标准的规定，并具有合格证明书或质量鉴定文件。

（2）板材表面应平整，厚度应均匀，不得有气泡、裂纹、分层等现象。板材的四角应成90°，并不得有扭曲翘角现象。

6.3.2.3 塑料容器的制作加工

1. 板材画线

放样时，应按图纸尺寸，根据板材规格尺寸和现有加热箱的大小等具体情况，合理安排图形，尽量减少切割和焊缝，同时注意节约材料。放样时应注意收缩余量，收缩余量随加热时间和工厂生产过程而异，一般应对每批材料先进行加热试验，以确定其收缩余量。放样时，应用红铅笔或不伤板材表面的软体笔进行画线，不要用锋利的金属划针或锯条，以免板材表面形成伤痕。

2. 板材切割

板材可用电动圆盘锯或电动曲线锯进行切割，切割的速度应控制在3m/min的范围内。锯割时为避免材料过热，发生烧焦和粘住现象，可用压缩空气进行冷却。

3. 板材坡口

板材厚度大于3mm时应开V形坡口；板材厚度大于5mm时应开双面V形坡口。坡口角度为50°～60°，留钝边1～1.5mm，坡口间隙0.5～1mm。坡口的角度和尺寸应均匀一致。

4. 加热成型

对于圆筒形容器，筒体需采用加热成型。硬聚氯乙烯塑料为热塑性塑料，首先将电热箱的温度保持在130～150℃，待温度稳定以后，再把下好的板材放入电热箱内加热。操作时，必须使板材整个表面均匀受热，加热的时间应根据板材厚度决定，见表6.4。

表6.4　塑料板的加热时间

板材厚度/mm	2～4	5～6	8～10	11～15
加热时间/min	3～7	7～10	10～14	15～24

当板材被加热到柔软状态时，从电热箱内取出，把板材放在垫有帆布的钢模上卷成瓦块。待完全冷却后，将瓦块取下。

5. 当容器上带有法兰时，容器与法兰焊接的注意事项

(1) 应仔细检查容器中心线与法兰平面的垂直度，以及法兰平面的平整度。

(2) 为保障容器上法兰的机械强度和防止法兰的变形，一般应在风管与法兰的连接处焊接三角支撑，三角支撑的间距可为300mm×400mm。

(3) 为保证法兰之间连接的严密性，法兰与容器焊接后，高出法兰平面的焊条，应用木工刨刨平。

6. 硬聚氯乙烯塑料的焊接

(1) 硬聚氯乙烯塑料的焊接采用手工焊接，主要参数见表6.5。

表6.5　硬聚氯乙烯塑料手工焊接主要参数

序号	项　目	参数	序号	项　目	参数
1	焊接设备手持式组合焊枪	400～500W	3	焊条直径	4.0mm
2	焊接的空气温度	210～250℃	4	焊接速度	9～15m/h

(2) 焊条施力方向与焊件角度宜为90°～100°，施力要均匀。焊条与焊口均应受热均匀，焊缝必须紧密、焊实，不得有断裂烧焦等现象。

(3) 圆筒形容器直径较大时，筒体成型需分成数块弧形板，成型后的每块弧形板尺寸误差不得大于5mm，组对焊接时，纵向焊缝应错开，错开距离应大于100mm，拼接后圆筒外圆周长误差控制在3mm以内。

(4) 焊后应使焊缝缓慢冷却，以免焊缝开裂。

(5) 焊件和焊条上的脏物、油污应用丙酮或苯等擦洗干净。

(6) 为保证焊缝强度，焊缝余高应在2mm左右，焊条应堆得长出坡口端10mm左右，焊完后再切去。中间接用焊条应以45°斜边搭接。

6.3.2.4 安全环保措施

(1) 对塑料板（管）材进行下料切割及开坡口时，工作人员要戴防护眼镜，以防塑料屑末飞溅伤眼。

(2) 从电热箱内取出加热好的塑料板时，工作人员要戴厚实的手套，以防手被烫伤。

(3) 在进行锯割及焊接作业时，作业人员要戴口罩。

(4) 在塑料板上作业时，作业人员要穿防滑的靴子，以防滑倒。

(5) 切割下来的边角废料、屑末及塑料焊条断头等，施工完毕后要清扫干净，并存放到指定位置，以便回收。

6.3.2.5　塑料容器安装工法

1. 安装前的准备工作

(1) 容器安装前，要对基础进行验收。验收格后，在安装基础上放出中心线及安装标高基准。在容器上用红铅笔或不伤板材表面的软体笔标画中心线，以便安装时找正。

(2) 按容器的尺寸、重量及安装场地等情况，准备吊装机具。塑料容器不宜用钢丝绳吊装，而应使用专用吊带。

(3) 对不便固定的塑料容器，要事先在容器上安装吊耳。吊耳的焊接应牢固可靠。

2. 容器吊装

(1) 吊装塑料容器时，不能直接使用钢丝绳固定，而应使用专用吊带。

(2) 塑料容器吊装到位后，按设计图纸要求进行找平、找正，注意设备接口方位。

3. 安全环保措施

(1) 施工期间，凡进入施工现场的人员，必须按规定戴好安全帽。

(2) 吊装时施工人员不得在起重臂和起重物下面及受力索具附近停留。

(3) 施工完毕后，要将施工现场清理干净。

6.3.3　玻璃钢设备制作工法

6.3.3.1　玻璃钢定义及特点

1. 定义

玻璃钢（FRP）亦称作纤维增强塑料（GFRP），一般指用玻璃纤维增强不饱和聚酯、环氧树脂与酚醛树脂基体。以玻璃纤维或其制品作增强材料的增强塑料，称为玻璃纤维增强塑料，或称为玻璃钢，不同于钢化玻璃。

它是以玻璃纤维及其制品（玻璃布、带、毡、纱等）作为增强材料，以合成树脂作基体材料的一种复合材料。纤维增强复合材料是由增强纤维和基体组成。纤维（或晶须）的直径很小，一般在 10μm 以下，缺陷较少又较小，断裂应变约为 30‰以内，是脆性材料，易损伤、断裂和受到腐蚀。基体相对于纤维来说，强度、模量都要低很多，但可以经受住大的应变，往往具有黏弹性和弹塑性，是韧性材料。

2. 特点

玻璃钢具有轻质高强、耐腐蚀、电性能好、热性能良好、可设计性好、工艺性优良，但弹性模量低（刚性不足，容易变形）、长期耐温性差、易老化、剪切强度低的特点。

用玻璃钢制造的设备有各类容器、塔器、槽车、酸洗槽、反应罐、冷却塔、除尘设备、分离设备、水质净化设备、污水处理设备以及管、阀、泵等。玻璃钢设备的制作和安装较容易。

6.3.3.2　玻璃钢工艺分类

纤维增强材料的材料特性，导致其常用的基本成型工艺有如下几种：手糊成型工艺、模压成型工艺、缠绕成型工艺、拉挤成型工艺。

1. 手糊成型工艺

(1) 手糊成型工艺原理。手糊成型工艺又称接触成型，是树脂基复合材料生产中最早使用和应用最普遍的一种成型方法。手糊成型工艺是以加有固化剂的树脂混合液为基体，以玻璃纤维及其织物为增强材料，在涂有脱模剂的模具上以手工铺放结合，使两者粘接在一起，制造玻璃钢制品的一种工艺方法。基体树脂通常采用不饱和聚酯树脂或环氧树脂，增强材料通常采用无碱或中碱玻璃纤维及其织物。在手糊成型工艺中，机械设备使用较少，它适于多品种、小批量制品的生产，而且不受制品种类和形状的限制。

(2) 成型设备。手糊成型工艺所用的设备较少，制作模型的设备有木工车床、木工刨床、木工圆锯；脱模一般会用到空气压缩机、吊装设备等。

2. 模压成型工艺

(1) 模压成型工艺原理。热固性模压成型是将一定量的模压料加入预热的模具内，经加热加压固化成型塑料制品的方法。其基本过程是：将一定量经一定预处理的模压料放入预热的模具内，施加较高的压力使模压料填充模腔；在一定的压力和温度下使模压料逐渐固化，然后将制品从模具内取出，再进行必要的辅助加工即得产品。

(2) 成型设备。

1) 浸胶机。制备胶布的主要设备是浸胶机，由送布架、热处理炉、浸胶槽、烘干箱和牵引辊等几部分组成。根据热处理炉和烘干箱放置的位置，可以分为卧式浸胶机和立式浸胶机两种。

2) 预浸料机组。这一方法所用设备有切割机、捏合机和撕松机。常用的切割机类型有冲床式、砂轮片式、三辊式和单旋转刀辊式。捏合机的作用是将树脂系统与纤维系统充分混合均匀，混合桨一般都采用Z桨式结构。在捏合过程中主要控制捏合时间和树脂系统的黏度这两个主要参数，有时在混料室结构中装有加冷热水的夹套，以实现混合温度的控制。混合时间越长，纤维强度损失越大，在有些树脂系统中，过长的捏合时间还会导致明显的热效应产生；混合时间过短，树脂与纤维混合不均匀。树脂黏度控制不当，也影响树脂对纤维的均匀浸润及渗透速度，而且也会对纤维强度带来一定的影响。撕松机的主要作用是将捏合后的团状物料进行蓬松。撕松机主要由进料辊和一对撕松辊组成，通过撕松辊的反向运动将送入的料团撕松。

3) 片状模塑料机组。一个完整的SMC机组，大体由机架、输送系统、PE薄膜供给装置、刮刀、玻璃纤维切割器、浸渍和压实装置、收卷装置等7个主要部分和玻璃纤维纱架、树脂糊的制备及喂入系统、静电消除器等3个必备辅助系统组成。

4) 压机。压机是模压成型的主要设备。压机的作用是提供成型时所需要的压力以及开模脱出制品时所需的脱模力，现大多采用液压机。

3. 缠绕成型工艺

(1) 缠绕成型工艺原理。纤维缠绕工艺是树脂基复合材料的主要制造工艺之一。是一种在控制张力和预定线型的条件下，应用专门的缠绕设备将连续纤维或布带浸渍树脂胶液后连续、均匀且有规律地缠绕在芯模或内衬上，然后在一定温度环境下使之固化，成为一定形状制品的复合材料成型方法。

(2) 成型设备。纤维缠绕机是纤维缠绕技术的主要设备，纤维缠绕制品的设计和性能要通过缠绕机来实现。按控制形式缠绕机可分为机械式缠绕机、数字控制缠绕机、微机控制缠绕机及计算机数控缠绕机，这实际上也是缠绕机发展的四个阶段。目前最常用的主要是机械式和计算机数控缠绕机。纤维缠绕机是纤维缠绕工艺的主要设备，通常由机身、传动系统和控制系统等几部分组成。辅助设备包括浸胶装置、张力测控系统、纱架、芯模加热器、预浸纱加热器及固化设备等。

4. 拉挤成型工艺

(1) 拉挤成型工艺原理。拉挤成型工艺是通过牵引装置的连续牵引，使纱架上的无捻玻璃纤维粗纱、毡材等增强材料经胶液浸渍，通过具有固定截面形状的加热模具后，在模具中固化成型，并实现连续出模的一种自动化生产工艺。

对于固定截面尺寸的玻璃钢制品而言，拉挤工艺具有明显的优越性。首先，由于拉挤工艺是一种自动化连续生产工艺，与其他玻璃钢生产工艺相比，拉挤工艺的生产效率最高；其次，拉挤制品的原材料利用率也是最高的，一般可在95%以上；另外，拉挤制品的成本较低、性能优良、质量稳定、外表美观。由于拉挤工艺具有这些优点，其制品可取代金属、塑料、木材、陶瓷等制品，广泛地应用于化工、石油、建筑、电力、交通、市政工程等领域。

(2) 成型设备。实现拉挤工艺的设备主要是拉挤机，拉挤机大体可分为卧式和立式两类。一般情况下，卧式拉挤机结构比较简单，操作方便，对生产车间结构没有特殊的要求。而且卧式拉挤机可以采用各种固化成型方法（如热模法、高频加热固化等），因此它在拉挤工业中应用较多。立式拉挤机的各工序沿垂直方向布置，主要用于制造空心型材，这是由于在生产空心型材时芯模只能一端支承，另一端为自由无支承端，因此立式拉挤机不会因为芯模悬臂下垂而造成拉挤制品壁厚不均匀，这种拉挤机由于局限性较大，生产的产品单一，已经不再使用。无论是卧式还是立式拉挤机，它们都主要由送纱装置、浸渍装置、成型模具与固化装置、牵引装置、切割装置等五部分组成，它们对应的工艺过程分别是排纱、浸渍、入模与固化、牵引、切割。

6.3.3.3　玻璃钢模具工艺制作

1. 手糊成型工艺的流程

先在清理好或经过表面处理的模具成型面上涂抹脱模剂，待充分干燥好后，将加有固化剂（引发剂）、促进剂、颜料糊等助剂并搅拌均匀的胶衣或树脂混合料，涂刷在模具成型面上，随后在其上铺放裁剪好的玻璃布（毡）等增强材料，并注意浸透树脂、排除气泡。重复上述铺层操作，直到达到设计厚度，然后进行固化脱模。

手糊成型FRP模具的具体工艺过程如下。

(1) 分型面的设计。分型面设计是否合理，对工艺操作难易程度、模具的糊制和制件质量都有很大的影响。一般情况下，根据原型特征，在确保原型能顺利脱模及模具上、下两部分安装精度的前提下，分型面的位置及形状应尽可能简单。因此，要正确合理地选择分型面和浇口的位置，严禁出现倒拔模斜度，以免无法脱模。沿分型面用光滑木板固定原型，以便进行上下模的分开糊制。在原型和分型面上涂刷脱模剂时，一定要涂均匀、周到，须涂刷2～3遍，待前一遍涂刷的脱模剂干燥后，方可进行下一遍涂刷。

涂刷胶衣层要求：待脱模剂完全干燥后，将模具专用胶衣用毛刷分两次涂刷，涂刷要均匀，待第一层初凝后再涂刷第二层。胶衣为黑色，胶衣层总厚度应控制在0.6mm左右。在这里要注意胶衣不能涂太厚，以防止表面裂纹和起皱。

（2）树脂胶液配制。根据常温树脂的黏度，可对其进行适当的预热。然后以100份WSP6101型环氧树脂和8～10份（质量比）丙酮（或环氧丙烷丁基醚）混合于干净的容器中，搅拌均匀后，再加入20～25份的固化剂（固化剂的加入量应根据现场温度适当增减），迅速搅拌，进行真空脱泡1～3min，以除去树脂胶液中的气泡，即可使用。

（3）玻璃纤维逐层糊制。待胶衣初凝，手感软而不黏时，将调配好的环氧树脂胶液涂刷到胶凝的胶衣上，随即铺一层短切毡，用毛刷将布层压实，使含胶量均匀，排出气泡。有些情况下，需要用尖状物，将气泡挑开。第二层短切毡的铺设必须在第一层树脂胶液凝结后进行。其后可采用一布一毡的形式进行逐层糊制，每次糊制2～3层后，要待树脂固化放热高峰过了之后（即树脂胶液较黏稠时，在20℃一般60min左右），方可进行下一层的糊制，直到所需厚度。糊制时玻璃纤维布必须铺覆平整，玻璃布之间的接缝应互相错开，尽量不要在棱角处搭接。要严格控制每层树脂胶液的用量，既能充分浸润纤维，又不能过多。含胶量高，气泡不易排除，而且固化放热大，收缩率大；含胶量低，容易分层。第一片模具固化后，切除多余飞边，清理模具及另一半原型表面上的杂物，即可打脱模剂，制作胶衣层，放置注射孔与排气孔，进行第二片模具的糊制。待第二片模具固化后，切除多余的飞边。为保证模具有足够的强度，避免模具变形，可适当地粘结一些支撑件、紧固件、定位销等以完善模具结构。

（4）脱模修整。在常温（20℃左右）下糊制好的模具，一般48h基本固化定型，即能脱模。在脱模时，严禁用硬物敲打模具，尽可能使用压缩空气断续吹气，以使模具和母模逐渐分离。脱模后视模具的使用要求，可在模具上做些钻孔等机械加工，尤其是在浇注或注塑时材料不易充满的死角处，在无预留气孔的情况下，一定要钻些气孔。然后进行模具后处理，一般用400～1200号水砂纸依次打磨模具表面，使用抛光机对模具进行表面抛光。所有的工序完成之后模具即可交付使用。需要注意以下几点：①母模要光滑；②脱模剂要均匀；③做第一层的时候不能有气泡；④要仔细打磨。当然中间还有很多细节的东西，不可能一一列举。

2. 模压成型工艺流程

模压成型工艺主要分为压制前的准备和压制两个阶段。层压工艺过程大致包括预浸胶布制备、胶布裁剪叠合、热压、冷却、脱模、加工、后处理等工序。

3. 拉压成型工艺流程

增强材料（玻璃纤维无捻粗纱、玻璃纤维连续毡及玻璃纤维表面毡等）在拉挤设备牵引力的作用下，在浸胶槽充分浸渍胶液后，由一系列预成型模板合理导向，得到初步的定型，最后进入被加热了的金属模具，在高温的作用下反应固化，从而可以得到连续的、表面光洁、尺寸稳定、强度极高的玻璃钢型材。

6.3.3.4　玻璃钢制品检验标准

玻璃钢制品是指以玻璃钢为原料加工而成的成品。

1. 玻璃钢制品外观方面

（1）外观采用目测法，用正常的或经过矫正的视力，在室内40W日光灯下，眼睛与试板距离30cm左右和约成120°～140°进行检验。

1）颜色：颜色应与选定的样板或色板基本一致，产品表面色泽均匀，目测没有明显色差。

2）清洁：产品内外可见表面部位，均应清洁，无污渍、油渍等影响外观的污物。

（2）玻璃钢制品外观缺陷检验要求见表6.6。

1）损坏变形：玻璃钢制品表面不允许有碰伤、变形，表面应平整无边角翘起、折弯现象。

2）擦伤：不允许因摩擦造成的成片擦伤。

3）颗粒、杂质：产品表面不能有成片的小颗粒、杂质、凸块、凸出的痕迹或流塑痕迹，允许分散和少量颗粒存在。

4）凹坑、气泡：产品表面不能有成片的凹坑、气泡、气孔，允许分散和少量存在。

5）划痕：产品表面不能有超过0.2mm×10mm的划伤，且划伤不能过深；产品表面不能有成片的划痕，允许分散和少量存在。

6）分层：无。

7）裂纹：无。

表6.6　　玻璃钢制品外观缺陷检验要求

检验区域	颗粒杂质（≤ϕ1mm）	凹坑（≤ϕ1mm）	划痕（≤ϕ0.2mm×40mm）	气泡、气孔（≤ϕ1mm）	缺陷总数	备注
A面（正面、顶面）	2	2	2	2	3	所有缺陷不能集中在一处，任意两缺陷间距不小于100mm
B面（侧面）	4	4	2	3	6	所有缺陷不能集中在一处，任意两缺陷间距不小于60mm
C面（底面）	表面平整，不能有影响安装的鼓包					

2. 玻璃钢制品尺寸方面

（1）尺寸允许偏差见表6.7。

表6.7　　玻璃钢制品尺寸允许偏差

序号	检验项目	允许偏差/mm	检验工具	检查水平	接收质量限（AQL）
1	长度（a）	−1～0	钢卷尺	Ⅰ	6.5
2	宽度（b）	−1～0	钢卷尺	Ⅰ	6.5
3	厚度（t）	±0.3	千分尺	Ⅰ	6.5

（2）检验方法。

1）检验项目a、b：分别在产品的长度或宽度方向上部、中部、下部各取一个检测点，取其平均值。

2）检验项目t：在玻璃钢制品四边中心进行测量，取其平均值，数值精确到小数点后一位。

项目7　给水排水构筑物施工

项目概述　随着我国给水排水工程建设事业的迅速发展，在建造各类水池、沉井、地下和地表取水与排放构筑物等工程时，涌现出许多新工艺、新设备、新材料，在施工技术和组织等方面也积累了丰富的实践经验。由于这类构筑物本身的多样性、地区性和施工条件的不同，施工工艺和方法也是多种多样的。本项目结合国内给水排水构筑物工程实例，分别进行施工工艺介绍。

知识目标　了解给水排水工程构筑物常见类型，掌握各构筑物建造施工工序，熟悉施工工艺技术要求。

能力目标　能根据施工设计图进行施工方案的确定，并能进行工程施工现场管理。

学时建议　6～8学时。

任务7.1　取水与排放构筑物施工

【引例7.1】　某市排水沟渠施工项目，项目内容为雨棚工程、溢流渠和出水管渠工程。其中雨棚工程设计概况为钢筋混凝土框架结构，高6900mm，柱截面400mm×400mm，梁截面有800mm×300mm、400mm×250mm、1000mm×250mm等；出水井及沟渠工程设计概况为出水井为钢筋混凝土结构，其外包尺寸5180mm×6800mm，底板、顶板及井壁厚400mm；2000mm×1600mm沟渠为钢筋混凝土结构，渠顶、底板及侧墙厚300mm。

【思考】　如何确定管井与取水头部等构筑物的施工工法？施工质量检测要求是什么？质量事故如何处理？

7.1.1　地下水取水构筑物施工作业

一般来说，地下水取水构筑物有管井、大口井和渗渠。

大口井和渗渠这两种地下取水构筑物并不常用，这里只做简单介绍。大口井是取浅层地下水的取水构筑物，井深一般在20m左右，井径4～8m，施工方法有大开槽和沉井法；渗渠是埋设在地下的多孔水平方向集水构筑物，一般采用大开槽方法施工。

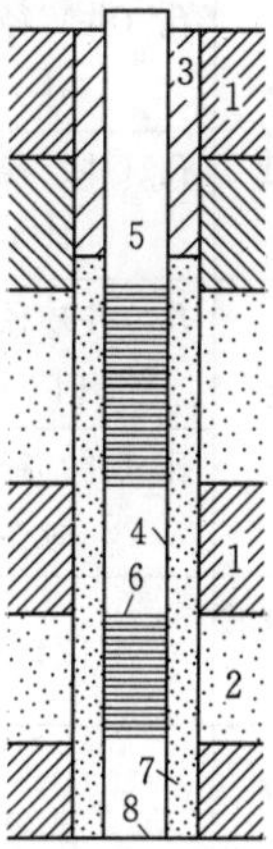

图7.1　管井结构图

1—非含水层；2—含水层；3—人工封闭物；4—人工填料；5—井壁管；6—过滤器；7—沉淀管；8—井座

管井是垂直安装在地下的取水构筑物，其一般结构如图7.1所示，主要由井壁管、过滤器、沉淀管、填砾层和井口封闭层等组成。

管井的深度、孔径，井管种类、规格及安装位置，填砾层的厚度，井底的类型和抽水机械设备的型号等取决于取水地段的地质构造、水文地质条件及供水设计要求等。

7.1.1.1　管井的施工方法

管井施工是用专门钻凿工具在地层中钻孔，然后安装滤水器和井管。一般在松散岩层，管井的深度在30m以内。规模较小的浅井工程中，可以采用人力钻孔；深井通常采用机械钻孔。

钻进工艺主要有：冲击钻进、正循环钻进、反循环钻进、冲击回转钻进。

冲击钻进分为：①钻头冲击钻进；②抽筒冲击钻进。

正循环钻进分为：①全面破碎无岩芯钻进；②硬质合金取芯钻进；③钻粒取芯钻进；④合金钻粒混合取芯钻进。

反循环钻进分为：①射流反循环钻进；②泵吸反循环钻进；③气举反循环钻进。

冲击回转钻进分为：①气动潜孔锤正循环全面钻进；②气动潜孔锤正循环取芯钻进；③气动潜孔锤扩孔钻进；④气动潜孔锤空气泡沫钻进；⑤气动潜孔锤反循环钻进；⑥液动冲击回转钻进。

其他钻进：扩孔钻进、同步跟管钻进。

特殊条件下钻进：冻土地层钻进、岩溶层钻进、水上钻进。

在不同地层中施工应选用适合的钻进方法和钻具，详见表7.1。

表7.1　钻进工艺

选用方法名称	适用范围		优点
	可钻性（级）	岩性及其他条件	
冲击钻进	1～5	适用于第四系砂土、漂砾、卵石层及风化破碎基岩中钻进，钻孔（井）深度不宜超过200m	设备、钻具简单，成本低，在砂土、卵石层钻进有良好效果
全面破碎无岩芯钻进	1～10	适用于第四系松软地层及完整、破碎、臻密、研靡性岩石及卵砾石层	适用范围广、效率高
硬质合金取芯钻进	孔（井）径<800mm时1～6	适用于第四系松软地层及较致密、完整岩石中钻进，不适用卵石层及破碎地层钻进	钻头加工容易，成本较低
	孔（井）径≥800mm时1～4		
钻粒取芯钻进	孔（井）径<800mm时7～10	适用于基岩、漂石、卵石层，尤其适用于孔（井）径不小于800mm的取芯钻进。但裂隙较发育、漏失严重的地层不宜使用	钻头易加工，成本低，在漂石、卵石层用大岩芯管取芯钻进效果好
	孔（井）径≥800mm时5～9		
合金钻粒混合取芯钻进	4～8	适用漂石、卵石层及软硬交错地层中钻进	钻进中具有合金和钻粒两种方法的特点
射流反循环钻进	—	适用于第四系稳定地层及岩石中钻进，孔（井）深超过50m效率明显下降，可与气举反循环进行配套使用	设备简单，洗孔彻底，钻进安全、效率高
泵吸反循环钻进	—	适用于第四系稳定地层及岩石中钻进大直径孔，孔深在100m内效果较好。直径超过钻杆内径的卵石、漂石层不宜使用此方法钻进	冲洗液上返速度快、洗孔彻底，钻效高，钻进安全，成本低，成井后易于洗井，出水量大

续表

选用方法名称	适用范围		优　点
	可钻性（级）	岩性及其他条件	
气举反循环钻进	—	适于第四系稳定地层及岩石中钻进大直径孔，孔深大于10m开始使用，超过50m后方能发挥其高效特性。黏土层不宜使用	冲洗液上返速度快、洗孔彻底，孔内干净，钻进效率高，安全，成井后洗井容易，出水量大
气动潜孔锤正循环全面钻进	5～12	适用于硬岩石及第四系胶结、半胶结地层和卵石层中钻进。钻孔直径不宜大于310mm，尤其适用于缺水或供水困难地区	具有冲击和回转双重破岩作用，孔底岩石受压小、钻进效率高，成本低，且不污染含水层、成井后洗井容易，出水量大
气动潜孔锤反循环取芯钻进	—	适用于坚硬岩石及第四系胶结、半胶结地层和卵、砾石层钻进。钻孔直径不宜大于250mm。尤其适于缺水或供水困难地区	具有正循环潜孔锤钻进全部优点；在不稳定地层中钻进护孔效果优于正循环钻进
液动冲击回转钻进	5～H	适用于坚硬岩石中钻进	具有冲击和回转双重破岩作用；可以使用泥浆作为洗液护孔，不受水位限制，能在深孔钻进
同步跟管钻进	—	适用于漂石、卵石、流沙等非稳定性覆盖层中钻进，并须配备专用设备和工具	在极不稳定的地层中钻进，能有效地防止塌孔，保证钻进安全

注　岩石可钻性等级是指钻进时岩石抵抗机械破碎能力的量化指标。1984年中国地质矿产部颁布了《金刚石岩芯钻探岩石可钻性分级表》，将岩芯钻探的岩石可钻性分为12级。为使用方便，常把1～3级称为“软岩石”；4～6级称为“中硬岩石”；7～9级称为“硬岩石”；10～12级称为“坚硬岩石”。

管井施工的程序包括施工准备、钻孔、安装井管、填砾、洗井与抽水试验等。

1. 施工前的准备工作

施工前，查清场地及进场路线附近的架空输电线、通信线路、地下电缆、管道、构筑物及其他设施的确切位置，选择井位和施工时应避开或采取适当保护措施，做好“三通一平”准备工作。当井位为充水的淤泥、细砂、流沙或地层软硬不均，容易下沉时，应于安装钻机基础方木前横铺方木、长杉杆或铁轨，以防钻进时不均匀下沉。图7.2所示为某冲击式钻机基础方木和垫板的规格和安装方法。在地势低洼，易受河水、雨水冲灌地区施工时，还应修筑特殊凿井基台。

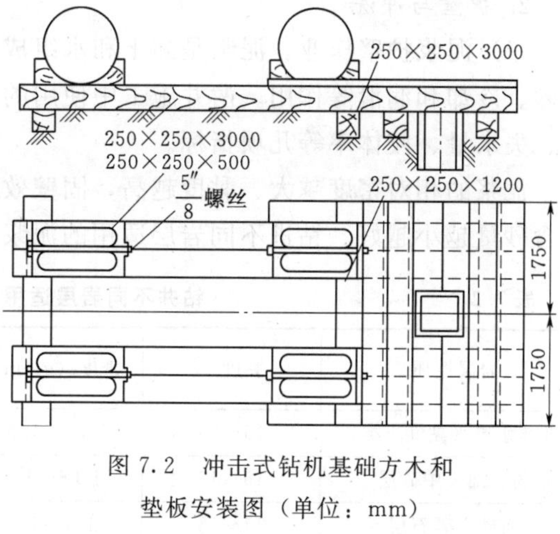

图7.2　冲击式钻机基础方木和垫板安装图（单位：mm）

安装钻塔时，塔腿应固定于基台上或用垫块垫牢，以保持稳定。绷绳安设应用紧绳器绷紧。

施工方法和机具确定后，还应根据设计文件准备黏土、砾石和管材等，并在使用前运至现场。

钻探和管井施工前，钻具应进行外观检查，并宜进行内伤检查，对现场的安全措施和设备安装以及测量仪表等进行检查检验。

泥浆作业时应在开钻前挖掘泥浆循环系统，如图7.3和图7.4所示。其规格根据泥浆泵排水量的大小、井孔的口径及深度、施工地区的泥浆漏失情况而定。一般沉淀池的规格为1m×1m×1m，设一个或两个。循环槽的规格为0.3m×0.4m，长度不小于15m。贮浆池的规格为3m×3m×2m，遇上土质松软，其四壁应以木板等支撑。

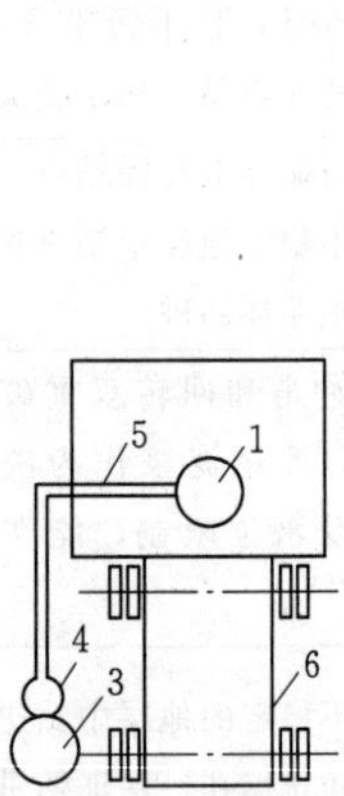

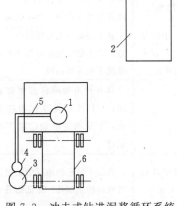

图7.3　冲击式钻进泥浆循环系统

1—井坑；2—泥坑；3—泥浆搅拌机；4—泥浆沉淀小坑；5—泥浆沟；6—过滤器

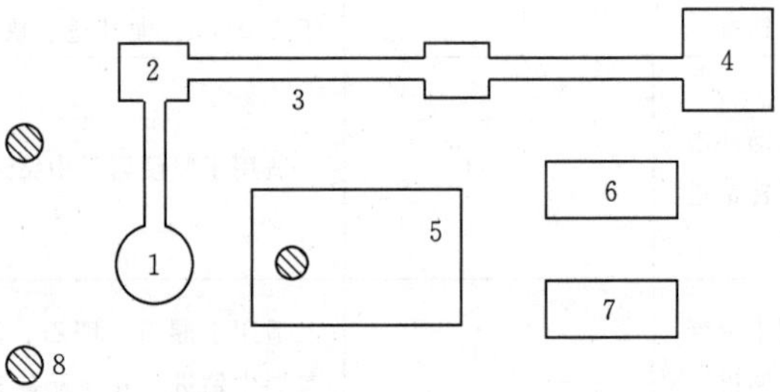

图7.4　回转钻进泥浆循环系统

1—井孔；2—沉淀池；3—循环槽；4—贮浆池；5—钻机；6—泥浆泵；7—动力机；8—钻架腿

开钻前，还应安装好钻具，检查各项安全设施。井口表土为松软土层时还应安装护口管。

2. *护壁与冲洗*

(1) 泥浆护壁作业。泥浆是黏土和水组成的胶体混合物，它在凿井施工中起着固壁、携砂、冷却和润滑等作用。凿井施工中使用的泥浆，一般需要控制相对密度、黏度、含砂量、失水量、胶体率等几项指标。

泥浆的相对密度越大、黏度越高，固壁效果越好，但对将来的洗井会带来困难。泥浆的含砂量越小越好。钻进不同岩层适用的泥浆性能指标见表7.2。

表7.2　钻井不同岩层适用的泥浆性能指标

岩层性质	黏度/s	密度/(g/cm^2)	含砂量/%	失水量/(mL/30min)	pH值
非含水层（黏性土类）	15～16	1.05～1.08	<4	<8	8.5～10.5
粉、细、中砂层	16～17	1.08～1.1	4～8	<20	8.5～11
粗砂、砾石层	17～18	1.1～1.2	4～8	<15	8.5～11
卵石、漂石层	18～20	1.15～1.2	<	<15	8.5～11
承压自流水含水层	>25	1.3～1.7	4～8	<15	8.5～11
遇水膨胀岩层	20～22	1.1～1.15	<4	<10	8.5～10.5

续表

岩层性质	黏度/s	密度/(g/cm²)	含砂量/%	失水量/(mL/30min)	pH值
坍塌、掉块岩层	22～28	1.15～1.3	<4	<15	8～10
一般基岩层	18～20	1.1～1.15	<4	<23	7～10.5
裂隙、溶洞基岩层	22～28	1.15～1.2	<4	<15	8.5～11

注　孔（井）内采取泥浆试样时，冲击钻进在孔（井）中部采取。回转钻进可在泥浆泵的吸浆底阀附近取样。

1）对制备泥浆用黏土的一般要求是：在较低的相对密度下，能有较大的黏度、较低的含砂量和较高的胶体率。将黏土制成相对密度为1.1的泥浆，如其黏度为16～18s，含砂量不超过6%，胶体率在80%以上。

2）配制泥浆时，先将大块黏土捣碎，用洁净淡水浸泡1h左右，再置入泥浆搅拌机中，加水搅拌。

3）当地黏土配制的泥浆如达不到要求，需要提高泥浆黏度、降低含砂量和失水量时，可在搅拌时加碱（Na_2CO_3）处理，加入量应通过试验确定，通常加碱量为泥浆内黏土量的0.5%～1.0%，过多反而有害。

4）在高压含水层或极易坍塌的岩层钻进时，必须使用相对密度很大的泥浆。为提高泥浆的相对密度，可投加重晶石粉（$BaSO_4$）等加重剂。该粉末相对密度不小于4.0，一般可使泥浆相对密度提高1.4～1.80。

5）需要降低泥浆的失水量、静切力和黏度时，可采用单宁碱液（NaT）处理。单宁碱液应采用单宁酸加烧碱配置，且单宁酸与烧碱的重量比宜为2∶1、1∶1或1∶2，NaT的加入量宜为泥浆体积的2%～5%。

6）需要提高泥浆的黏度和胶体率、减少失水量并使井壁泥皮变薄时，可采用羧甲基纤维素钠（CMC）处理。CMC的加入量宜为泥浆体积的4%。

7）需要增加泥浆的絮凝作用、降低失水量和提高黏度时，可采用聚丙烯酰胺（PHP）处理。对于砂土地层，可在1m^3泥浆中加入5～12kg浓度为1%的PHP溶液；对于砾卵石类地层，可在1m^3泥浆中加入30～50kg浓度为1%的PHP溶液。

8）在钻进中要经常测量、记录泥浆的漏失数量，并取样测定泥浆的各项指标。如不符合要求，应随时调整。

9）遇特殊岩层需要变换泥浆指标时，应在贮浆池内加入新泥浆进行调整，不能在贮浆池内直接加水或黏土来调整指标。若泥浆指标相差不大时，可不予调整。

10）钻进中，井孔泥浆必须经常注满，泥浆面不能低于地面0.5m。一般地区，每停工4～8h，必须将井孔内上下部的泥浆充分搅匀，并补充新泥浆。

11）泥浆既为护壁材料，又为冲洗介质，适用于基岩破碎层及水敏性地层的施工。泥浆作业具有节省施工用水、钻进效率高、便于砾石滤层回填等优点，为防止含水层可能被泥壁封死，应该尽快洗井。

（2）套管护壁作业。套管护壁作业是用无缝钢管作套管，下入凿成的井孔内，形成稳固的护壁。井孔应垂直并呈圆形，否则套管不能顺利下降，也难保证凿井的质量。

（3）清水水压护壁作业。清水水压护壁适用于结构稳定的黏性土及非大量露水的松散地层，且具有充足水源的凿井施工。此法施工简单，钻井和洗井效率高，成本高，但护壁效果不长久。

3. 凿井机械与钻进

（1）冲击钻进工作原理是靠冲击钻头直接冲碎岩石形成井孔。主要有以下两种：绳索式冲击钻机如图 7.5 所示，它适用于松散石砾层与半岩层，较钻杆式冲击钻机轻便。冲程为 0.45～1.0m，每分钟冲击 40～50 次；钻杆式冲击钻机如图 7.6 所示，它由发动机供给动力，通过传动机构提升钻具做上下冲击，一般机架高度为 15～20m，钻头上举高度为 0.5～0.75m，每分钟冲击 40～60 次。

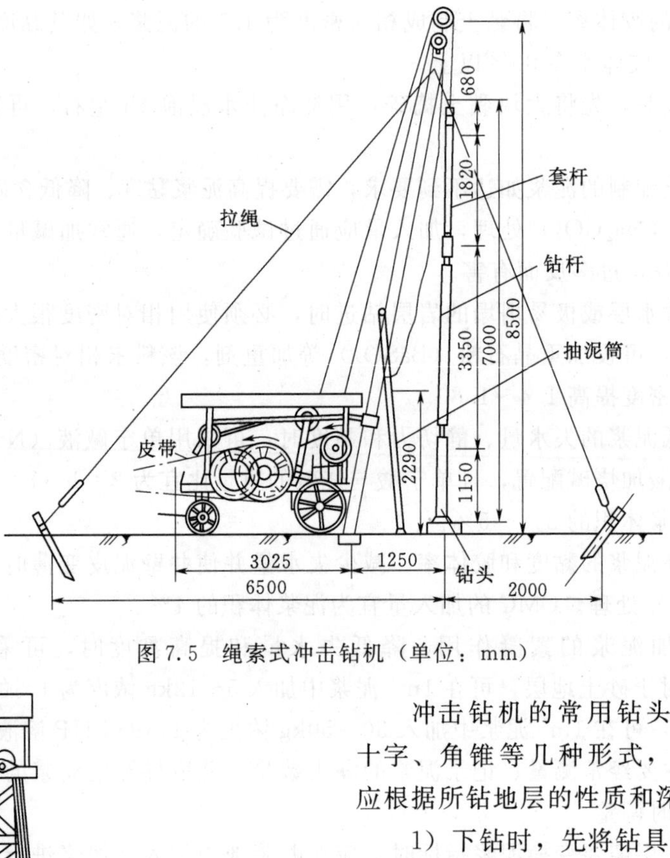

图 7.5 绳索式冲击钻机（单位：mm）

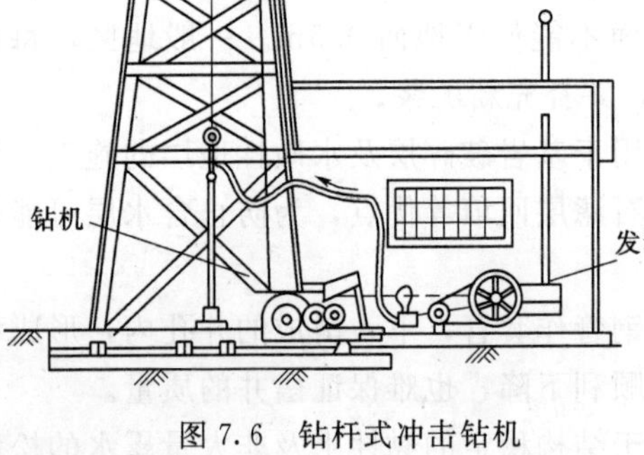

图 7.6 钻杆式冲击钻机

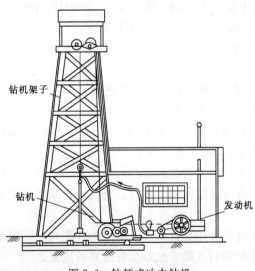

冲击钻机的常用钻头有一字、工字、十字、角锥等几种形式，如图 7.7 所示。应根据所钻地层的性质和深度选择使用。

1）下钻时，先将钻具垂吊稳定后，再导正下入井孔

2）钻进时，根据以下原则确定冲程、冲击数等钻进参数：地层越硬，钻头底刃单位长度所需重量越大，冲程越高，所需冲击次数越少；把闸者须根据扶绳者要求进行松绳，并根据地层的变化情况适当掌握，冲击钢丝绳应勤松少松，保持钻头始终处于垂直冲击状态，使全部冲击力量作用于孔（井）底。扶绳者必须随时判断钻

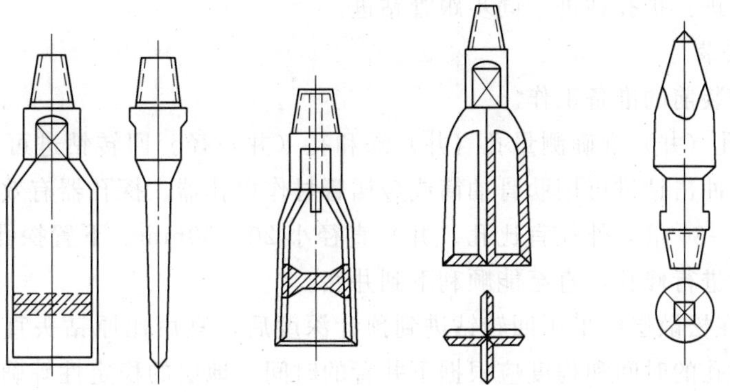

图7.7 冲击钻机钻头

(a) 一字钻；(b) 工字钻；(c) 十字钻；(d) 角锥钻

头在井底的情况（包括转动和钻头是否到底等）和地层变化情况，如有异常，应及时分析处理；同时应根据所钻岩层情况，及时清理井孔。冲击钻进多用掏泥筒进行清孔，如图7.8所示。

3）此外，还可采用把钻进和掏取岩屑两个工序合二为一的抽筒钻进，如图7.9所示。

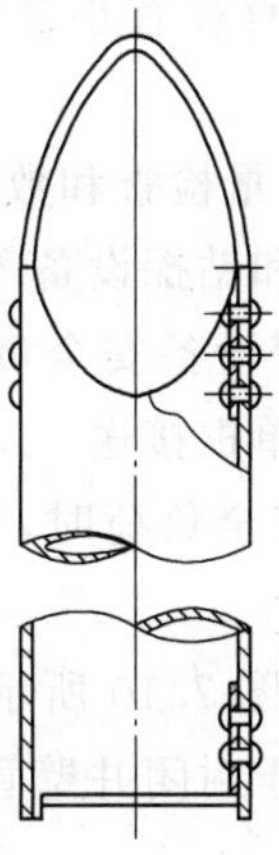

图7.8 掏泥筒（抽砂筒）

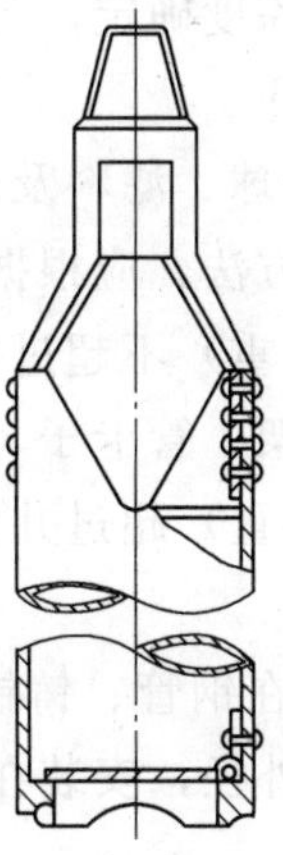

图7.9 钻进用抽砂筒

4）钻进过程中，应及时采取土样，并随时检查孔内泥浆质量。

（2）正循环钻进：主要有全面破碎无岩芯钻进、硬质合金取芯钻进、钻粒取芯钻进、合金钻粒混合取芯钻进等钻进方法。

（3）反循环钻进：主要有射流反循环钻进、泵吸反循环钻进、气举反循环钻进等钻进方法。

（4）冲击回转钻进：主要有气动潜孔锤正循环全面钻进、气动潜孔锤正循环取芯钻进、气动潜孔锤扩孔钻进、气动潜孔锤空气泡沫钻进、气动潜孔锤反循环钻进、液动冲击回转钻进等钻进方法。

(5) 其他钻进：扩孔钻进、同步跟管钻进。

4. 井管的安装

(1) 井管安装前的准备工作。

1) 通过探孔（井）准确测量孔（井）深和孔（井）径。回转钻进可用钻杆和找中器组成的探孔器。冲击钻进可用肋骨抽筒或金属管材作探孔器。探孔器有效部分长度宜为孔（井）直径的20～30倍，外径宜比孔（井）直径小20～30mm。下置探孔器中途遇阻时，应提出探孔器后进行修孔，直至能顺利下到井底。

2) 扫孔。在松散层中采用回转钻进到预计深度后，宜用比原钻头直径大20～30mm的钻头扫孔。扫孔的时间和程度应根据下井管的时间、地层的稳定性等确定。扫孔时宜用轻钻压、快转速、大泵量的方法进行，在清扫含水层井段泥壁时宜上下提动钻具。

3) 换浆。采用回转钻进时，当扫孔工作完成后，除高压自流水孔（井）外，应及时向孔（井）内送入稀泥浆以替换稠泥浆。当采用冲击钻进时，应采用抽筒将孔（井）中稠泥浆掏出后换入稀泥浆。送入孔（井）内泥浆黏度宜为16～18s，密度宜为1.05～1.10g/cm^3。换浆过程中应使泥浆逐渐由稠变稀，不应突变，且孔口上返泥浆与送入孔内泥浆性能应一致。

4) 进行电测井工作，确定含水层位置，并与管井设计图纸进行查对。

5) 全部井管按设计图顺序丈量、排列及编号，并在适宜位置安装找中器。找中器的数量应根据孔（井）深度确定，其外径比相应孔（井）直径宜小30～50mm。全孔（井）下井管时，井管应封底。

6) 对井管、黏土球、滤料及所使用机具设备进行质量检查和数量校对。

(2) 下管。下管方法，应根据下管深度、管材强度和钻探设备等因素进行选择。

1) 井管自重（浮重）不超过井管允许抗拉力和钻探设备安全负荷时，宜用直接提吊下管法。通常采用井架、管卡子、滑车等起重设备依次单根接送。

2) 井管自重（浮重）超过井管允许抗拉力或钻机安全负荷时，宜采用浮板下管法或托盘下管法。

a. 浮板下管法常在钢管、铸铁井管下管时使用，如图7.10所示。浮板一般为木制圆板，直径略小于井管外径，安装在两根井管接头处，用于封闭井壁管，利用泥浆浮力、减轻井管重量。

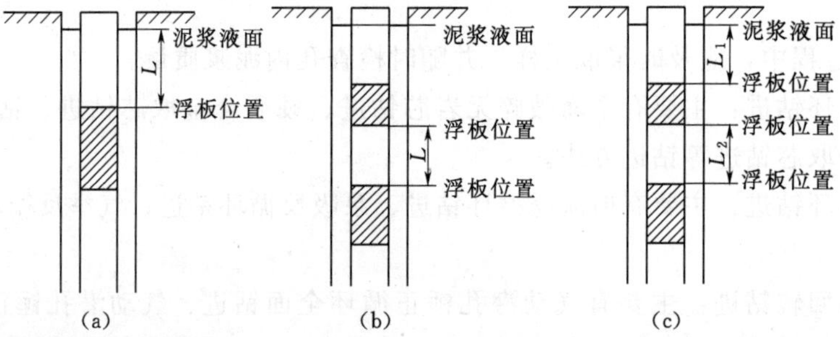

图7.10　浮板下管

泥浆淹没井管的长度 L 可以有三种情况：①自滤水管最上层封闭，如图 7.10（a）所示；②在滤水管中间封闭，如图 7.10（b）所示；③上述两种情况联合使用，如图 7.10（c）所示。

采用浮板下管时，密闭井管体积内排开的泥浆将由井孔溢出，为此，应准备一个临时储存泥浆的坑，并挖沟使其与井孔相连。井管下降时，泥浆即排入此坑中。若浮板突遭破坏，井内须及时补充泥浆时，该坑应当便于泥浆倒流，避免产生井壁坍塌事故。

井管下好后，即用钻杆捣破浮板。注意在捣破浮板之前，尚需向井管内注满泥浆，否则，一旦浮板捣破后，泥浆易上喷伤人，还可能由于泥浆补充不足产生井壁坍塌事故。

b. 托盘下管法常在混凝土井管、矿渣水泥管、砾石水泥管等允许抗拉应力较小的井管下管时采用。托盘的底为厚钢板，直径略大于井管外径，小于井孔直径 4～6cm，托盘底部中心焊一个反扣钻杆接箍，并于托盘上焊以双层铁板，外层铁板内径稍大于井管外径，内层铁板内径与井管内径相同。

下管时，首先将第一根井管（沉砂管）插入托盘，将钻杆下端特制反扣接头与托盘反扣钻杆接箍相连，慢慢降下钻杆，井管随之降入井孔，当井管的上口下至井口处时，停止下降钻杆，于接口处涂注沥青水泥混合物，即可安装第二根井管。井管的接口处必须以竹、木板条用铅丝捆绑，每隔 20m 安装一个扶正器，直至将全部井管下入井孔，将钻杆正转拧出，井盖好，下管工作即告结束。

c. 井身结构复杂或下管深度过大时，宜采用多级下管法。将全部井管分多次下入井内。前一次下入的最后一根井管上口和后一次下入的第一根井管下口安装一对接头，下入后使其对口。

（3）填砾石与井管外封闭。为扩大滤水能力，防止隔水层或含水层塌陷而堵塞滤水管的滤网，在井壁管（滤水管）周围应回填砾石滤层。回填砾石的颗粒大小通常为含水砂层颗粒有效直径的 8～10 倍，可参考表 7.3 选用。滤层厚度一般为 50～75mm，滤层通常做成单层。

表 7.3　　回填砾石粒径参考值

含水层名称	特性		回填砾石直径/mm
	粒径/mm	有效粒径含量/%	
粗砂	1～2	80	8～10
中砂	0.5～1	60	4～5
细砂	0.25～0.5	50	2～2.5
粉砂及粉土	0.05～0.25	30～40	0.5～1

回填砾石的施工方法，有直接投入法和成品下入法两种。

1）直接投入法较简便。为了顺利投入砾石，可将泥浆相对密度加以稀释，一般控制在 1.1 左右。为了避免回填时砾石在井孔中挤塞而影响质量，除设法减小泥浆的相对密度外，还可使用导管将砾石沿管壁投下。

2）成品下入法是将砾石预装在滤水器的外围，如常见的笼状过滤器，就是这种结构。此时，由于过滤器直径较大，下管时容易受阻或撞坏，造成返工事故。因此，下管前必须做好修井孔、试井孔、换泥浆及清理井底等准备工作。

回填砾石滤层的高度，要使含水层连通以增加出水量，并且要超过含水层几米。砾石层填好后，就可着手井管外的封闭。其目的是做好取水层和有害取水层的隔离，并防止地表水渗入地下，使井水受到污染。封闭由砾石滤层最上部开始，宜先采用黏土球，后用优质黏土捣成碎块填上5～10m，以上部分采用一般泥土填实，特殊情况可用混凝土封闭。

(4) 洗井、抽水试验与验收。

1) 洗井是为了清除在钻进过程中孔内岩屑和泥浆对含水层的堵塞，同时排出滤水管周围含水层中的细颗粒，以疏通含水层，从而增大滤水管周围的渗透性能，减小进水阻力，延长使用寿命。

洗井必须在下管、填砾、封井后立即进行。否则将会形成孔壁泥皮固结，造成洗井困难，有时甚至失败。

洗井方法应根据含水层特性、管井结构和钻探工艺等因素确定。

a. 活塞洗井。活塞洗井是靠活塞在孔内上下往复运动，产生抽压作用，将含水层中的细砂及泥浆液抽出而达到疏通含水层的目的。洗井的顺序自上而下逐层进行，活塞不宜在井内久停，以防因细砂进入而淤堵活塞。操作时要防止活塞与井管相撞，提升活塞速度控制在0.5～1.0m/s。此外应当掌握好洗井的持续时间。这种方法适用于松散井孔，井管强度允许，管井深度不太大的情况。

b. 压缩空气洗井。采用空压机作动力，接入风管，在井管中吹洗。此法适用于粗砂、卵石层中管井的冲洗。由于耗费动力费用大，一般常和活塞洗井结合使用。

c. 水泵和泥浆泵洗井。在不适宜压缩空气洗井的情况下，可用水泵或泥浆泵洗井。这种方法洗井时间较长，也常与活塞洗井交替使用。泥浆泵结合活塞洗井适用于各种含水层和不同规格的管井。

d. 化学洗井。化学洗井主要用于泥浆钻孔。洗井前首先配制适量的焦磷酸钠($Na_4O_2P_7 \cdot H_2O$)溶液［重量配比为水：焦磷酸钠＝100：(0.6～0.8)］，待砾料填完后，用泥浆泵向井内灌入该溶液，先管外，后管内，最后向管外填入止水物和回填物至井口，静止5～6h，即可用其他方法洗井。此法对溶解泥皮、稀释泥浆、洗除泥浆对含水层的封闭，均有明显的效果。

此外，还有二氧化碳洗井法、高速水喷射洗井法等，也可在一定条件下使用。

2) 抽水试验。抽水试验的目的在于正确评定单井或井群的出水量和水质，为设计施工及运行提供依据。

抽水试验前应完成如下准备工作：选用适宜的抽水设备并做好安装；检查固定点标高，以便准确测定井的动水位和静水位；校正水位测定仪器及温度计的误差；开挖排水设施等。

试验中水位下降次数一般为三次，最低不少于两次。要求绘制正确的出水量与水位下降值($Q-s$)关系曲线和单位出水量与水位下降值($q-s$)关系曲线，借以检查抽水试验是否正确。

抽水试验的最大出水量，最好能大于该井将来生产中的出水量，如限于设备条件不能满足此要求时，亦应不小于生产出水量的75%。三次抽降中的水位下降值分别为$1/3s$、

$2/3s$、s，且各次水位抽降差和最小一次抽降值最好大于 1m。

抽水试验的延续时间与土壤的透水性有关，见表 7.4。

表 7.4 抽水试验的延续时间

含水层岩性成分	稳定水位延续时间/h		
	第一次抽降	第二次抽降	第三次抽降
裂隙岩层	72	48	24
中、细、粉砂层	24	48	64
粗砂、砾石层	24	36	48
卵石层	36	24	12

另外，抽水试验中还应做好水质、水位恢复时间间隔等各项观测工作。

5. 管井的验收

管井验交时应提交的资料包括：管井柱状图、颗粒分析资料、抽水试验资料、水质分析资料及施工说明等。

管井竣工后应在现场按下列质量标准验收。

(1) 管井的单位出水量与设计值基本相符。管井揭露的含水层与设计依据不符时，可按实际抽水量验收。

(2) 管井抽水稳定后，井水粗砂含量应小于 1/5 万、中砂含量应小于 1/2 万、细砂含量应小于 1/1 万（体积比）。

(3) 超污染指标的含水层应严密封闭。

(4) 井内沉淀物的高度不得大于井深的 5‰。

(5) 井身直径不得小于设计直径 20mm，井深偏差不得超过设计井深的±2‰。

(6) 井管应安装在井的中心，上口保持水平。井管与井深的尺寸偏差，不得超过全长的 2‰，过滤器安装位置偏差，上下不超过 300mm。

7.1.1.2 常见事故的预防和处理

1. 井孔坍塌

(1) 预防。施工中应注意根据土层变化情况及时调整泥浆指标，或保持高压水护孔；做好护口管外封闭，以防泥浆在护口管内外串通；特殊岩层钻进时须储备大量泥浆，准备一定数量的套管；停工期间每 4～8h 搅动或循环孔内泥浆一次，发现漏浆及时补充；在修孔、扩孔时，应加大泥浆的相对密度和黏度。

(2) 处理。发现井孔坍塌时，应立即提出钻具，以防埋钻；并摸清塌孔深度、位置、淤塞深度等情况，再行处理；如井孔下部坍塌，应及时填入大量黏土，将已塌部分全部填实，加大泥浆相对密度，按一般钻进方法重新钻进。

2. 井孔弯曲

(1) 预防。钻机安装平稳，钻杆不弯曲；保持顶滑轮、转盘与井口中心在同一垂线上；变径钻进时，要有导向装置；定期观测，及早发现。

(2) 处理。冲击钻进时可以采用补焊钻头，适当修孔或扩孔来纠斜。当井孔弯曲较大时，可在近斜孔段回填土，然后重新钻进；回转钻进纠斜可以采用扶正器法或扩孔法。在基岩层钻进时，可在粗径钻具上加扶正器，把钻头提到不斜的位置，然后采用吊打、轻压、慢钻速钻进；在松散层钻进时，可选用稍大的钻头，低压力、慢进尺、自上而下扩孔。另外，还可采用灌注水泥法和爆破法等。

3. 卡钻

(1) 预防。钻头必须合乎规格；及时修孔；使用适宜的泥浆保持孔壁稳定；在松软地层钻进时不得进尺过快。

(2) 处理。在冲击钻进中，出现上卡，可将冲击钢丝绳稍稍绷紧，再用掏泥筒钢丝绳带动撬击器沿冲击钢丝绳将撬击器降至钻具处，慢慢进行冲击，待钻具略有转动，再慢慢上提；出现下卡可将冲击钢丝绳绷紧，用力摇晃或用千斤顶、杠杆等设备上提；出现坠落石块或杂物卡钻，应设法使钻具向井孔下部移动，使钻头离开坠落物，再慢慢提升钻具；在回转钻进中，出现螺旋体卡钻，可先迫使钻具降至原来位置，然后回转钻具，边转边提，直到将钻具提出，再用大“钻耳”的鱼尾钻头或三翼刮刀钻头修理井孔。当出现掉块、探头石卡钻或岩屑沉淀卡钻时，应设法循环泥浆，再用千斤顶、卷扬机提升，使钻具上下窜动，然后边回转边提升使钻具捞出。较严重的卡钻，可用振动方法解除。

4. 钻具折断或脱落

(1) 预防。合理选用钻具，并仔细检查其质量；钻进时保持孔壁圆滑、孔底平整，以消除钻具所承受的额外应力；卡钻时，应先排除故障再进行提升，避免强行提升；根据地层情况，合理选用转速、钻压等钻进参数。

(2) 处理。钻具折断或脱落后，应首先了解情况，如孔内有无坍塌淤塞情况，钻具在孔内的位置、钻具上断的接头及钻具扳手的平面尺度等。了解情况常采用孔内打印的方法。钻具脱落于井孔，应采用扶钩先将脱落钻具扶正，然后立即打捞。打捞钻具的方法有很多，最常用的有套筒打捞法、捞钩打捞法和钢丝绳套打捞法。

7.1.2　地表水取水构筑物施工作业

地表水取水构筑物常见的有岸边式、江心式、斗槽式等。

在江河中修建取水构筑物工程的施工方法，可以采用围堰法或浮运沉箱法。

围堰法是指用围堰圈隔基坑，并在抽干堰内水量条件下进行修建。采用何种围堰要根据施工所在地区的江河水文、地质条件以及河流性质等确定。

浮运沉箱法是指预先在岸边制作取水构筑物（沉箱），通过浮运或借助水上起重设备吊运到设计的沉放位置上，再注水下沉到预先修建的基础上。当修建取水构筑物较小，河道水位较深，修建施工围堰困难或工程量很大不经济时，适宜采用此法。

7.1.2.1　浮运沉箱法的施工特点

浮运沉箱法特别适用于淹没式江心取水口构筑物的施工，但须具备足够的水上机具设备和潜水工作人员。

采用浮运沉箱法施工，必须注意如下特点。

(1) 受江河的流量、流速、水位等特性变化的影响很大，组织施工比较复杂。

(2) 受江河枯水期、洪水期和雨季影响，施工条件多变，施工的组织与进度安排要掌握季节性。

(3) 江河取水构筑物工程，一般包括取水口、自流管线、泵房等组成。各单项工程的结构类型和特点，施工方法和施工条件不同，但彼此间又相互联系密切，这种综合性工程施工须统筹、周密安排，避免相互干扰影响工期。

因此，施工前必须充分做好施工准备工作，掌握当地水文、地质和气象，以及当地的技术经济条件等基础资料，认真编制切实可行的施工组织设计，合理选择施工方案。为了增强预见性，还需有备选方案并拟定应急的技术组织措施等。

7.1.2.2　浮运沉箱法施工

1. 浮运沉箱法的施工过程

(1) 合理选择预制沉箱（取水口结构）的场地。

(2) 水下开挖基槽（当遇岩石河床时，尚应进行水下爆破）、抛筑块石基础，并进行整平作业。

(3) 沉箱下水、浮运、定位和下沉至基础上。当采用分节预制沉箱时，则需水上起重船运送、下沉，并进行水下拼装。

(4) 进行必要的水下混凝土填筑或抛石围护作业。

(5) 铺设水下管道等。

在上述施工过程中，沉箱的下水、浮运、定位、下沉是浮运沉箱法施工的关键工序。

2. 沉箱下水的施工方法

确定沉箱的下水方案时，应结合选择沉箱预制场地统一考虑。沉箱下水的方案有以下几种。

(1) 利用河流自然水位下水。即在低水位期预制沉箱，当河流处于高水位时，由水位升高使沉箱浮起。

(2) 修筑伸入河流中的倾斜滑道，将取水口结构沿滑道下滑至可使其浮运的深水中。

(3) 在浮鲸上制造取水口，通过在浮鲸内注水，使浮鲸下沉而浮起取水口结构。

(4) 在搭建的栈桥上制作取水口，然后经移运到河流中，再进行沉箱浮运。

(5) 分节预制取水口，用水上吊船吊装下水，水下拼装。

(6) 滑道下水法是在预制场地修筑纵向或纵横双向滑道。滑道常可用石料铺砌，上置枕木轨道，坡度采用 1∶10～1∶6。滑道长度应使沉箱在滑道末端有足够的吃水深度。沉箱预制在滑道的水上部分进行。

浇筑取水口结构的混凝土须符合水工结构物的质量标准。特别是水密性，将影响施工拖运下水和下沉。沉箱在浮运前应先将孔口进行临时密封工作。

拖拉沉箱沿滑道下水，所需要的拉力由设计单位计算，施工单位按图施工即可。

3. 沉箱的浮运及下沉

沉箱的浮运及下沉，在任何情况下都应保证稳定性。

在采用浮运下沉法施工时，为了避免发生沉箱倾覆，设计文件中应当包含构筑物在浮运与下沉过程中稳定性的验算。

沉箱式取水口的浮运，由两条导向船拖带，先运到取水口拟下沉就位处的上游，在上游设置趸船牵系沉箱固定方位。取水头部被浮运到预定位置后，采用经纬仪 3 点交叉定位法将取水头部定位，其布置如图 7.11 所示。

整体制作的取水口沉箱采用充水下沉，取水口上设有充水、排气及排水孔洞。排水是

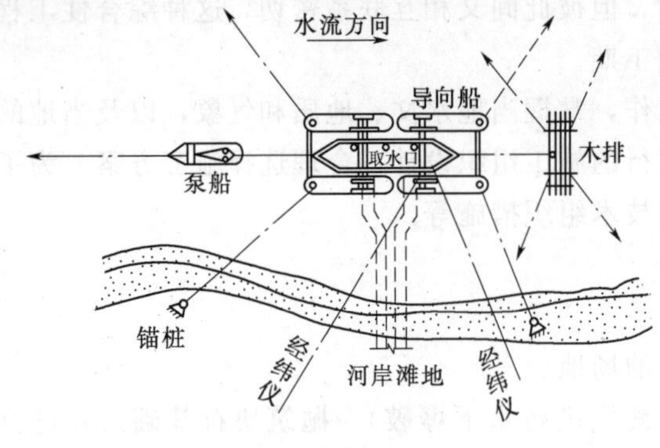

图 7.11 取水头部浮运过程——定位

为了防止和排除浮运中的渗水，也为沉箱下沉后便于校正下沉位置，可通过排水使沉箱重新浮起。

沉箱下沉时，为防止发生倾侧，应控制升降绳索和加水量。升降索应下降均衡并保持收紧状态。沉箱注水宜一次加足，使沉箱重心降低增加稳定。加水量应略大于沉箱的排水量与自重之差。

下沉过程中，应经常读取设置于沉箱四周的控制标尺数值，发生偏差应及时调整。当沉箱下沉接近河底时，潜水员应在水下检查下沉位置及基础情况，当有偏差则应纠正。

取水口就位稳定后，由潜水员拆除孔口封板。在取水口结构外围四周浇筑水下混凝土，使其固定在基础上，浇筑混凝土的高度按设计规定进行。

7.1.3 排放构筑物施工作业

排放构筑物施工作业应该依据《给水排水构筑物工程施工及验收规范》(GB 50141—2008) 实施。

7.1.3.1 施工方案

应根据工程水文地质条件、设计文件的要求编制，主要内容宜符合 GB 50141—2008 第 5.3.1 条的有关规定，并应包括岸边排放的出水口护坡及护坦、水中排放出水涵渠（管道）和出水口的施工方法。

7.1.3.2 土石方与地基基础、砌体及混凝土结构施工

应符合 GB 50141—2008 第 4 章和第 6 章的相关规定，并应符合下列规定：基础应建在原状土上，地基松软或被扰动时，应按设计要求处理；排放出水口的泄水孔应畅通，不得倒流；翼墙变形缝应按设计要求设置、施工，位置准确，设缝顺直，上下贯通；翼墙临水面与岸边排放口端面应平顺连接；管道出水口防潮门井的混凝土浇筑前，其预埋件安装应符合防潮门产品的安装要求。

7.1.3.3 翼墙背后填土

应符合 GB 50141—2008 第 4.6 节的规定，并应符合下列规定：在混凝土或砌筑砂浆达到设计抗压强度后，方可进行；填土时，墙后不得有积水；墙后反滤层与填土应同时进行；回填土分层压实。

7.1.3.4 岸边排放的出水口护坡、护坦施工

(1) 石砌体铺浆砌筑应符合下列规定：水泥砂浆或细石混凝土应按设计强度提高 15%，水泥强度等级不低于 32.5，细石混凝土的石子粒径不宜大于 20mm，并应随拌随用；封砌整齐、坚固，灰浆饱满、嵌缝严密，无掏空、松动现象。

(2) 石砌体干砌砌筑应符合下列规定：底部应垫稳、填实，严禁架空；砌紧口袋，不得叠砌和浮塞。

(3) 护坡砌筑施工顺序应自下而上、分段上升石块间相互交错，砌体缝隙严密，无

通缝。

（4）具有框格的砌筑工程，宜先修筑框格，然后砌筑。

（5）护坡勾缝应自上而下进行，并应符合 GB 50141—2008 第 6.5.14 条规定。

（6）混凝土浇筑护坦应符合下列规定：砂浆、混凝土宜分块、间隔浇筑；砂浆、混凝土在达到设计强度前，不得堆放重物和受强外力。

（7）如遇中雨或大雨，应停止施工并有保护措施。

（8）水下抛石施工时，按 GB 50141—2008 第 5.4 节的相关规定进行。

7.1.3.5　砌筑水泥砂浆、细石混凝土以及混凝土结构的试块验收合格标准

砌筑水泥砂浆、细石混凝土以及混凝土结构的试块验收合格标准应符合下列规定：水泥砂浆应符合 GB 50141—2008 第 6.5.2，6.5.3 条的规定；细石混凝土应符合 GB 50141—2008 第 6.2.8 条第 6 款的规定；混凝土结构的混凝土应符合 GB 50141—2008 第 6.2.8 条的规定。

7.1.3.6　排放构筑物的施工

排放构筑物的施工应符合 GB 50141—2008 第 5.3 节的相关规定。

7.1.4　进、出水管渠

取水构筑物进水管渠、排放构筑物的出水管渠的施工方案主要内容应包括管渠的施工方法、施工技术措施、水上及水下作业和深基槽作业的安全措施。

7.1.4.1　进、出水管施工相关规定

应符合现行国家标准《给水排水管道工程施工及验收规范》（GB 50268—2008）的相关规定，并应符合下列规定。

（1）取水构筑物的水下进水管渠，与取水头部连接段设有弯（折）管时，宜采用围堰开槽或沉管法施工；条件允许时，直线段采用顶管法施工，弯（折）管段采用围堰开槽或沉管法施工。

（2）凿水中架空管道应符合下列规定：排架宜采用预制构件进行装配施工，严格控制排架位置及顶面标高；可采用浮拖法、船吊法等进行管道就位；预制管段的拖运、浮运、吊运及下沉按现行国家标准 GB 50268—2008 的相关规定执行。

（3）凿水下管道接口采用管箍连接时，应先在陆地或船上试接和校正管道在水下连接后，由潜水员检查接头质量，并做好质量检查记录。

7.1.4.2　沉管下沉

采用分段下沉时，应严格控制管段长度，最后一节管段下沉前应进行管位及长度复核。

7.1.4.3　水下顶管施工

应符合现行国家标准 GB 50268—2008 的相关规定，并符合下列规定。

（1）利用进水间、出水井等构筑物作为顶管工作井，并采用井壁作顶管后背时，后背设计应获得有关单位同意。

（2）后背与千斤顶接触的平面应与管段轴线垂直，其垂直偏差不得超过 5mm。

（3）顶管机穿墙时应采取防止水、砂涌入工作坑的措施，并宜将工具管前端稍微抬高。

(4) 顶管过程中应保持顶进进尺土方量与出土量的平衡，并严禁超量排土。

进、出水管渠的位置、坡度符合设计要求，流水通畅。管渠穿越构筑物的墙体间隙，应按设计要求处理，封填密实、不渗漏。

7.1.5 取水与排放构筑物质量检查与验收

7.1.5.1 一般规定

取水与排放构筑物质量检查与验收应该满足《给水排水构筑物工程施工及验收规范》(GB 50141—2008) 第5.7条规定。

(1) 取水与排放构筑物的施工除符合本章规定外，还应符合下列规定。

1) 固定式取水及排放泵房应符合 GB 50141—2008 第7章的规定。

2) 管井应符合现行国家标准《供水管井技术规范》(GB 50296—99) 的规定。

3) 土石方与地基基础工程应符合 GB 50141—2008 第4章的相关规定。

4) 混凝土结构工程的钢筋、模板、混凝土分项工程应符合 GB 50141—2008 第6章的相关规定。

5) 进、出水管渠中，现浇钢筋混凝土管渠工程应符合 GB 50141—2008 第6.7节的相关规定；预制管铺设的管渠工程应符合现行国家标准《给水排水管道工程施工及验收规范》(GB 50268—2008) 的相关规定。

(2) 施工前。应编制施工方案，涉及水上作业时还应征求相关河道、航道和堤防管理部门的意见。

(3) 施工场地布置、土石方堆弃、排泥、排废弃物等。不得影响水源环境、水体水质、航运航道，也不得影响堤岸及附近建（构）筑物的正常使用。施工中产生的废料、废液等应妥善处理。

(4) 施工应满足下列规定。

1) 施工前应建立施工测量控制系统，对施工范围内的河道地形进行校测，并可根据需要设置地面、水上及水下控制桩点。

2) 施工船舶、设备的停靠、锚泊及预制件驳运、浮运和施工作业时，应符合河道、航道等管理部门的有关规定，并有专人指挥；施工期间对航运有影响时应设置警告标志和警示灯，夜间施工应有保证通航的照明。

3) 水下开挖基坑或沟槽应根据河道的水文、地质、航运等条件，确定水下挖泥、出泥及水下爆破、出渣等施工方案，必要时可进行试挖或试爆。

4) 完工后应及时拆除全部施工设施，清理现场，修复原有护堤、护岸等。

5) 应按国家航运部门有关规定和设计要求，设置水下构筑物及管道警示标志、水中及水面构筑物的防冲撞设施。

6) 宜利用枯水季节进行施工，同时应考虑冰冻影响。

(5) 应根据工程环境、施工特点，做好构筑物结构和周围环境监控量测。

7.1.5.2 地下水取水构筑物

(1) 施工期间应避免地面污水及非取水层水渗入取水层。

(2) 施工完毕并经检验合格后，应按下列规定进行抽水清洗。

1) 抽水清洗前应将构筑物中的泥沙和其他杂物清除干净。

2）抽水清洗时，大口井应在井中水位降到设计最低动水位以下停止抽水；渗渠应在集水井中水位降到集水管底以下停止抽水，待水位回升至静水位左右应再行抽水；抽水时应取水样，测定含砂量；设备能力已经超过设计产水量而水位未达到上述要求时，可按实际抽水设备的能力抽水清洗。

3）水中的含砂量小于或等于 1：200000（体积比）时，停止抽水清洗。

4）应及时记录抽水清洗时的静水位、水位下降值、含砂量测定结果。

（3）抽水清洗后，应按下列规定测定产水量。

1）测定大口井或渗渠集水井中的静水位。

2）抽出的水应排至降水影响半径范围以外。

3）按设计产水量进行抽水，并测定井中的相应动水位；含水层的水文地质情况与设计不符时，应测定实际产水量及相应的水位。

4）测定产水量时，水位和水量的稳定延续时间应符合设计要求；设计无要求时，岩石地区不少于 8h，松散层地区不少于 4h。

5）宜采用薄壁堰测定产水量。

6）及时记录产水量及其相应的水位下降值测量结果。

7）宜在枯水期测定产水量。

（4）大口井、渗渠施工所用的管节、滤料应符合下列规定。

1）管节的规格、性能及尺寸公差应符合国家相关产品标准的规定。

2）井筒混凝土无漏筋、孔洞、夹渣、疏松现象。

3）辐射管管节的外观应直顺、无残缺、无裂缝，管端光洁平齐且与管节轴线垂直。

4）有裂缝、缺口、露筋的集水管不得使用，进水孔眼数量和总面积的允许偏差应为设计值的±5%。

5）滤料的制备应符合下列规定：滤料的粒径、不均匀系数及性质符合设计要求；严禁使用风化的岩石质滤料；滤料经过筛选检验合格后，按不同规格堆放在干净的场地上，并防止杂物混入；标明堆放的滤料的规格、数量和铺设的层次；滤料在铺设前应冲洗干净；其含泥量不应大于1.0%（重量比）。

6）铺设大口井或渗渠的反滤层前，应将大口井中或渗渠沟槽中的杂物全部清除，并经检查合格后，方可铺设反滤层；反滤层、滤料层均匀度应符合设计要求。

7）滤料在运输和铺设过程中，应防止不同规格的滤料或其他杂物混入；冬期施工，滤料中不得含有冻块。

8）滤料铺设时，应采用溜槽或其他方法将滤料送至大口井井底或渗渠槽底，不得直接由高处向下倾倒。

（5）大口井施工应符合 GB 50141—2008 第 7.3 节的规定，并符合下列规定。

1）井筒施工应符合下列规定：①井壁进水孔的反滤层必须按设计要求分层铺设，层次分明，装填密实；②采用沉井法下沉大口井井筒，在下沉前铺设进水孔反滤层时，应在井壁的内侧将进水孔临时封闭，不得采用泥浆套润滑减阻；③井筒下沉就位后应按设计要求整修井底，经检验合格后方可进行下一道工序；④井底超挖时应回填，并填至井底设计高程，其中井底进水的大口井，可采用与基底相同的砂砾料或与基底相近的滤料回填；封底的大口井，宜采用粗砂、砾石或卵石等粗颗粒材料回填。

2）井底反滤层铺设应符合下列规定：①宜将井中水位降到井底以下；②在前一层铺设完毕并经检验合格后，方可铺设次层；③每层厚度不得小于该层的设计厚度。

3）大口井周围散水下回填黏土应符合下列规定：①黏土应呈现松散状态，不含有大于50mm的硬土块，且不含有卵石、木块等杂物；②不得使用冻土；③分层铺设压实，压实度不小于95%；④黏土与井壁贴紧，且不漏夯。

4）新建复合井应先施工管井，建成的管井井口应临时封闭牢固；大口井施工时不得碰撞管井，且不得将管井作任何支撑使用。

7.1.5.3 地表水固定式取水构筑物

（1）施工方案应包括以下主要内容。

1）施工平面布置图及纵、横断面图。

2）水中及岸边构筑物、管渠的围堰或基坑（基槽）、沉井施工方案。

3）水下基础工程的施工方法。

4）取水头部等采用预制拼装时，其构件制作，下水与浮运，下沉、定位及固定，水下拼装的技术措施。

5）进水管渠的施工方法以及与构筑物连接的技术措施。

6）施工设备机具的数量、型号以及安全性能要求。

7）水上、水下作业和深基坑作业的安全措施。

8）周围环境、航运安全等的技术措施。

（2）施工方法应根据设计要求和工程具体情况，经技术经济比较后确定。

（3）采用预制取水头部进行浮运沉放施工应符合下列规定。

1）取水头部预制的场地应符合下列规定：①场地周围应有足够供堆料、锚固、下滑、牵引以及安装施工机具、机电设备、牵引绳索的地段；②地基承载力应满足取水头部的荷载要求，达不到荷载要求时，应对地基进行加固处理。

2）混凝土预制构件的制作应按GB 50141—2008第6章有关规定执行。

3）预制钢构件的加工、制作、拼装应按现行国家标准《钢结构工程施工质量验收规范》（GB 50205—2001）的有关规定执行。

4）预制构件沉放完成后，应按设计要求进行底部结构施工，其混凝土底板宜采用水下混凝土封底。

（4）取水头部水上打桩应符合表7.5的规定。

表7.5 取水头部水上打桩的允许偏差

序号	项目		允许偏差/mm
1	上面有盖梁的轴线位置	垂直于盖梁中心线	150
2		平行于盖梁中心线	200
3	上面无纵横梁的桩轴线位置		1/2桩径或边长
4	桩顶高程		+100，−50

（5）取水头部浮运前应设置：取水头部、进水管口中心线的测量标志；取水头部各角

吃水深度的标尺，圆形时为相互垂直两中心线与圆周交点吃水深度的标尺；取水头部基坑定位的水上标志。下沉后，测量标志应仍露出水面。

(6) 取水头部浮运前准备工作应满足：取水头部的混凝土强度达到设计要求，并经验收合格；水下孔洞全部封闭，不得漏水；拖曳缆绳绑扎牢固；下滑机具安装完毕，并经过试运转；应检查取水头部下水后的吃水平衡；浮运拖轮、导向船及测量定位人员均做好准备工作。

(7) 取水头部的定位，应采用经纬仪三点交叉定位法。岸边的测量标志，应设在水位上涨不被淹没的稳固地段。

(8) 取水头部沉放前准备工作应符合下列规定。

1) 拆除构件拖航时保护用的临时措施。

2) 对构件底面外形轮廓尺寸和基坑坐标、标高进行复测。

3) 备好注水、灌浆、接管工作所需的材料，做好预埋螺栓的修整工作。

4) 所有操作人员应持证上岗，指挥通信系统应清晰畅通。

(9) 取水头部定位后，应进行测量检查，及时按设计要求进行固定。施工期间应对取水头部、进水间等构筑物的进水孔口位置、标高进行测量复核。

(10) 水中构筑物施工完成后，应按 GB 50141—2008 第 5.4 节的规定和设计要求进行回填、抛石等稳定结构的施工。

(11) 河床式取水进水口从进水管道内垂直顶升法施工，应按 GB 50141—2008 第 5.5.5 条的规定执行。其取水头部装置应按设计要求进行安装，且位置准确、安装稳固。

(12) 岸边取水构筑物的进水口施工应按 GB 50141—2008 第 5.5 节规定和设计要求执行。

7.1.5.4 排放构筑物

(1) 排放构筑物施工方案制定。应根据工程水文地质条件、设计文件的要求编制，主要内容宜符合 GB 50141—2008 第 5.3.1 条的有关规定，并应包括岸边排放的出水口护坡及护坦、水中排放出水涵渠（管道）和出水口的施工方法。

(2) 土石方与地基基础、砌体及混凝土结构施工应符合 GB 50141—2008 第 4 章和第 6 章的相关规定。

(3) 翼墙背后填土应符合 GB 50141—2008 第 4.6 节的规定。

(4) 岸边排放的出水口护坡、护坦施工应符合下列规定。

1) 石砌体铺浆砌筑应符合下列规定：水泥砂浆或细石混凝土应按设计强度提高 15%，水泥强度等级不低于 32.5，细石混凝土的石子粒径不宜大于 20mm，并应随拌随用；封砌整齐、坚固，灰浆饱满、嵌缝严密，无掏空松动现象。

2) 石砌体干砌砌筑应符合下列规定：底部应垫稳、填实，严禁架空；砌紧口缝，不得叠砌和浮塞。

3) 护坡砌筑的施工顺序应自下而上、分段上升；石块间相互交错，砌体缝隙严密，无通缝。

4) 具有框格的砌筑工程，宜先修筑框格，然后砌筑。

5）护坡勾缝应自上而下进行，并应符合 GB 50141—2008 第 6.5 节的规定；

6）混凝土浇筑护坦应符合下列规定：①砂浆、混凝土宜分块、间隔浇筑；②砂浆、混凝土在达到设计强度前，不得堆放重物和受强外力。

7）如遇中雨或大雨，应停止施工并有保护措施。

8）水下抛石施工时，按 GB 50141—2008 第 5.4 节的相关规定进行。

（5）水中排放出水口从出水管道内垂直顶升施工，应符合现行国家标准《给水排水管道工程施工及验收规范》（GB 50268—2008）的规定，并应满足：顶升立管完成后，应按设计要求稳管、保护；在水下揭去帽盖前，管道内必须灌满水；揭帽盖的安全措施准备就绪；排放头部装置应按设计要求进行安装，且位置准确、安装稳固。

（6）砌筑水泥砂浆、细石混凝土以及混凝土结构的试块验收合格标准应符合下列规定。

1）水泥砂浆应符合 GB 50141—2008 第 6.5 节的相关规定。

2）细石混凝土，每 $100m^3$ 的砌体为一个验收批，应至少检验一次强度；每次应制作试块一组，每组三块；并符合 GB 50141—2008 第 6.2 节的相关规定。

3）混凝土结构的混凝土应符合 GB 50141—2008 第 6.2 节的相关规定。

（7）排放构筑物的施工应符合 GB 50141—2008 第 5.3 节的相关规定。

7.1.6 引例分析

根据本工程结构特点制定如下模板工程施工方案。

7.1.6.1 排放构筑物模板方案选择

1. 沟渠底板及出水井底模

选用砖胎膜，即在基础底板的垫层施工完 24h 后，便可插入砖胎膜的施工，砖胎膜做法为：MU7.5 红砖，M5 水泥砂浆混凝土筑 240mm 厚，且在临时结构混凝土边抹 20mm 厚的 M5 水泥砂浆。

2. 雨棚框架柱模板

（1）矩形柱的模板采用镜面木模板，50mm×100mm 木枋，外用钢管固定，并与内脚手架连为一体。

（2）沟渠侧模板采用 18mm 厚的木模板 18mm×915mm×1830mm，用 50mm×100mm 木枋作背楞，背楞纵距按 350mm 间距布置，设置 $\phi12$ 的对拉螺杆按 500mm 间距考虑。

（3）雨棚梁模板统一采用木模板 915mm×1830mm 配置，用 50mm×100mm 木枋作龙骨，梁模支撑采用钢管快拆支撑体系，这种模板支撑体系可保证混凝土的平整度、光滑度，可达到清水混凝土的效果。

7.1.6.2 模板施工

1. 柱、沟渠侧模施工

（1）做好测量放线工作，测量放线是建筑施工的先导，只有保证测量放线的精度才能保证模板安装位置的准确。弹出水平标高控制线、轴线、模板控制线，应由有关人员进行复验，合格后方可进行下道工序施工。

（2）涂刷脱模剂：脱模剂是模板施工准备工作中一项重要的内容；脱模剂的选择与应

用，对于防止模板与混凝土粘结、保护模板、延长模板的使用寿命以及保持混凝土表面的洁净与光滑，都起着重要的作用。本工程选择油质脱模剂（非废机油类）。

（3）柱支模前，其根部必须加焊 ϕ14 钢筋限位，以保证其位置准确，梁板混凝土浇筑时预埋 ϕ14 短钢筋头，以便与定位钢筋焊接，避免直接与主筋焊接咬伤主筋。

（4）当混凝土的自由倾向落高度大于 2m 时，设置串筒。

（5）柱模板根部及上部应留有清扫口和观察孔、振捣孔。清扫后在浇筑混凝土前，应将清扫口、振捣孔等堵死。

（6）模板支设严格按模板配置图支设，模板安装后接缝部位必须严密，为防止漏浆可在接缝部位加贴缝条。底部若有空隙，应加垫 10mm 白色的海绵条，让开柱边线 5mm。

（7）模板的安装必须保证位置的准确，立面垂直，用经纬仪进行检查。发现不垂直时，可通过调整斜向支撑解决。

（8）施工过程中应注意成品保护，并随时检查埋件、保护层、水电管线位置等是否准确。

2. 梁模板施工

梁模板施工工艺：放线定脚手架立杆位置→搭设脚手架→梁底模→梁一侧模→绑扎钢筋→ 封梁另一侧膜→绑扎梁板钢筋→设立快拆支持及支撑加固。

任务 7.2 水处理构筑物施工

【引例 7.2】 某污水处理厂（二期）工程项目，新增日处理能力 8 万 m^3/d，污水处理工艺采用 AAO 生物处理工艺。本工程建设内容为对原一期粗格栅间、一期进水泵房、一期曝气沉砂池、一期生物池、一期污泥脱水车间进行改造；新建细格栅间、曝气沉砂池（36.35m×10.9m），配水井（7.5m×7.9m），AAO 生物池（111.4m×56.69m），4 座二沉池（ϕ42.8m），配水排泥井（ϕ13.3m），巴式计量槽（39.25m×4.2m），出水在线仪表间（6.4m×3.4m），2 座污泥浓缩池（ϕ18.8m），紫外线消毒池（14.4m×8.8m）；污泥泵房（138.8m^2），鼓风机房（246.56m^2），变配电间（59.3m^2），扩建管理楼（1708m^2），公司车库及值班室（3091m^2），环保教育展厅（798m^2）；78m 厂区下穿通道（宽×高＝5m×9.8m），厂区道路，围墙、挡墙及绿化等。其中生物池、细格栅、曝气沉砂池、污泥浓缩池、二沉池、配水排泥井、污泥泵房混凝土垫层为 C15、填料为 C20、主体为 C30，变配电间、环保教育厅、鼓风机房、公司车库及值班室混凝土垫层为 C15、主体为 C30，现浇池底、池壁、矩形柱、水槽、走道板等采用 S6 混凝土，挡土墙墙身混凝土采用 C20，新建路面混凝土采用 C30。

【思考】 在该案例中，构筑物的模板支设方案应该如何考虑？

7.2.1 砌体结构施工作业

砌体工程是指砖、石砌块和其他砌块的施工。根据砌体中是否配置钢筋，砌体分为无筋砌体和配筋砌体。对于无筋砌体，按照所采用的块体又分为砖砌体、石砌体和砌块砌体等。

砌体工程所用材料主要是砖、石或砌块以及粘接材料（包括砌筑砂浆）等。

7.2.1.1 砌体材料

1. *砖*

我国采用的砖按所用的制砖材料可分为：黏土砖、页岩砖、煤矸石砖、粉煤灰砖、硅酸盐砖等；按焙烧与否可分为：烧结砖与非烧结砖等；按砖的密实度可分为：实心砖、空心砖、多孔砖及微孔砖等。

（1）烧结普通黏土砖。烧结普通黏土砖是以前使用最广的一种建筑材料。这类砖的外形为直角六面体，规格为240mm×115mm×53mm。烧结普通砖按力学性能分为MU30、MU25、MU20、MU15、MU10、MU7.5六个强度等级。目前国内大部分城市已禁止或限制使用，在施工时应以当地政府主管部门现行规定为准。

（2）烧结空心砖。烧结空心砖是以黏土、页岩、煤矸石等为主要原料烧结而成的空心砖。烧结空心砖的外形为矩形体，在与砂浆的结合面上应设有增加结合力的深度1mm以上的凹槽线。烧结黏土空心砖根据密度分为800、900、1100三个等级。按力学性能分为MU5、MU3和MU2三个强度等级。由于其强度等级较低，因而只能用于非承重砌体。该砖常用于土建工程中。

（3）粉煤灰砖。粉煤灰砖是以粉煤灰、石灰为主要原料，掺合适量石膏和骨料，压制而成的实心砖。粉煤灰砖的规格为240mm×115mm×53mm。粉煤灰砖按力学性能分为MU20、MU15、MU10和MU7.5四个强度等级，可作为承重用砖。该砖的耐水性差，不宜用于地下构筑物中。

（4）烧结多孔砖。烧结多孔砖的规格有190mm×190mm×90mm和240mm×115mm×90mm两种，按力学性能分为MU10、MU15、MU20、MU25、MU30五个强度等级。常用于土建工程中。

（5）蒸压灰砂砖。规格与烧结普通砖相同，强度等级为MU25、MU20、MU15、MU10四个等级，可作为承重用砖。该砖耐水性差，不宜用于给水排水构筑物中。

（6）非烧结普通黏土砖。规格与烧结普通黏土砖相同，强度等级MU15、MU10、MU7.5三个等级，可作为承重用砖。

2. *石材*

石材主要来源于重质岩石和轻质岩石。质量密度大于1800kg/m³者为重质岩石，不大于1800kg/m³者为轻质岩石。我国石材按其加工后的外形规则程度，分为料石和毛石两类。根据石料的抗压强度值，石材划分为MU100、MU80、MU60、MU50、MU40、MU30、MU20、MU15和MU10九个强度等级。

（1）料石。料石按其加工面的平整度分为细料石、半细料石、粗料石和毛料石四种。

（2）毛石。毛石又分为乱毛石、平毛石。乱毛石系指形状不规则的石块；平毛石是指形状不规则，但有两个平面大致平行的石块。

3. *砌块*

砌块主要有混凝土、轻骨料混凝土和加气混凝土砌块，以及利用各种工业废渣、粉煤灰等制成的无熟料水泥煤渣混凝土砌块和蒸汽养护粉煤灰硅酸盐砌块。在采用时应考虑给水排水结构的特殊要求。

7.2.1.2 粘接材料

砌体的粘接材料主要为砂浆，以下主要介绍砌筑砂浆的材料、性质、种类、制备与使用。

1. 砂浆材料组成

砂浆材料由无机胶凝材料、细骨料及水组成。

(1) 石灰。石灰属气硬性胶凝材料，有生石灰、生石灰粉、熟石灰粉。在施工中，为了使用简便，有磨细生石灰及消石灰粉以袋装形式供应。消石灰粉的技术项目有钙镁含量、含水率、细度等。

(2) 石膏。石膏亦属气硬性胶凝材料，由于孔隙大、强度低，故不在耐水的砌体中使用。

(3) 水泥。水泥的品种及强度等级，应根据砌体部位和所处环境来选择。砌筑砂浆所用水泥应保持干燥，分品种、标号、出厂日期堆放。不同品种的水泥，不得混合使用。水泥砂浆采用的水泥，其强度等级不宜小于32.5级；水泥混合砂浆采用的水泥，其强度等级不宜小于42.5级。水泥质量必须符合现行国家标准《通用硅酸盐水泥》(GB 175—2007) 的有关规定。当在使用中对水泥质量有怀疑或水泥出厂超过三个月（快硬硅酸盐水泥超过一个月）时，应复查试验，并按复验结果使用。

(4) 砂。砂浆所用的砂，一般采用质地坚硬、清洁、级配良好的中砂，其中毛石砌体宜采用粗砂，且不得含有草根等杂质，含泥量应控制在5%以内。砌石用砂的最大粒径应不大于灰缝厚度的1/5～1/4。对于抹面及勾缝的砂浆，应选用细砂。人工砂、山砂及特细砂作砌筑砂浆，应经试配、满足技术条件要求。

(5) 水。拌制砂浆所用的水应该满足《混凝土用水标准》(JGJ 63—2006) 的要求。

2. 砂浆的技术性质

新拌制的砂浆应具有良好的和易性，以便于铺砌，砂浆的和易性包括流动性和保水性两方面。

(1) 流动性。砂浆的流动性也称稠度，是指在自重或外力作用下流动的性能。砂浆的流动性与胶结材料的用量、用水量、砂的规格等有关。砌筑砂浆的稠度应符合表7.6的规定。

表7.6 建筑砂浆的稠度

砌体种类	砂浆稠度/mm
烧结普通砖砌体 蒸压粉煤灰砖砌体	70～90
混凝土实心砖、混凝土多孔砖砌体 普通混凝土小型空心砌块砌体 蒸压灰砂砖砌体	50～70
烧结多孔砖、空心砖砌体 轻骨料小型空心砌块砌体 增压加气混凝土砌块砌体	60～80
石砌体	30～50

(2) 保水性。砂浆混合物能保持水分的能力，称保水性。指新拌砂浆在存放、运输和使用过程中，各项材料不易分离的性质。在砂浆配合比中，由于胶凝材料不足则保水性差，为此，在砂浆中常掺用可塑性混合材料（石灰膏或黏土膏），即能改善其保水性能。

(3) 砂浆的强度。

1) 强度是以边长为7.07cm×7.07cm×7.07cm的6块立方体试块，按标准养护28天的平均抗压强度值确定的。砂浆强度等级分为M20、M15、M10、M7.5、M5、M2.5六个等级。

2) 砂浆试块应在搅拌机出料口随机取样、制作。一组试样应在同一盘砂浆中取样，同盘砂浆只能制作一组试样，一组试样为6块。

3) 砂浆的抽样频率：$250m^3$砌体中的各种类型及强度等级的砌筑砂浆，每台搅拌机应至少抽检一次。

4) 标准养护，28天龄期，同品种、同强度砂浆各组试块的强度平均值应大于或等于设计强度，任意一组试块的强度应大于或等于设计强度的75%。

3. 砂浆的种类

建筑砂浆按用途不同可分为砌筑砂浆、抹面砂浆、防水砂浆和装饰砂浆4种。建筑砂浆也可按使用地点或所用材料不同分为石灰砂浆（石灰膏、砂、水）、混合砂浆（水泥、砂、石灰膏、水）、水泥砂浆（水泥、砂、水）和微沫砂浆（水泥、砂、石灰膏、微沫剂）等。

4. 砂浆制备与使用

目前国家鼓励发展商品砂浆，有些地方省市发文推进建设工程使用预拌砂浆与禁止施工现场搅拌砂浆，因此，各工程需按各地规定执行。在自拌砂浆的情况下，砂浆的配料应准确。水泥、微沫剂的配料精确度应控制在±2%以内。其他材料的配料的精确度应控制在±5%以内。

(1) 砂浆搅拌。砂浆应采用机械拌和，自投料完算起，搅拌时间应符合下列规定：水泥砂浆和水泥混合砂浆不得少于2min；水泥粉煤灰砂浆和掺用外加剂的砂浆不得少于3min；掺有机塑化剂的砂浆，应为3～5min。无砂浆搅拌机时，可采用人工拌和，应先将水泥与砂干拌均匀，再加入其他材料拌和，要求拌和均匀，拌成后的砂浆应符合设计要求的种类和强度等级。

(2) 砂浆使用。砂浆拌成后和使用时，均匀盛入贮灰斗内，在初凝前使用。如砂浆出现泌水现象，应在砌筑前再次拌和。砂浆应随拌随用，常温下，水泥砂浆和水泥混合砂浆必须分别在拌和后3h和4h内使用完毕；如施工期间最高气温超过30℃，则必须分别在拌和后2h和3h内使用完毕。

7.2.1.3 砌体结构施工

砌体是由不同尺寸和形状的砖、石或块材使用砂浆砌成的整体。砌体工程施工中，砌筑质量的好坏，如：砂浆是否饱满，组砌是否得当，错缝搭接是否合理，接槎是否可靠等对砌体的稳定、较均匀地承受外力（主要是压力）等方面影响很大。

在给排水工程中常用的砌体构筑物为砖砌体构筑物。

1. 砖砌体施工

砖砌体的砌筑通常包括找平、放线、摆砖样、立皮数杆、挂准线、铺灰、砌砖等工序。如是清水墙，则还要进行勾缝。

(1) 砌砖前准备。

1) 材料准备。砖的品种、强度等级必须符合设计要求，并应规格一致。用于清水墙、柱表面的砖，应边角整齐、色泽均匀。常温下，砖在砌筑前应提前2天浇水湿润，烧结普通砖含水率宜为10%～15%，灰砂砖、粉煤灰砖含水率宜为8%～12%。

有冻胀环境和条件的地区，地面以下或防潮层以下的砌体，不宜采用多孔砖。

砌筑用砂浆的种类、强度等级应符合设计要求。

2) 找平、放线、制作皮数杆。

a. 找平。砌筑基础前应对垫层表面进行找平，高差超过30mm处应用C15以上的细石混凝土找平后才可砌筑，不得仅用砂浆填平。砌墙前，先按标准的水准点定出各层标高，并用水泥砂浆或C10细石混凝土找平。

b. 放线。砌筑前应将砌筑部位清理干净并放线。底层墙身可按龙门板上轴线定位钉为准拉麻线，沿麻线挂下线锤，将墙身中心轴线放到基础面上，应据此墙身中心轴线为准，弹出纵横墙身边线，并定出预留洞口位置。为保证墙身的垂直度，可借助于经纬仪检测墙身中心轴线。目前较多使用准直标线仪（或称红外线定位仪）来辅助砌墙，是方便实用的标线、定位工具，还可以减少人工吊线的误差。

c. 立皮数杆。皮数杆亦称“皮数尺”，即在其上划有砖皮数和砖缝厚度，以及门窗洞口、过梁、圈梁、楼板梁底等标高位置的标志杆（如图7.12所示）。为了控制砌体的标高以及每皮的平整度，应用方木或角钢事先制作皮数杆，它立于墙的转角处及交接处，其基准标高用水准仪校正，应使杆上所示标高线与找平所确定的设计标高相吻合。根据砖规格和灰缝厚度在皮数杆上标明皮数及竖向构造的变化部位。如墙体的长度很大，可每隔10～20m再立一根。

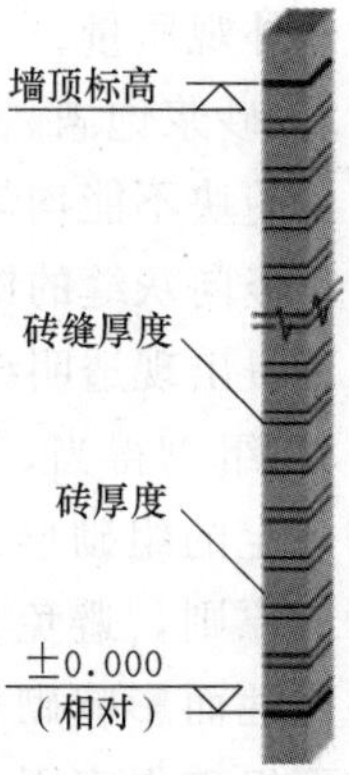

图7.12　皮数杆示意图

(2) 砌体的组砌形式。

1) 砖基础组砌形式。砖基础由墙基和大放脚两部分组成，墙基与墙身同厚。脚一般采用一顺一丁砌筑形，竖缝要错开，要注意十字及丁字接头处砖块的搭接，在这些交接处，纵横基础要隔皮砌通。大放脚最下一皮砖应以丁砌为主，墙基的最上一皮砖也应为丁砌。

2) 砌砖墙组砌形式。普通砖墙的厚度有半砖（115mm）、3/4砖（178mm）、一砖（240mm）、一砖半（365mm）、二砖（490mm）等。普通砖墙立面的砌筑形式常有以下几种：一顺一丁，三顺一丁，梅花丁。每层承重墙的最上一皮砖、在梁或梁垫的下面、砖砌体的阶台水平面上以及砖砌体的挑出层（挑檐、腰线等）处，应采用整砖丁砌层。半砖和破损的砖应分散使用在受力较小的砖砌体中或墙心。

(3) 砖砌体砌筑工艺。砌筑砖砌体的一般工艺包括摆砖、立皮数杆、盘角和挂线、砌筑、标高控制等。

1）摆砖（撂底）。摆砖是在放线的基面上按选定的组砌形式用干砖试摆砖样，砖与砖之间留出10mm竖向灰缝宽度。摆砖的目的是为了尽量使洞口、附墙垛等处符合砖的模数，尽可能减少砍砖数量，保证砖及砖缝排列整齐、均匀，以提高砌砖效率。摆砖样在清水墙砌筑中尤为重要。

2）盘角和挂线。砌体角部是确定砌体横平竖直的主要依据，所以砌筑时应根据皮数杆先在转角及交接处砌几皮砖，并保证其垂直平整，称为盘角。然后再在其间拉准线，作为墙身砌筑的依据，每砌一皮或两皮，准线向上移动一次。依准线逐皮砌筑中间部分，一砖半厚及其以上的砌体要双面挂线。

3）砌筑。砌筑操作方法可采用“三一”砌筑法或铺浆法。“三一”砌筑法即一铲灰、一块砖、一挤揉并随即将挤出的砂浆沥去的操作方法，这种砌法灰缝容易饱满、粘结力好、墙面整洁。采用铺浆法砌筑时，铺浆长度不得超过750mm；气温超过30℃时，铺浆长度不得超过500mm。多孔砖的孔洞应垂直于受压面砌筑。

砖墙每天砌筑高度以不超过1.8m为宜，以保证墙体的稳定性、抗风要求。雨季施工，每天砌筑高度以不超过1.2m为宜，并用防雨材料覆盖新砌体的表面。

（4）砖砌体质量保证措施。砖砌体的质量要求可概括为：横平竖直、砂浆饱满、组砌得当、接槎可靠。

1）横平竖直。为使砌体均匀受压，不产生剪切水平推力，砌体灰缝应保持横平竖直。竖向灰缝不得出现透明缝、瞎缝和假缝，必须垂直对齐，对不齐而错位，称游丁走缝，影响墙体外观质量。

2）砂浆饱满。砂浆不饱满，一方面造成砖块间粘结不紧密，使砌体整体性差；另一方面使砖块不能均匀传力。为保证砌体的抗压强度，要求水平灰缝的砂浆饱满度不得小于80%。竖向灰缝的饱满度对砌体抗剪强度有明显影响。施工时竖缝宜采用挤浆或加浆方法，不得出现透明缝，严禁用水冲浆灌缝。

3）组砌得当、错缝搭接。为了提高砌体的整体性、稳定性和承载力，各种砌体均应按一定的组砌形式砌筑。砌体排列的原则应遵循内外搭砌、上下两皮砖的竖缝应当错开的原则，避免出现连续的垂直通缝。在垂直荷载作用下，砌体会由于“通缝”丧失整体性而影响砌体强度。同时，内外搭砌使同皮的里外砌体通过相邻上下皮的砖块搭砌而组砌得牢固。错缝的长度一般不应小于60mm，同时还要照顾到砌筑方便和少砍砖。

4）接槎可靠。接槎是指相邻砌体不能同时砌筑而设置的临时间断，便于先砌筑的砌体与后砌筑的砌体之间的接合。接槎方式合理与否对砌体的整体性影响很大，特别在地震区，接槎质量将直接影响到结构的抗震能力，故应给予足够的重视。

5）砌体构筑物的其他注意事项。砌体中的预埋管洞口结构应加强，并有防渗措施；设计无要求时，可采用管外包封混凝土法（对于金属管还应加焊止水环后包封）；包封的混凝土抗压强度等级不小于C25，管外浇筑厚度不应小于150mm；砌筑池壁不得用于脚手架支搭；砌体砌筑完毕，应立即进行养护，养护时间不应少于7天；砌体水处理构筑物冬期不宜施工；砌砖时砂浆应满铺满挤，挤出的砂浆应随时刮平，严禁用水冲浆灌缝，严禁用敲击砌体的方法纠正偏差。

2. 抹灰

抹灰分为一般抹灰工程、饰面板工程和清水砌体嵌缝工程。在给水排水工程中一般均采用防水砂浆对砌体、钢筋混凝土的贮水或水处理构筑物等进行抹灰。

抹灰前必须把基材表面的松动物、油脂、涂料、封闭膜及其他污染物清除干净，光滑表面应予凿毛，用水充分润湿新旧界面，但在抹灰前不得留有明水。

抹灰厚度较大时可分层作业，抹灰面积较大时，应留分格缝，以4～6m为宜。

7.2.2 现浇钢筋混凝土结构施工作业

在施工实践中，常采用现浇钢筋混凝土建造各类水池等构筑物以满足生产工艺、结构类型和构造的不同要求。

钢筋混凝土工程由各具特点的钢筋工程、模板工程和混凝土工程组成。

完成土石方开挖，基坑验槽合格后，一般构筑物现浇钢筋混凝土施工顺序是：基础垫层→轴线放线→底板钢筋加工及绑扎→底板模板安装→底板混凝土浇筑→池壁钢筋加工及绑扎→池壁模板安装→池壁混凝土浇筑→池内支撑体系搭设→顶板模板安装→顶板混凝土浇筑。

7.2.2.1 钢筋工程

1. 钢筋的分类及级别

钢筋按工艺可分为：热轧钢筋和冷加工钢筋两类。冷加工钢筋包括冷拉钢筋、冷拔螺旋钢筋、冷轧扭钢筋、冷轧带肋钢筋等。余热处理钢筋属于热轧钢筋。

热轧钢筋是经热轧成型并自然冷却的成品钢筋，按强度等级分为HPB235级（即屈服点为235N/mm^2，下同）、HRB335级、HRB400级和HRB500级四级。钢筋的强度等级越高，其抗拉强度越高，但塑性、韧性降低。目前国家对各类建筑物的抗震等级要求越来越高，有些地方设计要求采用抗震钢筋，抗震钢筋的标识带有“E”，如“HRB400E”。热轧钢筋还可按轧制外形分为光圆钢筋和带肋钢筋两种。

此外，在水工程结构和构件中，常用的钢筋还有刻痕钢丝、碳素钢丝和冷拔低碳钢丝、钢绞线等。钢绞线是用符合标准的钢丝经绞捻制成，具有强度高、韧性好、质量稳定等优点，多用于大跨度结构和无粘结预应力水池。

2. 钢筋加工

(1) 钢筋加工一般先集中在车间加工，然后运至施工现场安装或绑扎。钢筋加工过程取决于成品种类，一般包括钢筋的冷处理（冷拉、冷拔、冷轧）、调直、除锈、切断、弯曲、连接等工序。

(2) 工序流程：放样→下料、校正→制作。

(3) 钢筋加工须按设计施工图或设计指定的构筑物标准图集进行加工，所有进场钢筋必须有出厂质量证明书或检验报告单，并由试验人员分批分规格取样检验合格后方准使用。

(4) 如果个别种类钢筋缺失，需进行钢筋替换，必须先充分了解设计意图和代换材料性能，严格遵守现行钢筋混凝土设计规范的各种规定；凡重要部位的钢筋代换，须征得设计单位同意，并有书面通知时方可代换。

(5) 钢筋加工制作时，要将钢筋加工下料表与设计图复核，检查下料表是否有错误和遗漏，对每种钢筋要按下料表检查是否达到要求，经过这两道检查后，再按下料表放出实样，试制合格后方可成批制作，加工好的钢筋要挂牌堆放、整齐有序。

(6) 表面除锈（污）。钢筋表面应洁净，黏着的油污、泥土、浮锈使用前必须清理干净，可结合冷拉工艺除锈。

(7) 钢筋调直。可用机械或人工调直。经调直后的钢筋不得有局部弯曲、死弯、小波浪形，其表面伤痕不应使钢筋截面减小3%。

(8) 钢筋切断。钢筋切断应根据钢筋号、直径、长度和数量，长短搭配，先断长料后断短料，尽量减少和缩短钢筋短头，以节约钢材。

(9) 钢筋弯钩（曲）。

1) 弯钩形式：弯钩形式有3种，分别为半圆弯钩、直弯钩及斜弯钩。钢筋弯曲后，弯曲处内皮收缩、外皮延伸、轴线长度不变，弯曲处形成圆弧，弯起后尺寸不大于下料尺寸，应考虑弯曲调整值。钢筋弯心直径为$2.5d$（d为钢筋直径），平直部分为$3d$。

2) 增加长度：钢筋弯钩增加长度的理论计算值：对半圆弯钩为$6.25d$，对直弯钩为$3.5d$，对斜弯钩为$4.9d$。

3) 弯起钢筋：中间部位弯折处的弯曲直径D，不小于$5d$。

4) 箍筋：箍筋的末端应做弯钩，弯钩形式应符合设计要求。箍筋调整值，即为弯钩增加长度和弯曲调整值两项之和，根据箍筋量外包尺寸或内皮尺寸而定。

5) 钢筋下料长度：钢筋下料长度应根据构件尺寸、混凝土保护层厚度、钢筋弯曲调整值和弯钩增加长度等规定综合考虑。

直钢筋下料长度=构件长度－保护层厚度＋弯钩增加长度。

弯起钢筋下料长度=直段长度＋斜弯长度－弯曲调整值＋弯钩增加长度。

箍筋下料长度=箍筋内周长＋箍筋调整值＋弯钩增加长度。

3. 钢筋连接

钢筋连接最常用方法有：绑扎连接、焊接连接、螺纹套筒连接。

钢筋接头：钢筋的接头应优先采用焊接接头，钢筋焊接采用电弧焊，非焊接的搭接接头应设在构件受力较小处，池壁环向钢筋必须焊接。

当受力钢筋采用焊接接头时，设置在同一构件内的焊接接头应相互错开。在任一焊接接头中心至长度为$35d$且不小于500mm的区段内，同一根钢筋不得有2个接头；在该区段内有接头的受力钢筋截面面积占受力钢筋截面面积的百分率，应符合以下规定：非预应力筋受拉区不宜超过50%，受压区和装配式构件连接处不限制；大跨度框架梁内受拉纵向钢筋直径大于22mm时宜采用机构连接，接头布置亦应符合上述要求；焊接接头距钢筋弯折处不应小于$10d$，且不宜位于构件的最大弯矩处。

(1) 钢筋绑扎。钢筋绑扎前先认真熟悉图纸，检查配料表与图纸、设计是否有出入，仔细检查成品尺寸、形状是否与下料表相符，核对无误后方可进行绑扎。

钢筋绑扎接头应符合下列规定：

a. 搭接长度的末端与钢筋弯曲处的距离，不得小于$10d$。接头不宜位于构件最大弯矩处。

b. 受拉区内，Ⅰ级钢筋绑扎接头的末端应做弯钩，Ⅱ级、Ⅲ级钢筋可不做弯钩。

c. 直径等于和小于12mm的受压Ⅰ级钢筋的末端，以及轴心受压构件中任意直径的受力钢筋的末端，可不做弯钩，但搭接长度不应小于30d。

d. 钢筋搭接处，应在中心和两端用铁丝扎牢。

e. 绑扎接头的搭接长度应符合表7.7的规定。

表7.7　钢筋绑扎接头的最小搭接长度

钢筋级别	受拉区	受压区
Ⅰ级	30d	20d
Ⅱ级	35d	25d
Ⅲ级	40d	30d
低碳冷拔丝/mm	250	200

注　1. d为钢筋直径。
2. 钢筋绑扎接头的搭接长度，除应符合本表要求外，在受拉区不得小于250mm，在受压区不得小于200mm。
3. 当混凝土设计强度大于15MPa时，其最小搭接按表中执行，当混凝土设计强度为15MPa时，除低碳冷拔丝外，最小搭接长度应按表中数值增加5d。

受力钢筋的绑扎接头位置应相互错开。在受力钢筋直径30倍且不小于500mm的区域范围内，绑扎接头的受力钢筋截面面积占受力钢筋总截面面积的百分率：受压区不得超过50%；受拉区不得超过25%；但池壁底部施工缝处的预埋竖向钢筋可按50%控制，并将受拉区钢筋搭接长度增加20%。

钢筋位置的允许偏差见表7.8。

表7.8　钢筋位置的允许偏差

项次	项目		允许偏差/mm
1	受力钢筋的间距		±10
2	受力钢筋的排距		±5
3	钢筋弯起点的位置		20
4	箍筋、横向钢筋距离	绑扎骨架	±20
		焊接骨架	±10
5	受力钢筋的保护层	基础	±10
		柱、梁	±5
		板、墙	±3

1）底板钢筋的绑扎。当底板钢筋采取焊接排架的方法固定时，钢筋直径不小于16mm时，排架间距为80～100cm；当主筋直径在16mm以下时，排架间距宜控制在60cm以内。排架作法可利用底板上下层内层筋，用立筋焊接成预制排架，支撑和固定上下层底板筋。

底板钢筋弯钩朝向：单层筋时，钢筋弯钩应朝上，不要倒向一边；双层筋时，上层钢筋弯钩应朝下。

绑扎底板钢筋时应利用垫层上的墨线调整钢筋位置。双向主筋的钢筋网，必须将全部钢筋相交点扎牢。绑扎时应注意相邻绑扎的铁丝扣要成八字形，以免网片歪斜变形（即正、反向间隔扭紧铁丝）。

2）池内柱钢筋绑扎。池内现浇柱与池底连接用的插筋，其箍筋应比柱的箍筋缩小两个柱筋直径（即插筋在柱内），以便连接。插筋位置一定要准确固定牢靠，以免造成柱轴线偏移。

柱中的竖向钢筋搭接时，角部钢筋的弯钩应与模板成45°（多边形柱为模板内角的平分角，圆形柱应与模板切线垂直），中间钢筋的变钩应与模板成90°。用插入式振捣器浇筑小型截面柱时，弯钩与模板的夹角不小于15°。

箍筋的接头（弯钩叠合处）应交错布置在四角直立筋上，箍筋转角与直立筋交叉点均应扎牢，箍筋平直部分与直立筋交点可间隔扎牢，绑扎箍筋时绑扎扣相互应成八字形。

柱筋的绑扎，应在模板安装前进行。

3）池壁、池内隔墙钢筋绑扎。池壁的垂直钢筋每段不宜超过4m（钢筋直径不大于12mm）或6m（直径大于12mm），水平钢筋不宜超过10m，以利绑扎。

墙、壁的钢筋在底板钢筋绑扎之后，立模之前进行。先绑扎池壁四角附近立筋，吊正加固后，在水平筋上画线，绑扎中间部分立筋。加固筋可呈“八”字绑扎在池角附近的立筋上，池壁钢筋绑扎完毕。立模之前拆除加固钢筋。

墙、壁双层钢筋网的排距应用撑铁固定，撑铁间距1m，相互错开排列扎牢。

墙、壁钢筋弯头朝内，不得垂直朝上（下），绑扎扣应向内弯曲，不应占用保护层的厚度。

墙、壁钢筋绑架扎完毕，立模之前要在内外钢筋网节点上绑扎保护层垫块，垫块间距1m，上下错开排列扎牢。

墙、壁水平钢筋可随仓位分层先后绑扎，在上一仓浇筑的混凝土终凝后，将立筋上的水泥浆用钢筋丝刷清除，调整复位后，再绑扎本仓位的水平钢筋。

现浇池顶盖的钢筋绑扎之前应在底模上弹墨线控制钢筋位置，绑扎要求同池底板钢筋。

（2）钢筋焊接。钢筋的连接与成型采用焊接加工代替绑扎，可改善结构受力性能，节约钢材和提高工效。钢筋焊接分为压焊和熔焊两种形式。

7.2.2.2 模板工程施工

模板施工前，应根据结构型式、施工工艺、设备和材料供应等条件进行模板及其支架设计。模板及其支架的强度、刚度及稳定性必须满足受力要求。

1. 模板设计的主要内容

（1）模板的形式和材质的选择。

（2）模板及其支架的强度、刚度及稳定性计算，其中包括支杆支承面积的计算，受力铁件的垫板厚度及与木材接触面积的计算。

（3）防止吊模变形和位移的预防措施。

（4）模板及其支架在风载作用下防止倾倒的措施。

（5）各部分模板的结构设计，各结合部位的构造，以及预埋件、止水板等的固定方法。

（6）隔离剂的选用。

（7）模板及其支架的拆除顺序、方法及保证安全措施。

2. 混凝土模板安装

混凝土模板安装应按现行国家标准《混凝土结构工程施工质量验收规范》（GB

50204—2015）的相关规定执行，并应符合下列规定。

（1）池壁与顶板连续施工时，池壁内模立柱不得同时作为顶板模板立柱；顶板支架的斜杆或横向连杆不得与池壁模板的杆件相连接。

（2）池壁模板可先安装一侧，绑完钢筋后，随浇筑混凝土随分层安装另一侧模板，或采用一次安装到顶而分层预留操作窗口的施工方法，采用这种方法时，应符合下列规定。

1）分层安装模板，其每层层高不宜超过1.5m；分层留置窗口时，窗口的层高不宜超过3m，水平净距不宜超过1.5m；斜壁的模板及窗口的分层高度应适当减小。

2）有预留孔洞或预埋管时，宜在孔口或管口外径1/4～1/3高度处分层；孔径或管外径小于200mm时，可不受此限制。

3）事先做好分层模板及窗口模板的连接装置，以便迅速安装；安装一层模板或窗口模板的时间不应超过混凝土的初凝时间。

4）分层安装模板或安装窗口模板时，应防止杂物落入模内。

（3）安装池壁的最下一层模板时，应在适当位置预留清扫杂物用的窗口；在浇筑混凝土前，应将模板内部清扫干净，经检验合格后，再将窗口封闭。

（4）池壁模板施工时，应设置确保墙体直顺和防止浇筑混凝土时模板倾覆的装置。

（5）池壁的整体式内模施工，木模板为竖向木纹时，除应在浇筑前将模板充分湿透外，还应在模板适当间隔处设置八字缝板；拆模时，应先拆内模。

（6）采用穿墙螺栓来平衡混凝土浇筑对模板的侧压力时，应选用两端能拆卸的螺栓，并应符合下列规定。

1）两端能拆卸的螺栓中部宜加焊止水环，且止水环不宜采用圆形。

2）螺栓拆卸后混凝土壁面应留有40～50mm深的锥形槽。

3）在池壁形成的螺栓锥形槽，应采用无收缩、易密实、具有足够强度、与池壁混凝土颜色一致或接近的材料封堵，封堵完毕的穿墙螺栓孔不得有收缩裂缝和湿渍现象。

（7）跨度不小于4m的现浇钢筋混凝土梁、板，其模板应按设计要求起拱；设计无具体要求时，起拱度宜为跨度的1/1000～3/1000。

（8）设有变形缝的构筑物，其变形缝处的端面模板安装还应符合下列规定。

1）变形缝止水带安装应固定牢固、线形平顺、位置准确。

2）止水带面中心线应与变形缝中心线对正，嵌入混凝土结构端面的位置应符合设计要求。

3）止水带和模板安装中，不得损伤带面，不得在止水带上穿孔或用铁钉固定就位。

4）端面模板安装位置应正确，支撑牢固，无变形、松动、漏缝等现象。

（9）固定在模板上的预埋管、预埋件的安装必须牢固，位置准确；安装前应清除铁锈和油污，安装后应做标志。

（10）模板支架的立杆和斜杆的支点应垫木板或方木。

3. 混凝土模板拆除

（1）整体现浇混凝土的模板支架拆除应符合下列规定。

1）侧模板，应在混凝土强度能保证其表面及棱角不因拆除模板而受损坏时，方可拆除。

2）底模板，应在与结构同条件养护的混凝土试块达到表7.9规定强度，方可拆除。

表7.9 整体现浇混凝土底模板拆模时所需的混凝土强度

序号	构件类型	构件跨度 L/m	达到设计的混凝土立方体抗压强度的百分率/%
1	板	≤2	≥50
		2<L≤8	≥75
		>8	≥100
2	梁、拱	≤8	≥75
		>8	≥100
3	悬臂构件	—	≥100

(2）模板拆除时，不应对顶板形成冲击荷载；拆下的模板和支架不得撞击底板顶面和池壁墙面。

(3）冬期施工时，池壁模板应在混凝土表面温度与周围气温温差较小时拆除，温差不宜超过15℃，拆模后应立即覆盖保温。

7.2.2.3 混凝土工程施工

混凝土工程包括混凝土的拌制、运输、浇筑捣实和养护等施工过程。

1. 混凝土的拌制

(1）混凝土搅拌设备。混凝土制备应采用符合质量要求的原材料，按规定的配合比配料，混合料应拌和均匀，以保证结构设计所规定的混凝土强度等级，满足设计提出的特殊要求（如抗冻、抗渗等）和施工和易性要求，并应符合节约水泥，减轻劳动强度等原则。

(2）确定搅拌制度。为了获得质量优良的混凝土拌合物，除正确选择搅拌机外，还必须正确确定搅拌制度，即搅拌时间、投料顺序和进料容量等。

1）混凝土搅拌的最短时间见表7.10。

表7.10 混凝土搅拌的最短时间 单位：s

混凝土坍落度/mm	搅拌机类型	搅拌机出料容量		
		<250L	250～500L	>500L
≤30	自落式	90	120	150
	自强式	60	90	120
>30	自落式	90	90	120
	自强式	60	60	90

注 掺有外加剂时，搅拌时间应适当延长。

2）投料顺序常用方法有三种。

a. 一次投料法。即在上料斗中先装石子，再加水泥和砂，然后一次投入搅拌机。在鼓筒内先加水或在料斗提升进料的同时加水，这种上料顺序使水泥夹在石子和砂中间，上料时不致飞扬，又不致粘住斗底，且水泥和砂先进入搅拌筒形成水泥砂浆，可缩短包裹石子的时间。

b. 二次投料法。它又分为预拌水泥砂浆法和预拌水泥净浆法。预拌水泥砂浆法是先将水泥、砂和水加入搅拌筒内进行充分搅拌，成为均匀的水泥砂浆，再投入石子搅拌成均匀的混凝土；预拌水泥净浆法是将水泥和水充分搅拌成均匀的水泥净浆后，再加入砂和石子搅拌成混凝土。二次投料法搅拌的混凝土与一次投料法相比较，混凝土强度提高约15%，在强度相同的情况下，可节约水泥15%～20%。

c. 水泥裹砂法。此法又称为SEC法。采用这种方法拌制的混凝土称为SEC混凝土，也称作造壳混凝土。其搅拌程序是先加一定量的水，将砂表面的含水量调节到某一规定的数值后，再将石子加入与湿砂拌匀，然后将全部水泥投入，与润湿后的砂、石拌和，使水泥在砂、石表面形成一层低水灰比的水泥浆壳（此过程称为"成壳"），最后将剩余的水和外加剂加入，搅拌成混凝土。采用SEC法制备的混凝土与一次投料法比较，强度可提高20%～30%，混凝土不易产生离析现象，泌水少，工作性能好。

3）进料容量（干料容量）为搅拌前各种材料的体积累积。进料容量V_j与搅拌机搅拌筒的几何容量V_g有一定的比例关系，一般情况下$V_j/V_g=0.22\sim0.4$，鼓筒式搅拌机可用较小值。如任意超载（进料容量超过10%以上），就会使材料在搅拌筒内无充分的空间进行拌和，影响混凝土拌合物的均匀性；如装料过少，则不能充分发挥搅拌机的效率。进料容量可根据搅拌机的出料容量按混凝土的施工配合比计算。

使用搅拌机时，应该注意安全。在鼓筒正常转动之后，才能装料入筒；在运转时，不得将头、手或工具伸入筒内；在因故（如停电）停机时，要立即设法将筒内的混凝土取出，以免凝结；在搅拌工作结束时，也应立即清洗鼓筒内外；叶片磨损面积如超过10%左右，就应按原样修补或更换。

（3）混凝土搅拌站。混凝土拌合物在搅拌站集中拌制，可以做到自动上料、自动称量、自动出料和集中操作控制，机械化、自动化程度大大提高，劳动强度大大降低，使混凝土质量得到改善，可以取得较好的技术经济效果。

2. 混凝土的运输

对混凝土拌合物运输的要求是：运输过程中，应保持混凝土的均匀性，避免产生分层离析现象，混凝土运至浇筑地点，应符合浇筑时所规定的坍落度，见表7.11；混凝土应以最少的中转次数、最短的时间，从搅拌地点运至浇筑地点，保证混凝土从搅拌机卸出后到浇筑完毕的延续时间不超过表7.12的规定；运输工作应保证混凝土的浇筑工作连续进行；运送混凝土的容器应严密，其内壁应平整光洁，不吸水，不漏浆，黏附的混凝土残渣应经常清除。

表7.11　　混凝土浇筑时的坍落度

项次	结构种类	坍落度/mm
1	基础或地面等的垫层、无配筋的厚大结构（挡土墙、基础或厚大的块体等）或配筋稀疏的结构	10～30
2	板、梁和大型及中型截面的柱子等	30～50
3	配筋密列的结构（薄壁、斗仓、筒仓、细柱等）	50～70
4	配筋特密的结构	70～90

注 1. 本表系指采用机械振捣的坍落度，采用人工捣实时可适当增大。
2. 需要配制大坍落度混凝土时，应掺用外加剂。
3. 曲面或斜面结构的混凝土，其坍落度值，应根据实际需要另行选定。
4. 轻骨料混凝土的坍落度，宜比表中数值减少10～20mm。
5. 自密实混凝土的坍落度另行规定。

表7.12　混凝土从搅拌机卸出后到浇筑完毕的延续时间　单位：min

混凝土强度等级	气温/℃	
	≤25	>25
C30及C30以下	120	90
C30以上	90	60

注　1. 掺用外加剂或采用快硬水泥拌制混凝土时，应按试验确定。
2. 轻骨料混凝土的运输、浇筑延续时间应适当缩短。

混凝土运输工作分为地面运输、垂直运输和楼面运输三种情况。

地面运输如运距较远时，可采用自卸汽车或混凝土搅拌运输车，工地范围内的运输多用载重1t的小型机动翻斗车，近距离亦可采用双轮手推车。

混凝土的垂直运输，目前多用塔式起重机、井架，也可采用混凝土泵。

3. 混凝土的浇筑捣实

混凝土浇筑要保证混凝土的均匀性和密实性，要保证结构的整体性、尺寸准确和钢筋、预埋件的位置正确，拆模后混凝土表面要平整、光洁。

浇筑前应检查模板、支架、钢筋和预埋件的正确位置，并进行验收。由于混凝土工程属于隐蔽工程，因而对混凝土量大的工程、重要工程或重点部位的浇筑，以及其他施工中的重大问题，均应随时填写施工记录。

(1) 浇筑方法。

1) 混凝土浇筑前应做好必要的准备工作，如模板、钢筋和预埋管线的检查和清理以及隐蔽工程的验收；浇筑用脚手架、走道的布设和安全检查；根据实验室下达的混凝土配合比通知单准备和检查材料；做好施工用具的准备等。

2) 浇筑柱子时，施工段内的每排柱子应由外向内对称地顺序浇筑，不要由一端向另一端推进，预防柱子模板因湿胀造成受推倾斜而误差积累难以纠正。截面在400mm×400mm以内或有交叉箍筋的柱子，应在柱子模板侧面开孔用斜溜槽分段浇筑，每段高度不超过2.0m。截面在400mm×400mm以上、无交叉箍筋的柱子，如柱高不超过4.0m，可从柱顶浇筑；如用轻骨料混凝土从柱顶浇筑，则柱高不得超过3.5m。柱子开始浇筑时，底部应先浇筑一层厚50～100mm与所浇筑混凝土成分相同的水泥砂浆。浇筑完毕，如柱顶有较大厚度的砂浆层，则应加以处理。柱子浇筑后，应间隔1～1.5h，待所浇混凝土拌合物初步沉实，再浇筑上面的梁板结构。

3) 梁和板一般应同时浇筑，从一端开始向前推进。只有当梁高大于1m时才允许将梁单独浇筑，此时的施工缝留在楼板板面下20～30mm处。梁底与梁侧面注意振实，振动器不要直接触及钢筋和预埋件。楼板混凝土的虚铺厚度应略大于板厚，用表面振动器或内部振动器振实，用铁插尺检查混凝土厚度，振捣完后用长的木抹子抹平。

4) 为保证捣实质量，混凝土应分层浇筑。

(2) 混凝土振捣。

1) 混凝土浇入模板以后是较疏松的，里面含有空气与气泡。目前主要是人工或机械捣实混凝土使混凝土密实。

2) 正确选择振动机械。振动机械可分为内部振动器、表面振动器、外部振动器和振动台。内部振动器又称插入式振动器，是建筑工地应用最多的一种振动器，多用于振实梁、柱、墙、厚板和基础等。

3）用插入式振动器振动混凝土时，应垂直插入下层混凝土50mm，以促使上下层混凝土结合成整体。每一振点的振捣延续时间，应使混凝土捣实（即表面呈现浮浆和不再沉落为限）。采用插入式振动器捣实普通混凝土的移动间距，不宜大于作用半径的1.5倍；捣实轻骨料混凝土的间距，不宜大于作用半径的1倍。振动器与模板的距离不应大于振动器作用半径的1/2，并应尽量避免碰撞钢筋、模板、预埋件等。插点的分布有行列式和交错式两种，如图7.13所示。

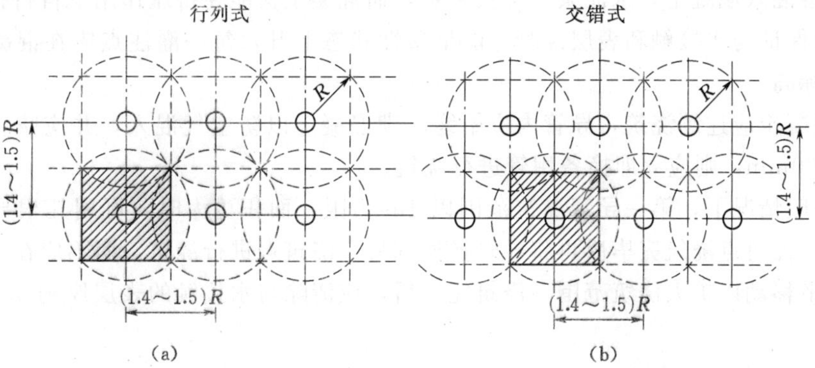

图7.13 插点的分布

(a) 行列式；(b) 交错式

4）表面振动器又称平板振动器，它是将电动机装上左右两个偏心块并固定在一块平板上而成，其振动作用可直接传递到混凝土面层上。这种振动器适用于捣实楼板、地面、板形构件和薄壳等薄壁结构。在无筋或单层钢筋结构中，每次振实的厚度不大于250mm；在双层钢筋的结构中，每次振实厚度不大于120mm。表面振动器的移动间距，应保证振动器的平板覆盖已振实部分的边缘，以使该处的混凝土振实出浆为准。也可进行两遍振实，第一遍和第二遍的方向要互相垂直，第一遍主要使混凝土密实，第二遍则使表面平整。

5）附着式振动器又称外部振动器，它通过螺栓或夹钳等固定在模板外侧的横档或竖栏上，偏心块旋转所产生的振动力通过模板传给混凝土，使之振实。对于小截面直立构件，插入式振动器的振动棒很难插入，可使用附着式振动器。附着式振动器的设置间距，应通过试验确定，在一般情况下，可每隔1～1.5m设置一个。

6）振动台是混凝土制品厂中的固定生产设备，用于振实预制构件。

(3) 水下浇筑混凝土。深基础、地下连续墙、沉井及钻孔灌注柱等常需在水下或泥浆浇筑混凝土。

1）水下或泥浆浇筑混凝土时，应保证水或泥浆不混入混凝土内，水泥浆不被水带走，混凝土能借压力挤压密实。

2）水下浇筑混凝土常采用导管法。导管直径200～300mm且不小于骨料粒径的8倍，每节管长1.5～3m，用法兰密封连接，顶部有漏斗。导管用起重机吊住，可以升降。灌注前，用钢丝吊住球塞堵住导管下口，然后将管内灌满混凝土，并使导管下口距地基约300mm，距离太小，容易堵管，距离太大，则开管时冲出的混凝土不能及时封埋管口端处；而导致水或泥浆渗入混凝土内。

3）漏斗及导管应有足够的混凝土，以保证混凝土下落后能将导管下端埋入混凝土内0.5～0.6m。剪断钢丝后，混凝土在自重作用下冲出管口，并迅速将管口下端埋住。此后，一面不断灌注混凝土，一面缓缓提起导管，且始终保持导管在混凝土内有一定的埋深，埋深越大则挤压作用越大，混凝土越密实，但也越不易浇筑，一般埋深为0.5m。这样最先浇筑的混凝土始终处于最外层，与水接触，且随混凝土的不断挤入不断上升，故水和泥浆不会混入混凝土，水泥浆不会被带走，而混凝土又能在挤压作用下自行挤密。

4）为保证与水接触和表层混凝土能呈塑性状态上升，每一灌注点应在混凝土初凝前浇至设计标高。

5）混凝土应连续浇筑，导管内应始终注满混凝土以防空气混入，并应防止堵管，如堵管超过30min，则应立即换备用管进行浇筑。

6）一般情况下，第一导管浇筑范围以4m为限，面积更大时，可用几根导管同时浇筑，或待一浇筑点浇筑完毕后再将导管换插到另一浇筑点进行浇筑，而不应在一浇筑点将导管作水平移动以扩大浇筑范围。浇筑完毕后，应清除与水接触的表层厚约0.2m的松软混凝土。

4. 混凝土养护与拆模

（1）混凝土养护。混凝土养护方法分自然养护和人工养护。

1）自然养护是指利用平均气温高于5℃的自然条件，用保水材料或草帘等对混凝土加以覆盖后适当浇水，使混凝土在一定的时间内在湿润状态下硬化。现浇构件大多用自然养护。

2）人工养护就是用人工来控制混凝土的养护温度和湿度，使混凝土强度增长，如蒸汽养护、热水养护、太阳能养护等，主要用来养护预制构件。

（2）混凝土的拆模。模板拆除日期取决于混凝土的强度、模板的用途、结构的性质及混凝土硬化时气温。

1）不承重侧模，在混凝土强度能保证其表面棱角不因拆除模板而受损坏时，即可拆除。

2）承重模板，如梁、板等底模，应待混凝土达到规定强度后，方可拆除。

3）结构的类型跨度不同，其拆模强度不同，底模拆除时对混凝土强度要求，见表7.7。

4）已拆除承重模板结构，应在混凝土达到规定强度等级后，才允许承受全部设计荷载。

5）拆模后应由监理（建设）单位、施工单位对混凝土的外观质量和尺寸偏差进行检查，并做好记录。如发现缺陷，应进行修补。对面积小、数量不多的蜂窝或露石的混凝土，先用毛钢丝刷或压力水洗刷基层，然后用1∶2.5～1∶2的水泥砂浆抹平；对较大面积的蜂窝、落石、露筋应按其全部深度凿去薄弱的混凝土层，然后用钢丝刷或压力水冲刷，再用比原混凝土强度等级高一个级别的细骨料混凝土填塞，并仔细捣实。对影响结构性能的缺陷，立即与设计单位研究处理。

7.2.2.4 现浇混凝土工程施工

以某污水处理厂除生物池、二沉池、沉砂池、配水排泥井以外构筑物为例说明。构筑物施工工艺流程：土方开挖→凿桩→垫层→底板→墙体→顶板（走道板）→满水试验→基槽回填→地上结构。

1. 土方的施工

（1）基础土方开挖因其位置不大，埋置较深，决定采用中型机械进行分层分段开挖，特殊位置采用人工开挖。

（2）土方开挖采用2台挖掘机，配2台装载机及5辆自卸翻斗车进行土方的外运工作。土方外运至甲方指定的地点堆放（土方运距以双方商定为准）。

（3）基坑土方采用自上而下逐层进行分段开挖，每层开挖深度不大于500mm。

（4）土方开挖中，应经常测量和校核其平面位置、标高等是否符合设计要求。挖方宜从上到下分层分段依次进行，根据现场实际情况进行支护。周围弃土时，应防止地面水流入坑、沟内，挖出的土方堆放在基坑（槽）外3m处。

（5）在开挖接近基础底时应预留200～300mm厚的土作为基底保护层，待基坑（槽）验收前再挖除，以免破坏基底土层；浇灌混凝土垫层前进行人工清理，如果局部超挖或者换填部分，需用级配碎石或原土进行回填夯实。

（6）土方开挖严格控制好基坑的几何尺寸线，不得超挖土方、乱挖，并协调好土方开挖、支护及地下管道三个方面的施工，确保工程质量及施工进度的顺利进行。基坑挖至－1.5m以下时，坑壁要设置1m高防护栏杆，并拴上安全立网，栏杆要求染上红白相间的警示油漆。

2. 构筑物基础模板的施工

（1）由于基础底板混凝土防水和抗渗要求高、面积大，对模板及支撑系统的刚度、强度和稳定性要求较高；且基础四周模板相距很远，下端宜对拉固定需要独立固定的单侧模板。基础模板下最低须用1∶2砂浆砌3皮200mm的防水墙，用1∶2砂浆粉制并每10m凿一排水孔，以防止地下水进入垫层影响模板及钢筋的施工。

（2）基础部分模板的支撑采用$\phi48\times3.5$mm钢管固定，模板与壁距离小于500mm时，改用50mm×100mm木方支撑。

（3）基础模板宜横排，接缝必须错开布置，局部调整模允许竖排，圆形模板一律须竖排。因混凝土采用泵输送，模板必要时采用$\phi12$钢筋对拉，间距900mm设一道拉筋。

（4）模板安装时要考虑到地下墙与基础的施工缝的位置。内墙施工缝留在基础表面，外墙在底板上600mm处。

3. 钢筋的施工

（1）钢筋采购。钢筋采购严格按ISO9002质量标准和公司物资《采购手册》执行。钢筋合格证、供方资质等有关材料报送给项目经理部，经项目部认可后报监理备案。钢材运到现场后，按要求进行原材料复试，填写实验申请单，复试合格后方可施工。同时钢筋进场后报监理验收，并做好记录台账。

（2）钢筋加工。钢筋加工成型严格按规范和设计要求执行。钢筋下料单按构（建）筑物名称、使用部位分级编号，并实行分级审核制度，确认无误后方可下料施工。

（3）钢筋存放。钢筋原材运至加工现场，必须严格按分批同等级、牌号、直径、长度分别挂牌堆放，不得混淆。

存放钢筋场地用级配砂石硬化，并设排水坡度，四周设排水沟。堆放时，钢筋下垫红砖，离地面300mm，雨季钢筋上部搭设防雨棚，以防钢筋锈蚀和污染。生锈的钢筋必须在除锈后经监理工程师批准后使用。

加工好的半成品钢筋分部位、分层、分段和构件名称分类堆放，同一部位或同一构件钢筋放在一处，并挂牌标识，标识上注明名称、使用部位、规格、尺寸、数量。

(4) 钢筋连接。本工程使用HPB235、HRB335钢筋，针对本工程特点，钢筋加工采用闪光对焊；现场安装竖向细直径（<14mm）钢筋采用绑扎搭接，粗直径（≥14mm）钢筋采用电渣压力焊连接；水平钢筋采用搭接连接。

(5) 钢筋绑扎。

1) 底板、顶板钢筋绑扎。根据底板、顶板钢筋位置线铺放下铁钢筋，并安放钢筋撑铁，钢筋撑铁采用$\phi 16$钢筋排架，矩形水池底板间距1200mm布置，圆形构筑物底板钢筋径向间距1200mm布置，如图7.14所示。

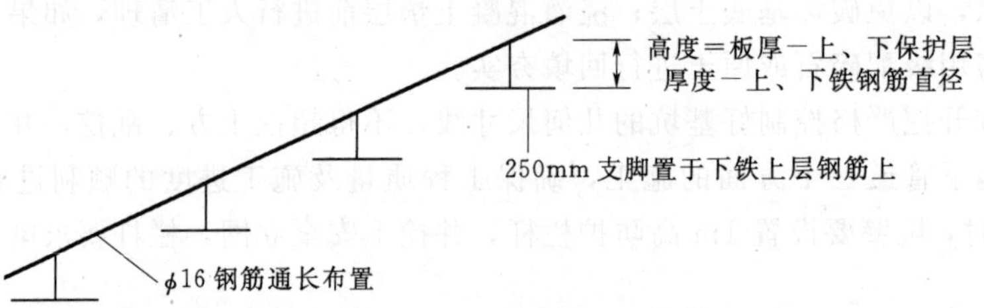

图7.14 底板、顶板钢筋绑扎布置

底板、顶板钢筋交叉点均逐点绑扎，绑丝头一律扣向结构内侧。

底板上墙、柱预留插筋绑扎前，先把墙、柱边线标识在底板钢筋上，柱根部设一道定位箍筋，墙根部设一道定位水平筋，定位钢筋和板钢筋焊接牢固，同时在1m左右的高度再绑扎一道定位箍筋或墙水平筋。墙、柱预留插筋绑扎完毕经验收合格后方可进行底板上铁钢筋绑扎。底板、顶板钢筋绑扎完毕后应做好成品保护工作，严禁堆放重物或走车，有施工人员通过的部位应搭设走道板，不得直接踩踏钢筋。

2) 池壁、墙钢筋绑扎。测设钢筋标高控制线，支搭脚手架和钢筋定位杆，清理插筋表面灰浆，调整插筋垂直度与倾斜度。池壁墙体钢筋净距控制采用钢筋排架，排架采用$\phi 12$钢筋制作，排架间距3000mm，排架间采用S形拉结钩，间距1000mm梅花形布置，如图7.15所示。

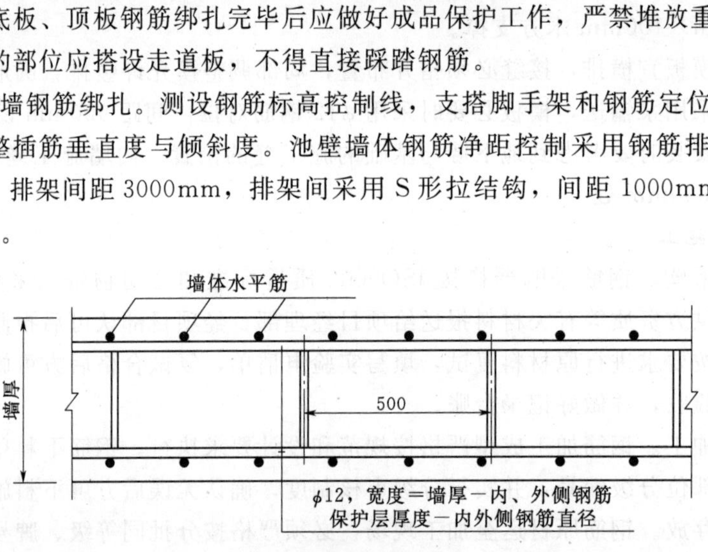

图7.15 池壁、墙钢筋绑扎布置（单位：mm）

钢筋交叉点均逐点绑扎，绑丝头一律扣向里侧，严防出现因保护层过薄而侵蚀钢筋现象。

3）梁钢筋绑扎。在梁底模上画好箍筋间距，并摆放梁体下铁钢筋，在下铁钢筋上穿绑箍筋，最后穿绑梁体上铁钢筋。

梁、柱交接处核心区必须将各层钢筋排放顺序作为控制重点，在绑扎梁钢筋前应先将柱箍筋套在柱竖筋上，穿完梁筋后绑扎柱箍，主、次梁部位先绑扎主梁钢筋后绑扎次梁钢筋。梁箍筋开口端设于受压区，且箍筋弯钩叠合处沿受力钢筋方向错开布置。

4）柱钢筋绑扎。在绑扎柱钢筋时，根据不同的柱截面，加工制作钢筋定距框，在模板上口设置，控制钢筋变形、移位及保护层。钢筋定位框的形式如图7.16所示。

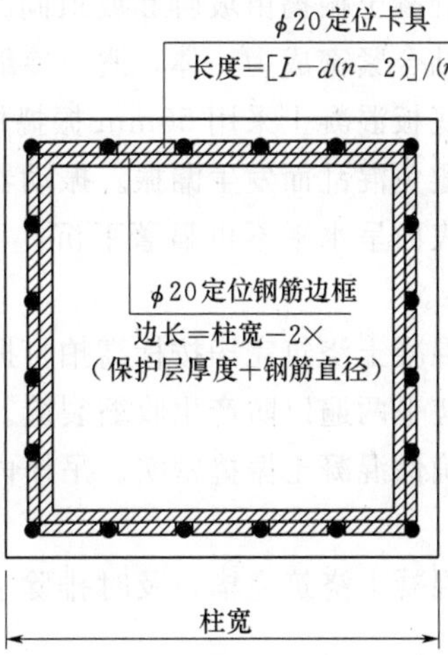

图7.16 柱钢筋定位框的形式

L—定位钢筋边框边长；

d—柱纵向钢筋直径；n—柱每边钢筋根数

4. 混凝土工程

（1）混凝土材料要求。本工程结构混凝土采用普通硅酸盐水泥；在主体结构上或同一部位必须采用同一品种，同一标号水泥；水泥的各项指标应符合《混凝土结构工程施工质量验收规范》（GB 50204—2015）；《混凝土碱含量限值标准》（CECS 53：93）；《预防混凝土工程碱集料反应技术管理规定》等有关规范、规定及标准的要求。

混凝土中细骨料采用洁净中粗砂，含泥量小于3%，泥块含量低于1%；砂的各项技术指标应符合《普通混凝土用砂、石质量及检验方法标准》（JGJ 52—2006）和《预防混凝土工程碱集料反应技术管理规定》的要求。

混凝土中粗骨料采用具有良好级配的碎卵石，粒径一般控制在5～31.5mm，含泥量小于1%；碎石的各项指标应符合《普通混凝土用碎石或卵石质量标准及检验方法》（JGJ 53—92）和《预防混凝土工程碱集料反应技术管理规定》的要求。

混凝土拌和用水取自现场地下水，拌和水质必须经检测符合《混凝土用水标准》（JGJ 63—2006）的规定。

本工程混凝土外加剂主要采用高性能抗裂防水剂或其他类似产品，外加剂掺量及使用方法详见产品使用说明，各项技术指标应符合《砂浆混凝土防水剂》（JC 474—1999）、《混凝土膨胀剂》（JC 476—2001）防水剂检测标准和《混凝土外加剂应用技术规范》（GB 50119—2013）、《普通混凝土配合比设计规程》（JGJ 55—2011）及其他相关规范、标准的规定。

（2）混凝土的生产和运输。为确保工程质量目标的顺利实现，并结合考虑施工进度安排，本工程构筑物混凝土拟主要采用商品混凝土，并以现场搅拌混凝土作为建筑物的零星混凝土工程和应急备用。

混凝土浇筑前制定详细浇筑方案，根据混凝土运输时间及浇筑速度，通过调节混凝土初凝时间等技术措施，确保混凝土浇筑质量。

(3)混凝土的浇筑。

1)底板混凝土浇筑。底板混凝土每段要求连续浇筑，一次成型，不得间断。浇筑区域以完全变形缝为界。浇筑方法采用“斜面分层、薄层浇筑、循序退打、一次到顶”的连续浇筑模式。

浇筑时，由结构一端开始，先低后高，利用混凝土自然流淌分层浇筑，每层厚400mm，倒退进行。浇筑上层混凝土前，使其尽可能多的向外界散发热量，降低混凝土的温升值，缩小混凝土的内外温差，减小温度应力。

混凝土振捣由坡脚和坡顶同时向坡中振捣，振捣棒必须插入下层内50～100mm，使层间结合紧密成为一体，避免冷缝产生。

底板混凝土采用50mm振捣棒，振捣时插点要均匀排列，采用“行列式”的次序移动，避免混乱而发生漏振。振动器移动间距不大于振捣作用半径的1.5倍，振捣时间视混凝土表面呈水平不再显著下沉，不再出现气泡，表面泛出灰浆为准，一般每点振捣不超过30s。

混凝土浇筑完毕按标高拍打振实后用长刮尺刮平，赶走表面泌水，初凝后终凝前用木抹子搓平两遍以防产生收缩裂缝。结构伸缩缝及池壁吊模等薄弱部位必须安排专人细致振捣，确保混凝土振捣密实。吊模内混凝土需待底板混凝土浇筑完毕1h后，且初步沉实后进行。

混凝土浇筑完毕，及时排除表面泌水，木抹子搓压平实，并采用铁抹子分三遍压面抹光。

生物池底板混凝土厚度500～700mm，按照大体积混凝土组织施工。为及时掌握混凝土浇筑完成后内外温差，防止因温差过大而产生开裂，影响混凝土质量，必要时需对该部位混凝土进行测温记录，测温筒用直径20mm的钢管预埋在底板混凝土中，按有关规定连续测温14天。如内外温差超过25℃，立即采取保温措施降低温差至规定范围以内。测温时，温度计应包裹棉球保温，在混凝土浇筑1～5天，每隔2h记录一次；6～14天，每隔8h记录一次。

2)墙体、池壁混凝土浇筑。混凝土浇筑高度100mm以上的位置，挂通线控制浇筑高度。浇筑前，应按设计要求先在墙底铺一层30～50mm厚1:1水泥砂浆，然后再进行混凝土浇筑。浇筑过程中，分层进行，每层浇筑高度控制在500mm左右。振捣时，振捣棒插入下层混凝土5～100mm，保证层间结合紧密。下料采用串筒下灰，保证混凝土自由下落高度不大于2m，下灰口不应集中在一点，尽量分散，防止混凝土横向流淌，产生离析。混凝土连续浇筑，间隔时间不超过2h。

墙体混凝土浇筑时必须注意混凝土管出口不得正对墙模，防止出现粘模现象。

对于洞口、墙体转角部位的混凝土下灰方式，采取机械加人工配合，即洞口两侧采取机械均匀同时下灰，洞口上口梁及墙体转角部位采取人工下灰，将混凝土先卸在操作平台上，然后人工下灰。洞口混凝土浇筑时，注意振捣时间，不得利用振捣将混凝土赶到洞口下侧，较大洞口底部设排气口，同时防止过振。

3)梁板、走道板混凝土浇筑。梁板混凝土浇筑由梁一端开始，采用赶浆法施工。梁板、走道板混凝土采用混凝土运输地泵浇筑，混凝土坍落度控制在140±20mm。

4）柱混凝土浇筑。柱体混凝土浇筑用手推车运送，溜管下灰，控制混凝土自由落差不大于2m，混凝土坍落度控制在70～90mm。

5）混凝土的振捣。混凝土振捣采用插入式振捣器，振捣时应快插慢拔，每一点振捣延续时间25～35s，以混凝土表面出现浮浆和不再沉落为准。振捣器移动间距不大于300mm，振捣时，振捣器不得碰撞钢筋、模板、预埋件等，并插入下层混凝土50mm，确保上、下层混凝土良好结合。

墙体等厚度较大的竖向构件的混凝土振捣采用人工钻入墙体模板内振捣成型。

混凝土浇筑过程中，应将水工构筑物止水带、预留孔洞、穿墙管部位作为施工控制重点，以避免在上述薄弱环节处发生渗漏现象。较大预留洞口、预埋管道部位严格按先底部，再两侧，最后浇筑盖面混凝土的顺序进行，预留洞口及管道两侧下灰高度基本保持一致并同时振捣，并设专人随时敲击模板外侧确保混凝土密实，严防因振捣不实造成渗水通道。

6）混凝土的养护。根据混凝土内外温差决定是否采取覆盖养护，以提高混凝土表面温度。对于底板采用蓄水养护，大体积混凝土应根据测温情况，采取覆盖等措施进行保温，控制混凝土内外温差，防止温度裂缝的产生；墙体等竖向构件采用喷淋养护，并包裹塑料布和麻袋片，加强养护效果。

墙体混凝土拆模时间不早于5天，普通混凝土养护期不少于7天，抗渗混凝土养护不少于14天。

（4）施工缝的留置和处理。

1）施工缝的留置。按照设计要求，施工缝墙体设置在地板以上300mm处，采用钢板止水带，顶板（或走到板）底留置施工缝；构筑物内外墙交接部位设置竖向施工缝。

2）框架结构柱施工缝分别在底板（或楼板）表面和板底留置。

3）施工缝处理。①构筑物内外墙交接部位钢筋应提前预埋，该部位模板采用打孔穿筋的办法，用木模板支设；②施工缝位置续浇混凝土时，其抗压强度不小于1.2N/mm²。

5．模板工程

本工程中，采用12mm厚高强覆膜竹胶板，方木肋，纵横带采用$\phi48\times3.5$mm钢管。

（1）底板模板施工工艺流程。测量放线→（底板钢筋绑扎）→模板拼装→调整高程、找直、支撑固定→安装止水带、止水钢板→池壁吊模安装→验收。

（2）操作要点。在垫层表面弹出底板及墙体边线、模板检查线，以此控制底板池壁吊模部位模板位置。底板池壁吊模底部垫与底板混凝土同标号细石混凝土垫块，垫块下部采用钢筋支架支撑。

底板变形缝止水带加固方法如图7.17所示。底板上集水坑模板采用12mm厚竹胶板，60mm×80mm方木作为模板竖楞，间距300mm布置；$2\phi48$钢管作为横肋，间距600mm布置。模板采用对拼方式与钢筋保护层垫块顶实，保证其平面位置准确；与底板钢筋做可靠拉接，防止其在混凝土浇筑过程中上浮。集水坑模板支设如图7.18所示。

（3）壁、墙体模板施工。

1）工艺流程。弹线→安装一侧模板→钢筋验收→安装另一侧模板→模板调整及加固→

验收。

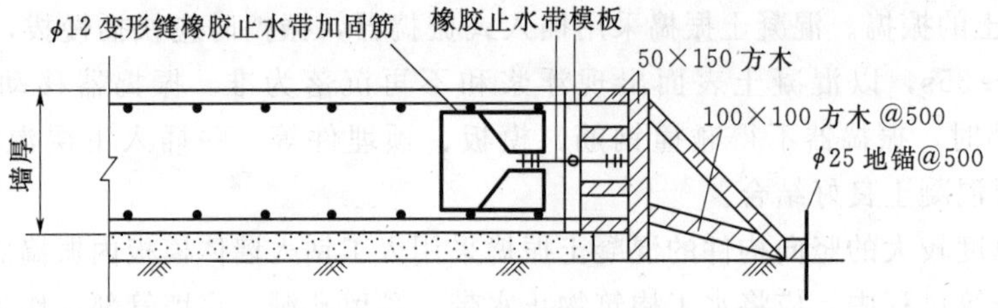

图 7.17 底板变形缝止水带加固方法

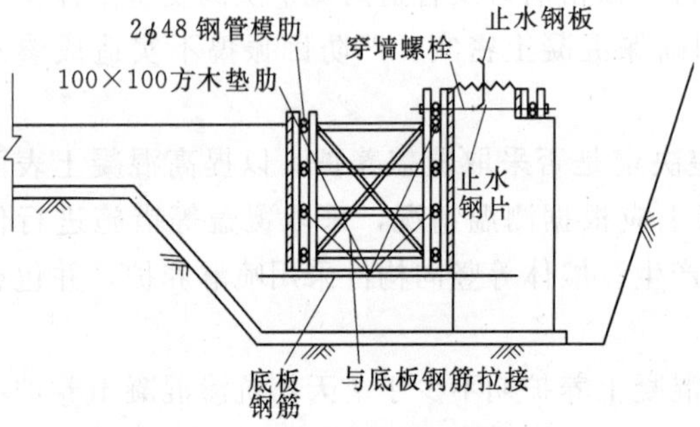

图 7.18 集水坑模板支设

2）模板体系。平直墙体模板主要采用现场加工高强覆膜竹胶板模板，纵肋采用 60mm×80mm 方木，中距 200mm 布置；横肋、竖肋背楞采用双排 ϕ48×3.5mm 钢管，双向间距 600mm 设置。穿墙螺栓双向均间距 600mm 设置。

二沉池墙体模板采用 12mm 厚覆膜竹胶板散板，背楞采用 60mm×80mm 方木，间距 200mm 设置；横肋、竖肋背楞采用双排 ϕ48×3.5mm 钢管，双向间距 600mm 设置。穿墙螺栓双向均间距 600mm 设置。

3）木模板加工。模板加工要求使用的板材质量应符合相应的国家标准，板面平整、无弯曲、翘曲等影响模板质量的不良变形。模板加工裁板后，刷封边底漆两道进行封口处理，防止浇筑混凝土时进水开胶。

墙体模板平面尺寸为 1220mm×2440mm。背楞采用 60mm×80mm 木方，间距 200mm 设置；背楞木方纵向为整根，需要连接时，搭接应超过横向水平带间距。

组拼大模板采用硬拼法，通过提高模板加工精度来保证模板质量。竹胶板与背楞连接，用双排钢钉钉牢，间距 100mm，钉帽应略低于板面。

模板加工要求表面平整度偏差不大于 1mm，板缝间隙不大于 1mm，板间高低差不大于 1mm。

4）模板安装。墙体模板横肋、纵肋采用 2 根背楞钢管，双向间距 600mm 布置，通过 ϕ16 穿墙螺栓加以紧固。墙体模板加固采用钢管支撑，在底板上预埋钢筋地锚，埋深 300mm，出地面 200mm，间距 1000mm 设置。以地锚为支撑点，由下至上设置四道斜撑，末端设置可调支撑。第一道斜撑应设在导墙上口位置，调节可调支撑，使模板挤密海绵条，紧贴导墙面，尽可能减小该部位混凝土浇筑时漏浆。在墙体两侧上口位置设置四道缆风绳与地锚连接，缆风绳中部设花篮螺栓，以便对模板垂直度进行调节。

模板支撑体系与施工脚手架应相对独立，防止各类施工荷载作用下导致支撑体系位移、变形，影响结构尺寸。

墙体模板底部在 300mm 高导墙上口粘贴海绵胶条两道，底口利用预埋加背木楔挤

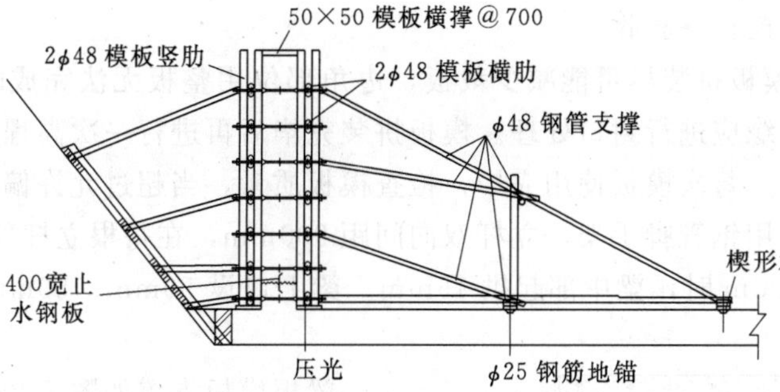

图 7.19 墙体模板支撑（单位：mm）

紧，有效防止漏浆。墙体模板支撑如图 7.19 所示，池内导流墙模板支撑如图 7.20 所示。

外墙模板穿墙螺栓采用三节可拆止水螺栓如图 7.21 所示，按照 600mm×600mm 布置，中段加焊 4mm 厚 50mm×50mm 止水钢片，3m 以下墙体穿墙螺栓采用双螺母紧固。

墙体与顶板相交处阴角设 50mm×100mm 方木，四面刨平，防止模板变形。模板侧面与墙体间挤海绵条，防止漏浆，如图 7.22 所示。

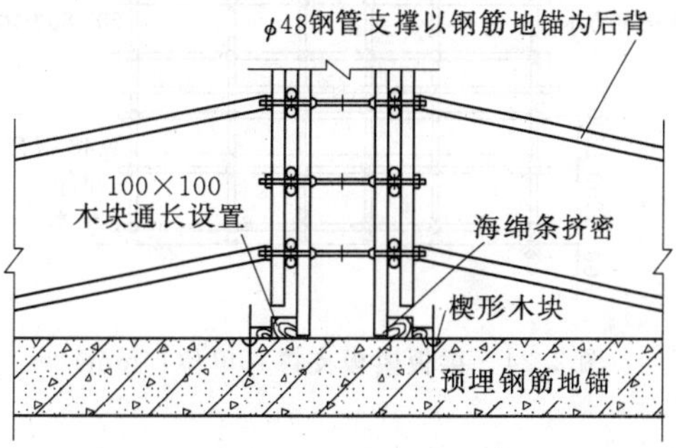

图 7.20 池内导流墙模板支撑（单位：mm）

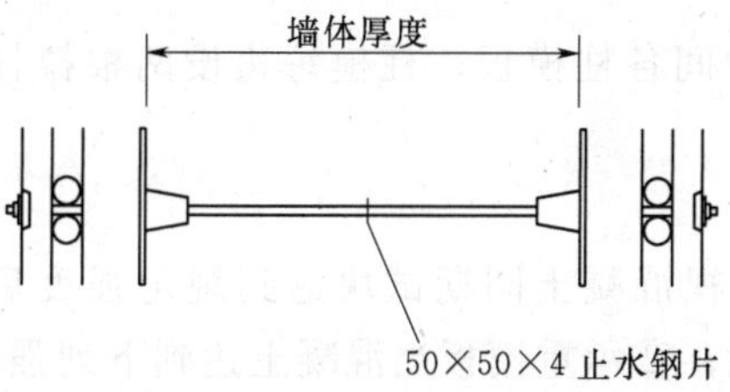

图 7.21 可拆止水螺栓（单位：mm）

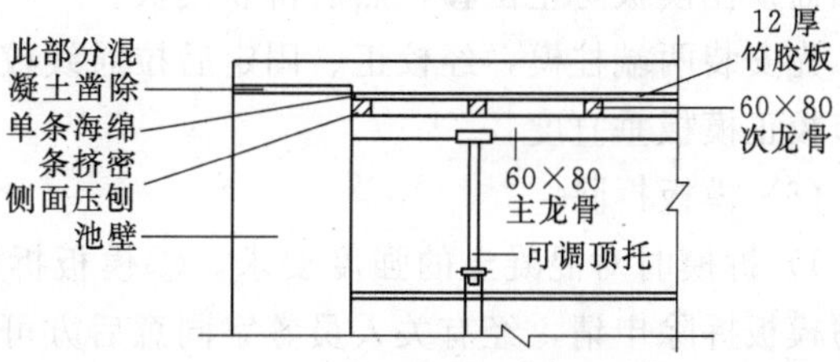

图 7.22 模板侧面与墙体间挤海绵条（单位：mm）

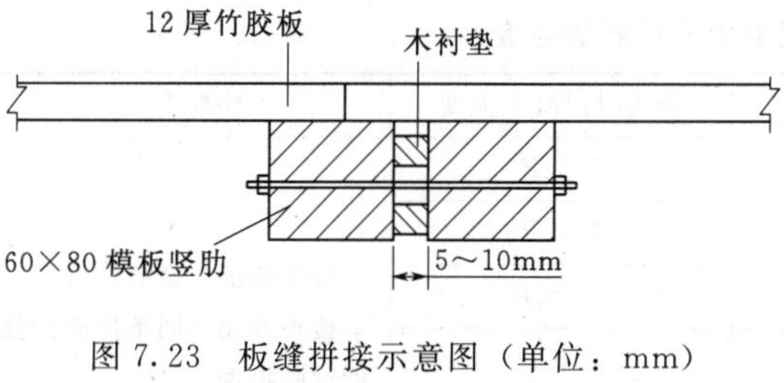

图 7.23 板缝拼接示意图（单位：mm）

墙体大模板接缝利用螺栓将其相临两条竖肋连接，使两块模板紧靠，两肋之间加木垫衬，防止拉紧时模板变形，如图 7.23 所示。

（4）梁、板模板。

1）材料要求。顶板模板采用 12mm 厚竹胶板，根据现场空间尺寸大小进行组合。主次龙骨采用 60mm×80mm 方木，间距 600～900m。所有龙骨与模板接触面均需刨光刨平。梁侧模和底模全部亦采用 12mm 厚竹胶板，龙骨均采用 60mm×80mm 方木。

2）工艺流程。弹线→支立竖向支撑杆→调整标高→梁底模板→模板校正→绑扎梁钢筋→梁侧模板→顶板模板→验收。

3）操作要点。模板拼装尽可能减少裁板，边角部位用整板无法完成时可用小块模板拼接，裁板后模板边缘应进行封口处理。模板拼装完毕后再进行一次高程复核，确认无误后方可进行下道工序。每次模板使用完毕，检查模板质量，当超过允许偏差，立即更换。

顶板竖向支撑采用钢管脚手架，立杆双向间距900mm，在每根立杆顶部设可调支托。

梁跨度不小于4.0m时，梁中部起拱15mm。梁上口设50mm×50mm顶模棍，控制梁截面尺寸。

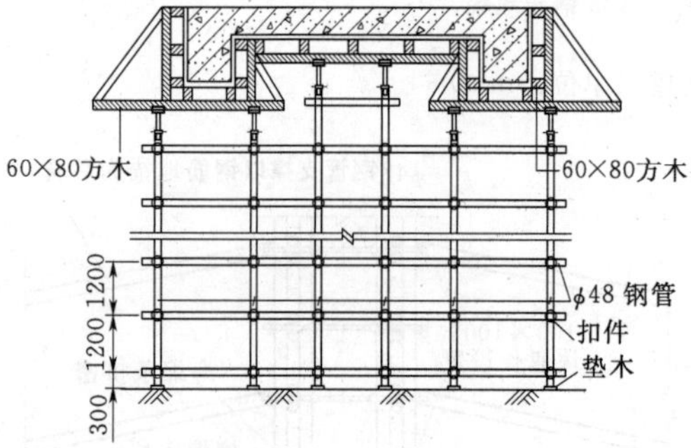

图2.24 梁板模板支撑（单位：mm）

梁板模板支撑如图7.24所示。

（5）柱模板。

1）材料要求。柱模板采用12mm竹胶板，设置可调型钢柱箍间距500mm。所使用的板材、型钢的材料质量应符合相关规定。

2）工艺流程。弹柱位置线→抹找平层做位置墩→柱模板安装→柱箍安装固定→拉杆加固→验收。

3）模板加工。柱模板由4片模板组成。柱身模板采用12mm厚竹胶板，角部模板形成企口缝；背楞采用60mm×80mm方木，根据不同截面尺寸进行均布。

4）操作要点。为方便模板安装，在底板混凝土浇筑时，柱根部四周200mm范围内，混凝土表面用水平尺找平、压光。按照位置线在柱四边离地60mm处主筋上焊接支杆，从四面顶住模板防止位移，然后拼装模板。

先安装两端柱模，经校正、固定后拉通线校正中间各柱模板；柱模每边设两根拉杆，调节校正模板垂直度。

（6）模板拆除。

1）拆模时对混凝土的强度要求。①模板拆除应视混凝土同期试块达到规定强度后，填写模板拆除申请，经有关人员签字同意后方可拆除；②承重模板当混凝土达到下列强度（表7.13）时，方可拆除；③底板侧模在混凝土强度保证结构表面和棱角不因拆模板损坏时，即可拆除；④墙体模板在混凝土浇筑5天后方可拆模。

表7.13　拆除承重模板的混凝土应达到的强度

序号	结构类型	跨度/m	拆模时混凝土强度	检查方法
1	板	≤2	50%R	检查数量：全数检查； 检查方法：同条件养护强度试验报告
2		>2，≤8	75%R	
3		>8	100%R	
4	梁	≤8	75%R	
5		>8	100%R	
6	悬臂构件	—	100%R	

注　R为混凝土设计强度标准值。

2）拆模顺序。①应先支的后拆，后支的先拆；②先拆非承重部分，后拆承重部分；③先拆角模再拆大面平模；④模板应随拆随清随分类码放整齐。

3）装拆模要求。①拆模应按技术要求的程序进行，不能颠倒顺序；拆模不要硬砸、硬撬及抛掷，以防模板损坏变形；模板分段拆除后应及时分类清理，集中堆放；②拆下的模板及时清理，按要求涂刷隔离剂，如发现模板损坏变形应及时修理，拆下的扣件及时集中收集管理，按指定位置存放；③装拆模板应有足够照明，在模板上架设的电线和使用电动工具，应用36V低压电源；④拆模后形成的临空面应及时搭设防护栏，模板上预留洞安装后，应将洞口盖好，混凝土顶板上预留洞口，模板拆除后及时将洞口盖好或搭防护栏。

7.2.3 装配式预应力钢筋混凝土结构施工作业

与普通钢筋混凝土水池相比较，装配式预应力钢筋混凝土水构筑物更具有比较可靠的抗裂性及不透水性，在钢材、木材、水泥的消耗量上均较普通整体式钢筋混凝土水构筑物节省。以承德市污水处理厂工程的沉淀池（图7.25）为例说明。沉淀池底板现浇，壁板为预制结构装配体外无粘结预应力结构体系。此沉淀池壁板圆周较长，故在壁板中每一水平面均采用了两根无粘结预应力配筋。全部预应力筋采用1850级直径15.24mm的高强低松弛钢绞线，锚具采用单孔斜夹片式，预应力筋采用两端张拉。

图7.25 沉淀池

7.2.3.1 特点及应用

预应力钢筋混凝土水池具有较强的抗裂性及不透水性，与普通钢筋混凝土水池相比，还具有节省水泥、钢材、木材用量的特点。有利于加快施工进度，减小施工强度，保证工程质量，延长构筑物的使用寿命。预应力钢筋混凝土水池一般情况下多做成装配式，常用于构筑物的壁板、柱、梁、顶盖以及管道工程的基础、管座、沟盖板、检查井等工程施工中。

7.2.3.2 制作原理

预应力钢筋混凝土水池的预应力钢筋主要沿池壁环向布置。预应力钢筋混凝土水池在水力荷载作用之前，先对混凝土预制件预加压力，使钢筋混凝土预制件产生人为的应力状态，所产生的预压应力将抵消由荷载所引起的大部分或全部的拉应力，从而使预制件装配完毕使用时拉应力明显减小或消失。

7.2.3.3 施工工序

装配式预应力混凝土水池的施工顺序如图7.26所示。

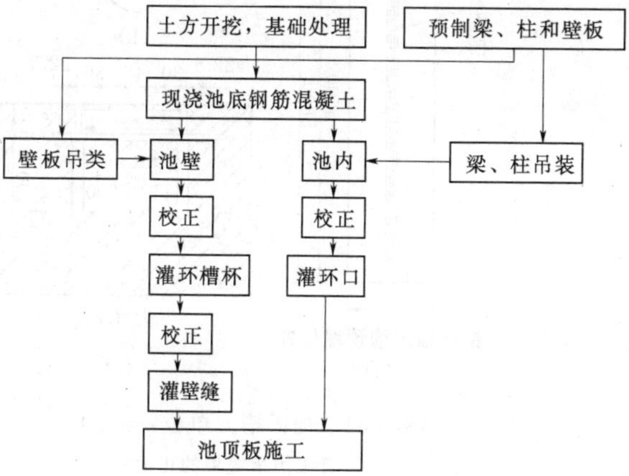

图7.26 装配式预应力混凝土水池的施工顺序

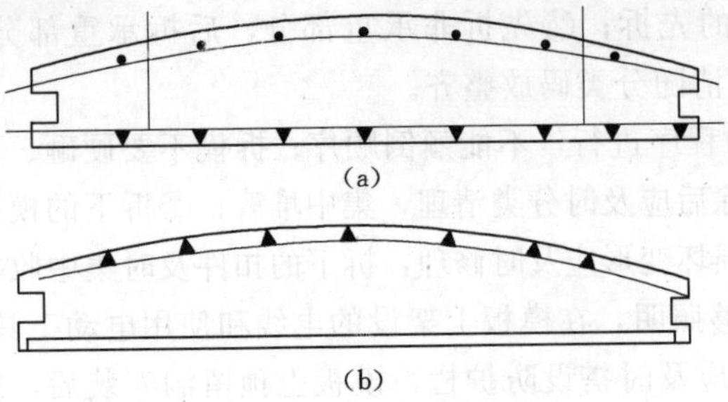

图 7.27 预制壁板

(a) 有搭接钢筋的壁板；(b) 无搭接钢筋的壁板（常用）

7.2.3.4 壁板构造与制作

1. 池壁板的结构型式

池壁板的结构型式一般有两种：两壁板间有搭接钢筋和两壁板间无搭接钢筋（图 7.27）。前一种壁板的横向非预应力钢筋可承受部分拉应力，但外露筋易锈蚀，壁板间接缝混凝土捣固不易密实，应加强振捣。池壁板安插在底板外周槽口内，如图 7.28 所示。

2. 缠绕预应力钢丝时

须在池壁外侧留设锚固柱（图 7.29）、锚固肋（图 7.30）或锚固槽（图 7.31），安装锚固夹具以固定预应力钢丝，壁板接缝应牢固和严密。

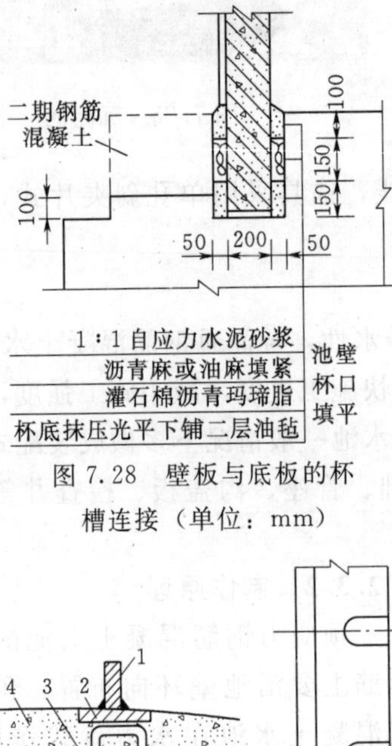

图 7.28 壁板与底板的杯槽连接（单位：mm）

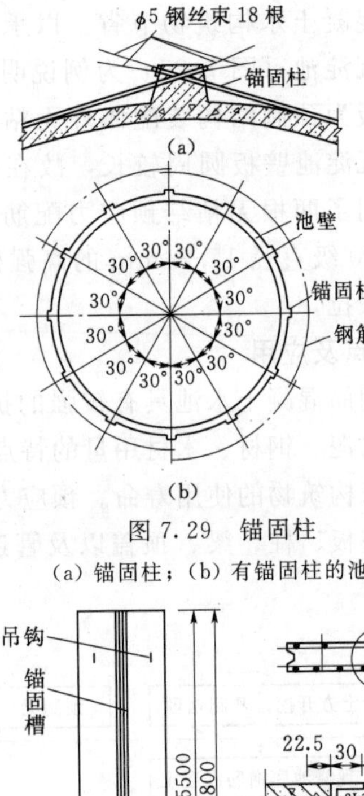

图 7.29 锚固柱

(a) 锚固柱；(b) 有锚固柱的池体

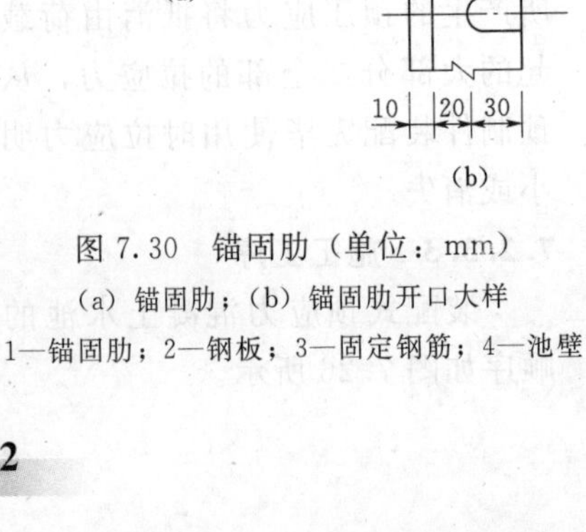

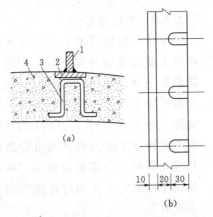

图 7.30 锚固肋（单位：mm）

(a) 锚固肋；(b) 锚固肋开口大样

1—锚固肋；2—钢板；3—固定钢筋；4—池壁

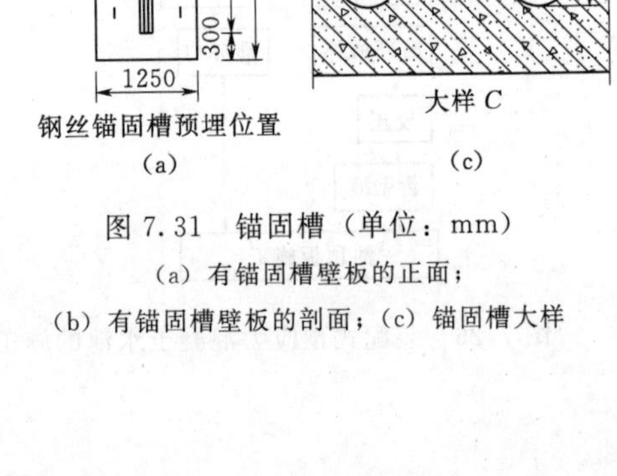

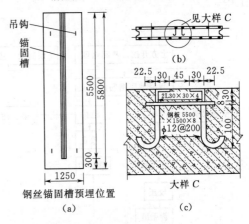

图 7.31 锚固槽（单位：mm）

(a) 有锚固槽壁板的正面；

(b) 有锚固槽壁板的剖面；(c) 锚固槽大样

3. 钢筋壁板接缝

接缝用于有搭接钢筋的壁板在接缝处焊接或绑扎直立钢筋，支设模板，浇筑细石混凝土；接缝用于无搭接钢筋壁板接缝内浇筑膨胀水泥混凝土或C30细石混凝土，如图7.32所示。

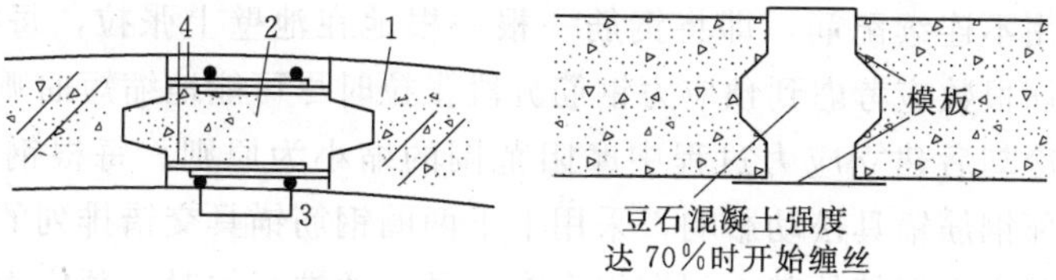

(a)　(b)

图7.32　钢筋壁板接缝

(a) 有搭接；(b) 无搭接

1—池壁板；2—膨胀混凝土；3—直立钢筋；4—搭接筋

4. 壁板与池底间连接

先填里侧填料，预张应力后，再填外侧填料。在壁板顶浇筑圈梁，顶板搁置在圈梁上，提高水池结构抗震能力。

7.2.3.5　装配式水池构件吊装

构件吊装前，应结合水池结构、直径与构件的最大重量确定采用的吊装机械、吊装方法、吊装顺序及构件堆放地点等。常用的吊装机械多是自行式起重机，如汽车式和履带式起重机（图7.33）等。

图7.33　履带式起重机

吊装校正之后用水泥砂浆连接或预埋件焊接。采用预埋件焊接可提高结构整体性及抗震性，而且不需临时支撑。

壁板吊装前，在底板槽口外侧弧形尺宽度的距离弹墨线。吊装时，弧形尺外边贴墨线，内侧贴壁板外弧面，同时用垂球找正，即可确定壁板位置，然后用预埋件焊接或临时固定。壁板全部吊装完毕后，在接缝处安装模板，浇筑细石混凝土堵缝。

7.2.3.6　壁板环向预加应力

水池环向预应力钢筋张拉工作应在环槽杯口、壁板接缝浇筑的混凝土强度达到设计强度的70%后开始。

钢筋采用普通钢筋或高强钢丝。预应力钢筋有三种张拉方法，即绕丝张拉法、电热张拉法和径向张拉法。其各自优缺点见表7.14。

表7.14　预应力钢筋张拉方法

施工方法	优　缺　点
绕丝张拉法	施工速度快、质量好，但需专用设备
电热张拉法	设备简单，操作方便，施工速度快，质量较好
径向张拉法	工具设备简单，操作方便，施工费低，较绕丝法、电热张拉法低12%～23%

1. 电热张拉法

(1) 电热张拉是将钢筋通电，使温度升高，长度延伸到一定程度，将两端固定。当撤去电源，钢筋冷却后，便产生了温度应力。可以一次张拉，也可以多次张拉，一般2～4次。

(2) 一般采用不连续配筋，即将钢筋一根一根地在池壁上张拉，每根之间靠锚具连接。每周安置钢筋根数应考虑到预应力钢筋分段张拉时尽可能地缩短曲弧长度，使张拉应力均匀，并以在冷却后建立应力过程中摩阻范围的缩小为原则。每根钢筋之间靠锚具连接，为了减少相邻钢筋锚具松动影响，采用上下两圈钢筋锚具交错排列的形式。

(3) 锚具与预应力钢筋的基本配套组合有三种：两端张拉时，预应力筋两端均采用螺丝端杆锚具；一端张拉一端固定时，张拉端采用螺丝端杆锚具，固定端则采用帮条锚具或镦头锚具。锚具固定在锚固槽、锚固肋或锚固柱上。

(4) 两排的锚固位置应错开，并在锚固槽（柱）相交处的钢筋做绝缘处理，电热温度不应超过350℃，温度过高，其张拉效果将逐渐消失。

(5) 可采用整圈、分段一次张拉，亦可采用整圈、分段依次张拉。张拉时采用的导线夹具，施工中临时用木枋顶牢，防止夹具转动（图7.34）。

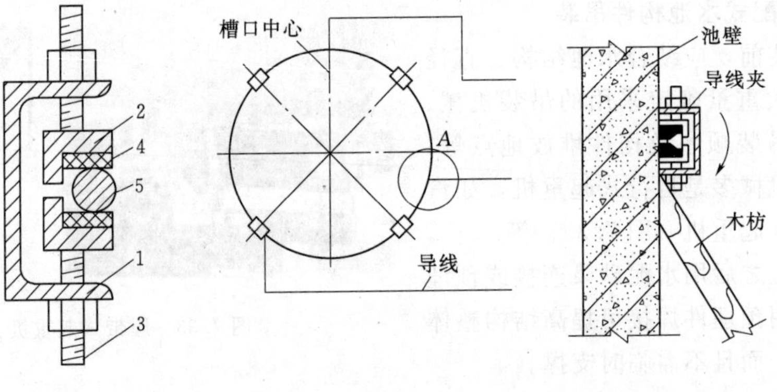

图7.34　池壁上夹具用木枋顶牢夹具

1—槽钢；2—钢压板；3—顶丝；4—导线；5—预应力钢筋

(6) 通电以后，采取预热、张拉、再预热、再张拉的带电张拉操作。通电之初，温度上升较快，可将预热时间缩短，钢筋伸长到一定程度后，即需拧紧锚固夹具螺丝，张拉钢筋；后期温度上升较慢，尤其是迎风面，表面温度散失较快，应将预热时间适当延长。在正常情况下，预热和张拉循环三四次即可拉到伸长值。在最后接近控制伸长值时，钢筋与锚固夹具螺丝接触较紧，拧转比较困难，钢筋随螺丝转动，此时，可用管钳将夹具夹紧，然后拧紧螺丝。操作中避免硬性扳拧，造成丝口损坏事故。

2. 绕丝张拉法

(1) 绕丝张拉是利用绕丝机围绕池壁转动，高强钢丝由钢丝盘被拉出，进入绕丝盘中。绕丝张拉一般是采用连续配筋，绕丝机在池壁转动，由于连续的钢丝缠绕，使池壁混凝土结构向内产生压力而形成预应力。

(2) 张拉钢筋直径为5mm、10mm，张拉后的钢筋，每一定间隔用锚具固定在锚固槽内。

(3) 绕丝机可由上向下或相反方向绕圈进行，池壁两端不能用绕丝机缠绕的部位，应在顶端或底端使钢筋加密或改用电热张拉。

(4) 鉴于贮水构筑物池壁所受水压力随水深呈线性增加，因此池壁各高度的预应力钢筋根数随高度的增加而减少，具体需设置张拉钢筋数应按设计要求或需通过计算确定，必要时可进行验算。

(5) 绕丝作业壁板安装完毕，先将外壁清理干净，凸凹不平之处用高强度等级水泥砂浆抹平，要求外圆符合弧度。

(6) 绕丝开始时，将钢丝的一端锚固在锚固槽上，然后开动绕丝机。为了使链条和大链轮间紧密接触，安装了三个小链轮，使链条在大链轮上有足够的包角，同时又使链条紧贴池壁，以减小绕丝机对水池的径向压力。

(7) 绕丝时，先于池中心建立支座，回转臂杆的一端与中心支座连接，另一端和回转小车连接。回转臂杆的长度约为水池半径长度。回转小车在池壁顶部沿轨道做匀速运动。在回转臂杆靠回转小车的端口伸出悬臂架，吊住绕丝机进行绕丝作业。绕丝时应在池内壁安设千分表定时测量，以观形变。

(8) 预应力水池钢丝应力的测定与控制对保证水池结构强度和严密性起着决定性作用。一般采用板簧式测力计测定钢丝应力，此种测力计使用方便，颇为实用，随绕丝随测应力。

3. 径向张拉法

(1) 径向张拉工艺及其特点。径向张拉法是将水池的曲线环筋由径向拉离池壁，使钢筋变为折线多边形，增加环筋拉力的一种预应力施工方法。操作时，先将预应力钢筋用套筒连接，一环一环地箍筋在池壁上，再用简单的张拉器把钢筋拉离池壁一定间隙，按一定距离用可调撑垫住，使池壁受压，环筋受拉，最后用测力器逐点调整到设计要求的径向力。

径向张拉工艺的工具设备简单，操作方便，能以较小的径张力产生较大的环拉力。由于张拉力为逐步调整建立，可达到所需要的精度和均匀度，如采用多具小型张拉器同时张拉一环，即能达到张拉力的均匀一致。径向张拉法的应力损失也小，施工费用较低，仅为绕丝法和电热法的15%～23%。

(2) 径向张拉施工要点。

1) 预应力筋的准备。所用钢材应有化学成分和机械性能的证明，无证明者应补做试验，合格后方能使用。对焊接头应在冷拉前进行，接头强度不低于钢材本身，冷弯90°合格。螺丝端杆可用同级冷拉钢筋制作，如果用45号钢，热处理后强度不低于700MPa，伸长率大于14%。套筒用不低于Q235钢材质的热轧无缝管制作。螺丝端杆与预应力钢筋对焊接长，用带丝扣的套筒连接。螺杆与套筒精度应符合标准，公差配合良好，配套供应。施工过程中应采取措施保护丝扣免遭损坏。

环筋分段长度，主要根据冷拉设备场地和运输条件考虑，一般每环分为2～4段，长约20～40m。

如果采用高强钢丝来做预应力筋，可采用专门的镦铸锚，环锚为45号钢制作，加工后不再做其他处理。钢丝在应力状态下下料，每隔1～1.5m用1钢丝绑扎，成束锯齐，保证端头整齐。钢丝束穿过锚环，用LD-10冷镦器逐根墩头，再用1钢丝编制定位，拉入锚环，浇以合金，检查合格后方可使用。

2）径向张拉操作。预应力筋按指定的位置安装，尽力拧紧连接套筒，再沿圆周每隔一定距离用简单的张拉器将钢筋拉离池壁约计算值的一半，填上垫块，最后用测力张拉器逐点调整张力到设计要求，再用可调撑顶住。为了使各点离壁的间隙基本一致，张拉时宜同时用多个张拉器均匀地同时进行张拉。

张拉器可用简单的螺栓张拉油压测力器或穿心式油压张拉测力器。

每环张拉点数，视池直径大小、张拉器能力和池壁局部应力等因素而定。点与点的距离一般不大于1.5m，预制壁板以一板一点为宜。

张拉时，仅考虑张拉的操作损失（包括撑垫对池壁的压陷），即径张系数，一般取控制应力的10%，这样，粗钢筋不大于120MPa，高强钢丝束不大于150MPa，以提高预应力效果。

3）安全措施。为防止施加预应力时将钢筋拉断，每个对焊接头（包括螺丝端杆）均应经冷拉检验。张拉点应避开对焊接头不少于10倍钢筋直径，不进行超张拉。

环筋张拉前，在构筑物周围距池壁20～30cm处设护杆，间距约2m，以防断筋伤人。如环筋为钢丝束，则在张拉过程中要测量其从锚环中的滑出量，来判断是否会发生问题。

（3）施工测试。

1）池壁径向力的测定。将撑杆制成电阻传感器，用静态电阻应变仪测定。

2）预应力钢筋内力测定。将套筒制成电阻传感器，用电阻仪测定。钢筋建立起的环拉力N与径向力S的比值$\beta=N/S$应低于计算值。

3）池壁变形测定。池壁径向变形用百分仪来测定，可在池壁全高上设置若干点，施加预应力后，测径向内缩值，装满水后，测径向外张值，当预应力的径向压缩值大于满水的外张值，则壁板始终处于受压状态，预应力效果明显。

4）径向力的检查。在水池试水结束，全部仪表拆除后，按点数抽1/6进行检查，求出标准差和变异系数，进行对比。对径向力不足者均予以补张，以提高预应力效果。

7.2.3.7 装配式预应力混凝土水池施工要求

装配式预应力混凝土水池施工要求：装配式预应力混凝土水池满水试验能否达到较好标准，除底板混凝土施工质量和预制混凝土壁板质量满足抗渗标准外，现浇壁板缝混凝土也是防渗漏的关键，必须控制其施工质量。

具体操作要点如下：装配式预应力混凝土水池，分圆形和矩形两种，圆形水池依靠高强钢丝缠绕并施加预应力箍定，矩形水池用四角现浇混凝土壁板及预制壁板缝间钢筋结构保证水池整体性。

1. 装配式预应力混凝土矩形水池

（1）为使板缝混凝土与壁板侧面粘接好，壁板吊装前壁板侧面做全面凿毛并清除松动石子等物。

（2）板缝混凝土内模板一次安装到顶，并填塞缝隙防止漏浆。外模随混凝土浇筑随陆续安装并保证不跑模不漏浆。外模安装每次支设高度不宜超过1.5m。

(3) 板缝混凝土采用微膨胀混凝土，膨胀率0.3%～0.5%，其强度等级应大于壁板一个等级。

(4) 板缝混凝土浇筑前，应将壁板侧面和模板充分湿润，并检查模板是否稳妥，是否有漏浆缝隙。

(5) 板缝混凝土分层浇筑高度不宜超过250mm，并注意混凝土和易性，二次混凝土入模时间不得超过混凝土初凝时间。

(6) 采用机械振动并辅以人工插捣，确保不过振和混凝土密实。

(7) 浇筑板缝混凝土，应在板缝宽度最大时进行，以防板缝受温度变化影响产生裂缝，例如有顶板水池，由于壁板受顶板约束，都是当日气温最高时板缝宽度最大。

(8) 做好混凝土养生，确保连续湿润养生不少于7天。

2. 装配式预应力混凝土圆形水池

(1) 预制安装圆形水池壁板缝浇筑混凝土后，缠绕环向预应力钢丝是保证水池整体性、严密性的必要措施，缠绕环向钢丝后做喷射水泥砂浆保护层是为保护钢丝不被锈蚀的措施，都需严格保证施工质量。

(2) 水池缠绕环向预应力钢丝操作要点。

1) 对所用的低碳高强钢丝在使用前做外观检验和强度检测。

2) 施工前必须对测定缠丝预应力值所用仪器进行检测标定。

3) 对所用缠丝机械做必要检修以保证缠丝工作连续进行，对壁板上的锚固槽及锚具认真清理，施工前清除壁板表面污物、浮粒，外壁接缝处用水泥砂浆抹顺压实养生。

4) 壁板缝混凝土达到设计强度70%以上才允许缠丝。

5) 缠丝应从池壁顶向下进行，第一圈距池顶高度应符合设计要求，但不宜大于50cm，如缠丝不能按设计要求达到的部位时，可与设计人员洽商，采取加密钢丝的措施。缠丝时严格控制钢丝间距、缠到锚固槽时，用锚具锚定。

6) 每缠一盘钢丝测定一次应力值，以便及时调整牵制的松紧保证质量，并按规定格式填写记录。

7) 钢丝需做搭接时，应使用18～20号钢丝密排绑扎牢固，搭接长度不小于25cm。

8) 对已缠钢丝，要切实保护，严防被污染和重物撞击。

7.2.4 水处理构筑物施工质量检查与验收

水处理构筑物施工质量检查与验收应该满足《给水排水构筑物工程施工及验收规范》(GB 50141—2008)。

7.2.4.1 一般规定

(1) 水处理构筑物施工应符合下列规定。

1) 编制施工方案时，应根据设计要求和工程实际情况，综合考虑各单体构筑物施工方法和技术措施，合理安排施工顺序，确保各单体构筑物之间的衔接、联系满足设计工艺。

2) 应做好各单体构筑物不同施工工况条件下的沉降观测。

3) 涉及设备安装的预埋件、预留孔洞以及设备基础等有关结构施工，在隐蔽前安装单位应参与复核；设备安装前还应进行交接验收。

4）水处理构筑物底板位于地下水位以下时，应进行抗浮稳定验算；当不能满足要求时，必须采取抗浮措施。

5）满足其相应的工艺设计、运行功能、设备安装的要求。

（2）水处理构筑物的满水试验应符合 GB 50141—2008 第 9.2 节的规定，并应符合下列规定。

1）编制试验方案。

2）混凝土或砌筑砂浆强度已达到设计要求；与所试验构筑物连接的已建管道、构筑物的强度符合设计要求。

3）混凝土结构，试验应在防水层、防腐层施工前进行。

4）装配式预应力混凝土结构，试验应在保护层喷涂前进行。

5）砌体结构，设有防水层时，试验应在防水层施工以后；不设有防水层时，试验应在勾缝以后。

6）与构筑物连接的管道、相邻构筑物，应采取相应的防差异沉降的措施；有伸缩补偿装置的，应保持松弛、自由状态。

7）在试验的同时应进行构筑物的外观检查，并对构筑物及连接管道进行沉降量监测。

8）满水试验合格后，应及时按规定进行池壁外和池顶的回填土方等项施工。

（3）水处理构筑物施工完毕必须进行满水试验。消化池满水试验合格后，还应进行气密性试验。

（4）水处理构筑物的防水、防腐、保温层应按设计要求进行施工，施工前应进行基层表面处理。

（5）构筑物的防水、防腐蚀施工应按现行国家标准《地下工程防水技术规范》（GB 50108—2008）、《建筑防腐蚀工程施工及验收规范》（GB 50212—2002）等的相关规定执行。

（6）普通水泥砂浆、掺外加剂水泥砂浆的防水层施工应符合下列规定。

1）宜采用普通硅酸盐水泥、膨胀水泥或矿渣硅酸盐水泥和质地坚硬、级配良好的中砂，砂的含泥量不得超过1%。

2）施工应符合下列规定：①基层表面应清洁、平整、坚实、粗糙；②施作水泥砂浆防水层前，基层表面应充分湿润，但不得有积水；③水泥砂浆的稠度宜控制在70mm、80mm，采用机械喷涂时，水泥砂浆的稠度应经试配确定；④掺外加剂的水泥砂浆防水层厚度应符合设计要求，但不宜小于20mm；⑤多层做法刚性防水层宜连续操作，不留施工缝；必须留施工缝时，应留成阶梯茬，按层次顺序，层层搭接；接茬部位距阴阳角的距离不应小于200mm；⑥水泥砂浆应随拌随用；⑦防水层的阴、阳角应为圆弧形。

3）水泥砂浆防水层宜在凝结后覆盖并洒水养护14天；冬期应采取防冻措施。

（7）位于构筑物基坑施工影响范围内的管道施工应符合下列规定。

1）应在沟槽回填前进行隐蔽验收，合格后方可进行回填。

2）位于基坑中或受基坑施工影响的管道，管道下方的填土或松土必须按设计要求进行夯实，必要时应按设计要求进行地基处理或提高管道结构强度。

3）位于构筑物底板下的管道，沟槽回填应按设计要求进行；回填处理材料可采用灰土、级配砂石或混凝土等。

（8）管道穿过水处理构筑物墙体时，穿墙部位施工应符合设计要求。

设计无要求时可预埋防水套管，防水套管的直径应至少比管道直径大50mm。待管道穿过防水套管后，套管与管道空隙应进行防水处理。

（9）构筑物变形缝的止水带应按设计要求选用，并应符合下列规定。

1）塑料或橡胶止水带的形状、尺寸及其材质的物理性能，均应符合国家有关标准规定，且无裂纹、气泡、孔洞。

2）塑料或橡胶止水带对接接头应采用热接，不得采用叠接；接缝应平整牢固，不得有裂口、脱胶现象；T字接头、十字接头和Y字接头，应在工厂加工成型。

3）金属止水带应平整、尺寸准确，其表面的铁锈、油污应清除干净，不得有砂眼、钉孔。

4）金属止水带接头应视其厚度，采用咬接或搭接方式；搭接长度不得小于20mm，咬接或搭接必须采用双面焊接。

5）金属止水带在伸缩缝中的部分应涂防锈和防腐涂料。

6）钢边橡胶止水带等复合止水带应在工厂加工成型。

7.2.4.2 现浇钢筋混凝土结构

（1）模板施工前应根据结构型式、施工工艺、设备和材料供应等条件进行模板及其支架设计。模板及其支架的强度、刚度及稳定性必须满足受力要求。

（2）混凝土模板安装应按现行国家标准《混凝土结构工程施工质量验收规范》（GB 50204—2015）的相关规定执行。

（3）混凝土模板的拆除按7.2.2.2执行，其中底模板，应在与结构同条件养护的混凝土试块达到表7.15规定强度，方可拆除。

表7.15　整体现浇混凝土底模板拆模时所需的混凝土强度

序号	构件类型	构件跨度 L/m	达到设计的混凝土立方体抗压强度的百分率/%
1	板	≤2	≥50
		2<L≤8	≥75
		>8	≥100
2	梁、拱	≤8	≥75
		>8	≥100
3	悬臂构件	—	≥100

（4）钢筋进场检验以及钢筋加工、连接、安装等应按现行国家标准《混凝土结构工程施工质量验收规范》（GB 50204—2015）的相关规定执行，并应符合下列规定。

1）浇筑混凝土之前，应进行钢筋隐蔽工程验收。

2）受力钢筋的连接方式应符合设计要求，设计无要求时，应优先选择机械连接、焊接；不具备机械连接、焊接连接条件时，可采用绑扎搭接连接。

3）相邻纵向受力钢筋的绑扎接头宜相互错开，绑扎搭接接头中钢筋的横向净距不应小于钢筋直径，且不小于25mm，并符合以下规定。

a. 钢筋搭接处，应在中心和两端用钢丝扎牢。

b. 钢筋绑扎搭接接头连接区段长度为1.3*L*(*L*为搭接长度)，凡搭接接头中点位于连接区段长度内的搭接接头均属于同一连接区段；同一连接区段内，纵向钢筋搭接接头面积百分率为该区段内有搭接接头的纵向受力钢筋截面面积的比值。

c. 同一连接区段内，纵向受力钢筋搭接接头面积百分率应符合设计要求；设计无具体要求时，受压区不得超过50%；受拉区不得超过25‰；池壁底部和顶部与顶板施工缝处的预埋竖向钢筋可按50%控制，并应按本规范规定的受拉区钢筋搭接长度增加30‰。

a）设计无要求时，纵向受力钢筋绑扎搭接接头的最小搭接长度应按表7.16的规定执行。

表7.16　钢筋绑扎搭接接头的最小搭接长度

序号	钢筋级别	受拉区	受压区
1	Φ(HPB235)	35*d*	30*d*
2	Φ(HRB35)	45*d*	40*d*
3	Φ(HRB400)	55*d*	50*d*
4	低碳冷拔钢丝	300mm	200mm

注　*d*为钢筋直径，单位mm。

b）当纵向受拉钢筋的绑扎搭接接头面积百分率不大于25%时，其最小搭接长度应符合表7.17的规定。

表7.17　纵向受拉钢筋的最小搭接长度

钢筋类型		混凝土强度等级			
		C15	C20～C25	C30～C35	≥C40
光圆钢筋	HPB235级	45*d*	35*d*	30*d*	25*d*
带肋钢筋	HRB335级	55*d*	45*d*	35*d*	30*d*
	HRB400级、RRB400级	—	55*d*	40*d*	35*d*

注　两根直径不同的钢筋搭接长度，以较细钢筋的直径计算。

c）当纵向受拉钢筋搭接接头面积百分率大于25%，但不大于50%时，其最小搭接长度应按表7.17中的数值乘以系数1.2取用；当接头面积百分率大于50%时，应按表7.17中的数值乘以系数1.35取用。

d）当符合下列条件时，纵向受拉钢筋的最小搭接长度，应根据第b)、c）条确定后，按下列规定进行修正：

①当带肋钢筋的直径大于25mm时，其最小搭接长度应按相应数值乘以系数1.1取用。

②对环氧树脂涂层的带肋钢筋，其最小搭接长度应按相应数值乘以系数1.25取用。

③当在混凝土凝固过程中受力钢筋易受扰动时（如滑模施工），其最小搭接长度应按相应数值乘以系数1.1取用。

④对末端采用机械锚固措施的带肋钢筋，其最小搭接长度可按相应数值乘以系数0.7取用。

⑤当带肋钢筋的混凝土保护层厚度大于搭接钢筋直径的3倍，且配有箍筋时，其最小搭接长度可按相应数值乘以系数0.8取用。

⑥对有抗震设防要求的结构构件，其受力钢筋的最小搭接长度对一二级抗震等级应按相应数值乘以系数1.15采用，对三级抗震等级应按相应数值乘以系数1.05采用，在任何情况下受拉钢筋的搭接长度不应小于300mm。

e）纵向受压钢筋搭接时，其最小搭接长度应根据《给水排水构筑物工程施工及验收规范》（GB 50141—2008）附录B.0.1条至B.0.3条的规定确定相应数值后乘以系数0.7取用，在任何情况下受压钢筋的搭接长度不应小于200mm。

4）受力钢筋采取机械连接、焊接连接时，应按设计要求及现行国家标准《混凝土结构工程施工质量验收规范》（GB 50204—2015）的相关规定执行。

5）钢筋安装时的保护层厚度应符合现行国家标准《给水排水工程构筑物结构设计规范》（GB 50069—2016）的相关规定；保护层厚度尺寸的控制应符合下列规定：①钢筋的加工尺寸、模板和钢筋的安装位置应正确；②模板支撑体系、钢筋骨架等应安装固定且牢固，确保在施工荷载下不变形、不走动；③控制保护层的垫块、杆件等尺寸正确、布置合理、支垫稳固。

6）基础、顶板钢筋采取焊接排架的方法固定时，排架固定的间距应根据钢筋的刚度选择。

7）成型的网片或骨架必须稳定牢固，不得有滑动、折断、位移、伸出等情况。

8）变形缝止水带安装部位、预留开孔等处的钢筋应预先制作成型，安装位置准确、尺寸正确、安装牢固。

9）预埋件、预埋螺栓及插筋等，其埋入部分不得超过混凝土结构厚度的3/4。

（5）混凝土浇筑的施工方案应包括以下主要内容。

1）混凝土配合比设计及外加剂的选择。

2）混凝土的搅拌及运输。

3）混凝土的分仓布置、浇筑顺序、速度及振捣方法。

4）预留施工缝后浇带的位置及要求。

5）预防混凝土施工裂缝的措施。

6）季节性施工的特殊措施。

7）控制工程质量的措施。

8）搅拌、运输及振捣机械的型号与数量。

（6）混凝土原材料的质量控制应按现行国家标准《混凝土结构工程施工质量验收规范》（GB 50204—2015）的相关规定执行。

（7）混凝土配合比及拌制见7.2.2.3，其中混凝土原材料每盘称量的偏差应符合表7.18的规定。

表 7.18　原材料每盘称量的允许偏差

序号	材料名称	允许偏差/%
1	水泥、掺合料	±2
2	粗、细骨料	±3
3	水、外加剂	±2

注　各种衡器应定期校验，每次使用前应用进行零点校核，保持计量准确。

(8) 混凝土试块的留置及混凝土试块验收合格标准应符合下列规定。

1) 混凝土试块应在混凝土的浇筑地点随机抽取。

2) 混凝土抗压强度试块的留置应符合下列规定：①标准试块：每构筑物的同一配合比的混凝土，每工作班、每拌制 $100m^3$ 混凝土为一个验收批，应留置一组，每组三块；当同一部位、同一配合比的混凝土一次连续浇筑超过 $1000m^3$ 时，每拌制 $200m^3$ 混凝土为一个验收批，应留置一组，每组三块；②与结构同条件养护的试块：根据施工方案要求，按拆模、施加预应力和施工期间临时荷载等需要的数量留置。

3) 抗渗试块的留置应符合下列规定：①同一配合比的混凝土，每构筑物按底板、池壁和顶板等部位，每一部位每浇筑 $500m^3$ 混凝土为一个验收批，留置一组，每组六块；②同一部位混凝土一次连续浇筑超过 $2000m^3$，每浇筑 $1000m^3$ 混凝土为一个验收批，留置一组，每组六块。

4) 抗冻试块的留置应符合下列规定：①同一抗冻等级的抗冻混凝土试块每构筑物留置不少于一组；②同一个构筑物中，同一抗冻等级抗冻混凝土用量大于 $2000m^3$ 时，每增加 $1000m^3$ 混凝土增加留置一组试块。

5) 冬期施工，应增置与结构同条件养护的抗压强度试块两组，一组用于检验混凝土受冻前的强度，另一组用于检验解冻后转入标准养护 28 天的强度；并应增置抗渗试块一组，用于检验解冻后转入标准养护 28 天的抗渗性能。

6) 混凝土的抗压、抗渗、抗冻试块符合下列要求的，应判定为验收合格：①同批混凝土抗压试块的强度应按现行国家标准《混凝土强度检验评定标准》(GB/T 50107—2010) 的规定评定，评定结果必须符合设计要求；②抗渗试块的抗渗性能不得低于设计要求；③抗冻试块在按设计要求的循环次数进行冻融后，其抗压极限强度同检验用的相当龄期的试块抗压极限强度相比较，其降低值不得超过 25‰，其重量损失不得超过 5%。

(9) 混凝土的浇筑必须在模板和支架检验符合施工方案要求后，方可进行；入模时应防止离析，连续浇筑时每层浇筑高度应满足振捣密实的要求。

(10) 采用振捣器捣实混凝土应符合下列规定。

1) 振捣时间，应使混凝土表面呈现浮浆并不再沉落。

2) 插入式振捣器的移动间距，不宜大于作用半径的 1.5 倍；振捣器距离模板不宜大于振捣器作用半径的 1/2；并应尽量避免碰撞钢筋、模板、止水带、预埋管（件）等；振捣器宜插入下层混凝土 50mm。

3) 表面振动器的移动间距，应能使振动器的平板覆盖已振实部分的边缘。

4) 浇筑预留孔洞、预埋管、预埋件及止水带等周边混凝土时，应辅以人工插捣。

(11) 变形缝处止水带下部以及腋角下部的混凝土浇筑作业，应确保混凝土密实，且止水带不发生位移。

(12) 混凝土运输、浇筑及间歇时间不应超过混凝土的初凝时间。同一施工段的混凝土应连续浇筑，并应在底层混凝土初凝之前将上一层混凝土浇筑完毕。底层混凝土初凝后浇筑上一层混凝土时，应留置施工缝。

(13) 混凝土底板和顶板，应连续浇筑不得留置施工缝；设计有变形缝时，应按变形缝分仓浇筑。

(14) 构筑物池壁的施工缝设置应符合设计要求，设计无要求时，应符合下列规定。

1) 池壁与底部相接处的施工缝，宜留在底板上面不小于200mm处；底板与池壁连接有腋角时，宜留在腋角上面不小于200mm处。

2) 池壁与顶部相接处的施工缝，宜留在顶板下面不小于200mm处；有腋角时，宜留在腋角下部。

3) 构筑物处地下水位或设计运行水位高于底板顶面8m时，施工缝处宜设置高度不小于200mm、厚度不小于3mm的止水钢板。

(15) 浇筑施工缝处混凝土应符合下列规定。

1) 已浇筑混凝土的抗压强度不应小于2.5MPa。

2) 在已硬化的混凝土表面上浇筑时，应凿毛和冲洗干净，并保持湿润，但不得积水。

3) 浇筑前，施工缝处应先铺一层与混凝土强度等级相同的水泥砂浆，其厚度宜为15mm、30mm。

4) 混凝土应细致捣实，使新旧混凝土紧密结合。

(16) 后浇带浇筑应在两侧混凝土养护不少于42天以后进行，其混凝土技术指标不得低于其两侧混凝土。

(17) 浇筑倒锥壳底板或拱顶混凝土时，应由低向高、分层交圈、连续浇筑。

(18) 浇筑池壁混凝土时，应分层交圈、连续浇筑。

(19) 混凝土浇筑完成后，应按施工方案及时采取有效的养护措施，并应符合下列规定。

1) 应在浇筑完成后的12h以内，对混凝土加以覆盖并保湿养护。

2) 混凝土浇水养护的时间不得少于14天，保持混凝土处于湿润状态。

3) 用塑料布覆盖养护时，敞露混凝土表面应覆盖严密，并应保持塑料布内有凝结水。

4) 混凝土强度达到1.2MPa前，不得在其上踩踏或安装模板及支架。

5) 环境最低气温不低于－15℃时，可采用蓄热法养护；对预留孔、洞以及迎风面等容易受冻部位，应加强保温措施。

(20) 蒸汽养护时应使用低压饱和蒸汽均匀加热，最高温度不宜大于30℃；升温速度不宜大于10℃/h；降温速度不宜大于5℃/h。掺加引气剂的混凝土严禁采取蒸汽养护。

(21) 池内加热养护时池内温度不得低于5℃，且不宜高于25℃，并应洒水养护，保持湿润。池壁外侧应覆盖保温。

(22) 水处理构筑物现浇钢筋混凝土不宜采用电热养护。

(23) 日最高气温高于30℃施工时，可选用下列措施。

1) 骨料经常洒水降温，或加棚盖防晒。

2) 掺入缓凝剂。

3）适当增大混凝土的坍落度。

4）利用早晚气温较低的时间浇筑混凝土。

5）混凝土浇筑完毕后及时覆盖养护，防止暴晒，并应增加浇水次数，保持混凝土表面湿润。

（24）冬期浇筑的混凝土冷却前应达到设计要求的临界强度。在满足临界强度情况下，宜降低入模温度。

（25）浇筑大体积混凝土结构时，应有专项施工方案和相应的技术措施。

7.2.4.3　装配式混凝土结构

（1）预制装配式混凝土结构施工应符合下列规定。

1）后张法预应力的施工应符合 GB 50141—2008 第 6.4 节的相关规定和设计要求。

2）除按本节规定施工外，还应符合现行国家标准《混凝土结构工程施工质量验收规范》（GB 50204—2015）的相关规定和设计要求。

（2）构件的堆放应符合下列规定。

1）应按构件的安装部位，配套就近堆放。

2）堆放时，应按设计受力条件支垫并保持稳定；曲梁应采用三点支承。

3）堆放构件的场地，应平整夯实，并有排水措施。

4）构件的标识应朝向外侧。

（3）构件运输及吊装时的混凝土强度应符合设计要求，当设计无要求时，不应低于设计强度的 75%。

（4）预制构件与现浇结构之间、预制构件之间的连接应按设计要求进行施工。

（5）现浇混凝土底板的杯槽、杯口安装模板前，应复测杯槽、杯口中心线位置；杯槽、杯口模板必须安装牢固。

（6）杯槽内壁与底板的混凝土应同时浇筑，不应留置施工缝；宜后浇筑杯槽外壁混凝土。

（7）预制构件安装前，应复验合格；有裂缝的构件应进行鉴定。

（8）预制柱、梁及壁板等在安装前应标注中心线，并在杯槽、杯口上标出中心线。

（9）预制构件安装前应将不同类别的构件按预定位置顺序编号，并将与混凝土连接的部位进行凿毛，清除浮渣、松动的混凝土。

（10）构件应按设计位置起吊，曲梁宜采用三点吊装。吊绳与构件平面的交角不应小于 45°；小于 45°时，应进行强度验算。

（11）构件安装就位后，应采取临时固定措施。曲梁应在梁的跨中设临时支撑，待二次混凝土达到设计强度的 75%及以上时，方可拆除支撑。

（12）安装的构件，必须在轴线位置及高程进行校正后焊接或浇筑接头混凝土。

（13）构筑物壁板的接缝施工应符合下列规定。

1）壁板接缝的内模在保证混凝土不离析的条件下，宜一次安装到顶；分段浇筑时，外模应随浇随支，分段支模高度不宜超过 1.5m。

2）浇筑前，接缝的壁板表面应洒水保持湿润，模内应洁净。

3）壁板间的接缝宽度，不宜超过板宽的 1/10；缝内浇筑细石混凝土或膨胀性混凝土，其强度等级应符合设计要求；设计无要求时，应比壁板混凝土强度等级提高一级。

4）应根据气温和混凝土温度，选择壁板缝宽较大时进行浇筑。

5）混凝土如有离析现象，应进行二次拌和。

6）混凝土分层浇筑厚度不宜超过250mm，并应采用机械振捣，配合人工捣固。

7.2.4.4 附属构筑物

(1) 主体构筑物。走道平台、梯道、设备基础、导流墙（槽）、支架、盖板、栏杆等的细部结构工程，各类工艺井（如吸水井、泄空井、浮渣井）、管廊桥架、闸槽、水槽（廊）、堰口、穿孔、孔口等的工艺辅助构筑物工程，以及连接管道、管渠工程等的施工应符合本节的规定。

(2) 附属构筑物工程施工应符合下列规定。

1）应合理安排与其相关的构筑物施工顺序，确保结构和施工安全。

2）地基基础受到已建构筑物的施工影响或处于已建构筑物的基坑范围内时，应按设计要求进行地基处理。

3）施工前，应对与其相关的已建构筑物进行测量复核。

4）有关土石方、地基基础、结构等工程施工应按GB 50141—2008第4.6章等的规定进行。

5）应做好相邻构筑物的沉降观测工作。

(3) 混凝土试块的留置及混凝土试块验收合格标准应符合GB 50141—2008第6.2.8条的规定，其验收批的确定应符合下列规定：

1）混凝土试块应在混凝土的浇筑地点随机抽取。

2）混凝土抗压强度试块的留置应符合下列规定。

a. 标准试块：每构筑物的同一配合比的混凝土，每工作班、每拌制100m^3混凝土为一个验收批，应留置一组，每组三块；当同一部位、同一配合比的混凝土一次连续浇筑超过1000m^3时，每拌制200m^3混凝土为一个验收批，应留置一组，每组三块。

b. 与结构同条件养护的试块：根据施工方案要求，按拆模、施加预应力和施工期间临时荷载等需要的数量留置。

(4) 抗渗试块的留置应符合下列规定。

1）同一配合比的混凝土，每构筑物按底板、池壁和顶板等部位，每一部位每浇筑500m^3混凝土为一个验收批，留置一组，每组六块。

2）同一部位混凝土一次连续浇筑超过2000m^3时，每浇筑1000m^3混凝土为一个验收批，留置一组，每组六块。

(5) 抗冻试块的留置应符合下列规定。

1）同一抗冻等级的抗冻混凝土试块每构筑物留置不少于一组。

2）同一个构筑物中，同一抗冻等级抗冻混凝土用量大于2000m^3时，每增加1000m^3混凝土增加留置一组试块。

(6) 冬期施工，应增置与结构同条件养护的抗压强度试块两组，一组用于检验混凝土受冻前的强度，另一组用于检验解冻后转入标准养护28天的强度；并应增置抗渗试块一组，用于检验解冻后转入标准养护28天的抗渗性能。

（7）混凝土的抗压、抗渗、抗冻试块符合下列要求的，应判定为验收合格。

1）同批混凝土抗压试块的强度应按现行国家标准《混凝土强度检验评定标准》（GB/T 50107—2010）的规定评定，评定结果必须符合设计要求。

2）抗渗试块的抗渗性能不得低于设计要求。

3）抗冻试块在按设计要求的循环次数进行冻融后，其抗压极限强度同检验用的相当龄期的试块抗压极限强度相比较，其降低值不得超过25‰；其重量损失不得超过5%。

4）砌体结构管渠的施工应符合GB 50141—2008第6.5节的相关规定和设计要求。

5）现浇钢筋混凝土结构管渠施工应符合GB 50141—2008第6.2节的规定和设计要求。

6）装配式钢筋混凝土结构管渠施工应符合GB 50141—2008第6.3节的规定和设计要求。

7）管渠的功能性试验应符合现行国家标准《给水排水管道工程施工及验收规范》（GB 50268—2008）的相关规定。

7.2.5 引例分析

7.2.5.1 大型构筑物（池体）施工中的抗浮措施和方法

1. 施工时抗浮措施的选择

本工程结合基坑（槽）地表雨水排水方案和降排水备用施工方案，根据拟建构筑物周边既有和新设置地下水位观察井，选择大型构筑物抗浮措施。考虑本工程无抗浮设计，将采取在大型构筑物基坑底适当标高位置暗埋DN500混凝土排水管至附近管渠，引导基坑地表排水为主，同时配备抽水设备辅助基坑排水和向构筑物内注水以抗浮。若无法达到抗浮效果，采用增加池底局部配重（底等级混凝土墩块压重）的方法以满足抗浮要求。

2. 沉降以及浮动值监测措施

根据《建筑变形测量规程》（JGJ 8—2016）、《工程测量规范》（GB 50026—2007）及《建筑物沉降观测方法》（DGJ32/J 18—2006）的要求以及现场情况，本工程在最能体现构筑物沉降的位置埋设沉降观测点。

根据规范要求，为能够长期保存沉降观测点，以便能够对建筑物进行长期的沉降观测，本次沉降观测埋设多个嵌入式沉降观测点多各点。

3. 抗浮措施的使用条件

当地下水位较高或雨汛期施工时，由于基坑内地下水位急剧上升、地表水大量涌入基坑，水池的自重小于浮力时，导致水池上浮。

（1）若构筑物设有抗浮设计。当地下水位高于基坑底面时，水池基坑施工前必须采取人工降水措施，把水位降至基坑底下不少于500mm，以防止施工过程中构筑物浮动，保证工程施工顺利进行。

在水池底板混凝土浇筑完成并达到规定强度时，应及时施做抗浮结构。

（2）当构筑物无抗浮设计时，水池施工应采取抗浮措施。

1）水池（构筑物）工程施工应采取降排水措施。

2）受地表水、地下动水压力作用影响的地下结构工程。

3）基坑底部存在承压含水层，且经验算基底开挖面至承压含水层顶板之间的土体重力不足以平衡承压水水头压力，需要减压降水的工程。

7.2.5.2 生物池施工方案

生物池平面尺寸为114.03m×56.69m×7m，设计生物池用两道横向变形缝、一道纵向加强带和结构缝，可分成8块进行施工，每一块尺寸并不均等。生物池平面布置图如图7.35所示。

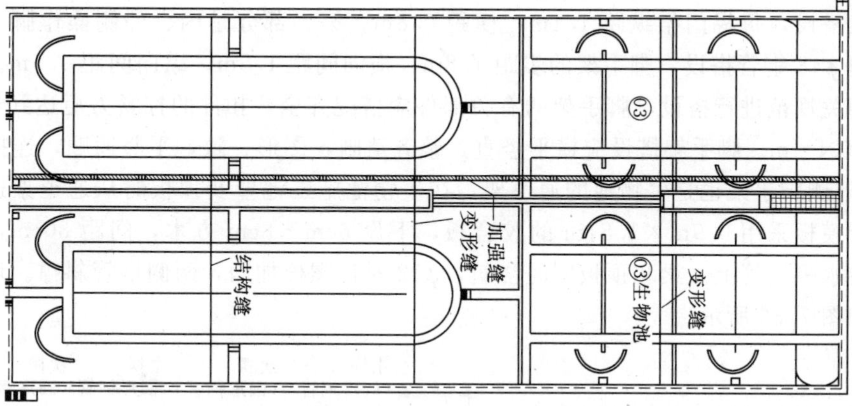

图7.35 生物池平面布置图

1. 施工流程

基坑开挖→平整压实→垫层→底板浇筑→池壁浇筑→顶板施工→装水试验→池体防水施工→基坑回填。

2. 施工方法

(1) 基坑开挖和基础处理。生物池底板落在碎石层上，结构密实。承载力特征值不小于120kPa，承载力达不到设计要求时应及时通知设计、监理、业主商议处理。

(2) 生物池基坑开挖采用锚杆土钉墙或支护桩的形式。生物池地基落在碎石层上。基础开挖后及时进行土层换填和垫层混凝土的施工。

(3) 基坑四周设集水沟和坑，雨水收集后采用抽水泵通过胶管排入厂区内水沟。

3. 生物池池体施工

(1) 垫层施工。生物池为10cm厚C15素混凝土，混凝土全部采用商品混凝土，罐车运输、泵送混凝土、人工分浆、平板振动器振捣。

(2) 生物池模板工程。生物池底板模板厚度为0.4m，底板顶标高为±0.00m，池壁顶标高为7.00m。底板采用90cm×180cm胶合板作模板，ϕ48钢管作支架，钢管间距30cm，底板上下设两道ϕ12螺栓，螺栓水平间距60cm一道，螺栓直接焊在水平骨架钢筋上。50cm侧墙采用吊模施工，在钢筋骨架上焊一托架，托架的标高和模板的底标高一致，模板采用50cm×180cm的竹胶板，设一道对拉螺栓加固，顶面一道采用钢管加固，两侧每1.5m设置一个斜拉。

(3) 生物池池壁、顶板模板支架施工。

1) 由于池壁高度7.0m较大，超过规范要求，池壁施工分成两次施工，第一次施工

3.5m，第二次施工3.5m，连同顶板一次施工完成。池壁模板拟选用胶合板，弧形墙采用竹胶板，D48钢管支架，D14对拉螺栓紧固，梁底模及顶板底模均采用胶合板，支架采用钢管支架。胶合板尺寸为0.91m×1.91m，钢管采用ϕ48×3.5mm钢管。内侧次楞间距225mm，外侧主楞间距450mm，次楞采用单根钢管，主楞采用双钢管。

2）生物池支架分为两部分。第一部分是池内支模架，池内支架从底板搭设到顶板，池内支架搭设高度为7.0m。生物池顶板厚25cm，梁宽30cm。承重架采用重型门式支架满堂支架搭设，每榀门架纵距1.1m，横距0.8m。第二部分是内、外侧操作脚手架，脚手架采用ϕ48钢管搭设，脚手架的步距1.8m，横向间距1.5m，纵向间距1.5m。支架的搭设按相关规范进行搭设，脚手架的有关部件应搭配齐全，扣件的拧紧力矩达到规范规定的45～60N·m。脚手架搭设应横平竖直，整齐清晰，图形一致，平竖通顺，连接牢固。

3）外侧脚手架也是生物池的通道架，在生物池施工池壁及顶板时从通道架进入作业面。顶板模板采用0.9m×1.81m的胶合板，下设6cm×8cm方木，间距30cm，方木直接架设在水平钢管上。梁和顶板同时浇筑，ϕ12对拉螺栓加固，两侧钢管斜撑。墙模板设计简图如图7.36所示。

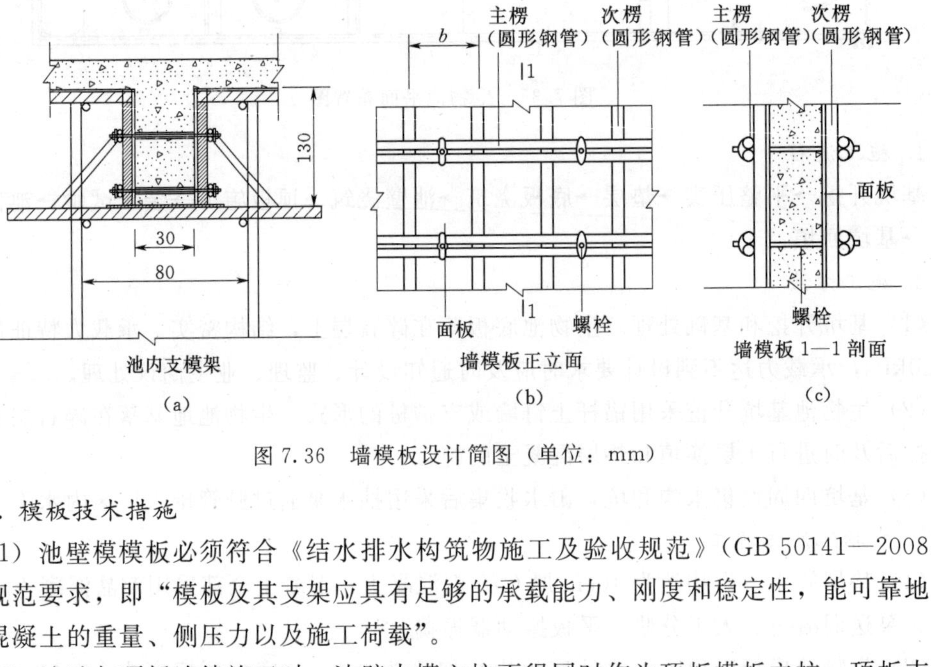

图7.36 墙模板设计简图（单位：mm）

4. 模板技术措施

(1) 池壁模模板必须符合《结水排水构筑物施工及验收规范》(GB 50141—2008)及相关规范要求，即“模板及其支架应具有足够的承载能力、刚度和稳定性，能可靠地承受浇筑混凝土的重量、侧压力以及施工荷载”。

(2) 池壁与顶板连续施工时，池壁内模立柱不得同时作为顶板模板立柱。顶板支架的斜杆或横向连杆不得与池壁模板的杆件连接。

(3) 池壁模板在绑完钢筋后，分层安装一次到顶面分层预留操作窗口的施工方法。

(4) 因池体分次浇筑施工，在池壁施工的施工缝中设置钢板止水带，池内两道变形缝先设置橡胶止水带。止水带的质量应符合下列要求。

a. 钢板止水带应平整，尺寸准确，其表面的铁锈、油污应清除干净，不得有砂眼、钉孔，接头双面焊接；橡胶止水带的形状、尺寸及其材质的物理性能，均应符合设计要求，且无裂纹，无气泡。接头采用热接，接缝应平整牢固，不得有裂口、脱胶现象，各种类型的接头，在工厂加工成型。止水带的安装应牢固，位置准确，与变形缝垂直；其中心线应与变形缝中心线对正，不得在止水带上穿孔或用铁钉固定就位。

b. 施工缝采用的钢板止水带，规格为300mm×3mm，止水带直接焊在钢筋上，两块止水带之间应进行满焊，防止漏水。埋法详见图7.37，钢板之间用电焊焊接。混凝土浇筑完成的表面基本在钢板中间，这样止水效果最佳。

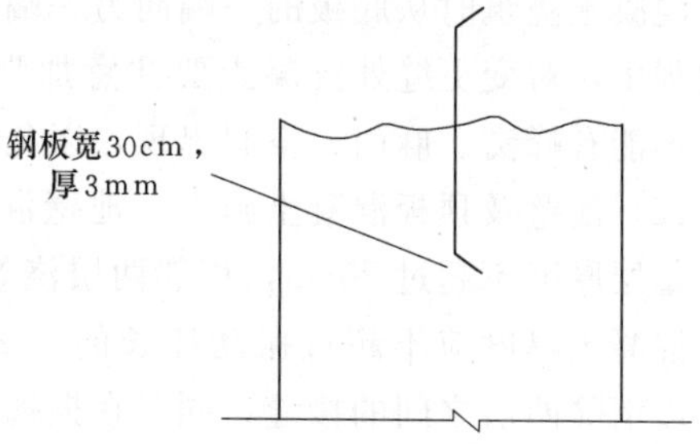

图7.37　钢板止水带

5. 橡胶止水带的安装方法

根据设计要求，本工程设置两道变形缝，采用橡胶止水带，规格为400mm×30mm×10mm型。为保证橡胶止水带安装位置准确且混凝土浇筑过程中不走位，混凝土板块采取跳仓施工法以便于止水带的安装及固定。先固定一侧橡胶止水带，待另一侧的混凝土浇筑完成后，进行跳仓施工下一板块，最后实施中间段板块。止水带的安装采用定型模具固定法。为防止因混凝土自重将止水带向下压偏移，采取将橡胶止水带的加钢筋略向上预加倾斜度。

固定在模板上的预埋管、预埋件的安装必须牢固，位置准确，安装前应清除铁锈和油污，安装后应做标志。

(1) 支架验收。脚手架分段搭设完毕投入使用前进行验收，验收合格后技术负责人签署认可方能投入使用。

(2) 生物池底板、池壁、顶板钢筋施工。钢筋加工分成三步，第一步是底板及池壁、导流墙部分钢筋，第二步池壁钢筋，第三步顶板钢筋。在施工中$\phi 16$以上的壁板钢筋采用电渣压力焊连接。底板和顶板钢筋$\phi 16$以下的钢筋采用搭接绑扎，搭接倍数$\phi \geqslant 42d$。$\phi 16$以上的钢筋在钢筋加工厂采用闪光对焊连接成18m一根，其余现场单面焊接，焊接采用E50系列焊条，焊接时钢筋的轴线在一直线，焊缝饱满，焊渣及时敲掉。钢筋接头在位置应符合规范及设计的要求，在同一断面内钢筋接头数量：焊接接头数量不大于50%，绑扎搭接接头不大于25%。

钢筋遇直径小于300mm的孔洞绕过，遇直径大于300mm的孔洞应截断，并与孔洞加强筋焊接，箍筋的末端应作成不小于135°弯钩，弯钩端头平直段长度不应小于$10d$，所有光圆钢筋端部需加弯钩。

钢筋安装注意在加强带两侧安装网格为10mm的$\phi 5$钢丝网隔开，以防止带外混凝土流入加强带，钢丝网垂直布置在上下层（或内外层）钢筋之间，并绑扎在钢筋上。

6. 生物池混凝土施工

该工程混凝土采用商品混凝土，混凝土的水平及垂直运输采用47m臂长汽车泵输送。对混凝土公司的混凝土成品要注意监控，对混凝土的配合比及外加剂的掺入情况要与实验、设计相符，以保证混凝土的质量。每次混凝土施工应按分项工程为单位，做足混凝土试件。

(1) 底板混凝土施工。考虑输送泵的旋转半径准备使用两台47m泵车同时工作。浇筑过程中注意加强带混凝土的强度标号，并先浇筑加强带相邻处混凝土，浇至加强带时，更换混凝土连续施工。底板混凝土在上层钢筋焊接找平钢筋，挂线找平。

混凝土浇筑时从底板的一端向另一端平行推进，底板混凝土厚度为 40cm，浇筑混凝土过程中，对变更缝处混凝土要注意加强管理，要保证橡胶止水带上下侧混凝土振捣密实，不能有蜂窝、麻面、空洞出现，以免影响池体闭水效果。

(2) 池壁及顶板混凝土施工。池壁混凝土采用 2 台 47m 泵同时输送，混凝土分层振捣，每层厚度不超过 50cm，相邻两层浇筑时间间隔不超过 2h。池壁混凝土分层灌筑时，每层混凝土厚度应不超过振动棒长的 1.25 倍；在振捣上一层时，应插入下层中 5cm 左右，以消除两层之间的接缝，同时在振捣上层混凝土时，要在下层混凝土初凝之前进行。池壁宜采用交错式振捣。混凝土灌注时其自由倾落高度大于 2m 时，在混凝土泵车的导管处加装直径 12.5cm 的橡胶管，进入池壁浇筑混凝土。混凝土灌注时从低处向高处分层连续进行，如必须间歇时，其间歇时间应尽量缩短，并应在前层混凝土凝结前将次层混凝土灌注完毕。

7. 施工缝处理的要求及方法

池壁混凝土水平施工缝处的钢板止水带处，下层混凝土浇筑应达到钢板止水带中部位置。混凝土浇筑完成以后，混凝土面要凿毛，清除表层浮浆。在浇筑上层混凝土前，施工缝因施工产生的杂物应清理干净，并浇水湿润。混凝土到场后，在下料前先在施工缝面上洒同混凝土同标号的水泥砂浆，再下料浇筑混凝土。混凝土下料速度宜控制在每小时浇筑池壁混凝土的高度保持在 1m 以内，不宜超过 1m，以免混凝土的侧压力过大，对池体模板的安全造成威胁。

8. 混凝土养护

在混凝土浇筑完毕，待终凝后模板未拆除前采用灌水养护，模板拆除后采用喷淋养护法，养生期不小于 14 天。池壁养护采用苫盖麻袋片，软塑管引水湿润混凝土墙。

9. 拆模

拆模时要注意对预留孔的保护，严禁对孔边进行剔砸。如因跑模造成预留孔洞的几何尺寸变形，应报请驻地监理工程师同意后修复。对于大于 $200mm^2$ 水平预留孔洞，应按技术措施的要求进行封盖或维护，并应设立安全警示牌。拆模后的埋件表层混凝土浆应清除干净，并应做好标识工作。

10. 生物池满水试验

生化池结构施工完成且在池体的混凝土达到 100％设计强度后进行满水试验，必须按照《给水排水构筑物工程施工及验收规范》(GB 50141—2008) 的规定通过水池满水试验后才能进入下一道工序。满水试验在混凝土达到龄期后进行。试验按下列步骤：充水→水位观测→蒸发量测定→水池的渗水量计算。

注意雨天时，不做满水实验渗水量的测定。若渗水量超过规定标准。应经过检查处理后重新进行测定。按照《给水排水构筑物工程施工及验收规范》(GB 50141—2008) 规定：不得有漏水现象，水池渗水量按池壁和池底的浸润总面积计算，钢筋混凝土水池不超过 $2L/(m^2 \cdot d)$。

试水合格后，应立即进行基坑回填，池顶除臭风管安装完毕后，应立即覆土，不使水池壁板继续暴露。回填土应采用较好土料，均匀对称回填，分层夯实，一次填完，以免造成不均匀荷载。回填土压实系数不小于0.94。

11. 生物池池体防腐

生物池池内表面采用CPS涂料进行了防渗、防腐、防碳化处理；处理表面应清除浮灰及污物；用水润湿施工，采用涂刷法，每平方米用1.5kg，涂刷两遍。

任务7.3 泵 房 施 工

【引例7.3】 某立交排水泵站工程，工程内容及数量为：钢筋混凝土排水泵井1座，出水池1座，DN500钢筋混凝土排水管道243m，排水检查井11座，安装潜污泵3台，潜水泵1台，手动单轨小车2个，泵房及值班室69m^2，道路及硬化地面750m^2，围墙91m。

【思考】 在该案例中，泵房主体结构施工方法有哪些？沉井施工工序及沉井井筒在下沉中如何把控质量？

7.3.1 泵房主体结构施工作业

地上式砖混结构：土方开挖→基础→泵房主体→设备基础及吊车梁→设备就位安装→阀门及管道连接→试运转→竣工验收。

地下式钢筋混凝土泵井：根据实际地形和地质情况采取大开挖或沉井施工。

7.3.1.1 地上式泵房施工方案

地上式砖混结构的泵房，一般为单层普通建筑。

1. 施工准备、测量定位

施工前首先进行场地平整，修建临时道路及设施，“三通一平”后立即进行测量放线、打桩定位。组织施工人员、材料以及机械设备进场就位，项目部技术人员提前做好施工技术交底等先行工作。

2. 基坑开挖

施工方法详见项目2土石方工程施工。

3. 基础及主体结构施工

详见砌体工程、模板工程及支撑体系、钢筋工程、混凝土工程、装饰装修工程等施工方法。

7.3.1.2 钢筋混凝土泵井大开挖施工方案

钢筋混凝土排水泵井施工工艺流程如图7.38所示。

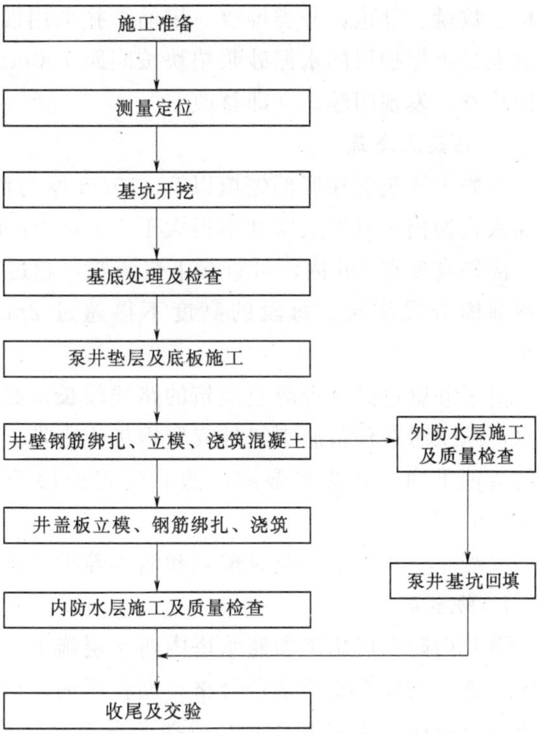

图7.38 钢筋混凝土排水泵井施工工艺流程图

1. 施工准备、测量定位

施工前首先进行场地平整，修建临时道路及设施，“三通一平”后立即进行测量放线、打桩定位。组织施工人员、材料以及机械设备进场就位，项目部技术人员提前做好施工技术交底等先行工作。

2. 基坑开挖

以机械开挖为主，条件不具备时采用人工开挖，开挖基坑时严格按规范要求进行放坡，土质不良时采用台阶式放坡开挖方式进行基坑开挖，必要时增加支挡防护。

3. 泵井底板施工

井坑土方施工完毕并验槽合格后立即进行，底板施工时，采用龙门桩确定池底、井底轴线、边线及标高。底板混凝土一次性连续浇筑，不留施工缝，混凝土浇筑前先将坑内杂物清理干净，并浇水湿润模板。浇筑井底板混凝土时派木工、钢筋工跟班，随时纠正在施工中出现的模板及钢筋变形及位移，上部结构的插筋采用上口加工字钢支撑绑固。

4. 模板安装

井壁模板采用组合钢模板，支撑采用主柱斜撑支模法，井盖模板采用竹胶板，用48mm直径的钢管支撑，60mm×90mm截面的方木做带木。在拼装井壁模板时，带木立杆间距按间距500mm布置，内外模间用$\phi 10$的圆钢螺杆按间距500mm双向拉结，并且在螺杆中部加焊止水铁环，以防日后渗水。

5. 钢筋绑扎

钢筋半成品加工，以钢筋配料单为依据。加工好的钢筋要挂牌编号标识，标明形状、规格、数量、部位，分类堆放。钢筋绑扎采用镀锌铁丝，其搭接长度符合施工规范要求。控制混凝土保护层的水泥砂浆垫块按间距700mm交错布设。钢筋施工完后要设专人认真按图检查，发现问题，立即整改。

6. 混凝土浇筑

混凝土浇筑前在底部先填以5～10cm厚与混凝土配合比相同的减半石子混凝土，使用插入式振捣棒时每层厚度不得大于50cm。除上面振捣外，下面要有人随时敲打模板。

浇筑高度在3m内，可直接下浆浇筑，超过3m时应采用串筒或在模板侧面开门子洞装斜溜槽分段浇筑。每段的高度不得超过2m，每段浇筑后将门子洞封实，并用箍筋箍牢。

由于井壁过高及混凝土浇筑的路线较长，必须留置施工缝。为确保施工缝的接口处不渗水，施工时在预留施工缝处安置钢板止水带。在进行第二次混凝土浇筑前，先将该处的杂物清理干净，并浇水湿润，然后浇盖一层50mm厚的同等级水泥砂浆，最后浇筑混凝土。

混凝土浇筑完毕，及时覆盖和洒水养护，养护时间不少于14天。

7. 防水层

泵井内防水层施工参照水塔内防水层施工。外壁喷涂沥青防水层，使用的沥青须符合规定，施工前检查质量是否合格。沥青用锅、桶等容器用火熬制，容器必须加盖，以防沥青飞溅或着火。熬制中，不断搅拌沥青至全部成液态为止，使用时沥青温度保持不低于150℃。施工前，先将水池外壁洗刷干净，先涂冷底子油，然后涂热沥青一道。

8. 满水试验

泵井抹面之前先做满水试验，充水分三次，严禁一次注满，每次充水1/3水深，每次充水结束稳定两天，观察和测定渗漏情况。扣除管道因素，24h渗漏率小于1/1000为通过，根据观察到的渗漏，视具体情况进行修补。处理渗漏的方法一般采用重新抹防水层，严重的采用环氧树脂玻璃布衬里或钢丝水泥处理。

9. 水池覆土回填

泵井土建施工完成后，覆土回填工作应沿泵井四周及泵井顶部分层均匀回填，防止超填，顶板表面覆土时要避免大力夯打。

10. 施工过程采取的技术措施

（1）基坑开挖。实行专人监控，防止超挖现象的发生。

（2）钢筋绑扎。钢筋加工采用胎模成型，以保证准确性，钢筋绑扎要牢固，不能影响模板安装，并满足保护层要求。

（3）混凝土浇筑。严格按混凝土配合比进行施工，采用高标号矿渣硅酸盐水泥，水灰比控制在0.55内。混凝土自落调试超过1.5m时使用溜槽或串筒进行浇筑，混凝土浇灌应连续进行，分层浇筑，厚度控制在0.3～0.4m，相邻两层时间不超过2h。

（4）混凝土振捣。严格控制混凝土振捣连续时间和移动间距，以便充分排除混凝土中多余的空气和水分，井底表面原浆压实抹光。

（5）混凝土养护。混凝土浇灌完毕及时覆盖和洒水养护，养护时间不小于14天，在强度未达到1.2N/mm^{2}时，禁止振动。

（6）施工缝处理。底板连续浇筑，不留施工缝。底板与井壁连接处施工缝留在底板上表面不小于200mm的池壁上，施工缝处理严格按施工规范要求施工。

（7）防水层。施工泵井防水层时，严格按五层抹灰法操作要求施工，防水层施工缝各层接槎做成阶梯形并相互错开，阴阳角抹成圆弧形。

7.3.1.3 设备安装

在安装之前，所有设备须经监理工程师进行开箱检查合格并填写《设备开箱检查记录表》后，方能在工程上安装使用。

1. 地面式泵房清水（离心）泵安装

（1）安装准备：要认真熟悉图纸，根据施工方案决定的施工方法和技术交底的具体措施做好准备工作，参看有关专业设备图和装修建筑图，核对各种管道的坐标、标高是否有交叉，管道排列所用空间是否合理，新增加的管道、设施与原有的管道、设施连接的位置、标高是否相符；核对新增加的管道、设施与原有的是否相互配套。如有问题及时与设计院和建设单位有关人员研究解决，做好变更洽商记录。

（2）工艺流程：水泵基础捣制→保养→水泵就位→基础二次浇筑→保养→安装隔振垫、隔振软接头→安装阀门→安装管件→连接管道→管道试压→开机调试。

（3）水泵及附属配套设备安装应符合下列要求。

1）泵体必须找平，联接轴必须中心对正，偏差为0.1mm，两联轴器之间的间隙以2～3mm为宜。

2）用手转动联轴器，应轻便灵活、不得有卡紧或摩擦现象。

3）与泵体连接的管道，不得以泵体为支承，吸水管保证不产生气泡，底阀应垂直安装。

4）各润滑部位应按说明书要求加注油脂。

5）各种仪表应安装在手动操作阀门时便于观察的位置，仪表的规格、型号和质材应符合设计要求。

6）各种阀门的安装位置正确，操作方便、动作灵活、严密不漏水。

（4）水泵试运转。

1）电机转动方向符合泵的工作转动方向，各紧固件不应松动，盘车灵活，松紧适度，有润滑要求的部位应按规定加注。

2）离心水泵启动前应将泵体和吸水管充满水，并把空气排尽，将进出水管的阀门关闭，当水泵启动后再缓慢开启阀门，不得在无水状态下开启水泵。

3）在额定负荷下连续运转8h后，轴承、填料温升应符合产品说明要求。机械运转中不应有杂音，电动机功率不得超过设备额定值。

2. 地下式泵井污水泵安装

地下式泵井污水泵安装工艺流程如图7.39所示。

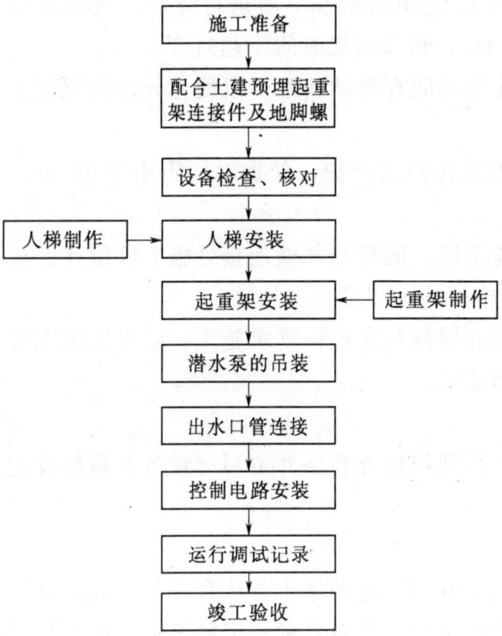

图7.39 地下式泵井污水泵安装工艺流程

（1）安装前检查水泵叶轮角度、电机绕组绝缘电阻、电机保护热敏电阻接线，定子线圈指示值应与空气温度相一致。

1）其阻抗值为不大于300Ω（PTC阻抗器部分的电压值小于5V，电流值小于25mA），检查油质油面。

2）动力信号电缆进线处是否压实，检查水泵叶轮是否以顺时针方向旋转，泵体O形密封圈安放是否平整，泵管内密封面是否清洁。

3）清除吸水井内杂物；检查吊环尼龙绳是否安装好。

4）吊链长度应能满足起吊要求。吊钩应紧固。仔细检查电机各部分情况是否正常。

（2）用手转动联轴器看是否灵活，泵内有无响声，支撑架、预埋管、人梯、电缆出线管、电机保护器、导轨是否已完成。

（3）用特定的底座，将出水管固定在污水池的底部，在池顶安装配套的支承件，用双导轨使泵的出口与出水管自动密封。用吊链把泵体吊起，并做好出水管的引出安装，电缆控制线的出线至电机保护启动箱的连线。

（4）水泵的运行调试参照离心泵的要求进行。

（5）水泵安装技术措施：施工前编制详细的作业指导书和书面技术交底，把好设备基础和各种预埋铁件、地脚螺栓的施工质量，施工中严格按作业指导书和技术交底并结合产品安装和调试的有关要求，进行设备安装和运行调试。

7.3.1.4 安全质量保证措施

1. 质量保证措施

(1) 在施工前认真熟悉图纸，做到心中有底，提前发现和解决问题。工程严格按照图集和变更通知单施工，按国家施工及验收规范执行。

(2) 严格遵守各种施工机械设备的操作规程，坚决杜绝无证上岗、无证操作。对于施工机械设备要按规定进行定期维修和保养，其性能始终处于良好状态，从而确保施工质量。现场搅拌站应设置硬地坪，防止污染。

(3) 如遇下雨天，注意雨后砂石含水量的变化，并及时调整混凝土配合比，现场备足塑料薄膜，以防浇筑过程中混凝土被冲刷。

(4) 防水工程应避免在雨期施工。

1) 所有机械棚要搭设牢固，防止倒塌，机械电闸箱的漏电保护装置要可靠。

2) 施工时重点做好防雷防电工作，切实做好接地设施，达到设计要求电阻值。在大风雨后，应及时对供电线路进行检查，防止断线造成触电事故。

3) 安装工程配合结构进行预留（埋）过程中，要注意观察天气变化，及时做好防雨措施，不得冒雨带电操作，特别是焊接、粘接工作不得在下雨时进行，防止影响施工质量及造成安全事故发生。

(5) 夜间施工要保证有足够的照明，关键部位要增加照明灯具，绝不允许无照明施工。夜间施工安排工人倒班，确保工人有项目部安排专职施工员旁站作业，确保工程质量。

(6) 保证进行严格的材料进场检验制度，确认材料合格后方可使用。

(7) 搬运时严格遵守安全操作规程确认物质、设备完好无损。

(8) 混凝土拌和。每次搅拌前，检查拌和计量控制设备的技术状态，以保证按施工配合比计量拌和，根据现场材料的含水量状况及时调整施工配合比，准确调整各种材料的使用量。

(9) 混凝土灌注。制定混凝土灌注实施方案，制定设备、人员、小型机具组织计划。按照灌注工艺，缩短灌注时间，以免出现施工冷缝。随着混凝土的灌注，捣固人员及时对混凝土进行捣固。拆除模板后，按规定时间洒水养护。

(10) 混凝土养护。混凝土灌注完后，在12h内，派专人对混凝土进行洒水养护，养护时间不少于7天。

(11) 井壁抗渗漏技术措施。

1) 井壁防渗漏是一个系统工程，从主体施工阶段就必须采取措施，形成多点设防。

2) 保证混凝土结构的设计强度，钢筋的保护层厚度，混凝土配合比及坍落度满足设计及规范要求。施工中保证混凝土结构振捣连续性，避免出现施工冷缝。

3) 钢筋加工采用胎模成型，以保证准确性，钢筋绑扎要牢固，不能影响模板安装，并满足保护层要求。

4) 严格按混凝土配合比进行施工，采用高标号矿渣硅酸盐水泥，水灰比控制在0.55

内。混凝土自落高度超过 1.5m 时使用溜槽或串筒进行浇筑，混凝土浇灌应连续进行，分层浇筑，厚度控制在 0.3～0.4m，相邻两层时间不超过 2h。

5）严格控制混凝土振捣连续时间和移动间距，以便充分排队混凝土中多余的空气和水分，池底表面原浆压实抹光。

6）混凝土浇灌完毕及时覆盖和洒水养护，养护时间不小于 14 天，在强度未达到 1.2N/mm² 时，禁止振动。

7）底板连续浇筑，不留施工缝。底板与池壁连接处施工缝留在底板上表面不小于 200mm 的池壁上，施工缝严格按施工规范要求施工。

（12）井壁防水技术措施。

1）抹灰是井壁防漏的关键工序，施工水池防水层时，严格按五层抹灰法操作要求施工，并通过砂浆中掺加适量的聚合物来提高砂浆的拒水、防渗、防漏性能。

2）防水层施工缝各层接槎做成阶梯形并相互错开，阴阳角抹成圆弧形。

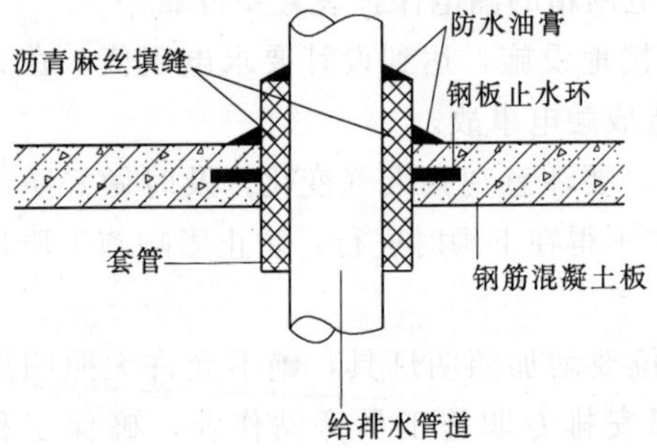

图 7.40 给排水管预埋套管示意图

（13）预埋套管的防渗漏及防水技术措施。在进行给排水构筑物结构墙板施工时，及时做好给排水套管预埋，位置要求准确，给排水管预埋套管做法如图 7.40 所示。

2. 安全保证措施

（1）施工现场安全保证措施。为了保护工程、保障施工人员和群众的安全，在必要的地点和时间内，设置照明和防护、警告信号和看守；严禁无关人员随意出入施工现场；进入现场人员，必须按规定佩戴好安全防护用品，遵章守纪，听从指挥；针对各工种的特点按时配发劳保用品；施工现场用电采用三相五线制供电系统，用电设备必须按“一机一闸一漏一箱”来配置使用。

（2）生产用电安全措施。电源采用三相五线制，设专用接地线；总配电箱和分配电箱应设防雨罩和设门锁，同时设相应漏电保护器；电路一律采用质量合格的电缆，并要正确架设；严格做到“一机一闸一漏电保护装置”，一切电气设备必须有良好的接地装置；电动机械必须定机定人专门管理，使用小型手持电动工具时均使用带漏电保护的闸箱。

（3）脚手架安全措施。本工程外墙施工采用落地式双排钢管脚手架和外挑架，外侧采用全封闭密目式安全挂网；脚手架应按施工实际可能承受的最大荷载进行设计和计算；应在安全人员和技术人员的监督下由熟练工人负责搭设；脚手架的检查分验收检查、定期检查和特别检查；使用中要严格控制架子上的荷载，尽量使之均匀分布，以免局部超载或整体超载；使用时还应特别注意保持架子原有的结构和状态，严禁乱挖基脚、任意拆卸结构杆件和连墙拉结及防护；纵向必须设置剪刀撑，其宽度不得超过 7 根立杆，与水平面夹角应为 45°～60°。

（4）笨重设备运输及吊装的安全保证措施。设备、材料运输时，排放整齐、固定牢固、防范措施可靠（如加三角木楔、钢索捆扎等）；采用汽车运输时，做到不超载、不偏载、不超出限界；运输易滚动物品时，采用三角垫木止动，并用绳索绑牢；卸车时，不得在无任何措施的情况下直接从车上滚下；行车时遇路窄、急弯处，车辆慢行；车辆雨天行驶时采取防滑措施；使用起吊设备，吊装时选好吊装点，绑扎牢固，防止掉落伤人，损坏设备及材料；严禁超载运行，设备钩、链、绳索符合规定；对吊装机械进行检查，吊装时设专人指挥，施工人员严禁在吊装物下面及附近行走停留；在施工现场采用人力装卸时，搭设厚度不小于50mm的坚固跳板，跳板坡度不大于1∶3，跳板搭在车上时，车轮须垫平，跳板下面禁止有人；装卸时防止散堆伤人，每卸完一处必须将车上剩余的物品绑扎牢固，方可继续运送。

(5) 安全标志和安全防护。

1) 安全标志。划分安全区域，充分和正确使用安全标志，布置适当的安全标语和标志牌，各种施工机械设置位置均需挂设相应操作规程。

2) 安全防护棚。在建筑物四周及人员通道、机械设备周围都应采用钢管搭设安全防护棚，安全防护棚要满铺一层模板和一层安全网，侧面用钢筋网做防护栏板。

3) “三宝、四口”防护。“三宝”防护：现场人员坚持使用“三宝”，必须戴安全帽并系紧帽带，不得穿硬底鞋、高跟鞋、拖鞋或赤脚，高处作业必须系安全带；“四口”防护：在预留洞口设置围栏、盖板、架网，正在施工的建筑物出入口和井字架，门式架进出料口，必须搭设符合要求的防护棚，并设置醒目的标志。

(6) 制定并严格执行各单项工程的安全保证措施。

1) 钢筋混凝土泵井施工安全保证措施。进入施工现场人员，必须戴安全帽，并按规定佩戴劳动保护用品，井下作业必须配系安全带，作业人员不得穿拖鞋、高跟鞋、硬底鞋。严禁酒后上岗。

施工用模板、支架、支撑等结构要经过结构检算，确保其具有足够的强度和安全系数。

加强施工过程中各项监测，并做好详细记录，及时反馈，尤其基坑土方开挖、主体结构施工阶段地面及同边建筑的沉降观测及结构物变形观测，通过观测成果指导施工，确保施工和建筑物安全。

使用钢筋机械、木工机械、手持电动工具等必须遵守有关安全操作规程，不得减免相关的安全防护装置、设施和必须佩戴的安全防护用品。

脚手架的搭设符合施工规范的要求，承重脚手架的使用荷载不得大于2700N/m^2。各种非标准脚手架、负载过重的脚手架等特殊架子，应经过验算、确认安全后方可使用。脚手架拆除时，按规定自上而下逐步拆除。严禁用推倒或拉倒的方法拆除脚手架。

浇筑混凝土使用的流槽、串桶节必须连接牢固。施工人员不得直接在流槽上操作。

拆除的模板及连接件、支撑件逐层传下或吊下，不得向下直接抛掷，防止伤人。木模板、杆件上的铁钉及时拔除或打平。

2) 设备安装安全保证措施。设备吊装就位前，先对吊装机具进行检查并检查所要吊装设备上有无可能发生滑动、转动的部件，如有则予以固定，吊索与设备接触处应衬以软垫，吊点位于设备上专用吊环处或规定部位，严禁随意吊装，起吊时要有专人统一指挥。

3. 控制和防止质量通病措施

控制和防止质量通病措施见表7.19。

表7.19　控制和防止质量通病措施

类别	质量通病	控制和防止措施
钢筋混凝土水池	底板平整度超差表面粗糙、不实，有砂粒浮浆、印痕、积水现象	底板混凝土的配合比、坍落度、搅拌运输及入模时间应遵守规范规定的要求；较厚底板（≥50cm）应分层灌筑与振捣，两层以上的混凝土要对每层进行二次重复振捣，以便获得充分的振实；避免底板表面粗糙，不实，有砂粒浮浆、印痕、积水等现象；避免有蜂窝麻面，混凝土表面局部有规则的裂缝
	有蜂窝麻面、混凝土表面局部有规则裂缝，混凝土施工缝、变形缝、止水带渗漏	施工缝防渗的主要措施是做好施工的糙化处理和清理，浇筑前要充分湿润施工缝而不积水，铺以与混凝土标号相同的水泥砂浆，浇筑时均匀分层摊铺混凝土，并做好二次振捣且不漏振。 变形缝与止水带部位不渗水的关键是：变形缝两侧结构混凝土分层（段）浇筑；变形缝模板与止水带要有专门的工具与卡子固定，模板支撑要有专门设计，认真操作；浇筑混凝土时要分层均匀灌注混凝土，要注意排除止水带周围的气泡，保持止水带的正确位置
给排水设备安装	预留孔位置不准确，或孔深不够	严格按照模板工程和混凝土工程施工要求施工；预留孔模型长度应满足孔深的要求，应采用可靠的定位措施，固定牢固；应与土建施工密切配合，以避免由于土建施工变更等原因引起的误差
	地脚螺栓不垂直，形状不符	地脚螺栓的直径、形状、长度应严格按安装图加工制作，预留孔深度不够，应进行处理后，方可安装地脚螺栓；施工中应对地脚螺栓进行可靠的定位，并应认真复校

7.3.2 沉井施工

给水排水工程中，常会修建埋深较大而横断面尺寸相对不大的构筑物（地下水源井、地下泵房等），这类构筑物若在高地下水位、流沙、软土等地段及现场窄小地段采用大开槽方法修建，施工技术方面会遇到很多困难。为此，常采用沉井施工。

沉井施工就是先在地面上预制井筒，然后在井筒内不断将土挖出，井筒借自身的重量或附加荷载的作用下，克服井壁与土层之间摩擦阻力及刃脚下土体的反力而不断下沉直至设计标高为止，然后封底，完成井筒内的工程。其施工程序有基坑开挖、井筒制作、井筒下沉及封底。

井筒在下沉过程中，井壁成为施工期间的围护结构，在终沉封底后，又成为地下构筑物的组成部分。为了保证沉井结构的强度、刚度和稳定性要求，沉井的井筒大多数为钢筋混凝土结构。常用横断面为圆形或矩形，纵断面形状大多为阶梯形。井筒内壁与底板相接处有环形凹口，下部为刃脚，刃脚应采用型钢加固。为了满足工艺的需要，常在井筒内部设置平台、楼梯、水平隔层等，这些可在下沉后修建，也可在井筒制作同时完成。但在刃脚范围的高度内，不得有影响施工的任何细部布置。

7.3.2.1 沉井施工方法

1. 井筒制作

井筒制作一般分一次制作和分段制作。一次制作指一次制作完成设计要求的井筒高度，适用于井筒高度不大的构筑物，一次下沉工艺；分段制作是将设计要求的井筒进行分段现浇或预制，适用于井筒高度大的构筑物，分段下沉或一次下沉工艺。

井筒制作视修筑地点具体情况分为天然地面制作下沉和水面筑岛制作下沉。天然地面制作下沉一般适用于无地下水或地下水位较低时，为了减少井筒制备时的浇筑高度，减少下沉时井内挖方量，清除表土层中的障碍物等，可采用基坑内制备井筒下沉，其坑底最少应高出地下水位0.5m。水面筑岛制作下沉适用于在地下水位高或在岸滩、浅水中制作沉井，先修筑土岛，井筒在岛上制作，然后下沉。对于水中井筒下沉时，还可在陆地上制备井筒，浮运到下沉地点下沉。

(1) 基坑及坑底处理。井筒制备时，其重量借刃脚底面传递至地基。为了防止在井筒制备过程中产生地基沉降，应进行地基处理或增加传力面积。

当原地基承载力较大，可进行浅基处理，即在与刃脚底面接触的地基范围内，进行原土夯实，垫砂层、砂石垫层、灰土垫层等处理，垫层厚度一般为30～50cm，然后在垫层上浇筑混凝土井筒。这种方法称无垫木法。

若坑底承载力较弱，应在人工垫层上设置垫木，增大受压面积。所需垫木的面积，应符合式(7.1)要求。

$$F \geqslant Q/P_0 \tag{7.1}$$

式中 F——垫木面积，m^2；

Q——沉井制备重量，当沉井分段制备时，采用第一节井筒制备重量，N；

P_0——地基允许承载力，Pa。

铺设垫木应等距铺设，对称进行，垫木面必须严格找平，垫木之间用垫层材料找平。沉井下沉前拆除垫木亦应对称进行，拆除处用垫层材料填平，应防止沉井偏斜。

为了避免采用垫木，可采用无垫木刃脚斜土模的方法。井筒重量由刃脚底面和刃脚斜面传递给土台，增大承压面积。土台用开挖或填筑而成，与刃脚接触的坑底和土台处，抹2cm厚的1∶3水泥砂浆，其承压强度可达0.15～0.2MPa，以保证刃脚制作的质量。

筑岛施工材料一般采用透水性好、易于压实的砂或其他材料，不得采用黏性土和含有大块石料的土。岛的面积应满足施工需要，一般井筒外边与岛岸间的最小距离不应小于5～6m。岛面高程应高于施工期间最高水位0.75～1.0m，并考虑风浪高度。水深在1.5m、流速在0.5m/s以内时，筑岛可直接抛土而不需围堰；当水深和流速较大时，需将岛筑于板桩围堰内。

(2) 井筒混凝土浇筑。井筒混凝土的浇筑一般采用分段浇筑、分段下沉、不断接高的方法。即浇一节井筒，井筒混凝土达到一定强度后，挖土下沉一节，待井筒顶面露出地面尚有0.8～2m左右时，停止下沉，再浇制井筒、下沉，交替进行直到达到设计标高为止。该方法由于井筒分节高度小，对地基承载力要求不高，施工操作方便。缺点是工序多、工期长，在下沉过程中浇制和接高井筒，会使井筒因沉降不均而易倾斜。

井筒混凝土的浇筑还可采用分段接高，一次下沉的方法。即分段浇制井筒，待井筒全高浇筑完毕并达到所要求的强度后，连续不断地挖土下沉，直到达到设计标高。第一节井筒达到设计强度后抽除垫木，经沉降测量和水平调整后，再浇筑第二节井筒。该方法可消除工种交叉作业和施工现场拥挤混乱现象，浇筑沉井混凝土的脚手架、模板也不必每节拆除，并且可连续接高到井筒全高，缩短工期。缺点是沉井地面以上的重量大，对地基承载力要求较高，接高时易产生倾斜，而且高空作业多，应注意高空安全。

此外还有一次浇制井筒，一次下沉方案以及预制钢筋混凝土壁板装配井筒，一次下沉方案等。

井筒制作施工方案确定后，具体支模和浇筑与一般钢筋混凝土构筑物相同，混凝土强度等级不低于C30。沿井壁四周均匀对称浇筑井筒混凝土，避免高差过大、压力不均，产生地基不均匀沉降而造成沉井断裂。井壁的施工缝要处理好，以防漏水。施工缝可根据防水要求采用平式、凸式或凹式施工缝，也可以采用钢板止水施工缝等。

2. 井筒下沉

井筒混凝土强度达到设计强度70%以上时可开始下沉。下沉前要对井壁各处的预留孔洞进行封堵。

(1) 沉井下沉计算。沉井下沉时，必须克服井壁与土间的摩擦力和地层对刃脚的反力。

沉井下沉重量应满足式（7.2）条件。

$$G-B\geqslant T+R=K\cdot f\cdot p\cdot D\cdot[h+1/2(H-h)]+R \tag{7.2}$$

式中 G——沉井下沉重力，N；

B——井筒所受浮力，N；

T——井壁与土间的摩擦力，N；

R——刃脚反力，N，如果将刃脚底面及斜面的土方挖空，则$R=0$；

K——安全系数，取1.5～1.25；

f——单位面积上的摩擦力，Pa；

D——井筒外径，m；

H——井筒高，m；

h——刃脚高度，m。

当下沉地点是由不同土层组成时，则单位面积上摩擦力的平均值f_0由式（7.3）决定。

$$f_0=(f_1n_1+f_2n_2+\cdots+f_nn_n)/(n_1+n_2+\cdots+n_n) \tag{7.3}$$

式中 f_1、f_2、…、f_n——各层土与井筒的单位面积摩擦力，Pa；

n_1、n_2、…、n_n——各土层的厚度，m。

经测定，f值可参用：①混凝土与黏土$f=15$kPa；②混凝土与砂、砾石$f=25$kPa；③砖砌体与黏土$f=25$kPa；④砖砌体与砂、砾石$f=35$kPa。

(2) 井筒下沉方式。

1) 排水下沉。排水下沉是在井筒下沉和封底过程中，采用井内开设排水明沟，用水泵将地下水排除或采用人工降低地下水位方法排出地下水。它适用于井筒所穿过的土层透水性较差，涌水量不大，排水不致产生流沙现象而且现场有排水出路的地方。

井筒内挖土根据井筒直径大小及沉井埋设深度来确定施工方法。一般分为机械挖土和人工挖土两类。机械挖土一般仅开挖井中部的土，四周的土由人工开挖。常用的开挖机械有合瓣式挖土机、台令扒杆斗挖土等，垂直运土工具有少先式起重机、台令扒杆、卷扬机、桅杆起重杆等。卸土地点应距井壁一般不小于20m，以免因堆土过近使井壁土方坍塌，导致下沉摩擦力增大。当土质为砂土或砂性黏土时，可用高压水枪先将井内泥土冲松稀释成泥浆，然后用水力吸泥机将泥浆吸出排到井外。

人工挖土应沿刃脚四周均匀而对称进行，以保持井筒均匀下沉。它适用于小型沉井，下沉深度较小、机械设备不足的地方。人工开挖应防止流砂现象发生。

2）不排水下沉。不排水下沉是在水中挖土。当排水有困难或在地下水位较高的粉质砂土等土层，有产生流砂现象地区的沉井下沉或必须防止沉井周围地面和建筑物沉陷时，应采用不排水下沉的施工方法。下沉中要使井内水位比井外地下水位高1～2m，以防流砂。

不排水下沉时，土方也由合瓣式抓铲挖出，当铲斗将井的中央部分挖成锅底形状时，井壁四周的土涌向中心，井筒就会下沉。如井壁四周的土不易下滑时，可用高压水枪进行冲射，然后用水力吸泥机将泥浆吸出排到井外。

为了使井筒下沉均匀，最好设置几个水枪，水枪的压力根据土质而定。每个水枪均设置阀门，以便沉井下沉不均匀时，进行调整。

3. 井筒封底

一般地，采用沉井方法施工的构筑物，必须做好封底，保证不渗漏。

井筒底板的结构有三种，分别适用于无地下水的地基、水下浇筑混凝土、明沟排水下沉的底板结构。

排水下沉的井筒封底，必须排除井内积水。超挖部分可填石块，然后在其上做混凝土垫层。浇筑混凝土前应清洗刃脚，并先沿刃脚填充一周混凝土，防止沉井不均匀下沉。垫层上做防水层、绑扎钢筋和浇捣钢筋混凝土底板。封底混凝土由刃脚向井筒中心部位分层浇筑，每层约50cm。

不排水下沉的井筒，需进行水下混凝土的封底。井内水位应与原地下水位相等，然后铺垫砾石垫层和进行垫层的水下混凝土浇筑，待混凝土达到应有强度后将水抽出。

7.3.2.2 质量检查与控制

井筒在下沉过程中，由于水文地质资料掌握不全，下沉控制不严以及其他各种原因，可能发生土体破坏、井筒倾斜、井筒裂缝、下沉过快或不继续下沉等事故，应及时采取措施加以校正。

1. 土体破坏

沉井下沉过程中，可能产生破坏土的棱体，土质松散条件下更易产生。因此，当土的破坏棱体范围内有已建构筑物时，应采取措施，保证构筑物安全，并对构筑物进行沉降观察。

2. 井筒倾斜的观测及其校正

井筒下沉时，可能发生倾斜，井筒发生倾斜的主要原因是刃脚下面的土质不均匀，井壁四周土压力不均衡，挖土操作不对称，以及刃脚某一处有障碍物。

井筒是否倾斜可采用井筒内放置垂球观测、电测等方法确定，或在井外采用标尺测定、水准测量等方法确定。

由于挖土不均匀引起井筒轴线倾斜时，用挖土方法校正。在下沉较慢的一边多挖土，在下沉快的一边刃脚处将土夯实或做人工垫层，使井筒恢复垂直。如果这种方法不足以校正，就应在井筒外壁一边开挖土方，另一边回填土方，并且夯实。

在井筒下沉较慢的一边增加荷载也可校正井筒倾斜。如果由于地下水浮力而使加载失效，则应抽水后进行校正。

在井筒下沉较慢的一边安装振动器振动或用高压水枪冲击刃脚，减少土与井壁的摩擦力，也有助于校正井筒轴线。

3. 下沉过程中障碍物处理

下沉时，可能因刃脚遇到石块或其他障碍物而无法下沉，松散土中还可能因此产生溜方，引起井筒倾斜。小石块用刨挖方法去除，或用风镐凿碎，大石块或坚硬岩石则用炸药清除。

4. 井筒裂缝的预防及补救措施

下沉过程中产生的井筒裂缝有环向和纵向两种。环向裂缝是由于下沉时井筒四周土压力不均造成的。为了防止井筒发生裂缝，除了保证必要的井筒设计强度外，施工时还应使井筒达到规定强度后才能下沉。此外，也可在井筒内部安设支撑，但会增加挖运土方的困难。井筒的纵向裂缝是由于在挖土时遇到石块或其他障碍物，井筒仅支于若干点，混凝土强度又较低时产生的。爆震下沉，亦可能产生裂缝。如果裂缝已经发生，必须在井筒外面挖土以减少该方向的土压力或撤除障碍物，防止裂缝继续扩大，同时用水泥砂浆、环氧树脂或其他补强材料涂抹裂缝进行补救。

5. 井筒下沉过快或沉不下去

由于长期抽水或因砂的流动，使井筒外壁与土之间的摩擦力减少，或因土的耐压强度较小，会使井筒下沉速度超过挖土速度而无法控制。防止方法一般多在井筒外将土夯实，增加土与井壁的摩擦力。在下沉将到设计标高时，为防止自沉，可不将刃脚处土方挖去，下沉到设计标高时立即封底。也可在刃脚处修筑单独式混凝土支墩或连续式混凝土圈梁，以增加受压面积。

沉井沉不下去的原因，一是遇到障碍，二是自重过轻，应采取相应方法处理。

根据沉井下沉条件而设计的井壁厚度，往往使井筒不能有足够的自重下沉，过分增加井壁厚度也不合理。可以采取附加荷载以增加井筒下沉重量，也可以采用振动法、泥浆套或气套方法以减少摩擦阻力使之下沉。

为了在井壁与土之间形成泥浆套，井筒制作时在井壁内埋入泥浆管，或在混凝土中直接留设压浆通道。井筒下沉时，泥浆从刃脚台阶处的泥浆通道口向外挤出。在泥浆管出口处设置泥浆射口围圈，以防止泥浆直接喷射至土层，并使泥浆分布均匀。为了使井筒下沉过程中能储备一定数量的泥浆，以补充泥浆套失浆，同时预防地表土滑塌，在井壁上缘设置泥浆地表围圈。泥浆地表围圈用薄板制成，拼装后的直径略大于井筒外径。埋设时，其顶面应露出地表0.5m左右。

7.3.3　泵房施工质量检查与验收

泵房施工质量检查与验收应该满足《给水排水构筑物工程施工及验收规范》(GB 50141—2008)。

7.3.3.1 一般规定

(1) 本部分适用于给排水工程中的固定式取水（排放）、输送、提升、增压泵房结构工程施工与验收。小型泵房可参照执行。

(2) 泵房施工前准备工作应符合下列规定。

1) 施工前应对其施工影响范围内的各类建（构）筑物、河岸和管线的基础等情况进行实地详勘调查，根据安全需要采取相应保护措施。

2) 复核泵站内泵房以及各单体构筑物的位置坐标、控制点和水准点；泵房及进出水流道、泵房与泵站内进出水构筑物、其他单体构筑物连接的管道或构筑物，其位置、走向、坡度和标高应符合设计要求。

3) 分建式泵站施工应与泵站内进出水构筑物、其他单体构筑物、连接管道兼顾，合理安排单体构筑物的施工顺序；合建式泵站，其泵房施工应包括进出水构筑物等。

4) 岸边泵房宜在枯水期施工，并应在汛前施工至安全部位；需度汛时，对已建部分应有防护措施。

(3) 泵房施工应符合下列规定。

1) 土石方与地基基础工程应按 GB 50141—2008 第 4 章的相关规定执行。

2) 泵房地下部分的混凝土及砌筑结构工程应按 GB 50141—2008 第 6 章的有关规定执行。

3) 泵房地下部分采用沉井法施工时，应符合 GB 50141—2008 第 7.3 节的规定；水中泵房沉井采用浮运法施工时可按 GB 50141—2008 第 5.3 节的相关规定执行。

4) 泵房地面建筑部分的结构工程应符合现行国家标准《建筑地面工程施工质量验收规范》(GB 50209—2010) 及其相关专业规范的规定。

5) 泵站内与泵房有关的进出水构筑物、其他单体构筑物以及管渠等工程的施工，应按 GB 50141—2008 的相关章节规定执行。

6) 预制成品管铺设的管道工程应符合现行国家标准《给水排水管道工程施工及验收规范》(GB 50268—2008) 的相关规定。

(4) 应采取措施控制泵房与进、出水构筑物和管道之间的不均匀沉降，满足设计要求。

(5) 泵房的主体结构、内部装饰工程施工完毕，现场清理干净，且经检验满足设备安装要求后，方可进行设备安装。

(6) 泵房施工应制定高空、起重作业及基坑、模板工程等安全技术措施。

7.3.3.2 泵房结构

(1) 结构施工前应会同设备安装单位，对相关的设备锚栓或锚板的预埋位置、预留孔洞、预埋件等进行检查核对。

(2) 底板混凝土施工应符合下列规定。

1) 施工前，地基基础验收合格。

2) 设计无要求时，垫层厚度不应小于 100mm，平面尺寸宜大于底板，混凝土强度等级不应低于 C10。

3) 混凝土应连续浇筑，不宜分层浇筑或浇筑面较大时，可采用多层阶梯推进法浇筑，其上下两层前后距离不宜小于1.5m，同层的接头部位应充分振捣，不得漏振。

4）在斜面基底上浇筑混凝土时，应从低处开始，逐层升高，并采取措施保持水平分层，防止混凝土向低处流动。

5）混凝土表面应抹平、压实，防止出现浮层和干缩裂缝。

(3）混凝土结构的高、大模板以及流道、渐变段等外形复杂的模板架设与支撑、脚手架搭设、拆除等，应编制专项施工方案并符合设计要求。模板安装中不得遗漏相关的预埋件和预留孔洞，且应安装牢固、位置准确。

(4）与水接触的混凝土结构施工应符合下列规定。

1）应采取技术措施，提高混凝土质量，避免混凝土缺陷的产生。

2）混凝土原材料、配合比、混凝土浇筑及养护等应符合 GB 50141—2008 第 6.2 节的规定。

3）应按设计要求设置施工缝，并宜少设施工缝。

4）混凝土浇筑应从低处开始，按顺序逐层进行，入模混凝土上升高度应一致平衡。

5）混凝土浇筑完毕应及时养护。

(5）钢筋混凝土进、出水流道施工还应符合下列规定。

1）流道模板安装前宜进行预拼装检验；流道的模板、钢筋安装与绑扎应作统一安排，互相协调。

2）曲面、倾斜面层模板底部混凝土应振捣充分，模板面积较大时，应在适当位置开设便于进料和振捣的窗口。

3）变径流道的线形、断面尺寸应按设计要求施工。

(6）平台、楼层、梁、柱、墙等混凝土结构施工缝的设置应符合下列规定。

1）墙、柱底端的施工缝宜设在底板或基础已有混凝土顶面，其上端施工缝宜设在楼板或大梁的下面；与其嵌固连接的楼层板、梁或附墙楼梯等需要分期浇筑时，其施工缝的位置及插筋、嵌槽应会同设计单位商定。

2）与板连成整体的大断面梁，宜整体浇筑；如需分期浇筑，其施工缝宜设在板底面以下 20～30mm 处，板下有梁托时，应设在梁托下面。

3）有主、次梁的楼板，施工缝应设在次梁跨中 1/3 范围内。

4）结构复杂的施工缝位置，应按设计要求留置。

(7）水泵与电机等设备基础施工应符合下列规定。

1）钢筋混凝土基础工程应符合 GB 50141—2008 第 6 章的相关规定和设计要求。

2）水泵和电动机的基础与底板混凝土不同时浇筑时，其接触面除应按施工缝处理外，底板应按设计要求预埋钢筋。

(8）水泵与电机安装进行基座二次混凝土及地脚螺栓预留孔灌浆时，应遵守下列规定。

1）浇筑二次混凝土前，应对一次混凝土表面凿毛清理，刷洗干净。

2）地脚螺栓埋入混凝土部分的油污应清除干净；灌浆前应清除灌浆部位全部杂物。

3）地脚螺栓的弯钩底端不应接触孔底，外缘距离孔壁不应小于 15mm；振捣密实，不得撞击地脚螺栓。

4）混凝土或砂浆配比应通过试验确定；浇筑厚度大于或等于40mm时，宜采用细石混凝土灌注小于40mm时，宜采用水泥砂浆灌注；其强度等级均应比基座混凝土设计强度等级提高。

5）混凝土或砂浆达到设计强度的75%以后，方可将螺栓对称拧紧。

6）地脚螺栓预埋采用植筋时，应通过试验确定。

（9）平板闸的闸槽安装位置应准确。闸槽定位及埋件固定检查合格后，应及时浇筑混凝土。

（10）采用转动螺旋泵成型螺旋泵槽时，应将槽面压实抹光。槽面与螺旋叶片外缘间的空隙应均匀一致，并不得小于5mm。

（11）泵房进、出水管道穿过墙体时，穿墙管部位应设置防水套管。套管与管道的间隙，应待泵房沉降稳定后再按设计要求进行填封。

（12）在施工不同阶段，应经常对泵房以及泵站内其他各单体构筑物进行沉降、位移监测。

7.3.3.3 沉井

（1）泵房沉井施工方案应包括以下主要内容。施工平面布置图及剖面（包括地质剖面）图；采用分节制作或一次制作，分节下沉或一次下沉的措施；沉井制作的地基处理要求及施工方法。

1）刃脚的承垫及抽除的方案设计。

2）沉井制作的模板设计。

3）沉井制作的混凝土施工方案。

4）分阶段计算下沉系数，制定减阻、加荷、防止突沉和超沉措施。

5）排水下沉或不排水下沉的措施。

6）沉井下沉遇到障碍物的处理措施。

7）沉井下沉中的纠偏、控制措施。

8）挖土、出土、运输、堆土或泥浆处理的方法及其设备的选用。

9）封底方法及质量控制的措施。

10）施工安全措施。

（2）沉井施工应该具备基础条件。应有详细的工程地质及水文地质资料和剖面图，并查勘沉井周围有无地下障碍物或其他建（构）筑物、管线等情况；地质勘探钻孔深度应根据施工需要确定，但不得小于沉井刃脚设计高程以下5m。

（3）沉井制作前应做好下列准备工作。

1）按施工方案要求，进行施工平面布置，设定沉井中心桩，轴线控制桩，基坑开挖深度及边坡。

2）沉井施工影响附近建（构）筑物、管线或河岸设施时，应采取控制措施，并应进行沉降和位移监测，测点应设在不受施工干扰和方便测量的地方。

3）地下水位应控制在沉井基坑以下0.5m，基坑内的水应及时排除；采用沉井筑岛法制作时，岛面标高应比施工期最高水位高出0.5m以上。

4）基坑开挖应分层有序进行，保持平整和疏干状态。

(4) 制作沉井的地基要求。应具有足够的承载力，地基承载力不能满足沉井制作阶段的荷载时，除对地基进行加固等措施外，刃脚的垫层可采用砂垫层上铺垫木或素混凝土，且应符合下列规定。

1) 垫层的结构厚度和宽度应根据土体地基承载力、沉井下沉结构高度和结构型式，经计算确定；素混凝土垫层的厚度还应便于沉井下沉前凿除。

2) 砂垫层分布在刃脚中心线的两侧范围，应考虑方便抽除垫木；砂垫层宜采用中粗砂，并应分层铺设、分层夯实。

3) 垫木铺设应使刃脚底面在同一水平面上，并符合设计起沉标高的要求；平面布置要均匀对称，每根垫木的长度中心应与刃脚底面中心线重合，定位垫木的布置应使沉井有对称的着力点。

4) 采用素混凝土垫层时，其强度等级应符合设计要求，表面平整。

(5) 沉井刃脚采用砖模时。其底模和斜面部分可采用砂浆、砖砌筑，每隔适当距离砌成垂直缝。砖模表面可采用水泥砂浆抹面，并应涂一层隔离剂。

(6) 沉井结构的钢筋、模板、混凝土工程施工。

符合 GB 50141—2008 第 6 章的有关规定和设计要求；混凝土应对称、均匀、水平连续分层浇筑，并应防止沉井偏斜。

(7) 分节制作沉井时还应符合下列规定。

1) 每节制作高度应符合施工方案要求，且第一节制作高度必须高于刃脚部分；井内设有底梁或支撑梁时应与刃脚部分整体浇筑捣实。

2) 设计无要求时，混凝土强度应达到设计强度的75%后，方可拆除模板或浇筑后节混凝土。

3) 混凝土施工缝处理应采用凹凸缝或设置钢板止水带，施工缝应凿毛并清理干净；内外模板采用对拉螺栓固定时，其对拉螺栓的中间应设置防渗止水片；钢筋密集部位和预留孔底部应辅以人工振捣，保证结构密实。

4) 沉井每次接高时各部位的轴线位置应一致、重合，及时做好沉降和位移监测；必要时应对刃脚地基承载力进行验算，并采取相应措施确保地基及结构的稳定。

5) 分节制作、分次下沉的沉井，前次下沉后进行后续接高施工应符合下列规定：①应验算接高后稳定系数等，并应及时检查沉井的沉降变化情况，严禁在接高施工过程中沉井发生倾斜和突然下沉；②后续各节的模板不应支撑于地面上，模板底部应距地面不小于 1m。

(8) 沉井下沉及封底施工要求。必须严格控制，实施信息化施工；各阶段的下沉系数与稳定系数等应符合施工方案的要求，必要时还应进行涌土和流沙的验算。

(9) 沉井下沉方式的确定。应根据沉井下沉穿过的工程地质和水文地质条件、下沉深度、周围环境等情况进行确定；施工过程中改变下沉方式时，应与设计协商。

(10) 沉井下沉前应做下列准备工作。

1) 将井壁、隔墙、底梁等与封底及底板连接部位凿毛。

2) 预留孔、洞和预埋管临时封堵，防止渗漏水。

3) 在沉井井壁上设置下沉观测标尺、中线和垂线。

4）采用排水下沉需要降低地下水位时，地下水位降水高度应满足下沉施工要求。

5）第一节混凝土强度应达到设计强度，其余各节应达到设计强度的70%；对于分节制作分次下沉的沉井，后续下沉、接高部分混凝土强度应达到设计强度的70%。

（11）凿除混凝土垫层或抽除垫木应符合下列规定。

1）凿除或抽除时，沉井混凝土强度应达到设计要求。

2）凿除混凝土垫层应分区域按顺序对称、均匀、同步凿除；凿断线应与刃脚底边齐平，定位支撑点最后凿除，不得漏凿；凿除的碎块应及时清除，并及时用砂或砂石回填。

3）抽除垫木宜分组、依次、对称、同步进行，每抽出一组，即用砂填实；定位垫木应最后抽除，不得遗漏。

4）第一节沉井设有混凝土底梁或支撑梁时，应先将底梁下的垫层除去。

（12）排水下沉施工应符合下列规定。

1）应采取措施，确保下沉和降低地下水过程中不危及周围建（构）筑物、道路或地下管线，并保证下沉过程和终沉时的坑底稳定。

2）下沉过程中应进行连续排水，保证沉井范围内地层水疏干。

3）挖土应分层、均匀、对称进行；对于有底梁或支撑梁的沉井，其相邻格仓高差不宜超过0.5m；开挖顺序应根据地质条件、下沉阶段、下沉情况综合确定，不得超挖。

4）用抓斗取土时，沉井内严禁站人；对于有底梁或支撑梁的沉井，严禁人员在底梁下穿越。

（13）不排水下沉施工应符合下列规定。

1）沉井内水位应符合施工方案控制水位；下沉有困难时，应根据内外水位、井底开挖几何形状、下沉量及速率、地表沉降等监测资料综合分析调整井内外的水位差。

2）机械设备的配备应满足沉井下沉以及水中开挖、出土等要求，运行正常；废弃土方、泥浆应专门处置，不得随意排放。

3）水中开挖、出土方式应根据井内水深、周围环境控制要求等因素选择。

（14）沉井下沉控制应符合下列规定。

1）下沉应平稳、均衡、缓慢，发生偏斜应通过调整开挖顺序和方式“随挖随纠、动中纠偏”。

2）应按施工方案规定的顺序和方式开挖。

3）沉井下沉影响范围内的地面四周不得堆放任何东西，车辆来往要减少振动。

4）沉井下沉监控测量应符合下列规定：①下沉时标高、轴线位移每班至少测量一次，每次下沉稳定后应进行高差和中心位移量的计算；②终沉时，每小时测一次，严格控制超沉，沉井封底前自沉速率应小于10mm/8h，如发生异常情况应加密量测；③大型沉井应进行结构变形和裂缝观测。

（15）沉井采用辅助方法下沉时，应符合下列规定。

1）沉井外壁采用阶梯形以减少下沉摩擦阻力时，在井外壁与土体之间应有专人随时用黄砂均匀灌入，四周灌入黄砂的高差不应超过500mm。

2）采用触变泥浆套助沉时，应采用自流渗入、管路强制压注补给等方法；触变泥浆的性能应满足施工要求，泥浆补给应及时以保证泥浆液面高度；施工中应采取措施防止泥浆套损坏失效，下沉到位后应进行泥浆置换。

3）采用空气幕助沉时，管路和喷气孔、压气设备及系统装置的设置应满足施工要求；开气应自上而下，停气应缓慢减压，压气与挖土应交替作业，确保施工安全。

（16）沉井采用爆破方法开挖下沉时，应符合国家有关爆破安全的规定。

（17）沉井采用干封底时，应符合下列规定。

1）在井点降水条件下施工的沉井应继续降水，并稳定保持地下水位距坑底不小于0.5m；在沉井封底前应用大石块将刃脚下垫实。

2）封底前应整理好坑底和清除浮泥，对超挖部分应回填砂石至规定标高。

3）采用全断面封底时，混凝土垫层应一次性连续浇筑；有底梁或支撑梁分格封底时，应对称逐格浇筑。

4）钢筋混凝土底板施工前，井内应无渗漏水，且新、老混凝土接触部位凿毛处理，并清理干净。

5）封底前应设置泄水井，底板混凝土强度达到设计强度且满足抗浮要求时，方可封填泄水井、停止降水。

（18）水下封底应符合下列规定。

1）基底的浮泥、沉积物和风化岩块等应清除干净；软土地基应铺设碎石或卵石垫层。

2）混凝土凿毛部位应洗刷干净。

3）浇筑混凝土的导管加工、设置应满足施工要求。

4）浇筑前，每根导管应有足够量的混凝土，浇筑时能一次将导管底埋住。

5）水下混凝土封底的浇筑顺序，应从低处开始，逐渐向周围扩大；井内有隔墙、底梁或混凝土供应量受到限制时，应分格对称浇筑。

6）每根导管的混凝土应连续浇筑，且导管埋入混凝土的深度不宜小于1.0m；各导管间混凝土浇筑面的平均上升速度不应小于0.25m/h；相邻导管间混凝土上升速度宜相近，最终浇筑成的混凝土面应略高于设计高程。

7）水下封底混凝土强度达到设计强度，沉井能满足抗浮要求时，方可将井内水抽除，并凿除表面松散混凝土进行钢筋混凝土底板施工。

7.3.3.4　质量验收标准

（1）泵房结构、设备基础、沉井以及沉井封底施工中有关混凝土、砌体结构工程、附属构筑物工程的各分项工程质量验收应符合GB 50141—2008第6.8节的相关规定。

（2）混凝土及砌体结构泵房应符合下列规定：

1）主控项目。

a. 泵房结构类型、结构尺寸、工艺布置平面尺寸及高程等应符合设计要求。

检查方法：观察；检查施工记录、测量记录、隐蔽验收记录。

b. 混凝土、砌筑砂浆抗压强度符合设计要求；混凝土抗渗、抗冻性能应符合设计要求；混凝土试块的留置及质量验收应符合GB 50141—2008第6.2.8条的相关规定，砌筑砂浆试块的留置及质量验收应符合GB 50141—2008第6.5.2、6.5.3条的相关规定。

检查方法：检查配合比报告；检查混凝土试块抗压、抗渗、抗冻试验报告，检查砌筑砂浆试块抗压试验报告。

c. 混凝土结构外观无严重质量缺陷；砌体结构砌筑完整、灌浆密实，无裂缝、通缝等现象。

检查方法：观察；检查施工技术处理资料。

d. 井壁、隔墙及底板均不得渗水；电缆沟内不得有湿渍现象。

检查方法：观察。

e. 变径流道应线形和顺、表面光洁，断面尺寸不得小于设计要求。

检查方法：观察。

2）一般项目。

a. 混凝土结构外观不宜有一般的质量缺陷；砌体结构砌筑齐整，勾缝平整，缝宽一致。

检查方法：观察。

b. 结构无明显湿渍现象。

检查方法：观察。

c. 导流墙、板、槽、坎及挡水墙、板、墩等表面应光洁和顺、线形流畅。

检查方法：观察。

d. 现浇钢筋混凝土及砖石砌筑泵房允许偏差应符合规范规定。

(3) 泵房设备的混凝土基础及闸槽应符合下列规定。

1）主控项目。

a. 所用工程材料的等级、规格、性能应符合国家有关标准的规定和设计要求。

检查方法：检查产品的出厂质量合格证、出厂检验报告和进场复验报告。

b. 基础、闸槽以及预埋件、预留孔的位置、尺寸应符合设计要求；水泵和电机分装在两个层间时，各层间板的高程允许偏差应为±10mm；上下层间板安装机电和水泵的预留洞中心位置应在同一垂直线上，其相对偏差应为5mm。

检查方法：观察；检查施工记录、测量记录；用水准仪、经纬仪量测允许偏差。

c. 二次混凝土或灌浆材料的强度符合设计要求；采用植筋方式时，其抗拔试验应符合设计要求。

检查方法：检查二次混凝土或灌浆材料的试块强度报告，检查试件试验报告。

d. 混凝土外观无严重质量缺陷。

检查方法：观察；检查技术处理资料。

2）一般项目。

a. 混凝土外观不宜有一般质量缺陷；表面平整，外光内实。

检查方法：观察；检查技术处理资料。

b. 允许偏差应符合规范相关规定。

(4) 沉井制作应符合下列规定。

1）主控项目。

a. 所用工程材料的等级、规格、性能应符合国家有关标准的规定和设计要求。

检查方法：检查产品的出厂质量合格证、出厂检验报告和进场复验报告。

b. 混凝土强度以及抗渗、抗冻性能应符合设计要求。

检查方法：检查沉井结构混凝土的抗压、抗渗、抗冻试块的试验报告。

c. 混凝土外观无严重质量缺陷。

检查方法：观察，检查技术处理资料。

d. 制作过程中沉井无变形、开裂现象。

检查方法：观察；检查施工记录、监测记录，检查技术处理资料。

2）一般项目。

a. 混凝土外观不宜有一般质量缺陷。

检查方法：观察。

b. 垫层厚度、宽度，垫木的规格、数量应符合施工方案的要求。

检查方法：观察；检查施工记录，检查地基承载力检验记录、砂垫层压实度检验记录、混凝土垫层强度试验报告。

c. 沉井制作尺寸的允许偏差应符合表7.20的规定。

表7.20　沉井制作尺寸的允许偏差

检查项目			允许偏差/mm	检查数量		检验方法
				范围	点数	
1	平面尺		±0.5%L，且<100	每座	每边1点	用钢尺量测
2		宽度	±0.5%B，且<50		1	用钢尺量测
3		高度	±30		方形每边1点 圆形4点	用钢尺量测
4		圆形	± 0.5%D_0，且<100		2	用钢尺量测（相互垂直）
5		两对角线差	对角线长1%，且<100		2	用钢尺量测
6	井壁厚度		±15		每10m延长1点	用钢尺量测
7	井壁、隔墙垂直度		<1%H		方形每边1点 圆形4点	用经纬仪测量，垂线、直尺量测
8	预埋件中心线位置		±10	每件	1点	用钢尺量测
9	预留孔（洞）位移		±10	每处	1点	用钢尺量测

注　L为沉井长度（mm）；B为沉井宽度（mm）；H为沉井高度（mm）；D_0为沉井外径（mm）。

（5）沉井下沉及封底应符合下列规定。

1）主控项目。

a. 封底所用工程材料应符合国家有关标准规定和设计要求。

检查方法：检查产品的出厂质量合格证、出厂检验报告和进场复验报告。

b. 封底混凝土强度以及抗渗、抗冻性能应符合设计要求。

检查方法：检查封底混凝土的抗压、抗渗、抗冻试块的试验。

c. 封底前坑底标高应符合设计要求；封底后混凝土底板厚度不得小于设计要求。

检查方法：检查沉井下沉记录、终沉后的沉降监测记录；用水准仪、钢尺或测绳量测坑底和混凝土底板顶面高程。

d. 下沉过程及封底时沉井无变形、倾斜、开裂现象；沉井结构无线流现象，底板无渗水现象。

检查方法：观察；检查沉井下沉记录。

2）一般项目。

a. 沉井结构无明显渗水现象；底板混凝土外观质量不宜有一般缺陷。

检查方法：观察。

b. 沉井下沉阶段的允许偏差应符合表7.21规定。

表7.21　沉井下沉阶段的允许偏差

检查项目		允许偏差/mm	检查数量		检查方法
			范围	点数	
1	沉井四角高差	不大于下沉总深度的1.5%～2.0%，且不大于500	每座	取方井四角或圆井相互垂直处	用水准仪测量（下沉阶段：不少于2次/8h；终沉阶段：1次/h）
2	顶面中心位移	不大于下沉总深度的1.5%，且不大于300		1点	用经纬仪测量（下沉阶段不少于1次/8h；终沉阶段2次/8h）

注　下沉速度较快时应适当增加测量频率。

c. 沉井的终沉允许偏差应符合表7.22的相关规定。

表7.22　沉井的终沉允许偏差

检查项目		允许偏差/mm	检查数量		检查方法
			范围	点数	
1	下沉到位后，刃脚平面中心位置	不大于下沉总深度的1%；下沉总深度小于10m时应不大于100	每座	取方井四角或圆井相互垂直处各1点	用经纬仪测量
2	下沉到位后，沉井四角（圆形为相互垂直两直径与周围的交点）中任何两角的刃脚底面高差	不大于该两角间水平距离的1%且不大于300；两角间水平距离小于10m时应不大于100			用水准仪测量
3	刃脚平均高程	不大于100；地层为软土层时可根据使用条件和施工条件确定		取方井四角或圆井相互垂直处，共4点，取平均值	用水准仪测量

注　下沉总高度，系指下沉前与下沉后刃脚高程之差。

7.3.4　引例分析

7.3.4.1　沉井封底

当沉井下沉到距设计标高0.1m时，应停止井内挖土和抽水，使其靠自重下沉至设计或接近设计标高，再经2～3天下沉稳定，或经观测在8h内累计下沉量不大于10mm时，即可进行沉井封底。

(1) 采用排水干封。将新老混凝土接触面冲刷干净或打毛，对修整井底使之成锅底形，由刃脚向中心挖放射形排水沟，填以卵石做成滤水暗沟，在中部设2～3个集水井，深

1～2m，井间用盲沟相互连通，插入ϕ600～800四周带孔眼的钢管或混凝土管，或钢筋笼外缠绕12号铁丝间隙3～5m，外包两层尼龙窗纱，四周填以卵石，使井底的水流汇集在井中，用潜水电泵排出，保持地下水位低于基底面0.5m以下。

(2) 封底一般铺一层150～500mm厚碎石或石层，再在其上浇一层厚0.5～1.5m的混凝土垫层，在刃脚下封堵填严，振捣密实，保证沉井的最后稳定。达到50%设计强度后在垫层上绑钢筋，两端伸入刃脚或凹槽内，浇筑上层底板混凝土。

(3) 封底混凝土与老混凝土接触面应冲刷干净；浇筑应在整个沉井面积上分层、不间断地、同时进行，由四周向中央推进，每层厚30～50cm，并用振捣器捣实；当井内有隔墙时，应前后左右对称地逐孔浇筑。

(4) 混凝土采用自然养护，养护期间应继续抽水。待底板混凝土强度达到70%后，对集水井逐个停止抽水，逐个封堵。封堵方法是将滤水井中水抽干，在套管内迅速用于硬性的高强度混凝土进行堵塞并捣实，然后上法兰盘用螺栓拧紧或四周焊接封闭，上部用混凝土垫实捣平。

7.3.4.2 防渗漏及防水技术措施

1. 池（井）壁抗渗漏技术措施

(1) 池（井）壁防渗漏是一个系统工程，从主体施工阶段就必须采取措施，形成多点设防。

(2) 保证混凝土结构的设计强度，钢筋的保护层厚度，混凝土配合比及坍落度满足设计及规范要求。施工中保证混凝土结构振捣连续性，避免出现施工冷缝。

(3) 钢筋加工采用胎模成型，以保证准确性，钢筋绑扎要牢固，不能影响模板安装，并满足保护层要求。

(4) 严格按混凝土配合比进行施工，采用高标号矿渣硅酸盐水泥，水灰比控制在0.55内。混凝土自落高度超过1.5m时使用溜槽或串筒进行浇筑，混凝土浇灌应连续进行，分层浇筑，厚度控制在0.3～0.4m，相邻两层时间不超过2h。

(5) 严格控制混凝土振捣连续时间和移动间距，以便充分排队混凝土中多余的空气和水分，池底表面原浆压实抹光。

(6) 混凝土浇灌完毕及时覆盖和洒水养护，养护时间不小于14天，在强度未达到1.2N/mm^{2}时，禁止振动。

(7) 底板连续浇筑，不留施工缝。底板与池壁连接处施工缝留在底板上表面不小于200mm的池壁上，施工缝严格按施工规范要求施工。

2. 池（井）壁防水技术措施

抹灰是池（井）壁防漏的关键工序，施工水池防水层时，严格按五层抹灰法操作要求施工，并通过砂浆中掺加适量的聚合物来提高砂浆的拒水、防渗、防漏性能。防水层施工缝各层接槎做成阶梯形并相互错开，阴阳角抹成圆弧形。

任务7.4 调蓄构筑物施工

【引例7.4】 某项目配套水塔工程，工程内容及数量为：37m高的400m^{3}钢筋混凝土倒锥壳1座。本任务内容将以此工程实施内容介绍调蓄构筑物施工的施工工艺流程、施工方法、质量通病及防治措施等。

【思考】 在该案例中，对水塔不同部位将采用怎样的施工工法？不同的施工工法在实施过程中有哪些需求？在施工中出现质量问题应该如何解决？

7.4.1 水塔施工作业

水塔主要包括水塔基础、塔身、水柜等三个部分。

施工可以按部就班，先施工基础，再滑模施工塔身，再在塔身顶上悬挑结构支模现浇水柜。

另外一种施工方法，水柜的施工有点区别，采取预制的方法，最后再用穿心式千斤顶提升。塔身建造同样采用滑模施工法施工，水柜制作待塔身施工完成后，在地面上围绕塔身周围就地支模预制，然后采用千斤顶提升法进行水柜提升。采用穿心式千斤顶提升水塔水柜高空就位，减少了空中现浇水柜的环节，降低高空作业操作人员风险因素，也省去了高空大跨度悬挑结构支模的费用，降低工程资金的投入。

7.4.1.1 钢筋混凝土倒锥壳水塔施工工艺流程

钢筋混凝土倒锥壳水塔施工工艺流程如图7.41所示。

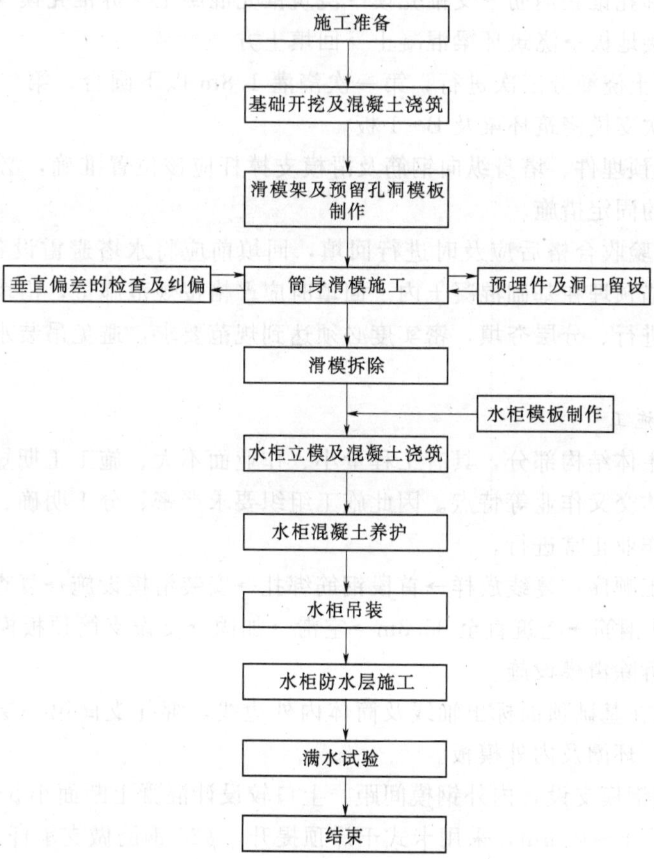

图7.41 钢筋混凝土倒锥壳水塔施工工艺流程

7.4.1.2 主要工序施工方法

1. 施工准备

施工场地"三通一平"，搭建临时设施。水塔施工时，水、电、道路以及原材料堆放，均围绕水塔进行布置。混凝土的拌和场、钢筋制作间及模板加工棚等设施均布置在水塔附近，以减少二次搬运距离。对施工机具、设备和钢模板等，在组装前进行一次全面检修，使之符合使用要求。人员、材料和机械设备同步到位，技术部门分专业进行详细的技术交底，最后进行测量放线。

2. 基础施工

(1) 基坑开挖前，按施工图认真做好定位放线工作，明确水管及门洞方位。

1) 基坑开挖到设计标高后，检查地基承载能力必须满足设计要求，否则对地基进行适当处理。

2) 基坑检查签证后，浇筑混凝土垫层，基准平面与垫层厚度控制按设计要求做。

3) 因土石方量较大且集中，采用机械开挖，人工清边底，验槽后立即施工混凝土垫层，避免基坑积水。

(2) 基础施工工艺：基坑开挖→浇筑垫层→砌砖地模→绑扎钢筋→浇筑（1.8m）基础圆台混凝土→绑扎锥壳钢筋→支锥壳模→浇筑锥壳混凝土→拆锥壳模→绑扎环梁钢筋→支模→埋设避雷接地极→浇筑环梁混凝土→回填土方。

1) 基础混凝土浇灌分三次进行，第一次浇灌 1.8m 以下圆台，第二次支模施工浇筑基础锥壳，第三次支模浇筑环梁及 B－1 板。

2) 基础内的预埋件、塔身纵向钢筋及滑模支撑杆应该位置准确，必须有防止浇筑混凝土时发生位移的固定措施。

3) 地下部分验收合格后应及时进行回填，回填前应将水塔避雷设备地下部分做好，将走道丝滑车地锚预埋在基础混凝土内。回填时应严格按规范施工，沿塔身周围基坑回填土应从四周同时进行、分层夯填，密实度必须达到规范要求，避免吊装水柜时地基发生沉降造成水柜倾斜。

3. 筒身滑模施工

筒身是水塔主体结构部分，具有工程量小、作业面不大、施工工期短、连续作业、技术性强、高空立体交叉作业等特点。因此施工组织要求严密、分工明确、统一指挥、各负其责，确保滑模作业正常进行。

(1) 滑模施工顺序：复线放样→首段钢筋绑扎→安装滑模设施→复查校验→浇支筒混凝土→提升→绑扎钢筋→浇筑直至 35.3m→空滑→加固→支设支筒顶板模板→绑扎钢筋→浇筒顶混凝土→拆除滑模设施。

1) 定位复线在基础顶面标出轴线及筒体内外边线，绑扎支筒第一层钢筋后，安装滑模提升架、平台、环圈及内外模板。

2) 模板采用钢模支设，内外钢模间距：上口较设计混凝土断面小 5～10mm，下口较设计混凝土断面小 6～10mm，采用卡式千斤顶提升，$\phi 25$ 钢筋做支承杆。

3) 混凝土及钢筋运输，采用支筒外提升。

4) 支筒混凝土面随升随抹，刷养护剂养护，连续施工，换班作业。

(2) 滑模组装质量要求，详见表7.23。

表7.23 滑模组装允许偏差

内容		允许偏差/mm
模板结构轴线与相应结构轴线位置		3
围圈位置偏差	水平方向/垂直方向	3/3
提升架的垂直偏差	平面内/外	3/2
安放千斤顶的提升架横梁标高偏差		5
考虑倾斜度后模板尺寸的偏差	上口/下口	−1/+2
千斤顶安装位置的偏差	提升架平面内/外	5/5
圆模直径的偏差，两块模板平面平整偏差		5/2

(3) 钢筋绑扎。

1) 筒身立筋、搭接配筋及接头按规范要求错开，其中两根作为避雷针导线的钢筋用焊接接长，若利用千斤顶顶导杆做导线时，上述两根可不焊接，8根$\phi 25$导杆均匀分布在钢筋网的筒身圆周上。钢筋搭接按$35d$，预留孔及预埋件应确定专人负责，并按图纸销号的办法进行安装及检查，预留孔及预埋件的标高及平面位置，应用水管找平并用重锤吊线确定平面位置。

2) 首段钢筋的绑扎和预埋件的留设在模板组装前进行，以后随模板滑升跟随进行。其施工速度与浇筑混凝土的速度相配合。预埋件与结构主筋绑扎或焊接。

3) 混凝土的浇筑：混凝土的坍落度控制在60～100mm，初凝时间控制在2～4h，终凝时间控制在4～7h，混凝土出模抗压强度控制在0.2～0.4MPa，以保证出模混凝土的质量。

4) 混凝土采用机械搅拌，拌合物直接倾入提升斗，由卷扬机倒入布料斗而灌入模内，按顺序分层浇筑，每层高40cm，但初凝后的混凝土不能入模。振动器插入混凝土深度不超过40cm，以减少对下层混凝土凝结的影响，振动器不得碰撞模板及钢筋。

5) 混凝土先浇筑结构相对复杂、施工比较困难的部位；新浇筑的混凝土表面保持基本水平；施工中尽量对称浇筑，浇筑方向应经常交换，以预防支筒扭转；初浇混凝土的厚度适当增加，为600～700mm，正常滑升后每层混凝土的厚度为200～400mm，新浇混凝土表面与模板的上口保持50～100mm的距离。每个浇筑层的施工时间控制在2h以内。

(4) 模板的滑升。模板的滑升分为三个阶段，各阶段施工方法及要求如下。

1) 初升阶段：首层混凝土浇筑后，根据施工气候需停40～60min后方能起步滑升，先升高6～10cm，观察滑出混凝土凝结的硬度，有无坍落、下坐、变形及泌水现象，如有，应延长间隔时间并查明原因，采取措施，待正常后才能继续滑升，进入模板的初升阶段。初升阶段将模板升高200～300mm，并立即对滑模系统进行全面检查和调整，然后转入正常滑升阶段。

2) 正常滑升阶段：滑升高度一般每次不超过40cm，提升在混凝土振捣后进行，再次提升的时间不超过1～1.5h，每天滑升高度为6～8m。

滑升时应严格监视支撑杆的工作状况，发现有弯曲趋势应立即停滑。对接导杆时要注意是否接妥，防止千斤顶活塞回位时将导杆拉起脱空，否则会造成时模板的急速倾斜。接头露出油顶后立即点焊，避免下部导杆错位，露出 250mm 时，必须绑条焊接。筒身轴线控制是保证工程质量的重要一环，筒身高度为 37m，采用重吊锤法可满足要求。支筒标高采用支承杆划线法，并用钢卷尺复查，水平仪抄平控制。支筒垂直度采用重锤吊线控制，每次滑升后，均应垂球吊中测量一次，如有偏差，随时进行纠偏扭转工作。

操作平台在滑升过程中保持水平状态，是保证筒身不偏移的重要措施。操作平台的最大偏差控制为不超过 20mm。

支筒混凝土随升即出模加浆抹光，并刷养护剂进行养护。

3）末升阶段：当模板滑升到离筒身顶部约 1m 左右时，放慢速度提升，并在距离顶部 200mm 标高以前，随浇筑做好找平、找正工作，以保证最后一层混凝土均匀交圈，确保顶部标高及位置正确。

（5）预埋件及孔洞的留设：预埋件及预留孔洞均随浇筑和模板滑升逐步留设。

（6）模具拆除。

1）其顺序为：对中装置、内模、内模支架→利用液压系统有架提升脱空后，拆除千斤顶以外的液压系统、电路系统的设备、元件及水平调装置→外模、吊篮及操作台平板→骨架。

2）为拆除安全和方便，对平台事前应做必要的加固和固定。

3）支筒施工允许偏差详见表 7.24。

表 7.24　　支筒施工允许偏差

序号	项目			允许偏差/mm
1	轴线间相对位移			5
2	直径偏差			直径的 1%且 −40＜偏差值＜40
3	标高	每层		−10
		全高		±30
4	垂直度	每层	＞5m	层高的 0.1%
		全高	≥10m	高度的 0.1%
5	截面尺寸偏差			+10，−5
6	门窗洞口及预留洞口位置偏差			15
7	预埋件位置偏差			20

4. 水柜预制

（1）水柜预制工艺：搭架→支水箱模板→绑扎钢筋→浇筑水箱混凝土→支架顶盖→支顶盖模板→绑钢筋→浇筑水箱顶盖混凝土→拆模→内外抹灰。

（2）水柜浇筑：在筒体施工完毕后，沿支筒支搭水箱支模架、支设模板、绑扎钢筋浇水箱混凝土。

1）水箱混凝土分两次浇筑，第一次浇至中环梁上口以下 120mm 处，第二次浇水箱顶盖。在水箱混凝土强度达到设计强度 60%后，拆除支架、模板、施工水箱外装饰及水箱内防水砂条。

2）在筒身滑升完毕后，围绕筒身就地支模预制水柜，按照顶开安装吊杆平面布置尺寸，预埋48根$\phi 50$钢套管作为顶升时穿丝杆用。水柜下壳内外模板应根据水柜外形几何尺寸用若干块模板组拼而成，并以若干排支撑固定。

3）水柜下环梁底模分成12等分，采用多节脱模法，12个支墩应与支筒顶部小柱轴线相重合，以防止吊杆的位置不落在墩上，同时也防止起吊时水柜旋转。水柜下环梁底部预埋钢板，与$\phi 50$钢套管焊牢，并增强4根$\phi 25$锚固钢筋。水柜顶盖模板须支撑牢固可靠，不变形，模板宜预先起拱20mm。

4）因水柜模板、施工荷载及钢筋混凝土等重量主要通过12个支墩传递到基础上，故采用350mm×200mm×250mm的支墩。

5）水柜为C30普通防水混凝土，水灰比采用0.5，坍落度3～5cm，采用的高标号矿渣硅酸盐水泥最低用重为340kg/m^3，含砂率不小于35%，灰砂比不小于1∶2.5，粗骨料最大粒径不大于3cm，砂子含泥量小于3%，石子含泥量小于1%，混凝土必须用机械搅拌，时间不少于3min。

6）浇筑混凝土前注意清除模内木屑杂物，冲洗干净，湿润模板。为保证混凝土的密实性和抗渗性，必须用插入式振动器振捣，不得漏振。水柜下壳壁混凝土要连续浇筑，不留施工缝。仅在中环梁的顶端设置一道水平施工缝，在继续浇筑前，先将其表面清理和冲刷干净，铺一层1∶2水泥砂浆，再浇筑混凝土。模板拆除时，混凝土强度应达到设计强度的50%以上，不得用大锤或撬棍拆模，以免损伤混凝土。

（3）水柜提升安装：水柜的混凝土抗压强度达到设计强度的80%以上方可起吊安装。

1）水柜提升机具组装顺序：筒身顶部井架、滑轮组支承底及支柱下钢圈、千斤顶、上钢丝杆、吊杆加固及丝杆处理液压系统。组装后应对联结件、焊缝进行检查，对油路整体进行试压，合乎技术要求才能正常工作。

2）提升支架：提升水柜的支架主要由上下钢圈及支承架线组成，支承架是一个倒装呈有倾角的锥台钢结构，下端用螺栓与筒身固定，上部支撑着下钢圈，用螺栓与支架固定。上下钢圈之间设置12只提升用的千斤顶，每只千斤顶左右两侧对称各布置2根工作丝杆，串接联着吊杆及小丝杆。吊杆联结点必须错位，保证换杆时换杆数量不多于6根，换杆要对称进行。

3）提升方法：液压提升系统组装经检验合格后，对千斤顶、丝杆、吊杆和水柜进行一次试提，先将一组12根丝杆静压24h，提升10cm，在支架和筒身无变化的情况下，方可正式提升。每次提升高度为千斤顶的一个冲程，约300mm。

4）提升操作：提升支架的上钢圈是提升圈，下钢圈是固定圈。拧紧全部丝杆上螺母，千斤顶驱动上钢圈。带动丝杆吊杆，水柜上升。同时将下钢圈上的螺母向下旋动，并锁紧在下圈上，丝杆、下螺母及水柜等固定在新的位置，这时上螺母仍承受所有荷载。随后即开始回油，上钢圈复位，所有荷载已由下钢圈的螺母承受。这时向下旋转上螺母，使它同上钢圈旋紧。这样提升一个冲程，水柜上升约300mm。按照上述操作程序重复动作，水柜不断上升。

当冲程达到额定高度和活塞复位到零时，均通过限位器发出信号，通知油泵站操作台上司泵人员。调平工作按每升高 1m 检查一次，以最高一次为准，其他相应提高。当出现的偏差过大时，要分几次找平，使水柜在相对同步的情况下徐徐上升。

水箱吊至设计高度后，应检查复核水箱中心线与支筒中心线是否对正，其误差应控制在 20mm 以内。与支筒顶面的相对高差，严格按照设计高程，其误差应控制在±30mm 以内。经复核无误后，才能焊接钢支架，固定水箱位置。

5）支承圈梁：当水柜的底标高提升到 36m 时，水柜提升完毕，开始做承重水柜的圈梁工作。提升刚结束时，48 根吊杆完全和水柜联结在一起，使水柜悬挂在空中。先将 12 个支承点处的混凝土表面清理干净，放置牛腿钢支架，垫平焊牢后，然后拆除吊杆、工作丝杆、设备机具和支承架，再支模浇筑混凝土，提升工艺结束。

平台、人井、顶盖均采用支模现浇成型。

6）附属设备的安装：水塔配管安装包括扬、配、溢、排水管道，随配管安装，按设计要求同时安装好配管支撑架。

避雷针的接地引线用支筒内 2 根竖筋代替，接头焊接，避雷针安装，做电阻试验，总电阻不大于 20Ω 即可。

混凝土强度达到设计要求后，安装水标尺、照明设备等。安装时，做到位置准确，连接牢固。

5. 满水试验

水柜吊装就位，防水层施工完毕，配管等安装就绪，即可开始做水柜满水试验。满水试验分三次充水，严禁一次注满，每次充水 1/3 水深，每次充水结束稳定两天，观察和测定水柜的开裂及渗漏情况。在每次充水过程中，水柜没有明显的滴漏即可。如果发现渗漏和裂缝，根据观察到的渗漏，视具体情况重新抹防水层，严重的采用环氧树脂玻璃布衬里或钢丝水泥处理，直至满水试验合格为止。

7.4.2 清水池施工作业

清水池的施工，包含了土石方工程、模板工程及支撑体系、钢筋工程、混凝土工程等。

7.4.2.1 钢筋混凝土清水池施工工艺流程

钢筋混凝土清水池施工工艺流程如图 7.42 所示。

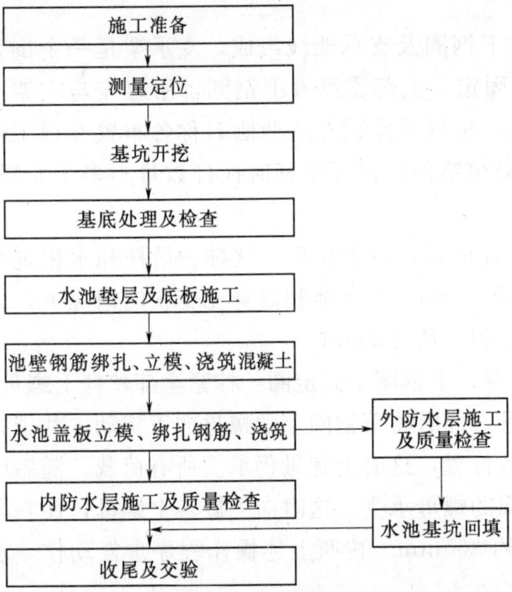

图 7.42 钢筋混凝土水池施工工艺流程

7.4.2.2 钢筋混凝土清水池施工方案

1. 施工准备、测量定位

施工前首先进行场地平整，修建临时道路及设施，“三通一平”后立即进行测量放线、打桩定位。组织施工人员、材料以及机械设备进场就位，项目部技术人员提前做好施工技术交底等先行工作。

2. 基坑开挖

以机械开挖为主，条件不具备时人工

开挖，开挖基坑时严格按施工规范进行放坡，遇土质不良时采用台阶式放坡开挖，技术人员对轴线及水平标高进行实时监控，以免土方开挖时超深超宽。开挖土方过程中，视土质情况加设支撑防护或利用混凝土进行边坡加固。

3. 水池底板施工

水池基坑土方施工完毕并验槽合格后立即进行，底板施工时，采用龙门桩确定池底、井底轴线、边线及标高。底板混凝土一次性连续浇筑，不留施工缝，混凝土浇筑前先将坑内杂物清理干净，并浇水湿润模板。浇筑池底、井底板混凝土时派木工、钢筋工跟班，随时纠正在施工中出现的模板及钢筋变形及位移，上部结构的插筋采用上口加设定位筋并支撑绑固。

4. 模板安装

池壁模板采用组合钢模板，支撑采用主柱斜撑支模法，池盖模板采用竹胶板，用48mm直径的钢管支撑，60mm×90mm截面的方木做带木。在拼装池壁模时，带木立杆间距按间距500mm布置，内外模间用ϕ10的圆钢螺杆按间距500mm双向拉结，并且在螺杆中部加焊止水铁环，以防日后渗水。

5. 钢筋绑扎

钢筋半成品加工，以钢筋配料单为依据。加工好的钢筋要挂牌编号标识，标明形状、规格、数量、部位，分类堆放。钢筋加工完毕后运至现场绑扎。钢筋绑扎采用镀锌铁丝。钢筋绑扎的搭接长度符合施工规范要求。控制混凝土保护层的水泥砂浆垫块按间距700mm交错布设。钢筋施工完后要设专人认真按图检查，发现问题，立即整改。钢筋通过隐蔽验收，做好隐蔽记录之后才能进行混凝土施工。混凝土浇筑时，要派钢筋工专人看护钢筋，对施工中被碰移位或变形的钢筋及时整改，保证钢筋位置及形状的准确性。

6. 混凝土浇筑

混凝土浇筑前在底部先填以5～10cm厚与混凝土配合比相同的减半石子混凝土，使用插入式振捣棒时每层厚度不得大于50cm。除上面振捣外，下面要有人随时敲打模板。浇筑高度在3m内，可直接下浆浇筑，超过3m时应采用串筒或在模板侧面开门子洞装斜溜槽分段浇筑。每段的高度不得超过2m，每段浇筑后将门子洞封实，并用箍筋箍牢。

由于池壁过高及混凝土浇筑的路线较长，必须留置施工缝。为确保施工缝的接口处不渗水，施工时在预留施工缝处安置钢板止水带。在进行第二次混凝土浇筑前，先将该处的杂物清理干净，并浇水湿润，然后浇盖一层50mm厚同等级水泥砂浆，最后才浇筑混凝土。

混凝土浇筑完毕，及时覆盖和洒水养护，养护时间不少于14天。

7. 防水层

水池内防水层施工参照水塔内防水层施工。水池外壁喷涂沥青防水层，使用的沥青须符合规定，施工前检查质量是否合格。沥青用锅、桶等容器用火熬制，容器必须加盖，以防沥青飞溅或着火。熬制中，不断搅拌沥青至全部成液态为止，使用时沥青温度保持不低于150℃。施工前，先将水池外壁洗刷干净，先涂冷底子油，然后涂热沥青一道。

8. 满水试验

水池抹面之前先做满水试验，充水分三次，严禁一次注满，每次充水1/3水深，每次充水结束稳定两天，观察和测定渗漏情况。扣除管道因素，24h渗漏率小于1/1000为通过，根据观察到的渗漏，视具体情况进行修补。处理渗漏的方法一般采用重新抹防水层，严重的采用环氧树脂玻璃布衬里或钢丝水泥处理。

9. 水池覆土回填

水池土建完成后，覆土回填工作应沿水池四周及池顶分层均匀回填，防止超填。顶板表面覆土时要避免大力夯打。

7.4.2.3 技术措施

1. 钢筋绑扎

钢筋加工采用胎模成型，以保证准确性，钢筋绑扎要牢固，不能影响模板安装，并满足保护层要求。

2. 混凝土浇筑

严格按混凝土配合比进行施工，采用高标号矿渣硅酸盐水泥，水灰比控制在0.55内。混凝土自落高度超过1.5m时使用溜槽或串筒进行浇筑，混凝土浇灌应连续进行，分层浇筑，厚度控制在0.3～0.4m，相邻两层时间不超过2h。

3. 混凝土振捣

严格控制混凝土振捣连续时间和移动间距，以便充分排除混凝土中多余的空气和水分，池底表面原浆压实抹光。

4. 混凝土养护

混凝土浇灌完毕及时覆盖和洒水养护，养护时间不小于14天，在强度未达到$1.2N/mm^2$时，禁止振动。

5. 施工缝处理

底板连续浇筑，不留施工缝。底板与池壁连接处施工缝留在底板上表面不小于200mm的池壁上，施工缝处理严格按施工规范要求施工。

6. 防水层

施工水池防水层时，严格按五层抹灰法操作要求施工，防水层施工缝各层接槎做成阶梯形并相互错开，阴阳角抹成圆弧形。

7.4.3 调蓄构筑物施工检查与验收

调蓄构筑物施工检查与验收依据《给水排水构筑物工程施工及验收规范》(GB 50141—2008)。

7.4.3.1 一般规定

(1) 本部分适用于水塔、水柜、调蓄池（清水池、调节水池、调蓄水池）等给排水调蓄构筑物的施工与验收。

(2) 调蓄构筑物工程除按本章规定和设计要求执行外，还应符合下列规定。

1) 土石方与地基基础应按GB 50141—2008第4章的相关规定执行。

2) 水柜、调蓄池等贮水构筑物的混凝土和砌体工程应按GB 50141—2008第6章的有关规定执行。

3) 与调蓄构筑物有关的管道、进出水构筑物和砌体工程等应按GB 50141—2008的相关章节规定执行。

(3) 调蓄构筑物施工前应根据设计要求，复核已建的与调蓄构筑物有关的管道、进出水构筑物的位置坐标、控制点和水准点。施工时应采取相应技术措施，合理安排各构筑物的施工顺序，避免新、老管道及构筑物之间出现影响结构安全、运行功能的差异沉降。

（4）调蓄构筑物施工过程中应编制施工方案，并应包括施工过程中施工影响范围内的建（构）筑物、地下管线等监控量测方案。

（5）调蓄构筑物施工应制定高空、起重作业及基坑支护、模板支架工程等的安全技术措施。

（6）施工完毕后贮水调蓄构筑物必须进行满水试验。

（7）贮水调蓄构筑物的满水试验应符合 GB 50141—2008 第 6.1.3 条的规定，并应编制测定沉降变形的方案，在满水试验过程中，应根据方案测定水池的沉降变形量。

7.4.3.2 水塔

（1）水塔的基础施工应遵守下列规定。

1）地基处理、工程基础桩应按 GB 50141—2008 第 4.5 节规定和设计要求，进行承载力检测和桩身质量检验。

2）基础的预埋螺栓及滑模支承杆，位置应准确，并必须采取防止发生位移的固定措施。

（2）水塔所有预埋件位置应符合设计要求，设置牢固。

（3）现浇钢筋混凝土圆筒、框架结构的塔身施工应符合下列规定。

1）模板支架安装应符合下列规定。

a. 制定模板支架安装、拆卸的专项施工方案。

b. 采用滑升模板或“三节模板倒模施工法”时，应符合国家有关规范规定，支撑体系安全可靠。

c. 支模前，应核对圆筒或框架基础预埋竖向钢筋的规格、基面的轴线和高程。

d. 有控制圆筒或框架垂直度或倾斜度的措施。

e. 每节模板的高度不宜超过 1.5m。

f. 模板支架拆卸应符合国家有关规范的规定。

2）混凝土浇筑见 7.2.2.3，需制定混凝土浇筑工程的专项施工方案。

（4）预制钢筋混凝土圆筒结构的塔身装配应符合下列规定。

1）装配前，每节预制塔身的质量验收合格。

2）采用上、下节预埋钢环对接时，其圆度应一致；钢环应设临时拉、撑控制点，上下口调平并找正后，与钢筋焊接；采用预留钢筋搭接时，上下节的预留钢筋应错开。

3）圆筒或框架塔身上口，应标出控制的中心位置。

4）圆筒两端钢环对接的接缝应按设计要求处理；设计无要求时，可采用 1∶2 水泥砂浆抹压平整。

5）圆筒或框架塔身采用预留钢筋搭接时，其接缝混凝土强度高于主体混凝土一级，表面应抹压平整。

（5）钢架、钢圆筒结构的塔身施工应符合下列规定。

1）制定专项方案，并应有施工安全措施。

2）钢构件的制作、预拼装经验收合格后方可安装；现场拼接组装应符合国家相应规范的规定和设计要求。

3）安装前，钢架或钢圆筒塔身的主杆上应有中线标志。

4）钢构件采用螺栓连接时，应符合下列规定。

a. 螺栓孔位不正需扩孔时，扩孔部分应不超过 2mm；不得用气割进行穿孔或扩孔。

b. 钢架或钢圆筒构件在交叉处遇有间隙时，应装设相应厚度的垫圈或垫板。

c. 用螺栓连接构件时，螺杆应与构件面垂直；螺母紧固后，外露丝扣应不少于两扣；剪力的螺栓，其丝扣不得位于连接构件的剪力面内；必须加垫时，每端垫圈不应超过两个。

d. 水平螺栓应由内向外；垂直螺栓应由下向上。

e. 钢架或钢圆筒塔身的全部螺栓应紧固，水柜等设备、装置全部安装以后还应全部复拧。

5）钢构件焊接作业应符合国家有关标准规定和设计要求；钢构件安装时，螺栓连接、焊接的检验应按设计要求进行。

6）钢结构防腐应按设计要求施工。

（6）预制砌块和砖、石砌体结构的塔身施工还应符合 GB 50141—2008 第 6.5 节的规定和设计要求。

（7）水塔的贮水设施施工应按 GB 50141—2008 第 8.3 节的规定执行。

（8）水塔避雷针的安装应符合下列规定。

1）避雷针安装应垂直，位置准确，安装牢固。

2）接地体和接地线的安装位置应准确，焊接牢固，并应检验接地体的接地电阻。

3）利用塔身钢筋作导线时，应做标志，接头必须焊接牢固，并应检验接地电阻。

7.4.3.3 水柜

（1）水柜在地面预制或装配时应符合下列规定。

1）地基处理符合设计要求。

2）水柜下环梁设置吊杆的预留孔应与塔顶提升装置的吊杆孔位置一致，并垂直对应。

3）水柜满水试验应符合下列规定：水柜在地面进行满水试验时，应对地下室底板及内墙采取防渗漏措施；保温水柜试验，应在保温层施工前进行；充水应分三次进行，每次充水宜为设计水深的 1/3，且静置时间不少于 3h；充水至设计水深后的观测时间为钢丝网水泥水柜不应少于 72h；钢筋混凝土水柜不应少于 48h。

4）水柜及其配管穿越部分，均不得渗水、漏水。

（2）水柜的保温层施工应符合下列规定。

1）应在水柜的满水试验合格后进行喷涂或安装。

2）采用装配式保温层时，保温罩上的固定装置应与水柜上预埋件位置一致。

3）采用空气层保温时，保温罩接缝处的水泥砂浆必须填塞密实。

（3）水柜吊装应制定施工方案，并应包括以下主要内容。

1）吊装方式的选定及需用机械的规格、数量。

2）吊装架的设计。

3）吊装杆件的材质、尺寸、构造及数量。

4）保证平稳吊装的措施。

5）吊装安全技术措施。

（4）钢丝网水泥及钢筋混凝土倒锥壳水柜的吊装应符合下列规定。

1）水柜中环梁及其以下部分结构强度达到规定后方可吊装。

2）吊装前应在塔身外壁周围标明水柜底面的坐落位置，并检查吊装架及机电设备等必须保持完好。

3）应先做吊装试验，将水柜提升至离地面0.2m左右，对各部位进行详细检查，确认完全正常后方可正式吊装。

4）水柜应平稳吊装。

5）吊装水柜下环梁底超过设计高程0.2m；及时垫入支座调平并固定后，使水柜就位与支座焊接牢固。

（5）钢丝网水泥倒锥壳水柜的制作应符合下列规定。

1）施工材料应符合下列规定。

a. 宜采用普通硅酸盐水泥，不宜采用矿渣硅酸盐水泥或火山灰质硅酸盐水泥。

b. 宜采用细度模量2.0、3.5，最大粒径不宜超过4mm砂，含泥量不得大于2%，云母含量不得大于0.5%。

c. 钢丝网的规格应符合设计要求，其网格尺寸应均匀，且网面平直。

2）模板安装可按GB 50141—2008有关规定执行，其安装允许偏差应符合表7.25和表7.26的规定。

表7.25 钢丝网水泥倒锥壳水柜整体现浇模板安装允许偏差

项目	允许偏差/mm
轴线位置（对塔身轴线）	5
高度	±5
平面尺寸	±5
表面平整度（用弧长2m的弧形尺检查）	3

表7.26 钢丝网水泥倒锥壳水柜预制构件模板安装允许偏差

项目	允许偏差/mm
长度	±3
宽度	±2
厚度	±1
预留孔中心位置	2
表面平整度（用2m直尺检查）	3

3）筋网绑扎应符合下列规定。

a. 筋网的表面应洁净，无油污和锈蚀。

b. 低碳冷拔钢丝的连接不应采用焊接。

c. 绑扎时搭接长度不宜小于250mm。

d. 纵筋宜用整根钢筋，绑扎须平直，间距均匀。

e. 钢丝网应铺平绷紧，不得有波浪、束腰、网泡、丝头外翘等现象。

f. 钢丝网的搭接长度，环向不小于100mm，竖向不小于50mm；上下层搭接位置应错开。

g. 绑扎结点应按梅花形排列，其间距不宜大于100mm（网边处不大于50mm）。

h. 严禁在网面上走动和抛掷物件。

i. 绑扎完成后应进行全面检查。

4）水泥砂浆的拌制与使用应符合下列规定：水灰比宜为0.32、0.40；灰砂比宜为1∶1.5、1∶1.7；应拌和均匀，拌和时间不得小于3min；应随拌随用，不宜超过1h，初凝后的砂浆不得使用；抹压中砂浆不得加水稀释或撒干水泥吸水。

5）钢丝网水泥砂浆施工应符合下列规定：抹压砂浆前，应将网层内清理干净；施工顺序应自下而上，由中间向两边（或一边）环圈进行；手工施浆，钢丝网内砂浆应压实抹平，待每个网孔均充满砂浆并稍突出时，方可加抹保护层砂浆并压实抹平；砂浆施工缝及环梁交角处冷缝处应细致操作，交角处宜抹成圆角；机械振动时，应根据构件形状选用适宜的振动器；砂浆应振捣至不再有明显下沉，无气泡逸出，表面出现稀浆时为止；喷浆法施工应符合本规范第6.4.12条的规定；水泥砂浆表面压光应待砂浆的游离水析出后进行；压光宜进行三遍，最后一遍在接近终凝时完成；钢丝网保护层厚度应符合设计要求，设计无要求时，宜为3～5mm；水泥砂浆的抹压宜一次连续成活，不能一次成活时，接头处应在砂浆终凝前拉毛，接茬前应把该处浮渣清除，用水冲洗干净。

6）砂浆试块留置及验收批：每个水柜作为一个验收批，强度值应至少检查一次；每次应在现场制作标准试块三组，其中一组做标准养护，用以检验强度；两组随壳体养护，用以检验脱模、出厂或吊装时的强度。

7）压光成活后及时进行养护，自然养护应保持砂浆表面充分湿润，养护时间不应少于14天；蒸汽养护的温度与时间应符合规范规定。

（6）钢水柜的安装应符合下列规定。

1）钢水柜的制作、检验及安装应符合现行国家标准《钢结构工程施工质量验收规范》（GB 50205—2001）的相关规定和设计要求；对于球形钢水柜还应符合现行国家标准《球形储罐施工及验收规范》（GB 50094—2010）的相关规定。

2）水柜吊装应视吊装机械性能选用一次吊装，或分柜底、柜壁及顶盖三组吊装。

3）吊装前应先将吊机定位，并试吊；经试吊检验合格后，方可正式吊装。

4）水柜内应在与吊点的相应位置加十字支撑，防止水柜起吊后变形。

5）整体吊装单支筒全钢水塔还应符合下列规定：吊装前，对吊装机具设备及地锚规格，必须指定专人进行检查；主牵引地锚、水塔中心、吊绳、止动地锚四点必须在同一垂直面上；吊装离地时，应做一次全面检查，如发现问题，应落地调整，符合要求后，方可正式吊装；水塔必须一次立起，不得中途停下；立起至70°后，牵引速度应减缓；吊装过程中，现场人员均应远离塔高1.2倍距离以外；水塔吊装完成，必须紧固地脚螺栓，并安装拉线后，方可上塔解除钢丝绳。

7.4.3.4　功能性试验

1. 一般规定

（1）水处理、调蓄构筑物施工完毕后，均应按照设计要求进行功能性试验。

（2）功能性试验须满足GB 50141—2008第6.1.3条的规定，同时还应符合下列条件：池内清理洁净，水池内外壁的缺陷修补完毕；设计预留孔洞、预埋管口及进出水口等已做临时封堵，且经验算能安全承受试验压力；池体抗浮稳定性满足设计要求；试验用充水、充气和排水系统已准备就绪，经检查充水、充气及排水闸门不得渗漏；各项保证试验安全的措施已满足要求；满足设计的其他特殊要求。

(3) 功能性试验所需的各种仪器设备应为合格产品，并经具有合法资质的相关部门检验合格。

(4) 各种功能性试验应按 GB 50141—2008 附录 D、附录 E 填写试验记录。

2. 满水试验

(1) 满水试验的准备应符合下列规定：选定洁净、充足的水源；注水和放水系统设施及安全措施准备完毕；有盖池体顶部的通气孔、人孔盖已安装完毕，必要的防护设施和照明等标志已配备齐全；安装水位观测标尺，标定水位测针；现场测定蒸发量的设备应选用不透水材料制成，试验时固定在水池中；对池体有观测沉降要求时，应选定观测点，并测量记录池体各观测点初始高程。

(2) 池内注水应符合下列规定：向池内注水应分三次进行，每次注水为设计水深的1/3；对大、中型池体，可先注水至池壁底部施工缝以上，检查底板抗渗质量，无明显渗漏时，再继续注水至第一次注水深度；注水时水位上升速度不宜超过 2m/d；相邻两次注水的间隔时间不应小于 24h；每次注水应读 24h 的水位下降值，计算渗水量，在注水过程中和注水以后，应对池体做外观和沉降量监测；发现渗水量或沉降量过大时，应停止注水，待做出妥善处理后方可继续注水；设计有特殊要求时，应按设计要求执行。

(3) 水位观测应符合下列规定：利用水位标尺测针观测、记录注水时的水位值；注水至设计水深进行水量测定时，应采用水位测针测定水位，水位测针的读数精确度应达1/10mm；注水至设计水深 24h 后，开始测读水位测针的初读数；测读水位的初读数与末读数之间的间隔时间应不少于 24h；测定时间必须连续；测定的渗水量符合标准时，须连续测定两次以上；测定的渗水量超过允许标准，而以后的渗水量逐渐减少时，可继续延长观测；延长观测的时间应在渗水量符合标准为止。

(4) 蒸发量测定应符合下列规定：池体有盖时蒸发量忽略不计；池体无盖时，必须进行蒸发量测定；每次测定水池中水位时，同时测定水箱中的水位。

(5) 渗水量计算应符合下列规定。

水池渗水量按式 (7.4) 计算：

$$q=\frac{A_1}{A_2}[(E_1-E_2)-(e_1-e_2)] \tag{7.4}$$

式中 q——渗水量，$L/(m^2 \cdot d)$；

A_1——水池的水面面积，m^2；

A_2——水池的浸湿总面积，m^2；

E_1——水池中水位测针的初始读数，mm；

E_2——24h 后水池中水位测针的末读数，mm；

e_1——在读水池初始水位时水箱中水位测针的读数；

e_2——在读水池 24h 后水位时水箱中水位测针的读数。

e_1 和 e_2，是用来计算水池中蒸发量的，若蒸发量忽略不计，则该项数值为零。

(6) 满水试验合格标准应符合下列规定。

1) 水池渗水量计算应按池壁（不含内隔墙）和池底的浸湿面积计算。

2) 钢筋混凝土结构水池渗水量不得超过 $2L/(m^2 \cdot d)$；砌体结构水池渗水量不得超

过 3L/(m^2 · d)。

3. 气密性试验

(1) 气密性试验应符合下列要求：需进行满水试验和气密性试验的池体，应在满水试验合格后，再进行气密性试验；工艺测温孔的加堵封闭、池顶盖板的封闭、安装测温仪、测压仪及充气截门等均已完成；所需的空气压缩机等设备已准备就绪。

(2) 试验精确度应符合下列规定：测气压的U形管刻度精确至毫米水柱；测气温的温度计刻度精确至1℃；测量池外大气压力的大气压力计刻度精确至10Pa。

(3) 测读气压应符合下列规定：测读池内气压值的初读数与末读数之间的间隔时间应不少于24h；每次测读池内气压的同时，测读池内气温和池外大气压力，并换算成同于池内气压的单位。

(4) 池内气压降应按式 (7.5) 计算。

$$\Delta=(P_{d1}+P_{a1})-(P_{d2}+P_{a2})\cdot(273+t_1)/(273+t_2) \tag{7.5}$$

式中 Δ——池内气压降，Pa；

P_{d1}——池内气压初读数，Pa；

P_{d2}——池内气压末读数，Pa；

P_{a1}——测量 P_{d1} 时的相应大气压力，Pa；

P_{a2}——测量 P_{d2} 时的相应大气压力，Pa；

t_1——测量 P_{d1} 时的相应池内气温，℃；

t_2——测量 P_{d2} 时的相应池内气温，℃。

(5) 气密性试验达到下列要求时，应判定为合格。

1) 试验压力宜为池体工作压力的1.5倍。

2) 24h的气压降不超过试验压力的20%。

7.4.4 引例分析

以水塔滑模施工为例。

7.4.4.1 技术措施

1. 滑模设备安装误差控制技术措施

(1) 在滑模设备安装前，校正水塔中心，平整基面，并安装中心标记。

(2) 滑模架的中心必须保证与水塔中心重合；内外模支撑架上下面及外模架辐射梁必须保证水平，中心立柱及外模架必须保证垂直；紧固螺栓必须加垫垫圈。

(3) 滑模设备安装后，必须进行严格检验，及时纠正偏差，并填写质量检查合格证。

(4) 滑模装置组装的允许偏差符合《液压滑动模板施工技术规范》(GBJ 113—87)的要求。

2. 滑升过程的纠偏技术措施

滑升过程中，要经常检查监测支撑杆件及滑模架的工作状态，发现异常，及时处理。纠正结构垂直偏差和调整滑模架水平度时，应逐步缓慢进行。针对造成水平位移和扭转的主要原因，采取预防偏斜和纠偏措施。

(1) 严格控制各千斤顶的升差并及时调整，保持滑模架水平，勤测量检查，勤调整。

(2) 严格控制操作平台荷载，尽量均匀分布。

(3) 及时调整混凝土浇筑入模顺序。

(4) 调整滑模架水平高差，即把偏斜一边的千斤顶适当起升一定高度，使滑模架有意向反方向滑升，将垂直偏差逐步调整过来。

3. 水柜浇筑及提升的精度控制措施

(1) 在水柜立模浇筑前，对水柜进行精确放线定位。

(2) 严格控制模板的制作与安装误差，钢筋及预埋件的安装要准确，固定牢固，严防移位。

(3) 下环梁上预留吊杆孔位要和筒身顶部安装提升架的预埋件位置对应，以保证提升吊杆垂直。

(4) 水柜吊装到位后，连接安装之前，严格检测其垂直度，控制水柜的安装误差，使之符合施工规范要求。

4. 筒身施工过程控制测量手段

在整个水塔筒身的结构施工过程中，始终要在滑模顶部设置测量架，架上安置互相垂直的两把水平尺，测量检查滑模的水平度，在测量架的中心，挂一个1kg线坠，垂到地面的中心点位上，随时安排专人进行观察，发现结构中心偏移及时报告，采取纠偏措施。

(1) 严格控制滑模设备的安装质量，使安装偏差值符合有关规范。模板与支架坚实牢固，模板拼缝严密不漏。

(2) 严格控制混凝土的配合比和水灰比，采用高标号矿渣硅酸盐水泥，用量控制在300～360kg/m^3，水灰比不大于0.55，混凝土的浇灌、振捣和养护符合施工规范要求。

(3) 水柜防水层施工严格按五层防水抹灰法操作要求进行施工。

7.4.4.2 质量保证措施

(1) 一般要求见7.3.1.4，需要注意以下几点。

1) 支承杆接头应交错设置，同一截面的接头数量，不超过支承杆总数的25%。

2) 滑模组装，应严格控制安设质量，提升架及围圈，应严格控制其水平度及垂直度，用水平尺及重球校正固定。模板应先清理校正，刷隔离剂后再行组装。模板安装时，下口间距应比直口间距大8～15mm，严禁出现倒锥现象。

(2) 混凝土浇筑见7.3.1.4，需要注意以下几点。

1) 严格按混凝土配合比进行施工，采用高标号矿渣硅酸盐水泥，水灰比控制在0.55内。混凝土自落高度超过1.5m时使用溜槽或串筒进行浇筑，混凝土浇灌应连续进行，分层浇筑，厚度控制在0.3～0.4m，相邻两层时间不超过2h。

2) 混凝土浇灌完毕及时覆盖和洒水养护，养护时间不小于14天，在强度未达到1.2N/mm^2时，禁止振动。

3) 底板连续浇筑，不留施工缝。底板与池壁连接处施工缝留在底板上表面不小于200mm的池壁上，施工缝严格按施工规范要求施工。

(3) 其他。

1) 抹灰是池壁防漏的关键工序，施工水池防水层时，严格按五层抹灰法操作要求施工，并通过砂浆中掺加适量的聚合物来提高砂浆的拒水、防渗、防漏性能。防水层施工缝各层接槎做成阶梯形并相互错开，阴阳角抹成圆弧形。

2）在施工支筒、水箱、顶盖时，应密切注意对留设的避雷钢筋的焊接及留设，做避雷引下线的钢筋焊接，其焊接面积不得小于10mm^2。

3）在支筒设置沉降观测点，定期观测水塔的沉降情况。

4）加强工地试验、计量工作，严格技术标准，消灭无计量的施工行为。加强关键工序、关键部位、关键阶段的测量检查复核，坚决杜绝因测量原因造成的工程质量事故。

5）强化质量检查制度，实行定期检查和经常性抽查相结合，专业检查和自检相结合，外部检查和内部检查相结合，贯彻落实开工前检查、施工中经常性检查、隐蔽工程检查、工程队质量"三检"（自检、互检、交接检）、"三工序"检查（保证本工序质量，检查上工序质量，服务下工序）、定期检查、验工签证、竣工检查等行之有效的质量检查制度。严格执行"三项检查"活动，确保工程质量。

7.4.4.3 安全保证措施

（1）施工现场安全保证措施，见7.3.1.4。

（2）生产用电安全措施，见7.3.1.4。

（3）脚手架安全措施。

1）本工程外墙施工采用落地式双排钢管脚手架和外挑架，外侧采用全封闭密目式安全挂网；脚手架应按施工实际可能承受的最大荷载进行设计和计算。

2）应在安全人员和技术人员的监督下由熟练工人负责搭设；脚手架的检查分验收检查、定期检查和特别检查。

3）使用中要严格控制架子上的荷载，尽量使之均匀分布，以免局部超载或整体超载；使用时还应特别注意保持架子原有的结构和状态，严禁乱挖基脚、任意拆卸结构杆件和连墙拉结及防护；纵向必须设置剪刀撑，其宽度不得超过7根立杆，与水平面夹角应为45°～60°。

（4）高空作业安全措施。

1）参加高空作业的人员必须严格执行高空作业操作，安装人员应系安全带、戴好安全帽，所有工具材料要放置稳妥，以免坠落伤人，砸坏塔头。

2）外挂吊篮杆挂设要牢固可靠、平衡，钢丝绳和铁栏杆接触处要用软物垫起防止磨损。

3）水柜提升前工地检查人员逐项检查，经工程师检查签认后方可提升，提升时塔顶设专门指挥人员，全面负责检查提升作业的安全情况。

（5）笨重设备运输及吊装的安全保证措施。

1）设备、材料运输时，排放整齐、固定牢固、防范措施可靠（如加三角木楔、钢索捆扎等）。采用汽车运输时，做到不超载、偏载，或超出限界；运输易滚动物品时，采用三角垫木止动，并用绳索绑牢；卸车时，不得在无任何措施的情况下直接从车上滚下。

2）行车时遇路窄、急弯处，车辆慢行；车辆雨天行驶时采取防滑措施。

3）使用起吊设备，吊装时选好吊装点，绑扎牢固，防止掉落伤人，损坏设备及材料。严禁超载运行，设备钩、链、绳索符合规定。并对吊装机械进行检查，吊装时设专人指挥，施工人员严禁在吊装物下面及附近行走停留。在施工现场采用人力装卸时，搭设厚度不小于50mm的坚固跳板，跳板坡度不大于1∶3，跳板搭在车上时，车轮须垫平，跳板下面禁止有人；装卸时防止散堆伤人，每卸完一处必须将车上剩余的物品绑扎牢固，方可继续运送。

（6）安全标志和安全防护，见 7.3.1.4。

（7）制定并严格执行各单项工程的安装保证措施。

1）以水塔中心为圆心，15～20m 为半径的圆圈内为施工安全区，设安全标志，非施工人员不可进入施工区。进入施工现场必须戴安全帽。有雨、雪、雷及六级以上大风时，禁止高空作业。

2）定期检查起重装置和吊笼安全卡，以及钢丝绳、机电管线等，确保安全生产。载人上下一次不能超过 4 人，载物不超过 500kg。每班作业前要空载试验 2～3 次，吊笼钢丝绳应有足够的安全度，经常检查，有损必换。

3）高空作业人员必须持有体验合格证，上班时扎好袖口和裤脚，不饮酒，不打闹，不披衣，不穿硬底鞋。遵守高空作业一切规定。

4）提升水柜螺母的操作人员，要服从统一指挥，认真操作，动作协调，确保水柜同步上升。回油应均匀，不宜太快，以减少冲击荷载。换杆人员注意及时换杆，杆件要堆放整齐并加以遮盖，减少雨淋日晒，防止生锈。

5）卷扬机、机电设备由专人操作，严禁他人操作乱动。

6）当水柜临时停升或提升到设计标高后，在柜与筒的间隙内用木楔在底部楔实，以防止在风力作用下摇晃。

7）操作平台及吊脚手架焊接和螺栓应牢固，并专人随时检查，螺栓稍有松动立即及时拧紧。操作平台应设计 1.20m 高栏杆，满挂安全网并满铺 50mm 厚木架板。吊脚手架架板应用铅丝绑扎牢固并满挂安全网。

8）水塔避雷接地在施工基础时设置，操作平台应有避雷引出线。及时掌握气象预报，如有恶劣天气、大风、雷雨天气，应及时做好准备，采取停滑措施，停止高空作业。

9）滑升支筒时，应随时掌握混凝土出模强度，混凝土出模强度应控制在 0.20～0.40MPa 间，以避免凝模及平台失稳。并应根据混凝土出模强度及气候情况，决定是否添加缓凝剂或早强剂，以保证支筒滑模正常顺利进行。

（8）控制和防止质量通病措施见表 7.27。

表 7.27　控制和防止质量通病的措施

类别	质量通病	控制和防止措施
钢筋混凝土倒锥壳水塔	混凝土蜂窝、麻面、裂纹、	混凝土应分层、交圈浇筑，并振捣密实。模板表面应光洁，不得粘有任何杂物。缝隙严密，安装牢固。 木模板应用水充分湿润，钢模板脱模剂应涂刷均匀。避免混凝土蜂窝、麻面、裂纹。 加强机具设计、制造和组装质量，裂确保模板在滑升不变形及纠偏荷载较大时不产生过大变形；精心组织施工，避免不正常的停滑情况发生，塔身环托梁加固部位施工时要集中人力，加快进度
	塔身水平裂纹	施工中注意天气预报，要有防风措施；严格掌握滑升间隔时间和滑升速度。避免塔身出现水平裂纹。 严格按操作规程施工，注意模板制作与安装质量，建立健全质量检查验收制度；避免塔身表面在模板交接处混凝土出现错台、蜂窝、麻面，影响塔身质量和外观。 加强模板结构设计和制作、安装质量；内模板与中心井架之间的支撑应有足够的数量，并支撑牢固。 严格控制混凝土的一次浇筑高度，执行分层交圈浇筑的施工方法。避免塔身局部断面内陷或外凸，壁厚误差较大，影响塔身外观和结构受力条件

参 考 文 献

［1］ 白建国．市政管道工程施工［M］．北京：中国建筑工业出版社，2013.

［2］ 郑传明，宁仁岐．建筑施工技术［M］．北京：高等教育出版社，2015.

［3］ 程建伟．土力学与地基基础工程［M］．北京：机械工业出版社，2010.

［4］ 中国建筑科学院，等．建筑地基处理技术规范：JGJ 79—2012［S］．北京：中国建筑工业出版社，2013.

［5］ 上海建工集团股份有限公司，上海市基础工程集团有限公司，等．建筑地基基础工程施工规范：GB 51004—2015［S］．北京：中国计划出版社，2015.

［6］ 李扬，黄敬文，等．给水排水管道工程［M］．北京：中国水利水电出版社，2011.

［7］ 吴敏之．软弱地基处理技术［M］．北京：人民交通出版社，2010.

［8］ 李念国，蒋红．地基与基础［M］．北京：中国水利水电出版社，2007.

［9］ 中国建筑工业出版社．安装工程施工及验收规范［M］．北京：中国建筑工业出版社，2000.

［10］ 孙连溪．实用给水排水工程施工手册［M］．北京：中国建筑工业出版社，2006.

［11］ 边喜龙．给水排水工程施工技术［M］．3版．北京：中国建筑工业出版社，2015.

［12］ 中华人民共和国住房和城乡建设部，中华人民共和国国家质量监督检验检疫总局．给水排水构筑物工程施工及验收规范［M］．北京：中国建筑工业出版社，2008.

［13］ 中国建筑工程总公司．建筑给水排水及采暖工程施工质量标准［M］．北京：中国建筑工业出版社，2006.

［14］ 余侃柱．调蓄水池湿陷性黄土地基特性及处理措施［J］．水利规划与设计，2013（6）：58－61.

［15］ 朱波，刘仕良．广州市西江引水工程鸦岗配水泵站地质条件分析及建议［J］．吉林水利，2014（2）：13－15.